航空航天新兴领域高等教育教材
高等院校通信与信息专业系列教材

航天智能通信原理与应用

主　编　代健美
副主编　李长青　李　炯　刘丹谱
参　编　刘　江　丁晓进　尹　良　杨　帆　李金城　王　璐　张斌权

机械工业出版社

本书面向航天智能通信的发展与变化，首次系统介绍了航天智能通信的基本概念、原理和技术。着重介绍了人工智能方法在航天通信系统中的各种应用。全书共8章，主要概述了航天智能通信的相关概念、系统组成、功能特点，以及面临的挑战和发展趋势等，介绍了可用于航天通信各环节的机器学习、深度学习、强化学习、联邦学习、元学习等核心技术，按照通信系统分层思想重点介绍了基于人工智能的信道估计、数字调制信号解调、信道解码、频谱感知、资源调度和抗干扰等技术、方法及应用实例。

本书可作为高等院校通信工程、网络工程、信息工程、电子信息等专业高年级本科生和研究生教材，也可供相关专业的工程技术人员参考。

图书在版编目（CIP）数据

航天智能通信原理与应用 / 代健美主编. -- 北京 : 机械工业出版社，2024. 11. -- ISBN 978-7-111-76880-7

Ⅰ. TN927

中国国家版本馆 CIP 数据核字第 2024Q8Q828 号

机械工业出版社（北京市百万庄大街22号　邮政编码100037）

策划编辑：李馨馨　　责任编辑：李馨馨

责任校对：樊钟英　李　杉　　封面设计：鞠　杨

责任印制：常天培

固安县铭成印刷有限公司印刷

2024年12月第1版第1次印刷

184mm×260mm · 14.5印张 · 347千字

标准书号：ISBN 978-7-111-76880-7

定价：69.00元

电话服务

客服电话：010-88361066

010-88379833

010-68326294

网络服务

机　工　官　网：www. cmpbook. com

机　工　官　博：weibo. com/cmp1952

金　书　网：www. golden-book. com

机工教育服务网：www. cmpedu. com

序 Foreword

浩瀚宇宙，承载着人类亘古不变的探索之梦。从“两弹一星”的辉煌成就，到载人航天的壮丽征程，再到“嫦娥”探月、“天问”探火的深空壮举，以及中国卫星互联网星座的即将初步组网运行，中国航天事业在几代航天人的接续奋斗中，走出了一条自力更生、自主创新的发展道路，谱写了人类探索太空的华彩篇章。

航天通信作为连接天地、贯通星海的“信息纽带”，始终是航天工程的中枢命脉，无论是卫星导航、深空探测，还是空间站天地对话，其背后都依赖高效、可靠、安全的航天通信系统支撑。传统航天通信技术虽已取得长足进步，但在空间信息传输需求激增、通信环境日趋复杂的今天，其正面临前所未有的挑战。与此同时，人工智能技术的迅猛发展为航天通信的智能化转型提供了全新思路，通过数据驱动的方式优化通信链路、自适应调整传输参数、智能调度多维资源，能够显著提升通信系统的鲁棒性和效率。如何将二者深度融合，已成为全球航天领域竞相探索的核心命题。在此背景下，《航天智能通信原理与应用》教材的问世，恰逢其时。

作为航天通信领域的前沿技术探索，本教材首次系统阐述了航天智能通信的基本概念、关键技术及典型应用。具体来说，梳理了机器学习、深度学习、强化学习、联邦学习、元学习等技术基础，按照“分层思想”构建内容框架，自底向上覆盖了航天智能通信的全链条技术体系。从信道估计、信号解调、信道译码等底层模块，到频谱感知、资源调度、抗干扰决策等系统级应用，每一章均深入剖析了人工智能技术的创新性融合路径。值得关注的是，本教材的编撰团队并未局限于单一的理论内容陈述，而是以“理论+实践”双轮驱动为核心理念，设计了十余项信号级、模块级、系统级实践项目，这些实践内容将抽象理论转化为可操作的工程案例，能够有效培养读者的动手能力与创新思维。此外，配套的微视频、开源代码、交互式课件等数字化资源，进一步打破了传统教材的时空限制，为“新工科”背景下的教学模式改革提供了范本。

尤为难得的是，本书编者汇聚了航天工程大学、北京邮电大学、南京邮电大学等行业领域顶尖院校的专家学者，融合了航天与通信的双重优势。这种跨领域协作不仅确保了技术内容的权威性，更体现了“产、学、研、用”深度融合的时代精神。

站在“两个一百年”奋斗目标的历史交汇点，中国航天正迎来从“跟跑”“并跑”向“领跑”跨越的关键期。航天通信作为空天信息网络的核心支撑，正朝向自主进化认知通信、网络架构天地一体、量子-人工智能融合通信等新方向发展，同时面临诸多新的问题：复杂电磁环境的模型泛化、星载设备的算力瓶颈、跨域数据的隐私安全等。本教材并未对此一一解答，但我相信，教材中渗透的理念、方法和具体实践路径，能够为投身这一领域的学生、研究人员提供思想碰撞的火花，激发其以“十年磨一剑”的定力，助力中国航天早日实现“领跑”跨越阶段。

“智能赋能航天，通信连接未来”。作为一名深耕通信领域多年的科技工作者，我欣喜地感到，《航天智能通信原理与应用》是一部融学术性、创新性、实践性于一体的精品教材。它既是对我国航天通信智能化探索的系统总结，也是面向未来空天信息时代的战略布局，还将是新一代航天人的理论武装与实践指南。期待本书成为航天通信领域的经典之作，助力我国在太空竞争中抢占技术制高点，为人类探索宇宙奥秘、和平利用太空贡献中国智慧与中国方案！

2025年春于北京

前言 Preface

探索浩瀚宇宙，发展航天事业，建设航天强国，是我们不懈追求的航天梦。经过几代航天人的接续奋斗，我国航天事业创造了以“两弹一星”、载人航天、探月探火为代表的辉煌成就，走出了一条自力更生、自主创新的发展道路，积淀了深厚博大的航天精神。航天是宇航的第一阶段。航天活动可以帮助人类进一步认识和探索宇宙奥秘，发现和利用太空资源，进行空间探测和科学实验。同时，以通信、导航、遥感为代表的空间应用和相关产业，对世界政治、经济、军事、科学技术等方面都产生了广泛而深远的影响。

在航天活动中广泛地存在着信息传输问题，也就是通信问题。无论是航天器探测到的地球表面和地下的各种特征信息、地面重要目标的位置信息、地球外的空间环境信息，还是航天器探测到的月球、行星、星际空间信息，最终都要由航天器传送到地球为研究者服务。航天通信是指利用电磁波进行地面与太阳系内的航天器或航天器之间的远程无线电通信。航天通信技术的核心是卫星通信，但也包括了其他航天器如空间站等的通信。

随着计算机、人工智能和大数据等技术的快速发展，航天通信的智能化成为大势所趋。通过融入人工智能技术，不仅能够实现航天器（如卫星、飞船等）与地面站（终端）、其他航天器之间信息的智能传输、交换和处理，还能够实现传输环境的智能感知、传输过程的智能调整以及传输资源的智能调度，从而进一步提高了通信的有效性和可靠性。

为了充分展现航天智能通信的发展与变化，本书内容围绕人工智能技术在航天通信系统中的主要应用，按照通信系统分层思想自底向上展开，共分 8 章。第 1 章概述了航天智能通信的相关概念、系统组成、特点，以及面临的挑战和发展趋势等；第 2 章介绍了航天智能通信技术基础，即人工智能领域的核心技术与概念，具体包括可用于航天通信各环节的机器学习、深度学习、强化学习、联邦学习和元学习等；第 3 章介绍了数据驱动、模型驱动以及基于元学习的智能信道估计方法；第 4 章探讨了基于机器学习与深度学习的智能解调方法；第 5 章重点阐述了适应线性分组码、LDPC 码、卷积码和 Turbo 码特点的智能信道译码方法；第 6 章讨论了卫星资源智能调度问题，主要包括基于深度强化学习的跳波束系统资源调度，基于联邦学习的卫星物联网系统资源调度和基于深度强化学习的星地缓存资源调度；第 7 章分析了深度学习在单用户频谱感知和协作频谱感知领域的应用方案；第 8 章分析了卫星通信面临的干扰威胁，给出了智能抗干扰的技术框架，并系统地介绍了卫星智能抗干扰方法、干扰认知技术、抗干扰波形重构技术、可靠信令传输技术、快速适变的波形传输技术和智能决策技术等。

本书特色如下：

（1）编撰思想前瞻，智能前沿特色凸显。针对航天通信智能化趋势，教材在国内首次将人工智能技术与航天通信技术相结合，按照分层思想，自底向上安排了基于人工智能的信道估计、数字信号解调、信道译码、卫星资源调度、频谱感知和卫星抗干扰通信等理论知识，既保证了航天通信内容体系的完备性，又体现了航天通信的智能前沿性，有助于学生具备跨学科综合素质，更好地适应通信行业未来发展需求。

（2）内容理实结合，能力培养基调凸显。针对航天通信强实践属性，教材在系统介绍航天智能通信基本理论和关键技术的基础上，按照分级思想，从简到繁安排了卫星通信信号演示、测量，基于深度学习的信道估计、信道解码，基于机器学习的 QPSK、16QAM 解调，基于 DDQN 的单智能体 DRL 资源调度仿真，以及基于中频模拟的卫星通信系统搭建等十余项信号级、模块级和系统级实践项目，既有助于学生牢固掌握基础理论，又有助于培养学生的创新能力和解决航天通信实际工程问题的能力。

（3）配套资源多样，数字赋能特色凸显。针对文字表述单一局限性，教材基于纸质+电子相结合的新形态方式呈现，纸质教材配以二维码，链接与核心知识点、实践内容对应的课件、程序源码、示范课视频、实验指导书及视频、中国成就、习题答案等数字资源；电子版教材辅以知识图谱、能力图谱，实现了教材知识的结构化整理和能力培养的系统化展示。配套数字资源能够动态更新，既有助于教材支撑资源的时代性和丰富性，又有利于调动学生学习的主动性。

本书的读者对象是电子信息类专业高年级本科生，信息与通信工程、电子信息专业的研究生，以及该领域的工程技术人员或同等水平人员。要求先修课程包括人工智能技术基础、通信原理、无线通信、卫星通信等。

本书由代健美负责全书编撰和组织统稿，李长青、李金城参与编写第 1 章，杨帆、刘江参与编写第 2 章，刘丹谱参与编写第 3、6 章，尹良参与编写第 4 章，李炯、王璐参与编写第 5、8 章，丁晓进、张斌权参与编写第 7 章。在本书编写过程中，得到了航天工程大学、北京邮电大学以及南京邮电大学专家学者的大力支持。陈龙、刘金茹、杨瑾、刘文诺、刘家骏、熊稀南、张明钰、闫晓瞳对本书的实验代码调试、实验视频录制、文字校对等提供了大量帮助。同时，机械工业出版社的李馨馨编辑为本书的出版提供了很多帮助。此外，本书在写作过程中参考了有关书籍和文献，在此一并表示感谢。

编　者

扫描二维码下载素材（源代码）等资源

本书资源网站

二维码索引

序号	资源名称	资源类型	对应页码
1	航天智能通信概述	内容示范课	1
2	基于人工智能的信道估计	习题示范课	89
3	基于人工智能的卫星资源调度	内容示范课	139
4	电磁频谱感知方法	内容示范课	170
5	基于人工智能的卫星通信抗干扰	内容示范课	189
6	3.2 节 传真程序及说明文档 . zip	仿真程序	67
7	3.3 节 传真程序及说明文档 . zip	仿真程序	80
8	4.2.2 节 基于机器学习的 QPSK 解调 MATLAB 代码 . docx	仿真程序	99
9	4.2.3 节 基于机器学习的 16QAM 解调 MATLAB 代码 . docx	仿真程序	100
10	4.3.4 节 基于 MLP、CNN、SAE 的智能解调代码 . docx	仿真程序	105
11	5.2.3 节 信道译码文档说明及代码 . docx	仿真程序	121
12	5.3.3 节 本节相关源代码下载 . py	仿真程序	127
13	6.2.2 节 本节相关源代码下载 . zip	仿真程序	147
14	7.4 节 代码注释与文档说明 . zip	仿真程序	185
15	项目 1-卫星通信信号频谱测量	实验视频	5
16	项目 2-宽带卫星通信仿真实验	实验视频	5
17	项目 3-基于中频模拟的卫星通信系统搭建	实验视频	5
18	项目 4-TensorFlow 环境配置	实验视频	25
19	项目 5-PyTorch 环境配置	实验视频	45
20	项目 6-基于深度学习的信道估计仿真实验	实验视频	80
21	项目 7-卫星通信中 QPSK 和 16QAM 两种调制方式效果比较	实验视频	93
22	项目 8-基于机器学习的 QPSK 解调仿真实验	实验视频	99
23	项目 9-基于机器学习的 16QAM 解调仿真实验	实验视频	99
24	项目 10-基于 MLP-CNN-SAE 的智能解调仿真实验	实验视频	100
25	项目 11-基于置信传播-深度学习网络的 LDPC 码译码算法	实验视频	119
26	项目 12-基于深度学习的卷积码译码仿真实验	实验视频	125
27	项目 13-基于 DDQN 的单智能体 DRL 资源调度仿真	实验视频	143
28	项目 14-基于深度学习的协作频谱感知	实验视频	181
29	项目 15-干扰信号生成实验	实验视频	191
30	项目 16-卫星抗干扰通信实验	实验视频	191
31	中国贡献（第 1 章）	拓展阅读	10
32	中国贡献（第 2 章）	拓展阅读	54
33	中国贡献（第 3 章）	拓展阅读	89
34	中国贡献（第 4 章）	拓展阅读	107
35	中国贡献（第 5 章）	拓展阅读	133
36	中国贡献（第 7 章）	拓展阅读	187
37	中国贡献（第 8 章）	拓展阅读	220

目录 Contents

第1章

概 述

当今世界，越来越多的国家高度重视并大力发展航天事业，世界航天进入大发展大变革的新阶段，将对人类社会发展产生重大而深远的影响。近年来，我国在载人航天工程、探月工程和深空探测方面取得了令全世界瞩目的成就。在探索浩瀚宇宙、发展航天事业的征程中，航天通信是实现空间信息高效、可靠、安全传输的关键环节。以低轨卫星互联网通信为代表的航天通信已经取得了显著进展，但也面临一些难以逾越的技术鸿沟。在通信质量保障方面，信道条件的复杂多变导致信号衰落、噪声干扰等问题更加严重，传统的信道估计、调制信号解调、信道解码等方法无法快速准确地适应这种变化，影响了数据传输质量。在资源管理与分配方面，由于航天器的功率和带宽资源有限，传统资源调度方法难以高质量、动态地满足不同区域、不同用户的服务需求。此外，随着航天器数量的不断增加以及地面通信对频谱需求的增长，航天通信可能会受到地面无线通信系统的干扰，不同航天通信系统之间也会存在相互干扰，传统固定分配频谱的方式严重降低了频谱利用效率。随着计算机、人工智能（Artificial Intelligence，AI）和大数据等技术的快速发展，利用人工智能方法解决航天通信现有问题已成为人们的共识。例如，基于历史数据和人工智能方法进行高精度信道估计、自适应解调解码和灵活资源调度，能够突破传统方法的技术瓶颈，进一步提高通信的有效性和可靠性。总的来看，航天通信的智能化已经逐渐显现，涉及智能化数据传输、智能化通信服务、智能化通信设备和智能化网络基础设施等多个方面。

通过本章的学习，应掌握航天智能通信的概念和特点，熟悉航天智能通信系统组成和功能，了解航天智能通信面临的挑战和发展趋势。

1.1 航天通信的概念与特点

1.1.1 基本概念

“中国航天之父”钱学森在1967年首次把人类“在大气层之外的飞行活动”称为“航天”（Spaceflight），1982年钱学森进一步把“航天”界定为大气层以外、太阳系以内的飞

行活动，飞出太阳系至广袤无限宇宙空间的活动称为“宇航”。

沿用钱学森的定义，本书的航天是指进入、探索、开发、利用太阳系以内太空及天体等各种活动的总称。

2. 航天通信

《中国军事大辞海》把“航天通信”称为“空间通信”，定义为“利用电磁波进行地面与星体（包括人造卫星、宇宙飞船等）之间或星体之间的远程无线电通信”。这里的星体指的就是各种航天器（Spacecraft）。

进一步，航天通信是指利用电磁波进行的地面与太阳系内航天器或航天器之间的远程无线电通信。

从航天通信的定义可以看出，实现航天通信的核心组成部分是具有通信功能的航天器，正是由于航天器作为通信节点的参与，使通信过程被打上了航天通信的标记。具有通信功能的最典型的航天器就是通信卫星，通信卫星即用作无线电通信中继站的人造地球卫星。

航天通信有三种基本方式和两种组合方式，如图 1-1 所示，图中的航天器包括人造地球卫星、空间探测器、载人飞船、空间站和航天飞机等。地球站（Earth Station）是指设在地球表面（包括陆地、水上和大气层中）的通信台站或通信终端。

航天通信的第Ⅰ种方式为地球站与航天器之间的通信，如图 1-1 中的①；第Ⅱ种方式为航天器之间的通信，如图 1-1 中的②；第Ⅲ种方式为通过航天器转发或反射进行的地球站之间的通信，如图 1-1 中的③。

第Ⅱ种和第Ⅲ种方式组合构成如图 1-1 中④所示的通信方式，即通过多个航天器实现地球站之间的通信。第Ⅰ种和第Ⅱ种方式组合构成如图 1-1 中⑤所示的通信方式，即通过航天器转发实现航天器与地球站通信。

航天通信支持的主要业务有如下四种。

1）跟踪定位：跟踪测量运动目标（如航天器或移动地球站），以确定其轨道或位置。

2）遥测遥控：监测航天器、空间环境、航天员的生理和活动情况；发送指令，使航天器设备完成规定的动作。

3）天地通信：实现地面人员与航天员间的通信，或地球站间的通信。

4）视频监控：监视航天器工作和航天员活动，观察地球和探测深空等。

从本质上讲，航天器上凡是涉及信息传输和交换过程的，都需要航天通信的支持，一个复杂的航天系统包含上述多种通信业务，例如一个空间站上就包括跟踪定位、遥测遥控、天地通信、视频监控等业务。

3. 卫星通信

卫星通信是指利用人造地球卫星作为中继站转发或发射无线电波，实现两个或多个地球站之间或地球站与航天器之间的通信。

卫星通信是航天通信的最主要形式，卫星通信的应用主要集中在地面站之间，例如电视广播、电话通信、数据传输等。

1.1.2 航天通信的特点

传统航天通信具有如下特点。

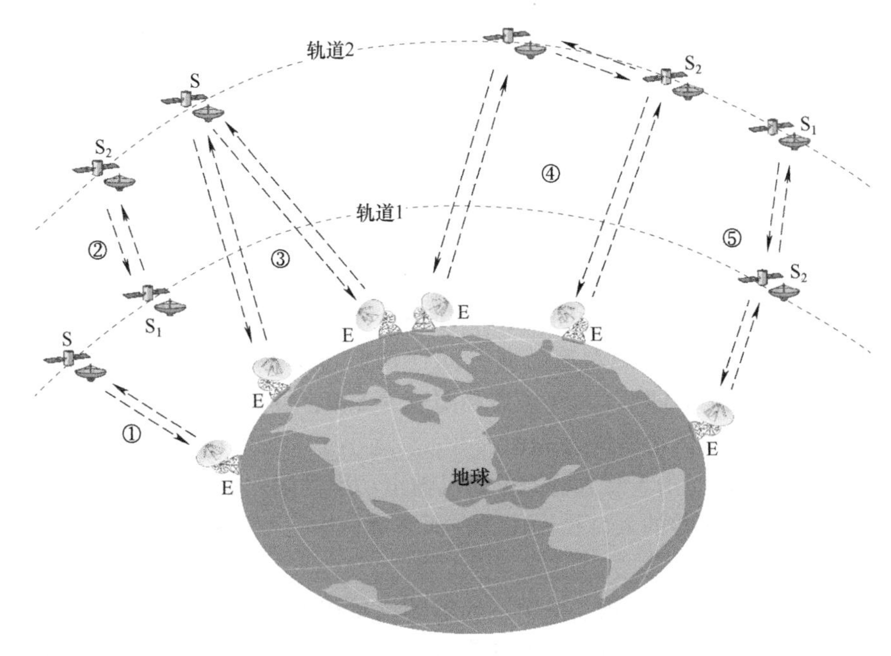

图 1-1　航天通信的三种基本方式及其组合方式

1）通信距离远。在卫星通信中，静止轨道通信卫星支持两个地球站的最大通信距离可达1.8万km左右，静止轨道卫星通信距离示意图如图1-2所示。而在深空通信中通信距离更远，地月通信的平均距离约为38万km，地火通信的距离可达数千万甚至数亿千米。

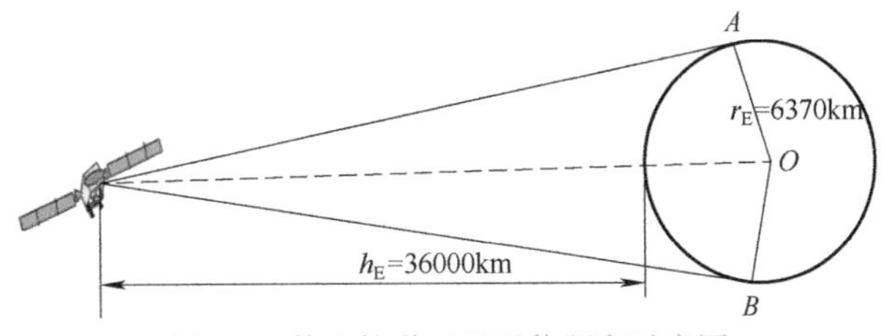

图 1-2　静止轨道卫星通信距离示意图

2）覆盖面积大。如图1-3所示，一颗高轨卫星可覆盖地球表面的1/3左右，三颗高轨卫星可以实现全球南北纬70°以内的覆盖。多颗低轨卫星组成的卫星星座能够实现全球覆盖。

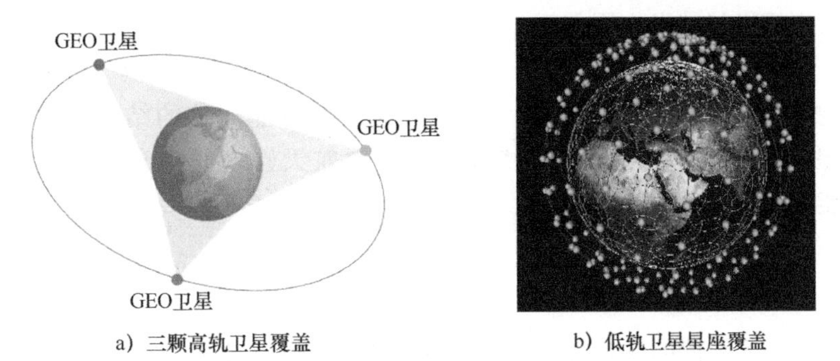

a）三颗高轨卫星覆盖　　b）低轨卫星星座覆盖

图 1-3　卫星覆盖示意图

GEO—地球静止轨道

3）通信频带宽，传输容量大，适于多种业务传输。航天通信较常用的通信频段包括 L、S、C、X、Ku、Ka 等微波频段，其中 C 频段可用带宽为 500MHz，Ku 频段可用带宽为 1400MHz，而 Ka 频段的可用带宽可达 3500MHz。航天通信还在向更高频段扩展，例如卫星与信关站可使用 Q/V 频段、E 频段建立馈电链路，可用带宽超过 10GHz。一颗通信卫星能够传输多路音视频和数据等信息。以中星 26 号高通量卫星为例，其通信容量达到了 100Gbit/s，能够同时满足百万个用户终端使用。SpaceX 公司的小型二代“星链”（Starlink）通信卫星，单星通信容量达到 165Gbit/s（每秒传输约 21GB 数据）。

4）接收信号弱。例如，当工作频率为 3.5GHz、卫星和地面站距离 600km 时，自由空间路径损耗可达 158.9dB。若卫星有效各向同性辐射功率为 36.7dBW，发射天线增益为 37.1dBi，接收天线增益为 0dBi，大气损失和雨衰为 5dB，发射机损耗为 2dB，接收机损耗为 2dB，则地面站接收到的功率仅为-101.2dBm。远小于 3GPP TS 38.101-1 标准规定的最小参考灵敏度-96.5dBm。由于航天器的发射机输出功率受限，要保证有效通信，地球站往往使用高增益的、指向可控的大口径天线。在深空通信中，使用的抛物面天线口径可达 76 米甚至更高。

5）传输时延大。在火星探测任务中，地球到火星探测器的距离近 1.9 亿 km，通信时延约 11min。利用地球静止轨道通信卫星进行通信，若地球站天线仰角为 5°～10°，则信号经卫星一次转接行程约为 8×10^4km。若信号以 3×10^5km/s 的光速传播，则需要 270ms 的传输时延；在基于中心站的星形网系统中，小站之间进行语音通信必须经双跳链路，当进行双向通信时，传输时延可达 540ms，对话过程就会感到不顺畅。在低轨卫星通信中，传输时延相对较小，但也在数十毫秒量级。

1.2 航天智能通信的概念与特点

1.2.1 基本概念

1. 智能通信

智能通信是以人工智能辅助的方式进行信息传输和交换的过程。这种通信方式结合了计算机、人工智能和大数据等技术，涵盖了智能化数据传输、智能化通信服务、智能化通信设备和智能化网络基础设施等方面。

2. 航天智能通信

航天智能通信也称智能航天通信，是航天通信与智能通信的结合，主要用于实现航天器（如卫星、飞船等）与地面站（终端）、其他航天器之间信息的智能化传输、智能化交换和智能化处理。

1.2.2 航天智能通信的特点

除继承传统航天通信的特点之外，航天智能通信还具有如下特点。

1）航天通信过程自动化。航天智能通信系统能够通过智能化的算法和自动化的控制系统，自动完成航天通信过程中的各种操作，包括数据传输、接收和处理，从而提高通信效率，并减少对人工操作的需求。

2）航天通信服务智能化。航天智能通信系统具备学习和适应能力，能够不断根据用户的需求和环境条件自主调整通信方式和参数，从而提供更加智能化的通信服务。

3）航天通信任务高效化。航天智能通信系统利用先进的智能通信技术和算法，能够在较短的时间内完成大量的通信任务，进而实现高速数据传输、快速响应和实时通信，以提高通信的效率和质量。

实验视频
项目1：卫星通信信号频谱测量

1.3 航天智能通信系统

1.3.1 点对点航天通信系统模型

实验视频
项目2：宽带卫星通信仿真实验

点对点航天通信系统的基本模型如图1-4所示。

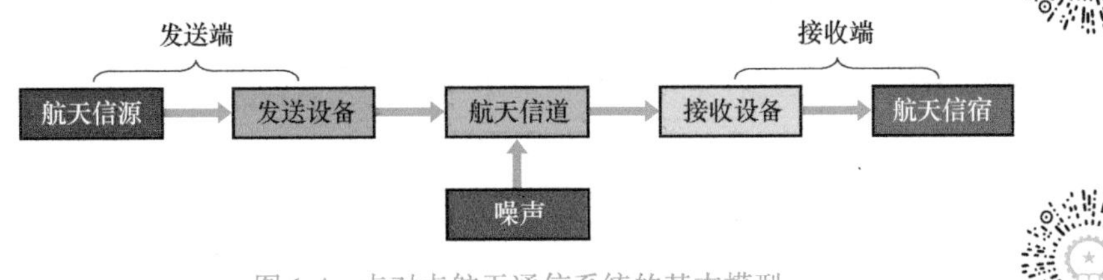

图1-4 点对点航天通信系统的基本模型

（1）航天信源

航天信源可以是各种航天器，也可以是地面站，主要用于产生需要传输的消息，如航天器上产生的探测图像、数据，以及地面站产生的控制或业务消息等。

（2）发送设备

发送设备涵盖的内容很多，如信号变换器、信号放大器、滤波器、编码器、调制器等，对于多路传输系统，还包含多路复用器。发送设备主要用于产生适合在航天信道中传输的信号，使发送信号的特性和航天信道的特性相匹配，具有抗信道干扰的能力，并且具有足够的功率以满足远距离传输的需要。

（3）航天信道

航天信道是信号在航天通信系统中从发射端传输到接收端所经过的传输介质，一般仅指无线电波在大气层、太空中的传播路径。航天信道主要受太阳系内的空间电磁环境、使用的频段，以及航天信源、信宿之间的快速移动的影响。由于航天信源、信宿之间存在相对运动，且通信环境复杂多变，因此航天信道往往表现出较强的衰落特性，包括多径效应和多普勒效应。

（4）接收设备

接收设备是指能够接收来自航天器的电磁波信号，并将其转换为可处理信息的设备。这些设备通常包括天线、接收机、信号处理单元等部分，它们共同完成信号的接收、放大、解调、译码等处理过程。对于多路复用信号，接收设备还包括解除多路复用、实现正确分路的功能。此外，接收设备还要尽可能减少传输过程中噪声与干扰所带来的影响。

(5) 航天信宿

航天信宿是传送消息的目的地，其功能与航天信源相反，即把原始电信号还原成相应的消息。航天信宿可以是各种航天器和地面站。

(6) 噪声

噪声包括自然产生的噪声（如宇宙噪声、大气噪声和降雨噪声等）和人为噪声（如干扰）。

1.3.2 点对点航天智能通信系统模型

点对点航天智能通信系统模型如图1-5所示。从航天信息传输的过程来看，智能技术主要用于航天通信系统的接收端，如智能信道估计、智能解调、智能信道译码、智能抗干扰等模块。从航天通信系统或网络层面来看，智能技术主要用于智能频谱感知、智能资源调度等过程。

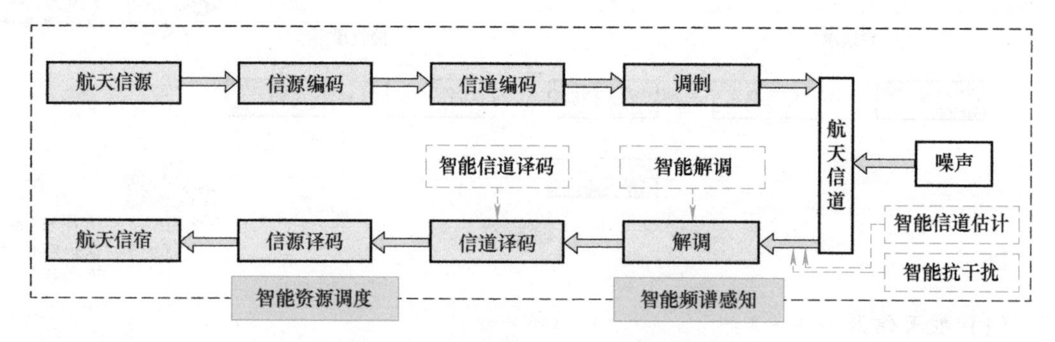

图1-5 点对点航天智能通信系统模型

因而从系统层面看，航天智能通信系统尚未突破传统航天通信系统架构，但融入了更高级的智能化技术，不仅能够实现信息的传输、接收和处理，还能够对传输环境进行智能感知、对传输过程进行智能调整、对传输资源进行智能调度、对传输网络进行智能优化，以进一步提高通信的有效性和可靠性。

1.3.3 卫星智能通信系统

卫星通信系统是航天通信系统最主要的组成部分，不仅可为地球上的用户提供语音、数据、图像、视频等多媒体通信服务，还可为航天器与地面之间的遥测、遥控、跟踪和信息传输提供重要支持。由于具有覆盖面积广、通信容量大、传输质量高、机动灵活等优点，卫星通信系统在全球范围内得到了广泛的应用。

卫星智能通信系统架构如图1-6所示。该架构与卫星通信系统的架构基本一致，但引入了智能计算或处理模块。智能计算或处理模块既可以依赖传统卫星通信系统的组成元素，如卫星、地面站，也可以是专用的智能处理平台或设备，使得系统能够自主决策、学习和优化通信过程。

1. 系统组成

卫星智能通信系统主要由空间段、地面段、用户段和智能段四部分组成，下面进行具体介绍。

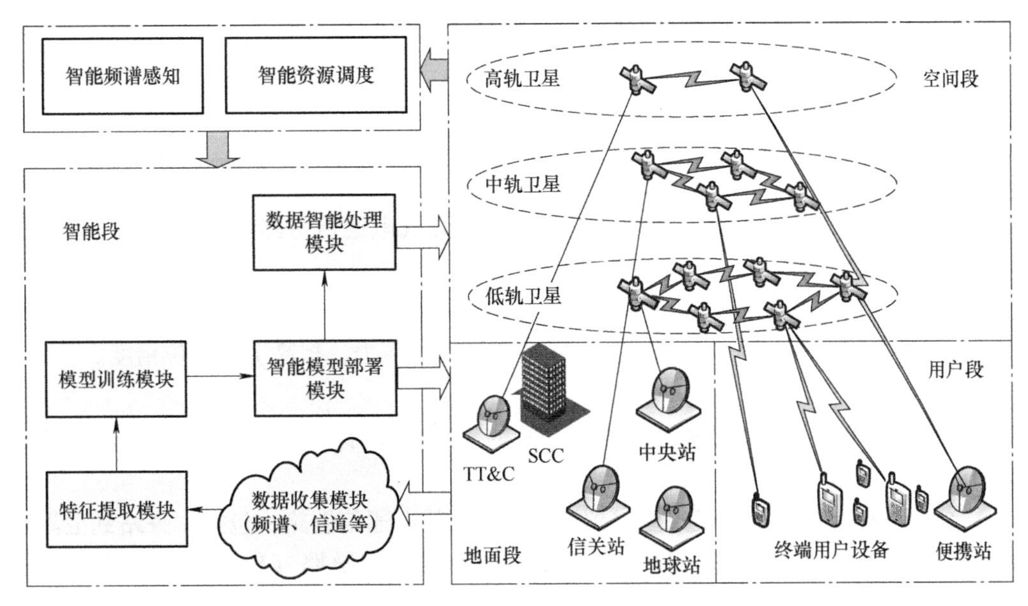

图 1-6 卫星智能通信系统架构

（1）空间段

空间段主要是指在轨通信卫星，这些卫星负责接收和转发来自地面站的信号，或直接向地面站发送信号。通信卫星的主体是通信载荷（天线、通信转发器或通信收发信机等），另外还有卫星平台，包括测控、控制和结构等分系统。当空间段有多颗卫星时，卫星和卫星之间可以建立星间链路（Inter-Satellite Link，ISL），实现卫星组网，扩大卫星的覆盖范围。根据不同的应用场景，卫星的轨道可以是地球同步轨道、地球静止轨道、中轨道或低轨道等。

（2）地面段

地面段包括地面的卫星控制中心（SCC）及跟踪、测控和指令站（TT&C）。这些设施主要负责卫星发射阶段的跟踪和定位，卫星变轨、太阳能电池板展开等动作指令下达，以及卫星在轨运行期间的轨道监测和校正、干扰和异常问题监测与检测等。此外，地球站也是卫星通信系统中与卫星通信的关键设备之一，其主要功能是接收、发射和处理卫星信号，完成用户与用户间经卫星转发的无线电通信。地球站包括中央站（信关站）和普通地球站。中央站具有普通地球站的通信功能，此外还负责通信系统的业务调度与管理，对普通地球站进行监测控制、业务转接等。

（3）用户段

用户段主要由各类终端用户设备组成，包括VSAT（甚小天线地球站）、手持终端，以及搭载在车、船、飞机上的移动终端等。这些设备用于接收和处理来自卫星的信号，实现与地面站或其他用户之间的通信。

（4）智能段

智能段主要包括数据收集模块、特征提取模块、模型训练模块、智能模型部署模块、数据智能处理模块等，这些模块可以根据需要部署于空间段、地面段和用户段中的任意部分，或部署于可与航天通信系统互联的专用智能处理平台、设备上。智能段主要用于智能感知电磁频谱、智能调整传输过程、智能调度通信计算资源和智能优化网络等工作。

2. 卫星通信链路

（1）根据空间分布分类

根据空间分布，卫星通信链路可以分为星地链路和星间链路。

1）星地链路是地球站与卫星之间的链路，包括上行链路和下行链路。从卫星到地球站的无线电通信链路为下行链路，从地球站到卫星的无线电通信链路为上行链路。这种链路受到自由空间传播损耗和近地大气影响。

2）星间链路是卫星与卫星之间的链路，只考虑自由空间传播损耗。星间链路有助于实现卫星之间的互联互通，减少地面站的规模和管理维护压力，提高卫星定位精度。

（2）根据业务分类

根据业务在卫星、中央站及地面用户之间的流向，又可将卫星链路分为前向链路和反向链路。

1）前向链路是指中央站经过卫星到用户站的无线电通信链路，包括中央站到卫星馈电链路（Feeder Link，FL）的上行链路和卫星到用户站用户链路（User Link，UL）的下行链路。

2）反向链路是指用户站经过卫星到中央站的无线电通信链路，包括用户站到卫星用户链路的上行链路和卫星到中央站馈电链路的下行链路。

由于中央站到卫星的馈电链路通常是一对一的单链路系统，因而人们更多关注前向链路中卫星到地面用户的一对多下行链路，以及反向链路中地面用户到卫星的多对一上行链路。

1.4 航天智能通信的挑战与发展

1.4.1 航天智能通信面临的挑战

尽管人工智能与航天通信的结合，有助于构建更稳定、更有效、更可靠、更安全的航天通信系统，但也面临不小的挑战。

1）智能算法复杂度与通信实时性要求矛盾突出。以信道解码为例，根据香农信道编码定理，当码字长度越长时，存在一种编码方式，可以实现无差错传输。然而对于基于神经网络（Neural Network，NN）的端到端信道编译码系统来说，当码字长度增加时，系统的训练复杂度大幅增加。尤其是在航天通信设备的处理能力、存储容量和能耗相对受限的情况下，如何克服深度学习的维数灾难是需要重点关注的问题。

2）智能算法可解释性较差，且所需数据量巨大。以基于数据驱动的深度学习网络为例，该方法通过将通信链路中的某一个或者多个模块看作一个未知的黑匣子，并利用深度学习网络替换，然后通过大量训练数据对其进行训练，因此可解释性较差，且所需数据量巨大。

3）智能算法的泛化能力不足。以基于深度学习的信道编译码算法来说，为了使训练好的模型充分发挥其优势，测试时需要匹配对应的信道状态，例如，在信噪比（SNR）为1dB时训练的系统网络模型，只有在信噪比为1dB下传输信息的性能才最好。在实际通信系统中，信噪比并不是恒定的，这意味着通信系统需要在一段范围内进行训练并储存多个模型，这样不仅增加了训练的时间复杂性，也增加了系统模型存储量。因此，如何训练一个泛化能力强的模型以适应不同信噪比的信道条件，是需要关注的问题。

4）复杂电磁环境导致样本数量少且质量不高。随着通信、雷达、测控、导航、电子对抗等各类电磁频谱应用数量的指数级增长，电磁频谱环境已逐渐呈现出环境多域、态势多维、应用多样、行为多变、信号密集的复杂特性。在这样的复杂环境中，需要对海量数据进行即时有效的分析和处理。此外，由于容易受到干扰、电子对抗等影响，标注样本数量少且质量不高。现有的机器学习算法依赖大量的高质量标注数据进行训练，对错误标记数据和知识的鲁棒性有待提升。

5）缺乏统一开源的训练数据集。训练数据对于深度学习方法的训练与应用至关重要，但目前训练与测试所使用的数据都是根据信道模型和信号模型仿真生成的。以信道估计为例，虽然采用的信道模型都是参考现有协议或者相关文献生成的，但与实际场景下的信道参数仍存在差别，进而导致信道估计误差增大。

1.4.2 航天智能通信的发展趋势

1. 数据模型双驱动的智能信道估计

信道估计有助于接收端准确地恢复出发射端发送的无线信号。通过信道估计，接收端可以了解当前信道的状态信息，从而对接收到的信号进行准确的解调和解码。信道估计可以评估无线信道的性能，提供信道质量指标（如信噪比、误码率等），为通信系统提供自适应传输的参数依据，根据信道质量的好坏优化传输性能。

深度学习网络通过借鉴传统迭代算法的框架，将传统迭代算法的结构转化为深度学习网络的架构，通过深度学习网络的训练来优化算法参数，可有效提高信道估计算法性能。此外，利用深度学习网络辅助优化传统模块，将深度学习网络与传统通信模块相结合，对于构建可解释性和可信性更强的信道估计算法意义重大。

2. 泛化模型支持的智能解调解码

优良的调制解调、信道编解码算法是航天通信有效性和可靠性的重要保障。航天通信环境具有复杂性和时变性，如，信道存在的大气散射、吸收和折射等会导致信号的衰减、传播时延、相位失真，电离层等离子体和太阳辐射活动会引起的多径效应和相位漂移。为此，研究具备强泛化能力的智能模型，使得通信系统可以自适应地调整传输参数（如调制方式、编码方式、发射功率等），对解调、解码等技术性能的提升具有重要意义。

3. 低信噪比条件下的频谱感知

随着无线通信技术的进步，通信发射功率也在不断降低。随着低至零功率通信的出现，频谱感知将面临极低信噪比条件下的精准感知需求，否则极易对正常通信用户造成影响。此外，卫星的服务类型众多、服务范围较广，使得航天通信系统变得更加复杂，这无疑加剧了频谱感知的难度。低信噪比条件下的智能频谱感知对算法构造提出了更高的要求，在保证时效性的前提下，如何能从微弱信号数据中提取频谱动态变化情况，目前仍是一项挑战性任务。

4. 多维异质的资源配置和管理

与地面通信网络相比，卫星通信网络具有高动态、大时延、资源严重受限等特性，两者在网络架构、空口设计、频谱管理等方面均呈现多元异构态势。与此同时，网络中可调度的资源也从单一的通信资源扩展为多维异质的通信、存储和计算资源，这种多维度的资源配置和资源管理以及边云协同和人工智能赋能的架构特征，将有利于提升网络的整体效率，但是也为资源管理带来巨大挑战。如何在星地多层异构的网络场景下联合、高效地调度通信、计算与存储三类多维异质资源，尚有待深入研究。

5. 基于数据经验双驱动的卫星网络优化

在网络层，卫星网络优化主要关注流量控制、路由选择和网络协议等方面。基于数据的卫星网络优化智能方法通过与环境的持续互动收集样本，但优化训练时间和样本空间大小需求大，促使了基于数据经验双驱动的卫星网络优化技术的产生。引入额外的经验，如组网知识和卫星常识这种经验的整合，有助于缩短训练时间，简化卫星网络优化所需的参数数量，并加速优化过程。

6. 基于认知无线电的智能抗干扰

卫星通信主要面临上行干扰威胁，智能抗干扰的实施一般在星上处理，干扰认知、抗干扰波形库、决策过程对星载资源及计算能力提出了新要求。设计高时效性的干扰预测模型，构建对抗强干扰的通信波形，研究无监督或小样本条件下的干扰认知及抗干扰决策过程，是实际应用中必须要考虑的问题。

7. 基于语义通信的端到端航天通信系统设计与优化

在6G的研究中，语义通信被视为关键技术之一，它通过基础理论体系创新和智能、信息、通信、网络等层面关键技术的突破，实现信息通信系统发展范式的变革。语义通信作为一种基于语义理解和语义表达的通信方式，其核心在于关注信息的含义和目的，而非仅仅是简单的文本或语音传递。这种通信方式能够有效提升通信的语义理解和表达能力，在航天通信领域具有极大的潜力。而且，语义通信还可推动航天通信技术的范式转变。传统的通信技术大多采用分模块处理信息的方式，导致信号处理技术堆叠、处理链条冗长、复杂度越来越高，而语义通信则打破了模块分离优化的约束，采用端到端贯通式优化、信源信道联合设计的技术手段，实现通信系统的整体优化。这种优化方式将极大提升航天通信的效率和性能，满足未来航天任务对通信技术的更高要求。

习 题

1. 概述航天智能通信的概念和特点。
2. 航天通信的基本形式有哪些？
3. 简述航天通信与传统地面通信的主要区别（至少3点）。
4. 列举航天智能通信面临的主要挑战（至少3个）。
5. 概述点对点航天智能通信系统组成及功能。
6. 查阅相关资料，分析航天智能通信的发展趋势有哪些。

第 2 章

航天智能通信技术基础

人工智能是研究、开发用于模拟、延伸和扩展人的智能的理论、方法、技术及应用系统的一门新的技术科学，是实现航天智能通信的基础。早期的人工智能方法倾向于通过利用领域专业知识（通常称为专家系统）来明确地规划决策系统。在这样的领域专家计划中，各种经过仔细研究的规则通常是结构化的。这种规则在特定领域内可能非常精确和有效，但其往往难以适应新的、未预见的情况或数据变化。相比之下，机器学习（Machine Learning，ML）作为人工智能的一个核心子领域，能够从大量数据中自动学习并提取模式，因此具有更强的适应性和泛化能力。目前，机器学习已经在信道建模、调制解调、信道编译码、资源分配等任务上得到了应用。此外，能够自动地从复杂、高维和非结构化数据中学习并提取出层次化特征表示的深度学习（Deep Learning，DL），通过与环境实时交互来学习并优化决策过程的强化学习（Reinforcement Learning，RL），可以保证数据隐私和降低通信成本的联邦学习（Federated Learning，FL），以及通过少量数据快速适应新任务的元学习（Meta-Learning，ML），也使得调制模式识别、信道状态信息压缩与恢复、信道估计、信号检测、信道编译码、信号同步、资源调度、网络优化等任务取得了显著的性能提升，具有很好的应用前景。

通过本章的学习，应掌握人工智能的基本原理，熟悉机器学习、人工神经网络（Artificial Neural Network，ANN）、深度神经网络（Deep Neural Networks，DNN）的典型技术，理解强化学习和联邦学习的原理机制，并了解各种人工智能相关技术之间的关系。

2.1 机器学习

机器学习是一种让机器能够自动地从数据中总结规律，并得出某种预测模型，进而利用该模型对未知数据进行预测的方法。它是一种实现人工智能的方式，是一门交叉学科，涉及统计学、概率论、逼近论、凸分析和计算复杂性理论等多个领域。

2.1.1 机器学习的分类

1. 按照学习方式分类

按照学习方式分类，机器学习大致可以分为以下三类（见图 2-1）。

(1) 有监督学习(Supervised Learning)

当已经拥有一些数据及其对应的标签时,可以通过这些数据训练出一个模型,再利用这个模型预测新数据的标签,这种情况称为有监督学习。即对于每一个样本,每个输入 x 都有一个确定的输出结果 y,需要训练出 $x \rightarrow y$ 的映射关系 f。有监督学习可分为回归问题和分类问题两大类。在回归问题中,预测的结果是连续值;在分类问题中,预测的结果是离散值。常见的有监督学习算法包括线性回归、逻辑回归(Logistic Regression)、K-近邻(K-Nearest Neighbor, K-NN)、朴素贝叶斯、决策树(Decision Tree)、随机森林(Random Forest)、支持向量机(Support Vector Machine, SVM)等。

(2) 无监督学习(Unsupervised Learning)

如果没有给定标签训练样本,需要对给定的数据直接建模,这种情况称为无监督学习。常见的无监督学习算法包括 K-Means(K-均值)、EM(期望最大化)算法等。

(3) 半监督学习(Semi-supervised Learning)

半监督学习介于有监督学习和无监督学习之间,给定的数据集既包括有标签的数据,也包括没有标签的数据,需要在工作量(如数据的打标)和模型的准确率之间取一个平衡点。

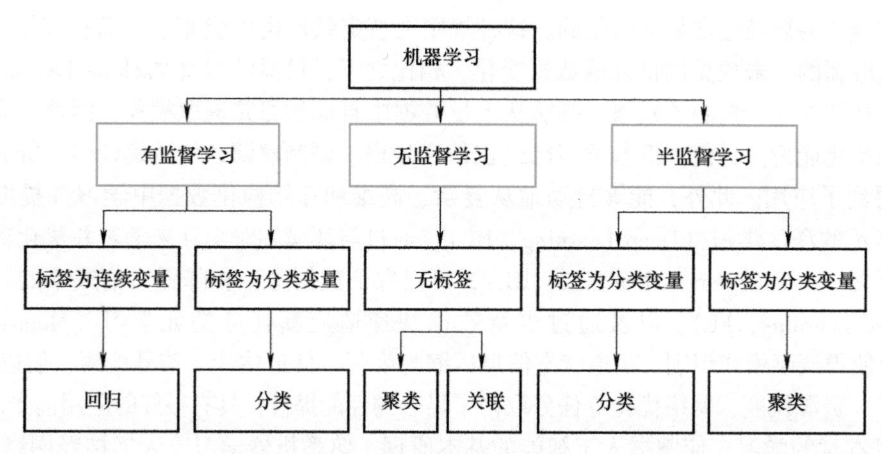

图 2-1 按照学习方式分类

2. 按照解决问题分类

按照解决问题分类,机器学习大致可以分为回归算法、分类算法、聚类算法等。

(1) 回归算法

1) 简单线性回归。简单线性回归只根据单一的预测变量 x 预测定量响应变量 y。它假定 x 与 y 之间存在线性关系,其数学关系如下:

$$y \approx \beta_0 + \beta_1 x \tag{2-1}$$

式中,"≈"表示近似;β_0 和 β_1 是两个未知的常量,称为线性模型的系数,它们分别表示线性模型中的截距和斜率。这种线性关系可以描述为 y 对 x 的回归。

β_0 和 β_1 通过大量样本数据估算得到。假如样本数据如下:

$$(x_1, y_1), (x_2, y_2), \cdots, (x_n, y_n)$$

此时问题转换为在坐标中寻找一条与所有点最大限度接近的直线问题。简单线性回归如

图 2-2 所示。

使用最小二乘法可最终求得估计值（β_0', β_1'）。

在实际情况中，所有的样本或真实数据不可能真的都在一条直线上，每个坐标都会有误差，所以可以表示为如下关系：

$$y = \beta_0 + \beta_1 x + \varepsilon \tag{2-2}$$

式中，ε 为误差项。式（2-2）也称为总体回归直线（Population Regression Line），是对 x 和 y 之间真实关系的最佳线性近似。

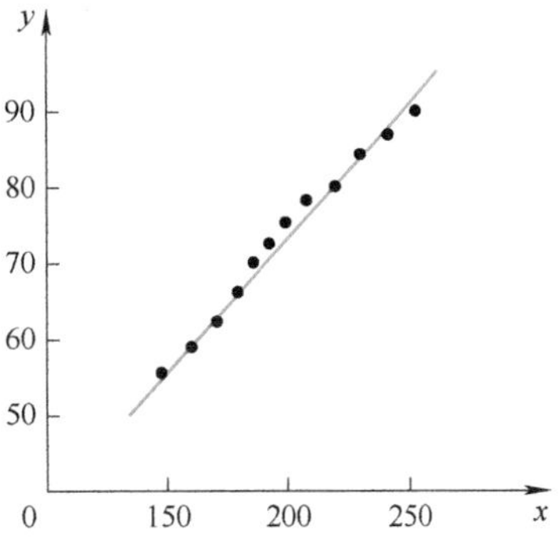

图 2-2　简单线性回归

2）多元线性回归。相比于简单线性回归，实践中常常不止一个预测变量，这就要求对简单线性回归进行扩展。虽然可以给每个预测变量单独建立一个简单线性回归模型，但无法做出单一的预测。更好的方法是扩展简单线性回归模型，使它可以直接包含多个预测变量。一般情况下，假设有 p 个不同的预测变量，则多元线性回归模型为

$$y = \beta_0 + \beta_1 x_1 + \beta_2 x_2 + \cdots + \beta_p x_p + \varepsilon \tag{2-3}$$

式中，x_p 代表第 p 个预测变量，β_p 代表第 p 个预测变量和响应变量之间的关联。

3）线性最小二乘回归。线性最小二乘回归也可用于确定两个变量之间的线性关系。它通过最小化响应变量与回归模型预测变量之间的平方差之和来寻找最佳拟合直线或曲线。损失函数是响应变量与预测变量之间差异的度量，对于线性回归，通常使用平方损失函数表示为

$$L(\beta) = \sum_{i=1}^{n} [y_i - (\beta_0 + \beta_1 x_{1i} + \beta_2 x_{2i} + \cdots + \beta_p x_{pi})]^2 \tag{2-4}$$

式中，n 是样本数量，y_i 是第 i 个响应变量，$x_{1i}, x_{2i}, \cdots, x_{pi}$ 是第 i 个响应变量对应的预测变量。

（2）分类算法

1）决策树。决策树算法是一种直观易懂的分类算法，该算法递归地将数据集分割成更小的子集，同时构建与各个子集对应的决策树，最终形成树形结构，其中每个节点表示对某个特征的测试，每个分支表示测试结果，而每个叶节点表示一个标签或一个类的分布。

决策树的分类过程为：首先从所有特征中选择一个能够最优地分割数据的特征；其次根据选择的特征，将数据集分割成子集，创建节点和分支；然后进行递归分割，对每个子集重复上述过程，继续选择最佳特征，分割数据，直到满足停止条件（如所有数据属于同一类，特征用完，或达到最大树深）；最后进行分类预测，对于新数据，从根节点开始，按照特征测试结果向下走到叶节点，叶节点的标签即为分类结果。

2）K-NN 算法。K-NN 是一种基于实例的学习算法，用于分类和回归。该算法假设相似的实例在特征空间中彼此靠近，即“物以类聚，人以群分”，通过查找测试样本最近的 K 个训练样本的类别来预测分类。无需训练过程，但计算成本高。在通信系统中，可使用 K-NN 分类算法作为弱分类器进行解调。所有弱分类器的输出通过加权投票机制合成最终的决策。

K-NN 的分类过程为：首先选择 K 值（正整数），表示在决策中考虑的最近邻样本的数量；其次对于待分类的样本，计算它与训练集中所有样本的距离（常用的距离度量有欧氏

距离、曼哈顿距离等）；然后选择 K 个最近邻，即根据计算出的距离，选择距离待分类样本最近的 K 个训练样本；最后通过投票完成分类，投票在 K 个最近邻样本中进行，统计每个类别的样本数量，选择出现次数最多的类别作为待分类样本的预测类别。

3）随机森林。随机森林是一种集成学习算法，由多个决策树组成，每棵树的训练集是原始数据集的一个随机子集，每棵树进行独立训练。对于分类任务，随机森林通过对所有决策树的预测结果进行投票来决定最终的类别。

4）AdaBoost（Adaptive Boosting，自适应增强）。AdaBoost 是一种集成学习方法，通过结合多个弱分类器形成一个强分类器。在通信系统中，这种方法可被用来提高解调过程中的分类准确性，特别是在信噪比较低的情况下。图 2-3 所示为 AdaBoost 特征分类器的结构，其包含多个弱分类器 K-NN，通过每个 K-NN 的输出 f，最终得到分类器的输出 F。

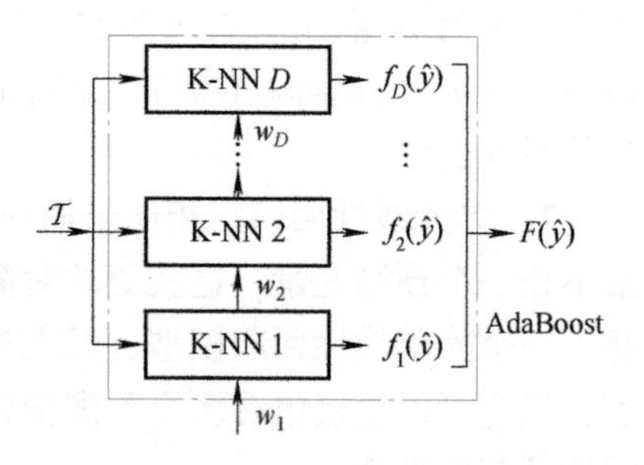

图 2-3 AdaBoost 特征分类器的结构

5）SVM（Support Vector Machine，状态机）。SVM 是一种适用于对高维数据进行分类的机器学习方法，最初设计用于二分类问题，即将数据分成两个类别。SVM 也可以通过一些扩展方法用于多分类问题。常见的方法包括一对一（One-Vs-One，OVO）和一对其余（One-Vs-Rest，OVR）策略，这些方法将多类别问题转化为多个二分类问题，然后利用 SVM 进行解决。其基本思想是找到一个最优的超平面，将不同类别的数据点分隔开。以一对一策略为例，每个分类器负责区分一对类别，如果总共有 M 类，那么会构建 $\frac{M(M-1)}{2}$ 个 SVM 分类器。每个分类器只在其负责的两个类别的数据上进行训练和预测，通过多个分类器的投票机制确定最终的类别。图 2-4 所示为 OVO-SVM 特征分类器的结构，图中包含多个一对一 SVM 分类器，Adder 是求和模块，arg max 是求自变量最大值的函数，并完成分类结果的输出。

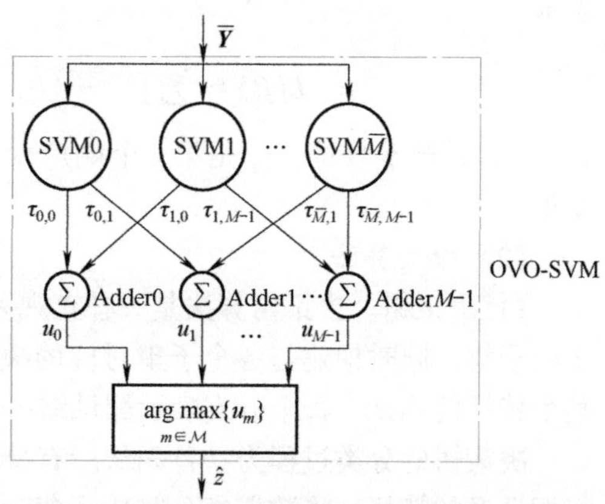

图 2-4 OVO-SVM 特征分类器的结构

6）逻辑回归。逻辑回归是一种用于二分类问题的线性模型，通过学习数据中特征与标签之间的关系来预测新数据的标签。尽管名字中有“回归”二字，但逻辑回归实际上是一种分类算法。它基于对数概率（Log-Odds）的线性回归，通过激活函数将输出映射到概率值。在通信问题中，逻辑回归通过学习信号特征与标签之间的关系，可以有效地将接收的信号分类到不同的调制符号中实现解调。

（3）聚类算法

K-Means 是一种广泛使用的聚类算法，其目标是将数据集划分为 K 个簇，使得每个簇中的数据点彼此之间尽可能相似，而不同簇中的数据点尽可能不同。K-Means 算法通过迭代优化过程实现这一目标。

K-Means 的迭代聚类过程为：首先进行初始化，确定要识别的符号数量 K，例如，进行数字信号解调时，在 QPSK（四相移相键控）中 $K=4$，在 16QAM（16 进制正交调幅）中 $K=16$，并随机选择 K 个信号点作为初始的簇中心；其次计算每个接收到的信号点到 K 个簇中心的距离；然后将每个信号点分配给最近的簇中心；最后计算每个簇中所有信号点的均值，将其更新为新的簇中心。后续只需重复迭代，直到簇中心的位置不再显著变化。

2.1.2　用机器学习解决通信问题的一般流程

用机器学习解决通信问题的一般流程如图 2-5 所示。

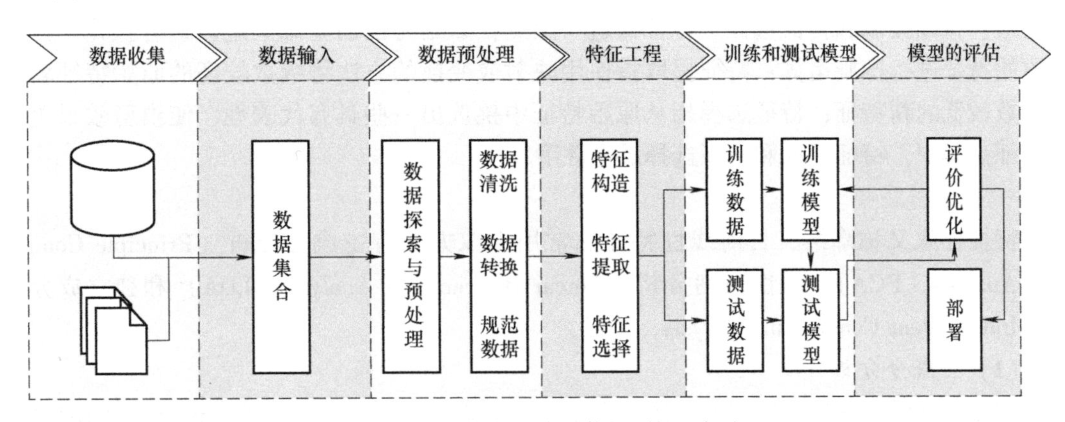

图 2-5　用机器学习解决通信问题的一般流程

(1) 数据收集

数据和特征决定了机器学习性能的上界。当面临实际问题时，若既有策略，又有一些可能有用、也可能无用的相关数据，则数据收集是指根据需求从已有数据中找出真正需要的数据；若只有策略，没有数据，则数据收集是指对数据的搜寻和整理等。

(2) 数据预处理

无论是收集的数据还是公开数据集，通常都会存在各种各样的问题，如数据不完整、格式不一致、存在异常数据，以及正负样本数量不均衡等，因此需要对数据进行清洗、转换、规范等一系列的处理，这个过程即为数据预处理。

(3) 特征工程

特征工程是从原始数据中提取特征的过程，目标是使这些特征能表征数据的本质特点，使基于这些特征建立的模型用于未知数据时性能可以达到最优。提取的特征越有效，意味着构建的模型性能越出色。在数据量大、提取特征多的情况下，尤其需要特征工程。

(4) 训练和测试模型

处理好数据之后，即可选择合适的机器学习算法进行模型训练。可供选择的机器学习算法有很多，每个算法都有自己的适用场景，选择算法的原则如下。

1）对处理好的数据进行分析，判断数据是否有标签，若有标签，则应考虑使用有监督学习的相关算法，否则可以作为无监督学习问题进行处理。

2）判断问题类型，属于分类问题还是回归问题。

3）根据问题的类型选择具体的算法训练模型。实际工作中会使用多种算法，或者使用相同算法的不同参数进行评估。

4）考虑数据集的大小，若数据集小、训练的时间较短，则通常考虑采用朴素贝叶斯等轻量级算法，否则就要考虑采用SVM等重量级算法，甚至考虑使用深度学习算法。

2.1.3 特征工程

2.1.2节介绍了用机器学习解决通信问题的大致流程和相关方法，本节进一步详细介绍其中的重要环节——特征工程。

特征工程的目的是把原始的数据转换为模型可用的数据，其主要包括三个子问题：特征构造、特征提取和特征选择。特征构造一般是在原始特征的基础上进行组合操作，例如对原始特征进行四则运算；特征提取指使用映射或变换的方法将维数较高的原始特征转换为维数较低的新特征；特征选择指从原始特征中挑选出一些具有代表性、使模型效果更好的特征。其中，特征提取和特征选择最为常用。

1. 特征提取

特征提取又称降维，目前线性特征的常用提取方法有主成分分析（Principle Component Analysis，PCA）、线性判别分析（Linear Discriminant Analysis，LDA）和独立成分分析（Independent Component Analysis，ICA）。

（1）主成分分析

主成分分析是一种经典的无监督降维方法，主要思想是通过减少噪声和去冗余来降维。

1）减少噪声指在将维数较高的原始特征转换为维数较低的新特征的过程中，保留维度间相关性尽可能小的特征维度，这一操作借助协方差矩阵实现。

2）去冗余指把减少噪声之后保留下来的维度进行进一步筛选，去掉含有特征值较小的维度，使得留下来的特征维度含有的特征值尽可能大。特征值越大，方差就会越大，所包含的信息量就会越大。

主成分分析完全无参数限制。也就是说，结果只与数据有关，用户无法进行干预。这是它的优点，同时也是缺点。针对这一特点，人们提出了核主成分分析（Kernel-PCA），使得用户可以根据先验知识预先对数据进行非线性转换，因而成为当下流行的方法之一。

（2）线性判别分析

线性判别分析是一种经典的有监督降维方法。二分类线性判别分析中，二维特征通过一系列矩阵运算实现从二维平面到一条直线的投影，同时借助协方差矩阵、广义瑞利熵等实现类间数据的最大化与类内数据的最小化。从二分类推广到多分类，通过在二分类的基础上增加全局散度矩阵来实现最终目标优化函数设定，从而实现类间距离的最大化和类内距离的最小化。显然，由于它是针对各个类别做的降维，所以数据经过线性判别分析降维后，最多只能降到原来的类别数减1的维度。

因此，线性判别分析除实现降维外，还可以实现分类。另外，对比主成分分析可以看出，线性判别分析在降维过程中着重考虑分类性能，而主成分分析着重考虑特征维度之间的差异性与方差的大小，即信息量的大小。

（3）独立成分分析

主成分分析只能保证特征维度之间没有线性关系，并不能保证它们之间相互独立。独立成分分析的主要思想是在降维的过程中保留特征维度的独立性，因而其往往有比主成分分析更好的降维效果。

2. 特征选择

不同的特征对模型的影响程度不同，选择出对模型影响大的特征，移除不太相关的特征，这个过程就是特征选择。特征选择的最终目的是通过减少冗余特征减少过拟合、提高模型准确度、减少训练时间。特征选择是对原始特征取特征子集的操作，而特征提取则是对原始特征进行映射或者变换操作。

特征选择在特征工程中十分重要，往往可以在很大程度上决定模型训练结果的好坏。常用的特征选择方法包括过滤式（Filter）、包裹式（Wrapper）和嵌入式（Embedding）。

（1）过滤式

过滤式特征选择一般通过统计度量的方法来评估每个特征和结果的相关性，以对特征进行筛选，留下相关性较强的特征。其核心思想是先对数据集进行特征选择，再进行模型的训练。过滤式特征选择独立于算法，因此拥有较高的通用性，可适用于大规模数据集，但在分类准确率上表现欠佳。常用的过滤式特征选择方法有皮尔逊（Pearson）相关系数法、方差选择法、假设检验、互信息法等，这些方法通常是单变量的。

（2）包裹式

包裹式特征选择通常把最终机器学习模型的表现作为特征选择的重要依据，一步步筛选特征。这一步步筛选特征的过程可以看作目标特征组合的搜索过程，而这一搜索过程可应用最佳优先搜索、随机爬山算法等。目前比较常用的包裹式特征选择方法是递归特征消除法，其原理是使用一个基模型（如随机森林、逻辑回归等）进行多轮训练，每轮训练结束后，消除若干权值系数较低的特征，再基于新的特征集进行新一轮训练。

由于包裹式特征选择根据最终的模型表现来选择特征，因此它通常比过滤式特征选择有更好的模型训练表现。但是，由于训练过程时间久，系统的开销也更大，一般来说，包裹式特征选择不太适用于大规模数据集。

（3）嵌入式

嵌入式特征选择同样根据机器学习的算法、模型来分析特征的重要性，从而选择比较重要的 N 个特征。与包裹式特征选择最大的不同是，嵌入式特征选择将特征选择过程与模型的训练过程结合为一体，这样就可以更高效且快速地找到最佳的特征集合。简而言之，嵌入式特征选择将全部的数据一起输入到模型中进行训练和评测，而包裹式特征选择一般一步步地筛选和减少特征进而得到所需要的特征维度。常用的嵌入式特征选择方法有基于正则化项的特征选择［如 LASSO（最小绝对收缩和选择算法）］和基于树模型的特征选择［如 GBDT（梯度提升决策树）］。

2.1.4　模型的评估和选择

1. 相关概念

（1）过拟合与欠拟合

机器学习中有两个常见的现象，分别是过拟合和欠拟合。当模型把训练数据的特征学习得过于好时，即模型在训练集上表现良好但在新数据上表现不佳的情况，往往会出现过拟合现象，与之相对的就是欠拟合，即模型没有学习好训练数据的特征。图 2-6 所示为三种情况示例。

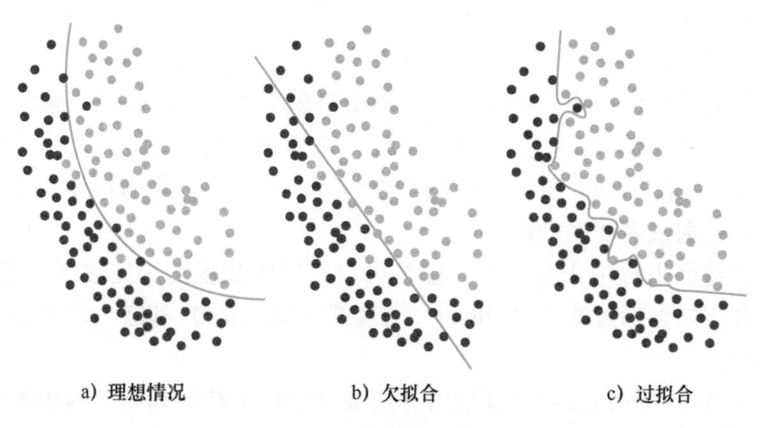

图 2-6 三种情况示例

无论是过拟合还是欠拟合，都不是人们希望看到的。欠拟合通常是由模型过于简单或者学习不够充分等原因导致的，相对来说比较容易解决。而过拟合一般是由数据中的噪声或者模型将训练数据的特有特征当成了该类数据的一般特征导致的，通常容易出现在训练数据过少、模型过于复杂或者参数过多的情况中。

为了得到一个效果好的模型，通常会选择多种算法，对每种算法都会尝试不同的参数设置，比较哪一种算法、哪一种参数设置更好，这就是模型的选择，并有一些相应的评价方法和标准对选择的模型进行评估，即模型的性能度量（Performance Measure）。

（2）参数与超参数

参数指模型需要学习的内容，是模型内部的变量，如模型的权重矩阵和偏置。超参数指在一个模型中可以人为设定和修改的参数，如神经网络的层数、学习率和隐藏层神经元的个数等。在实际操作中，除选择具体的模型外，还要选择模型的超参数。

（3）训练集、验证集与测试集

训练集（Training Set）是用于训练或学习模型的数据集，它是数据的一个子集，通过该子集，算法能够学习或识别出数据的模式或规律，从而能够对新的、未见过的数据进行预测或分类。验证集（Validation Set）主要用于在模型训练过程中调整模型的参数、选择最佳模型或进行特征选择等，其主要目的是帮助防止过拟合。测试集（Test Set）用于在模型训练完成后评估模型的性能。与训练集不同，测试集中的数据在模型训练过程中是不可见的，这意味着模型在接触到这些数据之前，没有机会从它们中学习或调整其参数。测试集的主要目的是提供一个无偏见的性能评估。通过比较模型在测试集上的预测结果与实际结果（即标签或目标值），可以了解模型对新数据的泛化能力。

训练集、验证集与测试集的数据均不能有重叠，通常三个数据集的划分比例为 8∶1∶1。训练集、验证集与测试集的划分是模型选择和训练过程中的重要环节。

2. 评估方法

模型评估的常见方法有留出法（Hold-out）、交叉验证法（Cross Validation）、留一法和自助法。

（1）留出法

留出法是一种较为简单的方法，它直接将数据集 $\boldsymbol{D}$ 划分为训练集 $\boldsymbol{T}$ 和验证集 $\boldsymbol{V}$，集合

T 和集合 V 是互斥的，即 $D=T\cup V$，且 $T\cap V=\varnothing$。

需要注意的是，为了确保训练集和验证集中数据分布的一致性，要使用分层采样划分数据集。举个简单的例子，假设数据集中有 100 个样本，其中有 50 个正例和 50 个负例，训练集 T 和验证集 V 的样本数比例为 4∶1，即训练集 T 有 80 个样本，验证集 V 有 20 个样本，若使用分层采样，则训练集 T 中应该有 40 个正例和 40 个负例，而验证集 V 中应该有 10 个正例和 10 个负例。

由于数据的划分具有随机性，通过一次划分数据集训练后得到的模型，在验证集上的表现不一定能体现出模型真正的效果，所以一般会多次划分数据集并训练模型，取多次实验结果的平均值作为最终模型评估的结果。

留出法还存在一个问题，即训练集和验证集的比例该如何确定。这个问题在数据样本足够多的情况下可以不用考虑，但在数据样本不是特别多的情况下就会造成一定困扰，一般的做法是将数据的 70%~80%作为验证集。

（2）交叉验证法

交叉验证法将数据集 D 划分为 k 个大小相同但互斥的子集。为了确保数据分布的一致性，这里同样使用分层采样划分数据集。

对于划分得到的 k 个数据集，每次使用其中的一个作为验证集，剩下的 $k-1$ 个作为训练集，将得到的 k 个结果取平均值作为最终模型评估的结果，这种方法称为 k 折交叉验证。和留出法一样，为了排除数据集划分的影响，对数据集 D 进行 p 次划分，每次划分得到 k 个子集，然后进行 p 次 k 折交叉验证，并取这 p 次 k 折交叉验证结果的平均值作为最终的结果，这种方法称为 p 次 k 折交叉验证，常见的有 5 次 10 折交叉验证和 10 次 10 折交叉验证。

（3）留一法

交叉验证法有一种特殊的情况，假设数据集大小为 m，若使得 k 的值等于 m，则把这种情况称为留一法，因为这时验证集中只有一个样本。留一法的优点是不存在数据集划分所产生的影响，但是当数据集较大时，对于样本数量为 m 的数据集，使用留一法就得训练 m 个模型，这需要很大的计算开销。

（4）自助法

自助法是一种基于自助采样的方法，通过采样从原始数据集中产生一个训练集。假设数据集 D 包含 m 个样本，每次随机且有放回地从数据集 D 中挑选出一个样本添加到数据集 D 中，重复进行 m 次后得到一个和原始数据集 D 大小相同的数据集 D'。在数据集 D 中，样本在 m 次采样中均不被抽到的概率为 $1-1/m$，取极限可以得到

$$\lim_{m\to\infty}\left(1-\frac{1}{m}\right)^{m} \tag{2-5}$$

求解式（2-5）可以得到其值为 $1/e$，约等于 36.8%。因此，在 m 次采样后，数据集 D 中仍然有约 36.8%的样本没有被抽到，可以用这些数据作为验证集，即 $T=D'$，$V=D-D'$。

自助法比较适用于样本数量较少的情况，因为即使划分了验证集也并没有减少训练集的数量；此外，使用自助法可以从原始数据集中产生出多个互不相同的训练集，这对集成学习很有帮助。自助法也有缺点，因为训练集是通过随机采样得到的，所以数据样本分布的一致性会被破坏。

表 2-1 是对上述常用模型评估方法的总结。

表 2-1 常用模型评估方法

评估方法	集合关系	注意事项	优点和缺点
留出法	$D=T\cup V$ $T\cap V=\varnothing$	要使用分层采样，尽可能保持数据分布的一致性；为了保证可靠性，需要重复实验后取平均值作为最终的结果	训练集、验证集的划分不好控制，验证集划分得过小或过大，都会导致测试结果的有效性得不到保证
交叉验证法	$D=D_1\cup\cdots\cup D_k$ $D_i\cap D_j=\varnothing(i\neq j)$	为了排除数据划分引入的误差，通常使用 p 次 k 折交叉验证	稳定性和保真性很大程度上取决于 k 的值
留一法	$D=D_1\cup\cdots\cup D_k$ $D_i\cap D_j=\varnothing(i\neq j)$ $k=\|D\|$	交叉验证法的特例，k 值取总数据集的大小	不受样本划分的影响，但是当数据量较大时，计算量也较大
自助法	$\|T\|=\|D\|$ $V=D/T$	有放回的重复采样	适合在数据量较少的情况下使用；有放回的重复采样破坏了原始数据的分布，会引入估计误差

3. 性能度量

模型的性能度量是衡量机器学习模型泛化能力的评价标准，包括分类模型的评估指标和聚类模型的评估指标。

(1) 分类模型的评估指标

1) 正确率（Accuracy）和错误率（Error Rate）。正确率和错误率是分类模型中常用的两个评估指标。正确率是指分类器预测正确的样本数占验证集的样本总数的比例。相应地，错误率是指在验证集上分类器预测错误的样本数占验证集的样本总数的比例。具体计算方式如下：

$$\text{正确率}=\frac{\text{预测正确的样本数}}{\text{验证集的样本总数}} \tag{2-6}$$

$$\text{错误率}=\frac{\text{预测错误的样本数}}{\text{验证集的样本总数}} \tag{2-7}$$

2) 查准率（Precision）、查全率（Recall）与 F_1。虽然正确率和错误率是常用的两个评估指标，但有时可能需要更细致的评估指标，如查准率和查全率（也称为召回率）。

以二分类为例，对于分类器的分类结果，计算查准率和查全率时需要统计的数据见表 2-2。

表 2-2 计算查准率和查全率时需要统计的数据

条目	描述
真正例（True Positive，TP）	真实值（Actual）=1 预测值（Predicted）=1
假正例（False Positive，FP）	真实值=0 预测值=1

（续）

条　目	描　述
真反例（True Negative，TN）	真实值=0 预测值=0
假反例（False Negative，FN）	真实值=1 预测值=0

令TP、FP、TN和FN分别表示上述四种情况所对应的数据样本个数，根据统计的数据，可以做出一张表，这张表称为混淆矩阵（Confusion Matrix）。二分类结果的混淆矩阵见表2-3。

表2-3　二分类结果的混淆矩阵

真 实 值	预 测 值	
	正　例	反　例
正例	TP	FN
反例	FP	TN

查准率（Precision）与查全率（Recall）的定义分别如下：

$$\text{Precision} = \frac{\text{TP}}{\text{TP} + \text{FP}} \tag{2-8}$$

$$\text{Recall} = \frac{\text{TP}}{\text{TP} + \text{FN}} \tag{2-9}$$

相应地，正确率（Accuracy）和错误率（Error Rate）可以表示为

$$\text{Accuracy} = \frac{\text{TP} + \text{TN}}{\text{TP} + \text{FP} + \text{TN} + \text{FN}} \tag{2-10}$$

$$\text{Error Rate} = \frac{\text{FP} + \text{FN}}{\text{TP} + \text{FP} + \text{TN} + \text{FN}} \tag{2-11}$$

在绝大多数情况下，查准率和查全率总是相对立的，当查准率高时，查全率往往偏低，而当查全率高时，查准率又会偏低。所以通常情况下，需要根据实际需要设定一个合适的阈值，使得查准率和查全率的平衡点能最好地满足需求。

当以正确率和错误率作为模型的评估指标时，可以简单地通过比较两个模型的正确率来判断孰优孰劣。当以查准率和查全率作为模型的评估指标时，常见的比较方法有两种：作P-R图和计算F_1。F_1是一种更常用、更直接的度量方法，它是查准率和查全率的一种加权平均。

F_1度量的计算公式如下：

$$F_1 = \frac{2 \times \text{Precision} \times \text{Recall}}{\text{Precision} + \text{Recall}} = \frac{2 \times \text{TP}}{\text{验证集的样本总数} + \text{TP} - \text{TN}} \tag{2-12}$$

由于在不同情况下对查准率和查全率的侧重不同，所以需要有一个一般形式的F_1度量，记为F_β，其计算公式如下：

$$F_\beta = \frac{(1 + \beta^2) \times \text{Precision} \times \text{Recall}}{(\beta^2 \times \text{Precision}) + \text{Recall}} \tag{2-13}$$

在式（2-13）中，当$\beta>1$时，模型的评估更侧重于查全率；当$0<\beta<1$时，模型的评估更侧重于查准率；当$\beta=1$时，F_β等价于F_1。

（2）聚类模型的评估指标

聚类是将样本集划分为若干个不相交的子集，即样本簇，同样需要通过某些性能度量方式来评估其聚类结果的好坏。从直观上看，希望同一簇内的样本能尽可能相似，而不同簇的样本之间尽可能不同。用机器学习的语言来讲，就是希望簇内相似度高，而簇间相似度低。实现这一目标主要有外部指标（External Index）和内部指标（Internal Index）两种方式。

1）外部指标。外部指标需提供一个参考模型，然后将聚类结果与该参考模型进行比较得到一个评判值。常用的外部指标有 Jaccard 系数（Jaccard Coefficient，JC）、FM 指数（Fowlkes and Mallows Index，FMI）、兰德指数（Rand Index，RI）和标准化互信息（Normalized Mutual Information，NMI）。

假设给定数据集为$\boldsymbol{T}=\{x_1,x_2,\cdots,x_M\}$，其被某个参考划分为$\boldsymbol{C}^*=\{c_1^*,c_2^*,\cdots,c_J^*\}$，即被划分为$J$个簇；现采用某种聚类模型后，其实际被划分为$\boldsymbol{C}=\{c_1,c_2,\cdots,c_K\}$，即被划分为$K$个簇。相应地，令$\boldsymbol{\lambda}^*$和$\boldsymbol{\lambda}$分别表示$\boldsymbol{C}^*$和$\boldsymbol{C}$的簇标记向量，将样本两两配对考虑，定义如下指标。

① SS：同时属于$\boldsymbol{\lambda}_i$和$\boldsymbol{\lambda}_j^*$的样本对，设对应数目为a。

② SD：属于$\boldsymbol{\lambda}_i$但不属于$\boldsymbol{\lambda}_j^*$的样本对，设对应数目为b。

③ DS：属于$\boldsymbol{\lambda}_j^*$但不属于$\boldsymbol{\lambda}_i$的样本对，设对应数目为c。

④ DD：既不属于$\boldsymbol{\lambda}_i$又不属于$\boldsymbol{\lambda}_j^*$的样本对，设对应数目为d。

假设现在有 5 个样本$\{x_1,x_2,x_3,x_4,x_5\}$，它们的实际聚类结果和用聚类算法预测的聚类结果分别如下：

$$\text{labels\_true}=\{0,0,0,1,1\}$$
$$\text{labels\_pred}=\{0,0,1,1,2\}$$

根据上面的定义，可知$\boldsymbol{\lambda}_i$取值为 0、1，$\boldsymbol{\lambda}_j^*$取值为 0、1 或 2，可以得到聚类结果，见表 2-4。

表 2-4　聚类结果

样　本　对	在 labels_true 中的情况	在 labels_pred 中的情况	对应的统计标签
x_1、x_2	0、0	0、0	a
x_1、x_3	0、0	0、1	c
x_1、x_4	0、1	0、1	d
x_1、x_5	0、1	0、2	d
x_2、x_3	0、0	0、1	c
x_2、x_4	0、1	0、1	d
x_2、x_5	0、1	0、3	d
x_3、x_4	0、1	1、1	b
x_3、x_5	0、1	1、2	d
x_4、x_5	1、1	1、2	c

样本对 x_1、x_2 在 labels_pred 中对应的是 0、0，属于同一类别；在 labels_true 中对应的是 0、0，也属于同一类别，所以数目 a 计 1 分。样本在 labels_true 中对应的是 0、0，属于同一类别；对 x_1、x_3 在 labels_pred 中对应的是 0、1，不属于同一类别，相当于样本对 x_1、x_3 属于 λ_j^* 但不属于 λ_i，所以数目 c 计 1 分。以此类推，可以统计出所有样本对的标签，最后求得 a、b、c、d 的值。

常用的外部指标表达式如下。

① Jaccard 系数的表达式为

$$\mathrm{JC}=\frac{a}{a+b+c} \tag{2-14}$$

② FM 指数的表达式为

$$\mathrm{FMI}=\sqrt{\frac{a}{a+b}\frac{a}{a+c}} \tag{2-15}$$

③ 兰德指数的表达式为

$$\mathrm{RI}=\frac{2(a+b)}{M(M-1)} \tag{2-16}$$

式中，M 是样本总数，$\frac{M(M-1)}{2}$表示 N 个样本可组成的两两配对数；a 是在 $\boldsymbol{C}$ 与 K 中都是同类别的元素对数；b 是在 $\boldsymbol{C}$ 与 K 中都是不同类别的元素对数。RI 的取值范围为 $[0,1]$，值越大意味着聚类结果与真实情况越吻合。

另外，在聚类结果随机产生的情况下，为了使结果值尽量接近于零，进一步提出调整的兰德指数（Adjusted Rand Index，ARI），它比 RI 具有更高的区分度，定义如下：

$$\mathrm{ARI}=\frac{\mathrm{RI}-(\mathrm{RI})_{\mathrm{E}}}{\max(\mathrm{RI})-(\mathrm{RI})_{\mathrm{E}}} \tag{2-17}$$

式中，$(\mathrm{RI})_{\mathrm{E}}$ 是随机聚类时对应的兰德指数。ARI 的取值范围为 $[-1,1]$，值越大意味着聚类结果与真实情况越吻合。从广义的角度来讲，ARI 衡量的是两个数据分布的吻合程度。

④ 标准化互信息。标准化互信息是信息论里一种有用的信息度量方式，它可以看作一个随机变量中包含的关于另一个随机变量的信息量，或者一个随机变量由于已知另一个随机变量而减少的不肯定性，用 $I(\boldsymbol{X},\boldsymbol{Y})$ 表示，表达式如下：

$$I(\boldsymbol{X},\boldsymbol{Y})=\sum_{x\in\boldsymbol{X}}\sum_{y\in\boldsymbol{Y}}p(x,y)\log\frac{p(x,y)}{p(x)p(y)} \tag{2-18}$$

实际上，互信息就是后面决策树中要讲到的信息增益（Information Gain），其值等于随机变量 $\boldsymbol{Y}$ 的熵 $H(\boldsymbol{Y})$ 与 $\boldsymbol{Y}$ 的条件熵 $H(\boldsymbol{Y}|\boldsymbol{X})$ 之差，即

$$I(\boldsymbol{X},\boldsymbol{Y})=H(\boldsymbol{Y})-H(\boldsymbol{Y}|\boldsymbol{X}) \tag{2-19}$$

2）内部指标。内部指标不需要有外部参考模型，可直接通过考察聚类结果得到。常用的内部指标有 DB 指数（Davies-Bouldin Index，DBI）和 Dunn 指数（Dunn Index，DI）。假设给定数据集为 $\boldsymbol{T}=\{x_1,x_2,\cdots,x_M\}$，被某种聚类模型划分为 $\boldsymbol{C}=\{c_1,c_2,\cdots,c_K\}$，即 K 个簇，定义如下指标。

① $\mathrm{avg}(c_k)$：簇 c_k 中每对样本之间的平均距离。

② $\mathrm{diam}(c_k)$：簇 c_k 中距离最远的两个点之间的距离。

③ $d_{\min}(c_k,c_1)$：簇 c_k 和簇 c_1 之间最近点的距离。

④ $d_{\text{cen}}(c_k,c_1)$：簇 c_k 和簇 c_1 中心点之间的距离。

常用的内部指标表示如下。

① DB 指数的表达式为

$$\text{DBI}=\frac{1}{K}\sum_{k=1}^{K}\max_{k\neq l}\left[\frac{\text{avg}(c_k)+\text{avg}(c_l)}{d_{\text{cen}}(c_k,c_l)}\right] \tag{2-20}$$

即给定两个不同簇，先计算这两个簇样本之间的平均距离之和与这两个簇中心点之间的距离的比值，然后再取所有簇的该值的平均值，就是 DBI。显然，每个簇样本之间的平均距离越小（表示相同簇内的样本距离越近），簇间中心点距离越大（表示不同簇样本相隔越远），DBI 值就越小，所以 DBI 值可以较好地衡量簇间样本距离和簇内样本距离的关系，其值越小越好。

② Dunn 指数的表达式为

$$\text{DI}=\frac{\min\limits_{k\neq l}d_{\min}(c_k,c_l)}{\max\limits_{k}\text{diam}(c_k)} \tag{2-21}$$

即用任意两个簇之间最近距离的最小值除以任意一个簇内距离最远的两个点的距离的最大值就是 DI。显然，任意两个不同簇之间的最近距离越大（表示不同簇样本相隔越远），任意一个簇内距离最远的两个点之间的距离越小（表示相同簇内的样本距离越近），DI 值就越大，所以 DI 值也可以较好地衡量簇间样本距离和簇内样本距离的关系，其值越大越好。

③ 轮廓系数。轮廓系数适用于训练样本类别信息未知的情况。假设某个样本点与同类别的群内点的平均距离为 a，与距离它最近的非同类别的群外点的平均距离为 b，则轮廓系数定义为

$$s=\frac{b-a}{\max(a,b)} \tag{2-22}$$

对于一个样本集合，它的轮廓系数是所有样本轮廓系数的平均值。轮廓系数的取值范围是 $[-1,1]$。同类别样本点的距离越近，且不同类别的样本点距离越远，得到的轮廓系数的值就越大。

2.2 深度学习

深度学习是机器学习的一个分支，其优势在于能够自动地从复杂、高维和非结构化的数据中学习并提取出层次化的特征表示。处理通信问题时，使用深度学习可以避免使用传统机器学习算法处理无线信道等数据时面临的维度灾难和特征工程问题。凭借其强大的表示学习能力，深度学习已经用于调制模式识别、信道状态信息压缩与恢复、信道估计、信号检测、信道编译码和信号同步等任务。

深度学习的实现分为以下三个步骤。

1）定义神经网络架构。定义神经网络架构其实就是为要解决的问题选择合适的解决方法（如进行频谱感知时可以使用卷积神经网络架构），同时还要确定网络的层次结构设置等。这个步骤相当于定义了从输入 x 到输出 y 的函数 f。

2）确定学习目标。根据要解决的问题确定学习目标，具体来说就是要确定使用的目标函数，最终能通过网络参数的调整找到最优的函数 f，得到最优的目标函数值。

3）进行学习。使用训练集对定义好的网络结构和目标函数进行训练。经过若干次迭代，得到训练完成的网络结构。这样的网络结构能使目标函数达到最优，也就是寻找到最优的函数 f。

实验视频

项目4：TensorFlow环境配置

2.2.1　人工神经网络

人工神经网络又称神经网络，是由大量处理单元［即神经元（Neuron）］广泛互联而成的网络，是对人脑的抽象、简化和模拟，反映人脑的基本特性。20 世纪 90 年代以来，人工神经网络模型种类已达到 40 多种。在这些模型中，研究和使用较多的主要有多层前馈神经网络、自组织特征映射神经网络、Hopfield（霍普菲尔德）神经网络和对向传播神经网络等。

1. 人工神经网络的基本原理

人工神经网络是模仿脑细胞结构和功能、脑神经结构以及思维处理问题等脑功能的新型信息处理系统。人工神经网络的结构和工作机理基本上是以人脑的组织结构（大脑神经元网络）和活动规律为背景的，它模拟了脑细胞对信息刺激的反应，反映了人脑的某些特征，但并不是对人脑部分的真实再现，可以说它是某种抽象、简化或模仿。

（1）生物神经元的结构及其模拟

人工神经网络是对生物神经系统的模仿。生物神经元由细胞体、树突和轴突构成，每个细胞只有一个细胞核、一根轴突和数以万计的树突及其突触。树突是细胞的输入端，通过细胞体间连接的节间突触接受四周细胞给出的神经冲动；轴突相当于细胞的输出端，其端部的众多神经末梢位信号的输出端子用于传出神经冲动；突触是神经元之间相互连接从而让信息传递的部位。神经元对信息的接受和传递都是通过突触进行的。单个神经元可以从别的细胞接受多个输入。由于输入分布于不同的部位，因此对神经元影响的比例（权重）不同。多个神经元以突触连接形成一个神经网络，生物神经网络的功能绝不是单个神经元生理和信息处理能力功能的简单叠加，而是一个有层次的、多单元的动态信息处理系统，它们有其独特的运行方式和控制机制，接受生物内外环境的输入信息，加以综合分析处理，然后调节控制机体对环境做出适当的反应。

神经元的信息处理主要包括两个阶段：第一阶段是神经元接收信息流的加权过程，称为聚合过程；第二阶段是对聚合后信息流的线性、非线性函数处理过程，称为活化过程。可将输入信息和输出响应用一个传输方程表示为

$$y = F\left(\sum_{k=1}^{n} x_k w_k\right) \tag{2-23}$$

式中，y 为神经元的输出，F 为神经元输入信息的响应特征，x_k 为第 k 个突触所对应的输入信息，w_k 为第 k 个突触的权重。

图 2-7 所示为模拟单个神经元处理信息过程的简化示意图。

（2）人工神经元的数学模型

神经元是神经网络的基本处理单元，它一般是一个多输入单输出的非线性元件。神经元输出除受输入信号的影响外，同时受到神经元内部其他因素的影响，所以在人工神经元

的建模中，常常还加入一个额外输入信号，称为偏差（Bias），有时也称阈值或门限值。将神经元的处理过程采用数学方式进行描述，就得到了如图 2-8 所示的人工神经网络的数学模型。其中，$x_1,x_2,\cdots,x_i,\cdots,x_n$ 分别表示来自其他神经元突触的输入，相应的 $w_{j1},w_{j2},\cdots,w_{jl},\cdots,w_{jn}$ 为相互连接的神经元之间的连接权重，θ 为阈值，f 为转移函数（又称激活函数）。为了方便分析，把整个过程分为以下三个数学计算步骤。

1）加权：对每个输入信号进行不同程度的加权计算。

2）求和：进行全部输入信号组合效果的求和计算。

3）映射：通过函数 $f(\cdot)$ 计算输出结果。

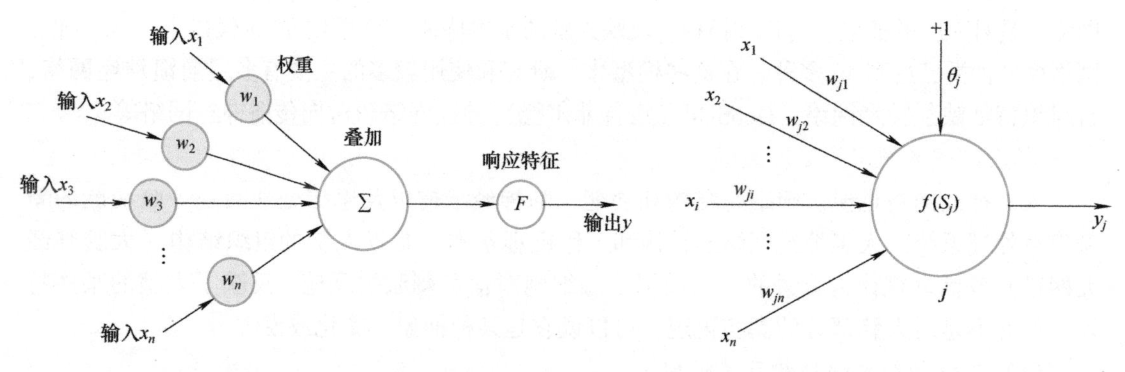

图 2-7 模拟单个神经元处理信息过程的简化示意图

图 2-8 人工神经元的数学模型

下面用数学公式描述生物神经元的响应过程。设输入向量为 $\boldsymbol{X}=[x_1\quad x_2\quad\cdots\quad x_i\quad\cdots\quad x_n]^{\mathrm{T}}$，行向量 $\boldsymbol{W}_j$ 表示神经元 j 的连接权重向量，$\boldsymbol{W}_j=[w_{j1}\quad w_{j2}\quad\cdots\quad w_{ji}\quad\cdots\quad w_{jn}]$，则神经元 j 的净输入 $\boldsymbol{S}_j$ 可表示为

$$\boldsymbol{S}_j=\sum_{i=1}^{n}w_{ij}x_i+\theta_j \tag{2-24}$$

净输入经过转移函数的作用后，得到神经元的输出 y_j 为

$$y_j=f(\boldsymbol{S}_j)=f\left(\sum_{i=1}^{n}w_{ij}x_i+\theta_j\right) \tag{2-25}$$

若阈值 θ_j 采用 $x_0=1$ 的处理方式，则式（2-25）可变为

$$y_j=f(\boldsymbol{S}_j)=f\left(\sum_{i=1}^{n}w_{ij}x_i+\theta_j\right)=f(\boldsymbol{W}_j\boldsymbol{X}) \tag{2-26}$$

至此，用公式的形式描述了一个神经元由接收信号到做出反应的过程，其中 $f(\cdot)$ 的作用为模拟生物神经元所具有的非线性转换特性。

（3）激活函数

激活函数是一个神经元及网络的核心。网络解决问题的能力与功效除了与网络结构有关，还在很大程度上取决于网络所采用的激活函数。激活函数的基本作用是控制输入对输出的激活作用，对输入和输出进行函数转换，将可能无限域的输入转换成指定的有限范围内的输出。典型的激活函数有阈值函数、线性函数、Sigmoid 函数、双曲正切 S 型函数、双曲正切函数（tanh）、ReLU（Rectified Linear Unit，修正线性单元）函数等，如图 2-9 所示。

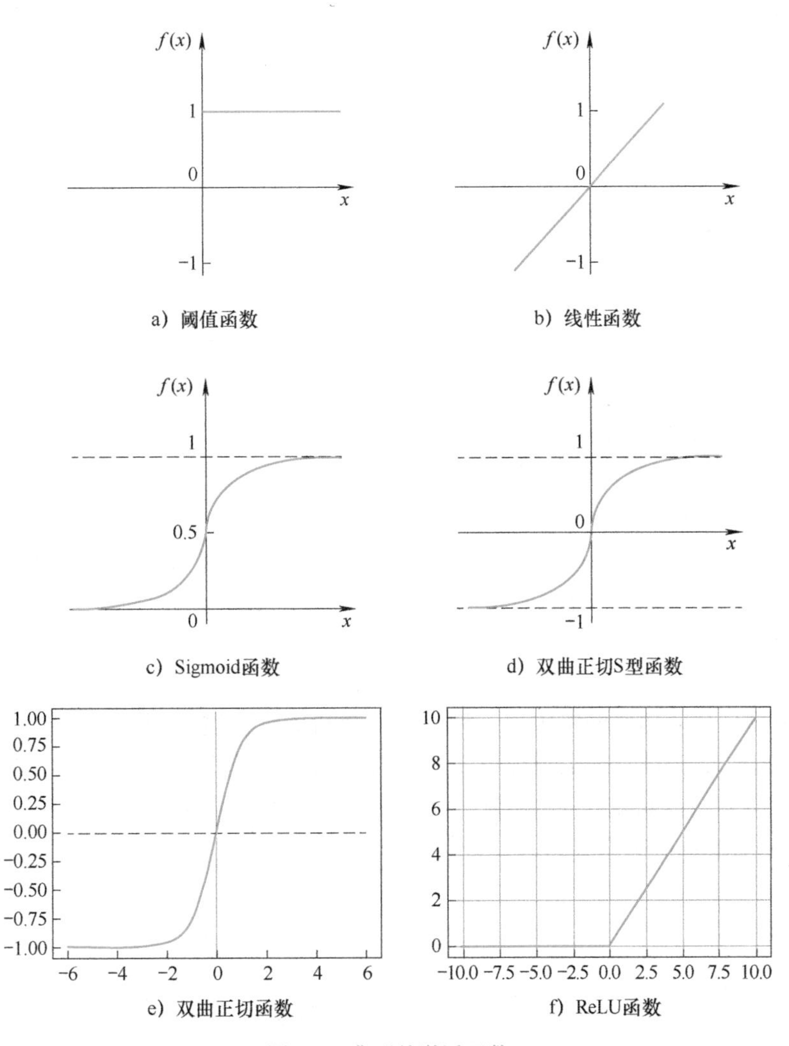

a）阈值函数　b）线性函数

c）Sigmoid函数　d）双曲正切S型函数

e）双曲正切函数　f）ReLU函数

图 2-9　典型的激活函数

1）阈值函数又称阈值型转移函数，常用的阈值函数是阶跃函数形式为

$$y = f(x) = \begin{cases} 1, & x \geqslant 0 \\ 0, & x < 0 \end{cases} \tag{2-27}$$

当自变量小于 0 时，函数的输出为 0；当自变量大于或等于 0 时，函数的输出为 1。用该函数可以把输入分成两类。

2）线性函数的形式为

$$y = f(x) = kx, \ k > 0 \tag{2-28}$$

3）Sigmoid 函数又称 S 型函数、S 型曲线。到目前为止，Sigmoid 函数是人工神经网络中最常用的激活函数，其特点是：有上、下界；是单调增函数；连续且光滑，即可微分。常用的 Sigmoid 函数是对数函数，形式为

$$y = f(x) = \frac{1}{1 + e^{-tx}} \tag{2-29}$$

式中，t 为斜率参数，通过改变参数 t 获得不同斜率的 Sigmoid 函数，参数 t 决定了函数的压缩程度：t 越大，曲线越陡；反之，曲线越缓。Sigmoid 函数的曲线图形如图 2-10 所示。

4）双曲正切 S 型函数的形式为

$$y = f(x) = \frac{1 - e^{-tx}}{1 + e^{-tx}} \tag{2-30}$$

5）双曲正切函数的形式为

$$y = f(x) = \frac{e^{x} - e^{-x}}{e^{-x} + e^{x}} \tag{2-31}$$

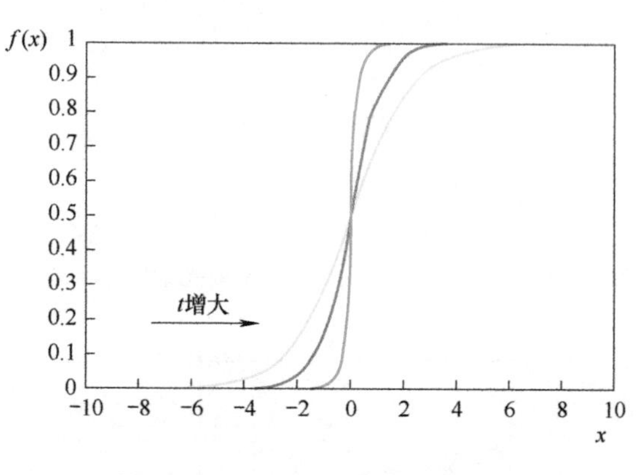

图 2-10 Sigmoid 函数的曲线图形

双曲正切函数将数据映射到 $[-1,1]$ 范围内，解决了 Sigmoid 函数输出值域不对称的问题。另外，它是完全可微分和反对称的，对称中心在原点。然而它的输出值域两头依旧过于平坦，梯度消失问题仍然存在。为了解决学习缓慢和梯度消失的问题，可使用其更加平缓的变体，如 log-log、Softsign、Symmetrical Sigmoid（对称 Sigmoid）函数等。

6）ReLU 函数的形式为

$$R(x) = \max(0, x) \tag{2-32}$$

ReLU 函数是目前神经网络中另一种常用的激活函数，这是因为 ReLU 函数的线性特点使其收敛速度比 Sigmoid、tanh 函数更快，而且没有梯度饱和的情况出现。ReLU 函数计算更加高效，相比于 Sigmoid、tanh 函数，只需要一个阈值就可以得到激活值，不需要通过对输入进行归一化来防止达到饱和。

2. 人工神经网络的类型

人工神经网络依据信息流动和处理的方向可分为以下两类。

（1）前馈型网络

前馈型网络的信息处理方向是从输入层到各隐藏层再到输出层逐层进行，信息由前向后依次传递，节点一般以层进行组织，每层节点只与后面层次中的节点相连，而无通道指向前面的层次，其结构图如图 2-11 所示。

（2）反馈型网络

在反馈型网络中，所有节点都具有信息处理功能，而且每个节点既可以从外界接收输入，同时又可以向外界输出，信息在双向流动，输出层对输入层有信息反馈，其结构图如图 2-12 所示。

3. 人工神经网络的特点

人工神经网络模型可以递归式地从数据中学习，即具有记忆功能，可以大大节省建模时间，非常适用于复杂多变的非线性系统。

人工神经网络具有以下突出的优点。

1）大规模的并行计算与分布式存储能力。传统计算机的计算和存储是互相独立的，而在人工神经网络中，无论是单个神经元还是整个神经网络，都兼有信息处理和存储的双重功能，这两种功能自然融合在同一网络中。人工神经网络计算过程的并行性决定了其对信息的高速处理能力。

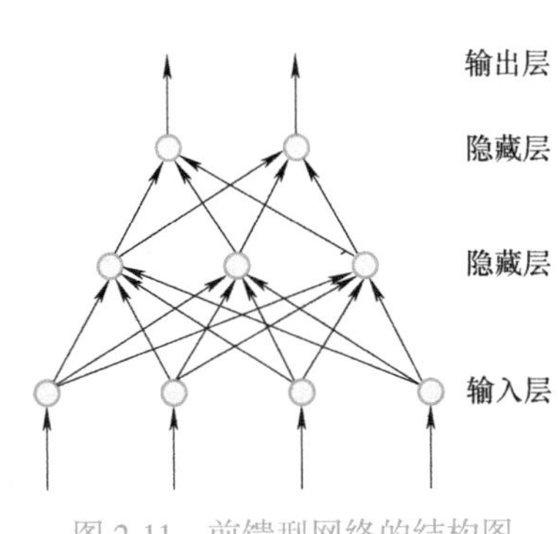

图 2-11 前馈型网络的结构图

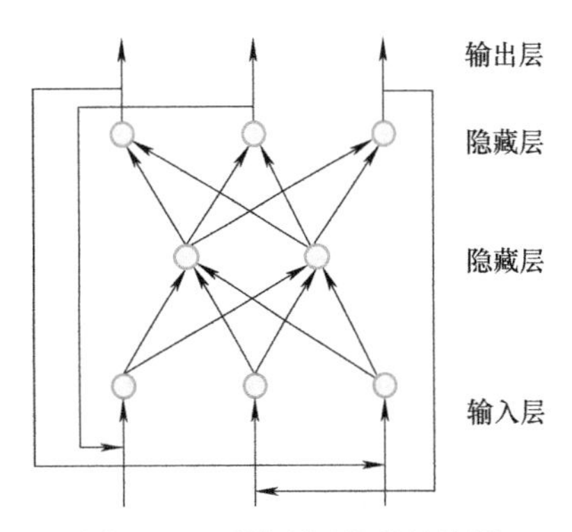

图 2-12 反馈型网络的结构图

2）非线性映射能力。人工神经网络各神经元的映射特征是非线性的，有些网格的单元间采用复杂的非线性连接。因此，人工神经网络是一个大规模的非线性动力系统，具有很强的非线性映射能力。

3）较强的鲁棒性和容错性。由于信息的分布存储和集体协作计算，每个信息处理单元既包含对集体的贡献又无法决定网络的整体状态，因此，局部神经网络的故障并不影响整体神经网络输出的正确性。

4）自适应、自组织、自学习的能力。这是神经网络最突出的特点，它可以处理各种变化的信息，而且在处理信息的同时，非线性动力系统本身也在不断变化，可以通过对信息的有监督和无监督学习，实现对任意复杂函数的映射，从而适应环境的变化。

5）非局域性。一个神经网络通常由多个神经元广泛连接而成。一个系统的整体行为不仅取决于单个神经元的特征，而且可能由神经元之间的相互作用、相互连接所决定，通过神经元之间的连接模拟大脑的非局域性。联想记忆是非局域性的典型例子。

6）非凸性。一个系统的演化方向，在一定条件下将取决于某个特定的状态函数，如能量函数，它的极值对应系统某个比较稳定的状态。非凸性是指某系统的能量函数有多个极值，故系统具有多个较稳定的平衡状态，这将导致系统演化结果的多样性。

相应地，人工神经网络也有一定的局限性。

1）不适合表达基于规则的知识。人工神经网络在处理基于规则的知识时存在局限性，这意味着它可能不是处理某些类型问题的最佳选择。

2）不能很好地利用已有的经验知识。人工神经网络在利用已有经验知识方面存在不足，这限制了它在某些领域的应用能力。

3）网络训练时间长。人工神经网络的训练过程可能需要较长时间，这在实时性要求较高的应用中可能成为一个问题。

4）可能陷入非要求的局部极值。在训练过程中，人工神经网络有可能会陷入局部最优解，而不是全局最优解，这影响了模型的泛化能力。

5）处理图像和序列数据时效果不佳。与卷积神经网络等其他类型的神经网络相比，人工神经网络处理图像和序列数据时的效果不佳，这限制了它在这些领域的应用。

4. 典型人工神经网络

（1）感知器

利用感知器处理多元线性回归问题可以看作神经网络的初级版本。对于自变量 x_1，

$x_2,\cdots,x_n$，研究它们对应变量 y 的多元线性回归时，通常用一个多元线性回归模型表示，即

$$y=\beta_0+\beta_1x_1+\beta_2x_2+\cdots+\beta_nx_n+\varepsilon \tag{2-33}$$

式中，$\beta_0,\beta_1,\cdots,\beta_n$ 是未知参数，ε 是随机误差。为了求出该方程，需要估计出 $\beta_0,\beta_1,\cdots,\beta_n$ 的值，这是多元线性回归的基本问题。当然，可以使用最小二乘法直接求取未知系数的值，然而仔细观察一下，就会发现这实际上是一个神经元，根据神经元的数学模型，这里的 β_0 对应 θ，$\beta_1\sim\beta_n$ 对应 $w_1\sim w_n$，该方程可以表示激活函数为线性函数的神经元模型，即

$$y=f\left(\sum_{i=1}^{n}x_iw_i+\theta\right)=\sum_{i=1}^{n}x_iw_i+\theta \tag{2-34}$$

这实际是一个感知器模型（只有一个输入层和一个输出层，没有隐藏层），假设 $\boldsymbol{W}$ 为网络的权重向量，$\boldsymbol{X}$ 为输入向量，即

$$\boldsymbol{W}=(\theta,w_1,w_2,\cdots,w_n) \tag{2-35}$$

$$\boldsymbol{X}=(1,x_1,x_2,\cdots,x_n) \tag{2-36}$$

那么感知器处理线性回归问题的数学表达式可简化为 $y=\boldsymbol{XW}$，感知器的作用就是给出拟合的权重向量 $\boldsymbol{W}$，$\boldsymbol{W}$ 中的第一个值即为截距。

感知器的学习是有监督学习，感知器训练算法的基本原理来源于著名的 Hebb（赫布）学习律，它的基本思想是逐步将样本集中的样本输入到网络中，根据输出结果和理想输出之间的差别调整网络中的权重矩阵。下面给出连续输出感知器学习算法的基本步骤。

1）标准化输入向量 $\boldsymbol{X}$。

2）用适当小的随机数初始化权重向量 $\boldsymbol{W}$，并初始化精度控制参数 ε、学习效率 α，精度控制变量 d 可用 $\varepsilon+1$ 进行初始化，即 $d=\varepsilon+1$。

3）当 $d\geqslant\varepsilon$ 时，进入循环，再次初始化 $d=0$，并依次带入样本，即

$$x_j=(1,x_{j1},x_{j2},\cdots,x_{jn}),\ j=1,2,\cdots,m \tag{2-37}$$

计算输出 $o_j=x_j\boldsymbol{W}$ 和误差 $\delta=o_j-y_j$，并更新权重向量 $\boldsymbol{W}$，即

$$\boldsymbol{W}(k+1)=\boldsymbol{W}(k)-a\delta x_j \tag{2-38}$$

式中，k 为迭代次数。按如下公式计算累计误差 d，即 $d=d+\delta^2$。

4）当 $d<\varepsilon$ 时，退出循环，算法结束。

经过以上步骤，感知器已经具备了学习能力。然而该感知器又有不足，特别表现在分类方面，即不能处理线性不可分问题，需要进一步建立多层感知器网络才能有效地处理非线性分类的情况。另外，可以通过引入不同的激活函数调整学习效率，对神经网络进行优化，以得到效果更好的模型。

（2）BP 神经网络

对于一些复杂的非线性回归预测，需要考虑增加神经网络的层次，即多层感知器网络。其中，最为经典的是按误差逆传播算法训练的多层感知器网络——反向传播（Back Propagation，BP）神经网络，该网络于 1986 年由以 Rinehart 和 McClelland 为首的科学家小组提出，是目前应用最广泛的神经网络模型之一。BP 神经网络由一个输入层、至少一个隐藏层、一个输出层组成。通常设计一个隐藏层，在此条件下，只要隐藏层神经元数足够多，就具有模拟任意复杂非线性映射的能力。当第一个隐藏层有很多神经元但仍不能改善网络的性能时，才考虑增加新的隐藏层。通常构建的 BP 神经网络是三层的网络，当针对数值预测时，输出层通常只有一个神经元。BP 神经网络的结构如图 2-13 所示。

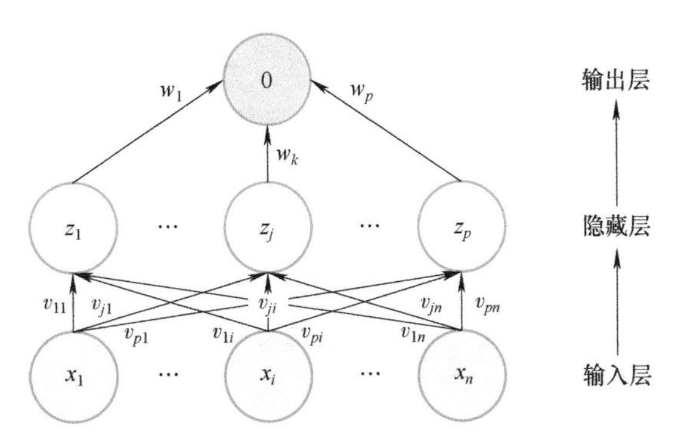

图 2-13 BP 神经网络的结构

BP 神经网络的训练过程由信号正向传播过程与误差逆传播过程组成。进行正向传播时，输入样本从输入层传入，经过各隐藏层逐层处理后，传向输出层。若输出层的实际输出值与期望的输出值不相等，则转到误差逆传播阶段。误差逆传播将输出误差以某种形式通过隐藏层逐层反传，并将误差分摊给各层的所有神经元，从而获得各层神经元的误差信号，此误差信号作为修正各神经元权值的依据。而且这种信号正向传播与误差逆传播的各层权值调整过程周而复始地进行，权值不断调整的过程也是神经网络的学习过程。此过程一直进行到网络输出的误差减小到可接受的程度，或进行到预先设定的学习时间，或进行到预先设定的学习次数为止。

在图 2-13 中，对于任一训练样本 $\boldsymbol{X}_i=(x_1,x_2,\cdots,x_n)$，隐藏层输出向量为 $\boldsymbol{Y}_i=(z_1,z_2,\cdots,z_p)$，输出层输出值为 O_i，期望输出为 y_i。输入层到隐藏层的权重矩阵用 $\boldsymbol{V}$ 表示，$\boldsymbol{V}=(\boldsymbol{V}_1,\boldsymbol{V}_2,\cdots,\boldsymbol{V}_p)$，其中列向量 $\boldsymbol{V}_j$ 为隐藏层第 j 个神经元对应的权重向量；隐藏层到输出层的权重向量用 $\boldsymbol{W}$ 表示，$\boldsymbol{W}=(w_1,w_2,\cdots,w_p)$，其中 w_k 为隐藏层第 k 个神经元对应输出层神经元的权重。

1）信号正向传播过程。输入信号从输入层经隐藏层神经元传向输出层，在输出端产生输出信号，若输出信号满足给定的输出要求，则计算结束；若输出信号不满足给定的输出要求，则转入误差逆传播过程。对于输出层，有

$$O_i=f_2\left(\sum_{j=1}^{p}z_jw_{ij}+\theta_i\right) \tag{2-39}$$

对于隐藏层，有

$$z_j=f_1\left(\sum_{k=1}^{n}v_{jk}x_k+\theta_j\right),\ j=1,2,\cdots,p \tag{2-40}$$

式中，$f_1(\cdot)$ 和 $f_2(\cdot)$ 都是激活函数。

考虑到此处做回归预测，因此 $f_1(\cdot)$ 可取 tanh 函数，即

$$z_j=f_1(d_j)=\frac{\mathrm{e}^{d_j}-\mathrm{e}^{-d_j}}{\mathrm{e}^{d_j}+\mathrm{e}^{-d_j}} \tag{2-41}$$

$$d_j=\sum_{k=1}^{n}v_{jk}x_k+\theta_j \tag{2-42}$$

函数 $f_2(\cdot)$ 可取 purelin 函数，即

$$O_i = f_2\left(\sum_{j=1}^{p} z_j w_{ij} + \theta_i\right) = \sum_{j=1}^{p} z_j w_{ij} + \theta_i \tag{2-43}$$

当网络输出与期望输出存在输出误差 e_i 时，定义输出误差为

$$e_i = \frac{1}{2}(O_i - y_i)^2 \tag{2-44}$$

将误差展开至隐藏层，有

$$e_i = \frac{1}{2}\left(\sum_{j=1}^{p} z_j w_{ij} + \theta_i - y_i\right)^2 \tag{2-45}$$

进一步将误差展开至输入层，有

$$e_i = \frac{1}{2}\left[\sum_{j=1}^{p} f_1(d_j) w_{ij} + \theta_i - y_i\right]^2, \quad d_j = \sum_{k=1}^{n} v_{jk} x_k + \theta_j \tag{2-46}$$

由式（2-46）可看出，网络误差是各层权值 v_{jk}、w_j 的函数，因此调整权值，可以改变误差 e_i 的大小。当 $e_i>\varepsilon$（ε 为计算期望精度）时，进行误差逆传播计算。

2）误差逆传播过程。调整权值的原则是使误差不断地减小，因此应沿着权值的负梯度方向进行调整，也就是使权值的调整量与误差的梯度下降成正比，即

$$\Delta w_{ij} = -\alpha \frac{\partial e_i}{\partial w_{ij}} = -\alpha \frac{\partial e_i}{\partial O_i} \cdot \frac{\partial O_i}{\partial w_{ij}} = -\alpha(O_i - y_i) f_1(d_j) \tag{2-47}$$

$$\Delta v_{jk} = -\alpha \frac{\partial e_i}{\partial v_{jk}} = -\alpha \frac{\partial e_i}{\partial O_i} \cdot \frac{\partial O_i}{\partial z_j} \cdot \frac{\partial z_j}{\partial d_j} \cdot \frac{\partial d_j}{\partial v_{jk}} = -\alpha(O_i - y_i) w_{ij} f'_1(d_j) x_k \tag{2-48}$$

式中，α 是学习效率，且 $\alpha \in (0,1)$，是提前给定的常数。进一步可得到网络权值的更新公式为

$$w_{ij}(t+1) = w_{ij}(t) - \alpha(O_i - y_i) f_1(d_j) \tag{2-49}$$

$$v_{jk}(t+1) = v_{jk}(t) - \alpha(O_i - y_i) w_{ij} f'_1(d_j) x_k \tag{2-50}$$

式中，$f'_1(d_j)$ 是 z_j 对 d_j 的导数，可求得

$$f'_1(d_j) = \frac{4\mathrm{e}^{2d_j}}{(\mathrm{e}^{2d_j} + 1)^2} \tag{2-51}$$

求出各层新的权值后再转向正向传播过程。

对于一个三层 BP 神经网络，其输入层神经元数和输出层神经元数可由实际问题本身决定，而隐藏层神经元数的确定尚缺乏严格的理论依据指导。若隐藏层神经元数过少，则学习可能不收敛，网络的预测能力、泛化能力降低；若隐藏层神经元数过多，则导致网络训练长时间不收敛，容错性能下降。假设 m 表示隐藏层神经元数，l 表示输出层神经元数，n 表示输入层神经元数，则可用如下四个经验公式估计隐藏层神经元数：

$$m = \sqrt{0.43n + 0.12l^2 + 2.54n + 0.77l + 0.35} + 0.51 \tag{2-52}$$

$$m = \sqrt{n + l} + \alpha, \quad \alpha \in [1,10] \tag{2-53}$$

$$m = \log_2 n \tag{2-54}$$

$$m = \sqrt{nl} \tag{2-55}$$

需要注意的是，计算 m 需要用四舍五入法进行调整。另外，一般工程实践中确定隐藏层神经元数的基本原则是在满足精度要求的前提下，选择尽可能少的隐藏层神经元数。

(3) 径向基函数神经网络

1985 年，Powell 提出了多变量插值的径向基函数（Radical Basis Function，RBF）方法。1988 年，Moody 和 Darken 提出了 RBF 神经网络。

RBF 神经网络是一种三层前馈型网络：输入层由信号源节点组成；第二层为隐藏层，隐藏层神经元数视描述问题的需要而定，隐藏层神经元的激活函数是对中心点径向对称且衰减的非负非线性函数；第三层为输出层，它对输入模式的作用做出响应。从输入层空间到隐藏层空间的变换是非线性的，从隐藏层空间到输出层空间的变换是线性的。RBF 神经网络可大大加快学习速度并避免局部极小问题。

常见的激活函数有以下三种。

① 克里金法（Kriging）的高斯函数：$\varphi(r)=\mathrm{e}^{-\frac{r^2}{\sigma^2}}$。

② Hardy 的 Multi-Quadric 逆函数：$\varphi(r)=(c^2+r^3)^{\beta}$，$\varphi(r)=(c^2+r^3)^{-\beta}$。

③ Duchon 的薄板样条插值（Thin Plate Spline）：$\varphi(r)=r^{2k}\ln r$，$\varphi(r)=r^{2k+1}$。

以上公式中，r 是距离原点（或 c 点）的距离；β 是正实数；σ 是方差；k 是次数。

以上函数都是径向对称的，自变量偏离中心位置时函数值都会快速减小，减小得越快，选择性越强。

RBF 神经网络可分为正则化网络和广义网络，在工程实践中，广泛应用的是广义网络，它可由正则化网络稍加变化得到。

1）正则化网络。假定 $\boldsymbol{S}=\{(\boldsymbol{X}_i,y_i)\in\mathbb{R}^n\times\mathbb{R}\}$ 为想用函数 F 逼近的一组数据。传统的寻找逼近函数 F 的方法是通过以下最小化目标函数（标准误差项）实现的：

$$E_{\mathrm{s}}(F)=\frac{1}{2}\sum_{i=1}^{N}[y_i-F(\boldsymbol{X}_i)]^2 \tag{2-56}$$

该函数体现了期望响应与实际响应之间的距离。而所谓的正则化方法，是指在标准误差项的基础上增加一个限制逼近函数复杂性的项（正则化项），该正则化项体现逼近函数的几何特性，为

$$E_{\mathrm{R}}(F)=\frac{1}{2}\|DF\|^2 \tag{2-57}$$

式中，D 为线性微分算子。于是正则化方法的总的误差项定义为

$$E(F)=E_{\mathrm{s}}(F)+\lambda E_{\mathrm{R}}(F) \tag{2-58}$$

式中，λ 为正则化系数（正实数）。上述正则化问题的解为

$$F(X)=\sum_{i=1}^{N}w_iG(X,X_i) \tag{2-59}$$

式中，$G(X,X_i)$ 为自伴随算子的格林函数；w_i 为权重系数。格林函数 $G(X,X_i)$ 的形式依赖于 D 的形式，若 D 具有平移和旋转不变性，则格林函数值取决于 X 与 X_i 之间的距离，即

$$G(X,X_i)=G(\|X-X_i\|) \tag{2-60}$$

若选择不同的 D（应具有平移和旋转不变性），则可得到不同的格林函数，包括高斯函数这样最常用的 RBF。

按照上述方式得到的网络称为正则化网络，其拓扑结构如图 2-14 所示。

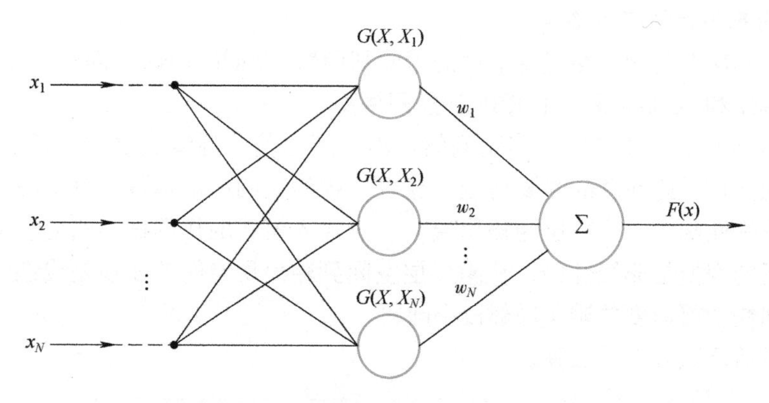

图 2-14 正则化网络的拓扑结构

正则化网络具有以下特点：

① 具有万能逼近能力，即只要有足够的隐节点，正则化网络就能逼近定义在紧集上的任意连续函数。

② 具有最佳逼近特性，即对于任意未知的非线性函数 f，总可以找到一组权重系数，使得在该组权重系数下，正则化网络对 f 的逼近优于其他系数。

③ 得到的解是最优的，即可以得到同时满足对样本的逼近误差和逼近曲线平滑性的最优解。

2）广义网络。在实践中，要想获得更优的性能，就必须给出足够多的训练样本。正则化网络的一个特点就是隐节点的个数等于输入训练样本的个数。因此，如果训练样本的个数 N 过大，那么网络的计算量将是惊人的，从而导致过低的效率，甚至根本不可实现。计算权值 w_{ij} 时，需要计算 $N\times N$ 矩阵的逆，其复杂度大约为 $O(N^3)$，随着 N 的增大，计算的复杂度迅速增大。另外一个导致正则化网络在实际中很少直接使用的原因是，一个矩阵越大，它是病态矩阵的可能性也就越大。矩阵的病态是指，求解线性方程组 $\boldsymbol{A}x=b$ 时，矩阵中数据的微小扰动都会对结果产生很大的影响。病态程度往往用矩阵的条件数衡量，条件数等于矩阵最大特征值与最小特征值的比值。由于矩阵的病态，无法保证求得的矩阵的逆正确。

在实际应用中，一般都采用广义网络，其结构如图 2-15 所示。

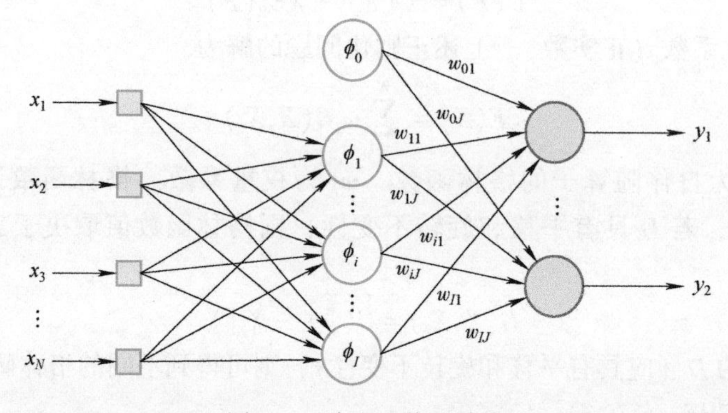

图 2-15 广义网络的结构

与正则化网络类似，广义网络有 M 个输入节点。不同的是，广义网络的隐藏层有 I 个节点，$I<K$。第 i 个隐节点的基函数为 $\phi(\|X-X_i\|)$，$X_i=[x_{i1},x_{i2},\cdots,x_{im}]$ 为基函数的中心。输出层有 J 个神经元，在此增加了阈值 ϕ_0，它的输出恒为 1，输出单元与其相连的权值为 w_{0j}。

设实际输出为 $Y_i=[y_{k1},y_{k2},\cdots,y_{kJ}]$，$J$ 为输出单元的个数，那么当输入训练样本 X_k 时，网络第 j 个输出神经元得出的结果为

$$y_{kj}=w_{0j}+\sum_{i=1}^{I}w_{ij}\phi(\|X-X_i\|),\ j=1,2,\cdots,J \tag{2-61}$$

与正则化网络的主要区别在于，它选择了 I 个新的基函数 $\phi(\|X-X_i\|)$ 和相应新的权值 w_{ij} 来逼近广义网络中的 N 个隐节点。

2.2.2 深度神经网络

在构建神经网络的过程中，浅层神经网络应对某些场景的效果可能还不够好，这时就会尝试增加神经网络的层次。一般将隐藏层次超过三层的神经网络称为深度神经网络（DNN）。图 2-16 所示为常见的深层次神经网络结构示意图。

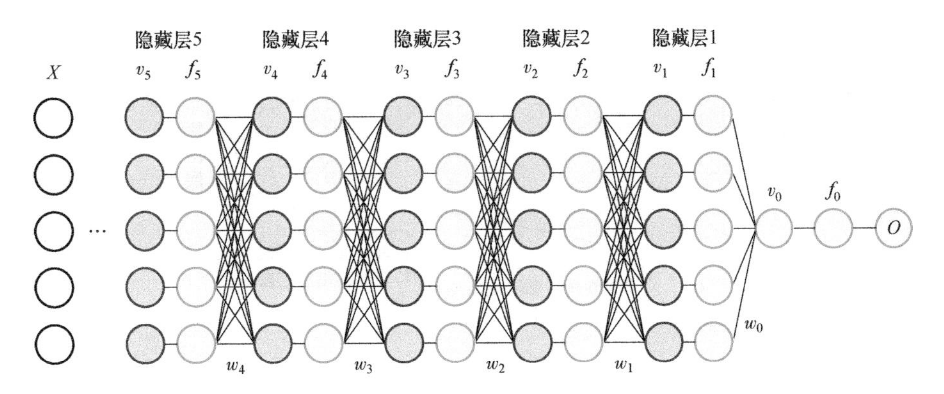

图 2-16　常见的深层次神经网络结构示意图

其中，X 为输入层，v_1、f_1 ~ v_5、f_5 为隐藏层，v_0、f_0 为输出层。假设 DNN 包含 m 个隐藏层，根据浅层神经网络的推导过程，不难得到关于权重 w 的递推公式，即

$$\Delta w_k=-\alpha(O-y)\prod_{i=0}^{k-1}w_i f_i'(v_i)f_i'(v_k)g(k) \tag{2-62}$$

$$g(k)=\begin{cases}f_{k+1}(v_{k+1}),\ k<m\\ x,\ k=m\end{cases} \tag{2-63}$$

在式（2-62）中，$f_i'(v_i)$ 和 $f_i'(v_k)$ 表示对应激活函数 f_0 ~ f_k 的导数，α 为学习率。

在 DNN 中，常用的激活函数是 ReLU 函数。利用 ReLU 函数进行权重更新时，不会因为较小的导数连乘而使得 $\Delta w_k\to 0$，可解决梯度消失或梯度爆炸的问题。

2.2.3 卷积神经网络

卷积神经网络（Convolutional Neural Networks，CNN）模型应用广泛，是最重要的神经

网络模型之一。其常被用于图像处理中的图片分类和目标识别、跟踪，也已经被用于无线通信系统的信道估计、数字信号解调、信道解码、频谱感知和网络路由优化等。

CNN 的结构主要包括输入层、卷积层、池化层、全连接层、输出层等部分。输入层用于接收原始数据；卷积层是 CNN 的核心，负责通过卷积运算从输入数据中提取特征，池化层通常跟在卷积层后面，用于减少特征的数量和参数数量，多个卷积层和池化层交替堆叠，以提取图像中的层次化特征；全连接层位于卷积层和池化层之后，用于对提取的特征进行分类或回归；输出层是 CNN 的最后一层，用于输出最终的预测结果。此外，卷积层和全连接层的输出通常使用激活函数，以增加网络的非线性。

图 2-17 所示为 CNN 示意图。最左端是输入层，最右端是输出层，中间层包括卷积层和池化层，用来进行特征提取，对高维输入进行降维。根据需要，可以设置很多层卷积层和池化层，还可以对学习率、激活函数、卷积核（Convolution Kernel）大小、步长（Stride）等超参数进行优化，以实现更好的模型精度。卷积层和池化层之后就是全连接层，全连接层将提取的特征和输出层连接起来，输出数据所属的类别。CNN 的结构形式灵活，可拓展性强，可以灵活组合基本结构，对超参数进行优化设置，获取更好的精度，可以适应不同的任务。

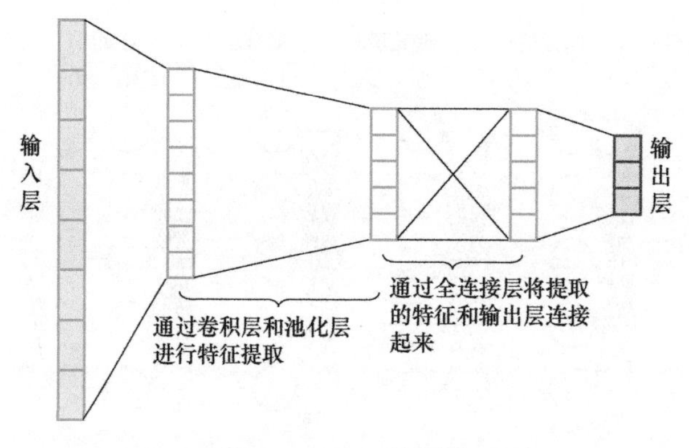

图 2-17　CNN 示意图

下面对 CNN 结构的主要部分进行详细介绍。

1. 卷积层

卷积层主要用于特征提取。卷积层中包含很多个滤波器（Filter），用来提取不同的局部特征，不同的卷积核对应不同的滤波器，形成多个特征图（Feature Map）。

以处理图片为例，CNN 需要对高维数据进行降维，提取图片数据中的重要特征，进而对其进行分类。在 CNN 模型处理图片之前，需要对图片像素点进行归一化处理，类似于实例归一化方法，将图片像素点的区间归一化到 0~1 之间。滤波器是 CNN 模型处理图片的第一步，提取图片的局部特征（Local Feature），形成特征图。不同滤波器提取的局部特征不同，对应的特征图也不同。图 2-18 所示为 CNN 模型中的滤波器卷积核膨胀（Dilation）示意图。这是一个简化的例子，图中每个方格代表一个像素点，图片是 11×11 像素的，即长和宽方向都是 11 个像素点，对应图中的无阴影区域。这里的滤波器是 3×3 像素的方块，又称为感受野（Receptive Field），对应图中加粗黑线表示的 3×3 像素框。在每个加粗黑线框中，对 9 个像素点进行加权平均，得到的值被记录到右侧特征图的对应方格中。加粗黑线框移动的间距是步长，相邻加粗黑线框之间间隔 2 个方格，此处的步长是 2。在图片边缘的像素点取加粗黑线框时，为了补足 9 个像素点，需要在原来 11×11 像素的图片外侧包裹一层宽度等于步长的框，对应图中的阴影区域，阴影区域中像素点的值常常都设为 0，即用零填充（Zero-Padding）。加粗黑线框代表滤波器，形成了对原本图片中像素点的移动平均（Moving Average），计算得出右侧的特征图。

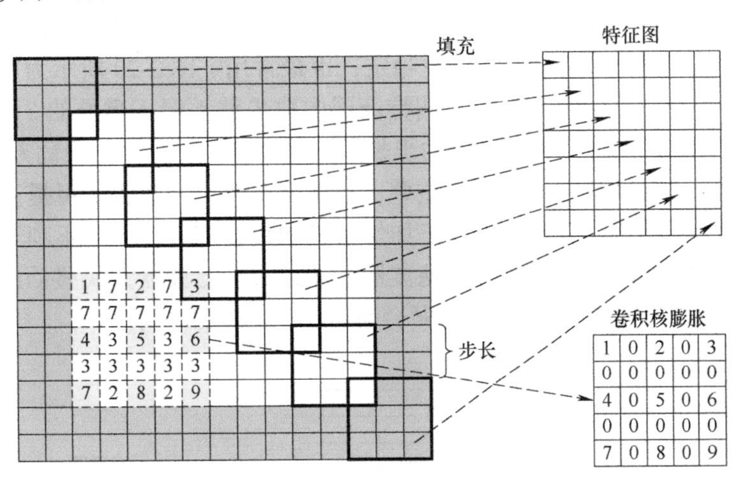

图 2-18　CNN 模型中的滤波器和卷积核膨胀示意图

图 2-18 还给出了 CNN 模型中的滤波器卷积核膨胀的例子，卷积核膨胀又称为扩张卷积（Dilated Convolution）或空洞卷积。这里的膨胀率（Dilation Rate）是 2，卷积核是 3×3 像素的方块，通过膨胀，变成 5×5 像素的方块。在图片的像素点中，选取 5×5 像素的方块，但是仅考虑其中 3×3 = 9 个格子中的值。如图 2-18 所示，仅考虑 5×5 像素方块中 3×3 像素点上的值 1、2、3、4、5、6、7、8、9，其余格子的值都用 0 填充，然后进行加权平均，计算特征图中相应位置的值。卷积核膨胀的作用是扩大感受野，适应多变的输入图片精度。对于精度很高的图片，像素点很多且密集，处理这样的图片可以使用池化层降低图片的精度、增加 CNN 的层数等，但是这些都比较麻烦，使用膨胀的卷积核可以处理这样的图片。

图 2-19 所示为图 2-18 中滤波器参数的示意图，这是一个简化的例子。左侧加粗方块代表 3×3 像素的滤波器，里面包括 9 个像素点。右侧加粗方块代表滤波器中的权重参数，此处忽略了偏差参数。这里给出的简化滤波器通过对 9 个像素点进行加权平均来计算提取的特征，加权平均后通过 Sigmoid 或 tanh 函数进行非线性变换，在 CNN 中可以根据全局损失函数（Global Loss Function）进行反向传播来计算滤波器中的权重和偏差参数。

x_1	x_2	x_3
x_4	x_5	x_6
x_7	x_8	x_9

w_1	w_2	w_3
w_4	w_5	w_6
w_7	w_8	w_9

$$\sigma\left[\sum_{k=1}^{9}(x_k w_k + b_k)\right]$$

图 2-19　图 2-18 中滤波器参数的示意图

根据任务需求不同，滤波器可以使用任何函数对局部的像素点进行特征提取，相应参数在 CNN 模型的训练过程中确定。在 CNN 中，可以使用多个不同的滤波器提取不同的图片局部特征，不同的滤波器使用不同的权重参数，多个滤波器得到的多个特征图继续进行后续的处理。

2. 池化层

在 CNN 的设计中，卷积层后往往紧跟着池化层，这样的卷积层和池化层的配对会被重复很多次，以对图片中的特征进行抽象、提取和总结。池化层是一种下采样层，可对卷积层输出的多个特征图进行降维，以提取图片中有效的特征，对特征进行进一步抽象。当输入图片的像素较高时，需要较多池化层对特征进行抽象；当输入图片的像素较低时，需要相对较少的池化层对特征进行抽象。

池化方式主要有两种：最大值池化（Max-Pooling）和平均值池化（Mean-Pooling）。最大值池化计算特征图的局部最大值，平均值池化计算特征图的局部平均值。最大值池化具有更好的鲁棒性，在迭代和传播过程中更稳定，也最常用。图 2-20 所示为简化的池化层示意图。池化层对特征图进行降维，在左侧特征图中取出移动但不重叠的 3×3 像素的方块，降维成右侧特征图中的对应方格。此时的步长等于移动方块的尺寸，因此方块之间不重叠。在池化层的滤波器中移动的方块之间不重叠，且滤波器的尺寸较大，可提高对图片中特征抽象和总结的效率，在实际应用中有利于加快神经网络的训练，然而不利于神经网络精度的提高。一般认为，CNN 的层数越多、滤波器尺寸越大、滤波器方块移动的步长越小，越有利于提高 CNN 模型的精度，但是这样做会增加模型训练的时间。

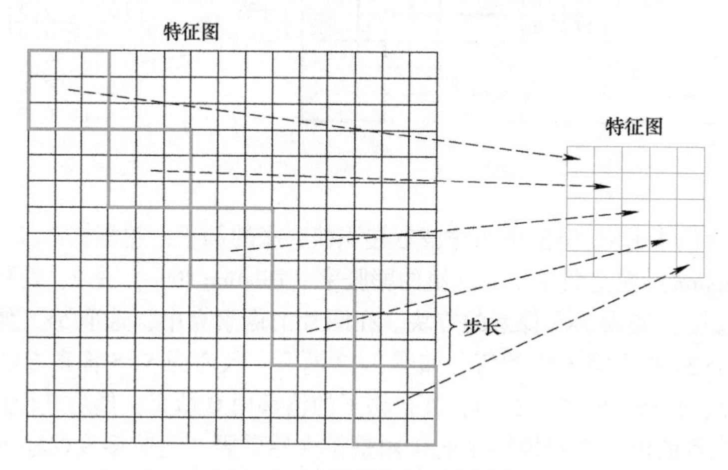

图 2-20 简化的池化层示意图

图 2-21 所示为最大值池化和平均值池化的简化示意图。在池化局部方块内，最大值池化计算移动加粗线方块内所有元素的最大值，放入降维后的特征图中。平均值池化计算方块内所有元素的平均值，放入降维后的特征图中。在降维过程中，保证获取的特征与图片中的位置无关。最大值反映了局部区域内最大的信号特征，而平均值反映了局部区域内平均的信号特征。类似地，还可以采用中位数池化等对局部的特征进行总结和抽象。

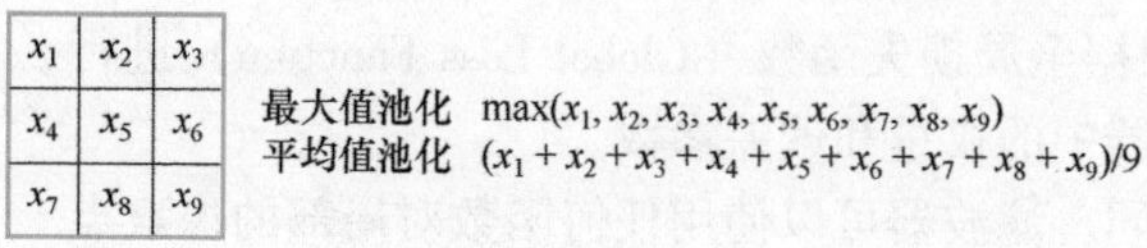

x_1	x_2	x_3
x_4	x_5	x_6
x_7	x_8	x_9

最大值池化 $\max(x_1, x_2, x_3, x_4, x_5, x_6, x_7, x_8, x_9)$

平均值池化 $(x_1 + x_2 + x_3 + x_4 + x_5 + x_6 + x_7 + x_8 + x_9)/9$

图 2-21 最大值池化和平均值池化的简化示意图

3. 全连接层

全连接层采用普通神经网络结构，所有神经元之间都有连接。在 CNN 中处理图片分类问题时，全连接层是隐藏层到输出层之间的全连接，这意味着隐藏层中的所有神经元和输出层中的所有神经元全部交叉连接。在分类问题中，输出层的神经元数等于类别数目，隐藏层神经元的输出作为输出层神经元的输入，全连接层将隐藏层给出的数据抽象特征映射成数据分类结果。

2.2.4　循环神经网络

在传统的神经网络中，所有输入都是独立的，网络不会记住之前输入的信息。然而，在循环神经网络（Recurrent Neural Network，RNN）中，每个时间步（Time Step，指序列数据中的一个时间点或数据点，整个序列由一系列连续的时间步组成）的输入不仅影响当前时间步的输出，还会通过隐藏状态（hidden state）影响下一个时间步的输入和输出。隐藏状态可以看作网络对之前信息的“记忆”。由于能够保留之前的信息，RNN 天然适合处理序列数据（如时间序列、文本数据）。当然，RNN 也有局限性，在训练长序列时，RNN 容易出现梯度消失或梯度爆炸的问题，导致网络难以学习到长期依赖关系。此外，由于 RNN 需要按序列顺序逐个进行处理，因此计算效率相对较低。为了克服 RNN 的局限性，人们提出了多种改进模型，如长短期记忆（Long Short-Term Memory，LSTM）网络和门控循环单元（Gated Recurrent Unit，GRU）。这些模型通过引入门控机制来控制信息的流动，从而解决了梯度消失或梯度爆炸的问题，并提高了网络处理长序列的能力。

1. 标准 RNN

RNN 的结构主要包括三个部分：输入层、隐藏层和输出层。在每个时间步，RNN 都会接收当前的输入和上一个时间步的隐藏状态，并输出当前时间步的隐藏状态和输出。图 2-22 所示为典型的 RNN 结构。

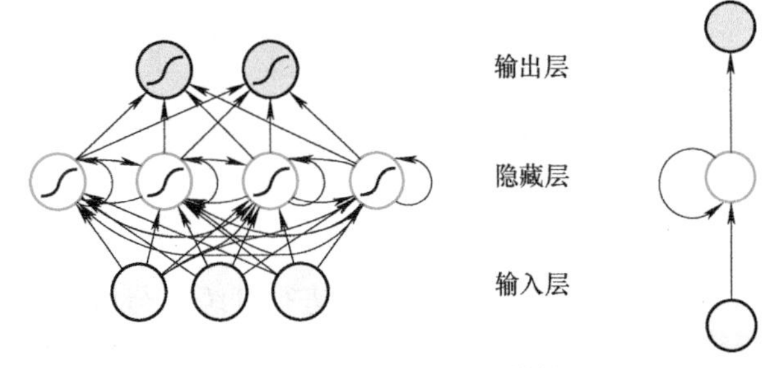

图 2-22　典型的 RNN 结构

RNN 的基本结构可以表示为

$$h_t = f_{\mathrm{w}}(h_{t-1}, x_t) \tag{2-64}$$

式中，h_t 是新的目标状态；h_{t-1} 是上一状态；x_t 是当前输入向量；f_{w} 是权重参数函数。目标值的结果与当前的输入、上一状态的结果有关系，以此可以求出各参数的权值。

一个 RNN 可认为是同一网络的多次重复执行，每一次执行的结果都是下一次执行的输入。图 2-23 所示为将 RNN 展开成一个全神经网络，其中 x_t 是输入序列，s_t 是 t 时间步的隐藏状态，可以认为是网络的记忆，计算公式为

$$s_t = f(\boldsymbol{U}x_t + \boldsymbol{W}) \tag{2-65}$$

式中，f 为非线性激活函数（如 ReLU 函数），$\boldsymbol{U}$ 为当前输入的权重矩阵，$\boldsymbol{W}$ 为上一状态输入的权重矩阵。可以看到，当前状态 s_t 依赖于上一状态 s_{t-1}。状态数量增加会形成多个 $\boldsymbol{W}$ 相乘，若 $\boldsymbol{W}$ 是一个小于 1 的数字，则随着输入状态的增加，在反向传递时误差变化会越来越小，最终导致梯度消失；若 $\boldsymbol{W}$ 是一个大于 1 的数字，则误差会越来越大，最后导致梯度爆炸。所以，普通 RNN 记忆的状态数量有限制，其无法回忆起很久之前的状态。

RNN 的种类大致有一对多、多对一、多对多三种，如图 2-24 所示。图 2-24a 所示为输入是一个，输出是多个，例如输入一张图像，输出这个图像的描述信息；图 2-24b 所示为

输入是多个，输出是一个，例如输入一段话，输出这段话的情感；图 2-24c 所示为输入是多个，输出也是多个，例如机器翻译，输入一段话，输出也是一段话（多个词语）；图 2-24d 所示为多个输入和输出同步，例如进行字幕标记。

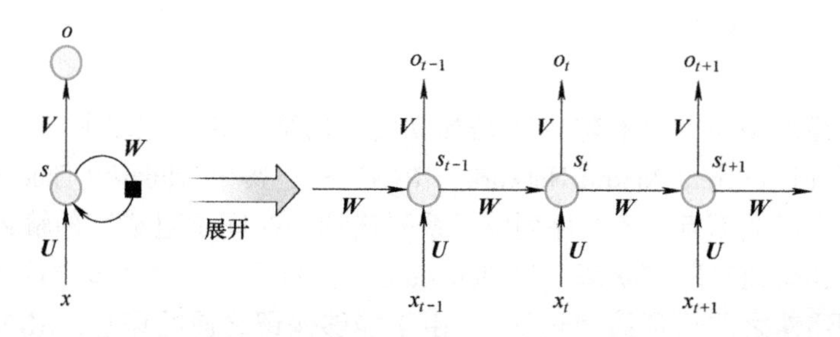

图 2-23 将 RNN 展开成一个全神经网络

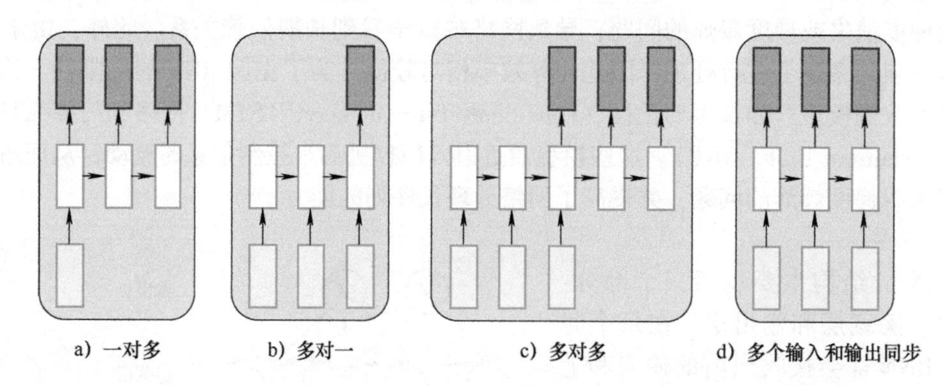

图 2-24 RNN 的种类

RNN 也使用反向传播算法进行训练，与传统神经网络相比，RNN 的参数是共享的，当前时刻的参数与上一时刻相关，从而减少参数空间并增加记忆能力。另外，梯度结果依赖于当前时刻和之前所有时刻的计算结果，这一过程称为随时间的反向传播（Back Propagation Through Time，BPTT），综合了层级间和时间上的传播两个方面进行参数优化。但是用 BPTT 训练 RNN 时，有时并不能处理较长距离的依赖，导致梯度消失或梯度爆炸问题。

2. LSTM

LSTM 是一种特殊的 RNN 架构，用于处理和预测时间序列数据中的间隔和延迟非常长的重要事件。传统的 RNN 在处理长序列数据时，由于梯度消失或梯度爆炸的问题，往往难以捕捉到长期依赖关系。LSTM 通过引入三个门结构（遗忘门、输入门和输出门）来克服这个问题，使得 LSTM 能够更有效地学习长期依赖。

与 RNN 的结构相比，LSTM 增加了一个单元状态（Cell State）C 代表长期记忆，用隐藏层原有状态 h 代表短期记忆。因此，每个 LSTM 单元有当前输入 x_t、前一个输出隐藏值 h_{t-1}、前一个单元状态 C_{t-1} 三个输入和输出隐藏值 h_t、新单元状态 C_t 两个输出。RNN 与 LSTM 的结构比较如图 2-25 所示。

如果将 LSTM 单元按门的种类分开画出，其结构示意图如图 2-26 所示。

在 LSTM 单元中，向量的运算有乘法和加法两种，用运算符号外加圆圈标出。LSTM 单元中的门是一个抽象的概念，类似于电路中的逻辑门概念，1 表示开放状态，允许信息通过；0 表示关闭状态，阻止信息通过。借助于类似过滤器的 Sigmoid 函数，使得输出值在（0,1）之间，表示以一定的比例允许信息通过。

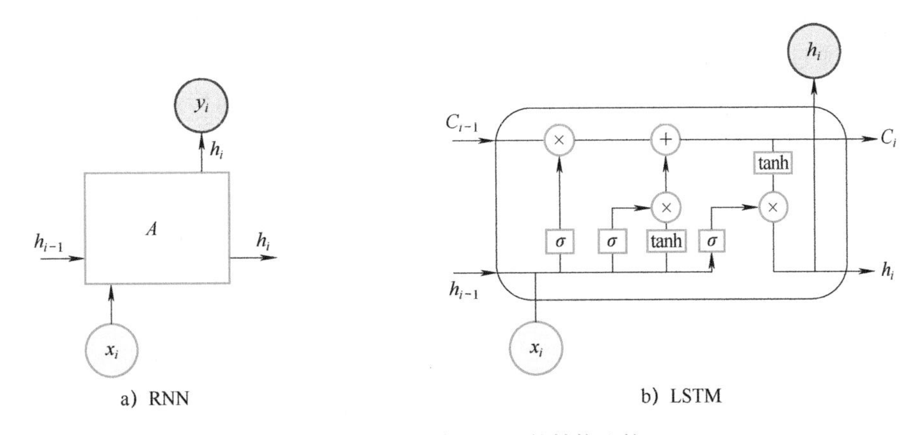

图 2-25　RNN 与 LSTM 的结构比较

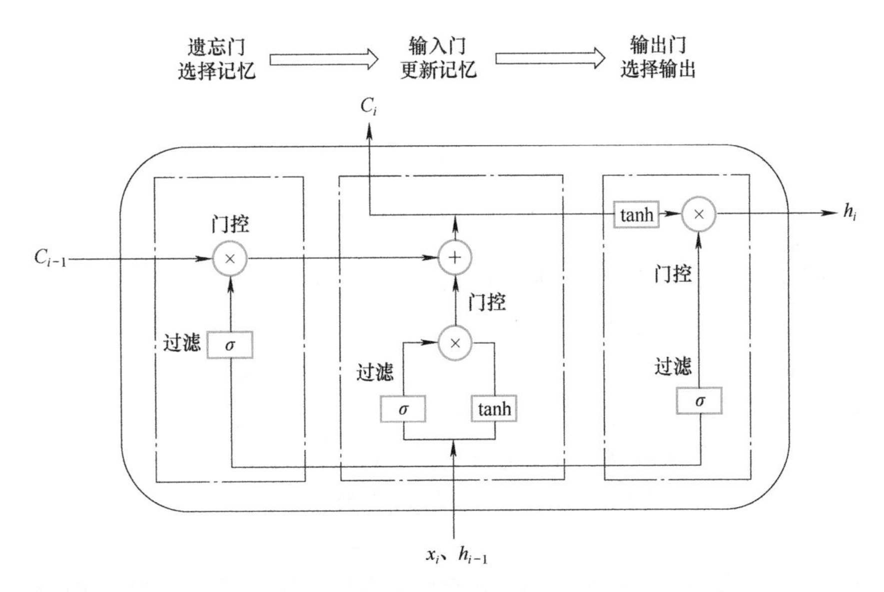

图 2-26　区分门的 LSTM 单元结构示意图

状态 C 随着时间变化不断在隐藏层中传递更新，在更新过程中只做一次乘法和一次加法运算。状态 C 的更新由门结构完成，遗忘门、输入门、输出门三个门分别用来选择记忆、更新记忆和选择输出。

（1）遗忘门

遗忘门用来决定让哪些信息继续通过这个单元，哪些信息将丢弃（遗忘），其计算公式为

$$f_t = \sigma(\boldsymbol{W}_{\mathrm{f}}[h_{t-1}, x_t] + b_{\mathrm{f}}) \tag{2-66}$$

式中，$\boldsymbol{W}_{\mathrm{f}}$ 为遗忘门的权重矩阵；b_{f} 为输入的阈值；$[h_{t-1}, x_t]$为两个向量拼接；σ 为 Sigmoid 函数，输出一个 0~1 范围内的数值，决定丢弃多少信息，相当于一个百分比；h_{t-1} 为历史信息；x_t 为新输入的信息。

f_t 与单元前一个状态 C_{t-1} 相乘，接近 1 的信息直接在状态 C 的通道上通过，接近 0 的信息就是遗忘信息，不会向前传递。

由此可见，新的外部输入 x_t 通过两步来影响信息是否被遗忘。第一步是与上一个短期记忆信息 h_{t-1} 通过式（2-66）运算得到一个指示向量 f_t；第二步是将向量 f_t 与前一个状态向量 C_{t-1} 相乘，得到的数值决定单元状态 C_{t-1} 哪些被遗忘，哪些向前传递。

LSTM 遗忘门的结构如图 2-27 所示。

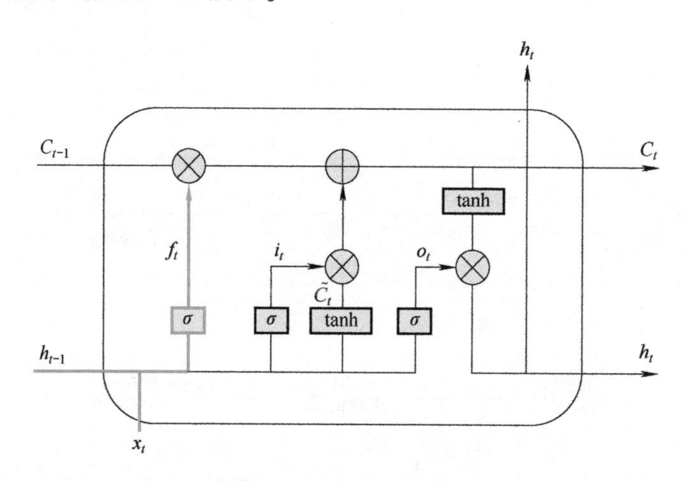

图 2-27 LSTM 遗忘门的结构

（2）输入门

遗忘门作用是丢弃部分信息，而输入门则要为更新状态添加一些信息。

输入门原始的添加信息有一个新的外部输入 x_t、上一时刻的隐藏状态 h_{t-1}。这两个原始输入信息需要分别通过以下两个不同的运算生成两个新的输入值。

tanh 部分用来生成更新值 $\tilde{C}_t$，输出范围为［−1,1］，计算公式为

$$\tilde{C}_t = \tanh\ (W_C[h_{t-1}, x_t] + b_C) \tag{2-67}$$

σ 部分用来决定接受更新值的百分比，计算公式为

$$i_t = \sigma(W_i[h_{t-1}, x_t] + b_i) \tag{2-68}$$

需要注意的是，这两个计算公式中，权重矩阵和阈值矩阵是不同的，在训练过程中需要单独训练。

LSTM 输入门的结构如图 2-28 所示。

（3）更新状态

计算出 i_t 和 $\tilde{C}_t$ 后，就可以决定把哪些信息添加到状态 C 上了，也就是开始更新状态 C 了。

更新过程就是通过遗忘门丢弃旧状态的部分信息 $f_t * C_{t+1}$，然后加上新信息 $i_t * \tilde{C}_t$，最终得到新的状态 C_t 为

$$C_t = f_t * C_{t+1} + i_t * \tilde{C} \tag{2-69}$$

LSTM 更新的状态 C 如图 2-29 所示。

（4）输出门

完成单元状态的更新后，最后的任务是决定将当前单元状态中的哪些部分作为新的隐

藏状态 h_t 输出。

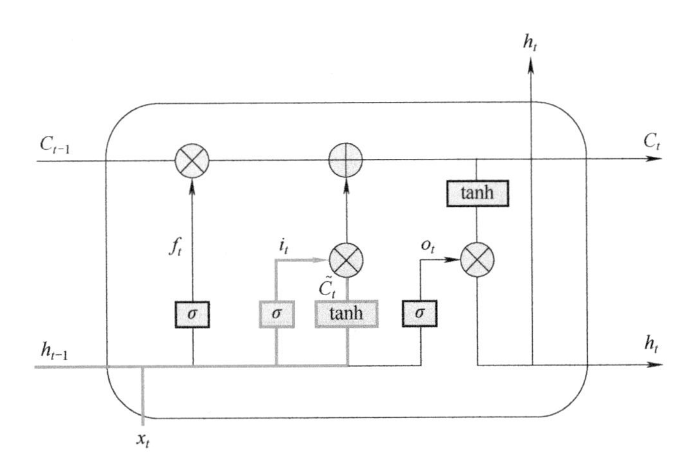

图 2-28　LSTM 输入门的结构

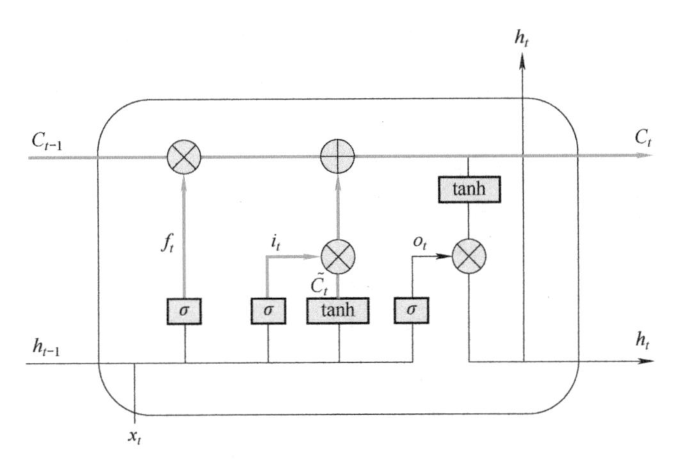

图 2-29　LSTM 更新的状态 C

单元的输出基于单元的新状态 C_t 计算。先把新状态 C_t 经过 $\tanh(C_t)$处理得到 [-1,1] 范围内的值，然后根据 Sigmoid 函数决定保留单元状态的哪些部分作为输出，表达式如下：

$$o_t = \sigma(\boldsymbol{W}_0[h_{t-1}, x_t] + b_0) \tag{2-70}$$

$$h_t = o_t * \tanh(C_t) \tag{2-71}$$

LSTM 输出状态 h_t 如图 2-30 所示。

3. GRU

GRU 是 LSTM 的一种简化版本，但在许多任务中，它的性能与 LSTM 相当甚至更优，且需要更少的计算资源。GRU 主要由两个门控制单元组成：更新门（Update Gate）和重置门（Reset Gate）。这两个门允许网络在每一步中控制哪些信息需要被保留或遗忘。通过这两个门控机制，能够有效地控制信息的流动，既保留了 LSTM 中门控机制的优势，又简化了模型结构，使得训练更加高效。

更新门 z_t 决定了如何将新的信息合并到当前的隐藏状态中。它通过前一时刻隐藏状态 h_{t-1} 和当前输入 x_t 决定有多少过去的信息需要保留，以及有多少新的信息需要被加入到当前隐藏状态中。

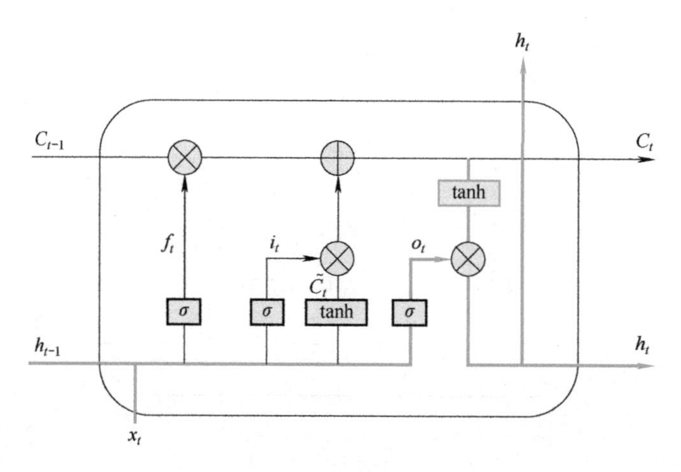

图 2-30 LSTM 的输出状态 h_t

重置门 r_t 控制了前一时刻隐藏状态 h_{t-1} 对当前候选隐藏状态 h_t 的影响程度。通过这个门，网络可以忘记过去的一些信息，使得模型能够捕捉更长时间范围内的依赖关系。

GRU 的计算过程大致如下。

① 重置门：$r_t=\sigma(\boldsymbol{W}_r[h_{t-1},x_t]+b_r)$。

② 候选隐藏状态：$h_t=\tanh(\boldsymbol{W}[r_t*h_{t-1},x_t]+b)$。

③ 更新门：$z_t=\sigma(\boldsymbol{W}_z[h_{t-1},x_t]+b_z)$。

④ 当前隐藏状态：$h_t=(1-z_t)*h_{t-1}+z_t*h_t$。

以上各式中，σ 是 Sigmoid 激活函数，用于将任意值映射到（0,1）区间内，从而表示信息的保留程度；tanh 是另一个激活函数，用于产生候选隐藏状态；$\boldsymbol{W}_r$、$\boldsymbol{W}_z$、$\boldsymbol{W}$ 和 b_r、b_z、b 是模型需要学习的参数；* 表示元素级别的乘法；[,] 表示向量的拼接。

2.3 强化学习

强化学习又称为增强学习，是机器学习的另一个分支，其优势在于让如机器、软件代理等在没有预先标记数据或明确监督信号的情况下，通过与环境的实时交互学习并优化决策过程。这种方法不仅允许智能体在不确定和动态变化的环境中自适应地调整其策略，还能够通过长期累积的奖励来评估并改进其行为。因此，强化学习在如资源调度、网络优化等需要复杂决策和长期规划的任务中展现出巨大的潜力和优势，使得智能体能够自主地学习、适应和进化，实现更高效、更智能的行为。

强化学习中有两种角色，分别为智能体（Agent）和环境（Environment）。智能体通过观察环境得到观察结果（Observations），并且根据观察结果做出相应的行为动作（Actions），然后从环境中得到奖励信号（Rewards），环境也因此发生变化。智能体与环境之间如此周而复始地持续交互，就形成了强化学习的过程。强化学习没有标签数据，只有奖励信号，而奖励信号不一定实时反馈。时间序列是强化学习的重要因素，强化学习的当前行为会影响后续行为。

2.3.1　传统强化学习算法

实验视频
项目5：PyTorch环境配置

1. 蒙特卡罗方法

蒙特卡罗方法（Monte Carlo Methods）又称为统计模拟方法，其思想是：对于某个随机事件，可以通过重复实验得到该随机事件发生的概率，以此频率近似替代该事件发生的概率。具体思路如下。

（1）策略估计和策略改进

在策略迭代算法的策略估计部分中，由于中间动作（或状态）的奖励 R 是已知的，所以只要按照当前策略走一遍，就可以得到当前状态的价值。而在无模型的强化学习方法中，由于不知道中间动作（或状态）的奖励，如果想要知道某个状态的价值，就需要从这个状态出发，按照当前策略，走完多个回合并得到多个累积奖励，然后计算得到多个累积奖励的平均值作为当前状态的价值，即用采样去逼近真实的值。

在得到动作一致的值函数后，策略改进的方法就和前面策略迭代算法中的策略改进方法一样，即利用当前的动作一致的值函数更新策略，若更新后的策略与之前的策略一致，则说明已经收敛，策略求解结束，否则继续执行策略估计。

（2）环境探索

进行策略估计时还存在一个问题，我们希望计算策略 π 下从状态 S 出发的多个路径的平均累积奖励，然而一旦确定了这个策略 π，那么每次采取的动作必然有 $a_t=\pi(s_t)$，能够采取的动作是确定的，即无论走多少个回合，路径均相同，无法进行策略估计。此时需要环境探索，常用的方式有 ε 贪心（ε-Greedy）搜索。

ε 贪心搜索方法的具体过程是：首先初始一个概率 ε，进行策略估计时，以概率 ε 随机选择一个动作，以概率 $1-\varepsilon$ 根据当前的策略选择动作。刚开始进行策略估计时，应该更注重对环境的探索，即初始的 ε 值较大；随着策略慢慢地改进，更应注重策略的利用，即慢慢减小 ε 值。

（3）确定性的和非确定性的环境状态

当环境状态确定时，即智能体执行一个动作后，到达的下一个状态是确定的，并且得到的奖励也是确定的。而当环境状态不确定时，蒙特卡罗算法考虑的是非确定性的环境状态，所以采用取平均值的方式，希望能够近似替代真实状态的价值。如果是确定性的环境状态，可省去取平均值的操作。

（4）在策略和离策略

在策略（On-policy）和离策略（Off-policy）是强化学习问题中常见的两个概念。智能体进行策略估计时，需要使用一些办法进行环境探索。在这种情况下学到的策略 π 其实是带探索的策略；若进行策略改进时也使用该策略，则会导致最终得到的策略也是带探索的策略。策略估计和策略改进都用的是带探索的策略，这种情况称为在策略。

如果只有进行策略估计时使用带探索的策略，而进行策略改进时只考虑不带探索的策略，这种情况称为离策略。在蒙特卡罗方法中，可以使用重要性采样（Importance Sampling）技术实现离策略的算法。

2. Q 学习算法

由于蒙特卡罗方法只有在一个回合结束并得到一个奖励后，才能去更新一个状态的价值，因而只能应用于回合步数有限的情况。为应对不能在有限的步数里结束的现实问题，可采用Q学习（Q-Learning）算法。

Q学习算法选择所有可能的下一动作中Q值最大的动作（即Q学习有一个专门用来产生行为的策略）。如果在确定性的环境状态下，Q学习的Q值的更新方式可以简化为

$$Q(s_t,a_t) \leftarrow \gamma \max(Q(s_{t+1},a_{t+1})) \tag{2-72}$$

这里介绍的Q学习算法均为单步更新算法，即时序差分误差都只用来更新前一个值。可以通过使用资格迹（Eligibility Trace）实现多步的更新，有关资格迹的讨论不在本书的讨论范围内。

3. 策略梯度算法

在策略搜索中，可以使用基于梯度的方式优化策略，这种方法称为策略梯度（Policy Gradient）。假设策略函数为$\pi_\theta(a \mid S)$，θ为这个函数的参数，则目标函数可定义为

$$J(\theta) = \int P_\theta(\tau) R(\tau) \mathrm{d}\tau \tag{2-73}$$

式中，$P_\theta(\tau)$是在策略θ下轨迹τ发生的概率。轨迹τ通常指的是从初始状态开始，经过一系列状态转移和动作选择，最终到达终止状态的整个过程。$R(\tau)$是轨迹τ的回报，即从初始状态开始，按照轨迹τ所经历的奖励总和。

有了目标函数$J(\theta)$，可以使用梯度上升的方法优化参数θ，使得目标函数$J(\theta)$增大，梯度就是函数$J(\theta)$关于参数θ的导数，即

$$\frac{\partial J(\theta)}{\partial \theta} = \frac{\partial}{\partial \theta} \int P_\theta(\tau) R(\tau) \mathrm{d}\tau = E\left\{ \sum_{t=0}^{T-1} \left[\frac{\partial}{\partial \theta} \log \pi_\theta(a_t, s_t) \gamma^t G(\tau_{t:T}) \right] \right\} \tag{2-74}$$

式中，$G(\tau_{t:T})$是从起始时刻t直至结束后得到的累积奖励。

2.3.2 深度强化学习算法

传统的强化学习算法适用于动作空间和状态空间都较小的情况，然而在实际的任务中，动作空间和状态空间往往都很大，对于这种情况，传统的强化学习算法难以处理。而深度学习算法擅于处理高维的数据，两者结合之后的深度强化学习（Deep Reinforcement Learning，DRL）算法在很多任务中取得了非常不错的效果。这里主要介绍较为典型的DRL算法。

1. DQN 算法

DQN（Deep Q-Networks，深度Q网络）算法由Q学习算法演变而来，主要使用神经网络逼近Q值函数。DQN算法有多个改进版本，最早的版本由Mnih等人于2013年提出，其基本工作过程如下。

1）初始化大小为N的经验池D。

2）用随机的权重初始化Q值函数。

3）for episode in range（EPISODES）：

① 初始化状态s。

② for t in range（T）：

a. 使用ε贪心搜索方式选择动作，即以ε的概率随机选择动作a_t，以1-ε的概率根据当前策略选择动作$a_t = \max_a Q^*(s_t, a; \theta)$。

b. 执行动作a_t，得到下一状态s_t'和奖励值r_t。

c. 将五元组（s_t, a_t, r_t, s_t', is_end$_t$）存入经验池 D，其中 is_end$_t$ 用来标记 s_t'是否为终止状态。若经验池已满，则移除最早添加的五元组，添加新的五元组。

d. 如果经验池 D 中的样本数达到了设定的 batch_size 大小 m：

a）从经验池中随机采样 m 个样本（s_j, a_j, r_j, s_j', is_end$_j$），其中 $j=1,2,\cdots,m$，计算目标值 y_j：

$$y_j = \begin{cases} r_j, & \text{is\_ end}_j \text{ 为 true} \\ r_j + \gamma \max_a Q(s_j', a_j', \theta), & \text{is\_end}_j \text{ 为 false} \end{cases}$$

b）使用均方误差损失函数更新网络参数。

e. $s_t = s_t'$。

end for

end for

在 DQN 算法中，在计算目标值 y_j 时用的 Q 网络和要学习的（用来产生五元组）网络是同一个，即用希望学习的模型生成动作，这样不利于模型的收敛。因此，Mnih 等人于 2015 年又提出了一种改进的 DQN 算法，其基本工作过程如下。在改进后的算法中，将计算目标值 y_j 时用的 Q 网络和要学习的 $\hat{Q}$ 网络分成了两个网络。Q 网络用来产生五元组，而 $\hat{Q}$ 网络用来计算目标值 y_j。这里 $\hat{Q}$ 网络的参数 $\hat{\theta}$ 不会迭代更新，因此需要每隔一定时间将 Q 网络的参数 θ 复制过来（Q 网络和 $\hat{Q}$ 网络需要使用相同的网络结构）。改进后的 DQN 算法除增加了 $\hat{Q}$ 网络外，其余部分与改进前的 DQN 算法一致。

1）初始化大小为 N 的经验池 D。

2）用随机的权重初始化 Q 值函数。

3）forepisode in range（EPISODES）：

① 初始化状态 s。

② for t in range（T）：

a. 使用 ε 贪心搜索方式选择动作，即以 ε 的概率随机选择动作 q_t，以 1-ε 的概率根据当前策略选择动作 $a_t = \max_a Q^*(s_t, a; \theta)$。

b. 执行动作 a_t，得到下一状态 s_t'和奖励值 r_t。

c. 将五元组（s_t, a_t, r_t, s_t', is_end$_t$）存入经验池 D，其中 is_end$_t$ 用来标记 s_t'是否为终止状态。若经验池已满，则移除最早添加的五元组，添加新的五元组。

d. 如果经验池 D 中的样本数达到了设定的 batch_size 大小 m：

a）从经验池中随机采样 m 个样本（s_j, a_j, r_j, s_j', is_end$_j$），其中 $j=1,2,\cdots,m$，并计算目标值 y_j：

$$y_j = \begin{cases} r_j, & \text{is\_end}_j \text{ 为 true} \\ r_j + \gamma \max_a \hat{Q}(s_j', a_j', \hat{\theta}), & \text{is\_end}_j \text{ 为 false} \end{cases}$$

b）使用均方误差损失函数 $\frac{1}{m}\sum_{j=1}^{m}[y_j - Q(s_j, a_j, \theta)]^2$ 更新网络参数 θ。

e. $s_t = s_t'$。

f. 间隔一定时间后 $\tilde{\theta} = \theta$。

end for

end for

2. DDPG 算法

DDPG（Deep Deterministic Policy Gradient，深度确定性策略梯度）算法结合了行动者-评论者（Actor-Critic）算法和 DQN 算法，其基本工作过程如下。

1）使用随机参 θ^Q 初始化评论者网络 $Q(s,a\mid\theta^Q)$ 和行动者网络 $\varnothing(s,a\mid\theta^\varnothing)$。

2）初始化目标网络的参数 $\hat{\theta}^Q\leftarrow\theta^Q$，$\hat{\theta}^\varnothing\leftarrow\hat{\theta}^\varnothing$。

3）初始化大小为 N 的经验池 D。

4）for episode in range（EPISODES）：

① 初始化一个随机过程 $\mathcal{N}$ 作为环境的探索（也可以使用 ε 贪心搜索方式）。

② 初始化第一个状态 s_1。

③ for t in range（T）：

a. 根据当前的策略和 $\mathcal{N}$ 选择动作 $a_t=\varnothing(s_t\mid\theta^\varnothing)+\mathcal{N}_t$。

b. 执行动作 a_t，得到下一状态 s_t' 和奖励值 r_t。

c. 将五元组（s_t,a_t,r_t,s_t',is_end$_t$）存入经验池 D，其中 is_end$_t$ 用来标记 s_t' 是否为终止状态。若经验池已满，则移除最早添加的五元组，添加新的五元组。

d. 如果经验池 D 中的样本数达到了设定的 batch_size 大小 m：

a）从经验池中随机采样 m 个样本（s_j,a_j,r_j,s_j',is_end$_j$），其中 $j=1,2,\cdots,m$，并计算目标值 y_j：

$$y_j=\begin{cases}r_j, & \text{is\_end}_j \text{ 为 true}\\ r_j+\gamma\hat{Q}(s_j',\ \hat{\varnothing}(s_j'\mid\hat{\theta}^\varnothing)\mid\hat{\theta}^Q), & \text{is\_end}_j \text{ 为 false}\end{cases}$$

b）使用均方误差损失函数 $\frac{1}{m}\sum_{j=1}^{m}[y_j-Q(s_j,a_j,\theta)]^2$ 更新网络参数 θ。

c）使用梯度上升更新行动者网络的参数 $\varnothing$：$\nabla_\varnothing\frac{1}{m}\sum_{j=1}^{m}Q(s_j,\varnothing(s_j,\theta^\varnothing),\theta^\varnothing)^2$。

e. $s_t=s_t'$。

f. 更新目标网络的参数 $\hat{\theta}^Q\leftarrow\rho\hat{\theta}^Q+(1-\rho)\theta^Q$，$\hat{\theta}^\varnothing\leftarrow\rho\hat{\theta}^\varnothing+(1-\rho)\theta^\varnothing$。

end for

end for

行动者和评论者分别使用一个神经网络，参照 DQN 算法为每个网络再设置一个目标网络，训练过程同样借鉴了 DQN 的经验池。DDPG 算法与 DQN 算法在目标网络的更新上有所不同，DQN 算法中是每隔一段时间就将 Q 网络直接赋给目标网络 $\hat{Q}$，而在 DDPG 算法中，目标网络的参数根据式（2-75）和式（2-76）缓慢更新，以便提高网络的稳定性：

$$\hat{\theta}^Q\leftarrow\rho\hat{\theta}^Q+(1-\rho)\theta^Q \tag{2-75}$$

$$\hat{\theta}^\varnothing\leftarrow\rho\hat{\theta}^\varnothing+(1-\rho)\theta^\varnothing \tag{2-76}$$

式中，$\hat{\theta}^\varnothing$ 是策略网络对应的目标网络的参数，$\hat{\theta}^Q$ 是 Q 网络对应的目标网络的参数。

2.4　联邦学习

联邦学习是一种分布式机器学习方法，其特点是可以在不直接交换数据的情况下，通过交换加密的参数来训练模型，从而保证了数据隐私。此外，传统的机器学习需要将所有数据集中到一个地方进行训练，这会产生高昂的通信成本。而联邦学习允许各参与方在本地进行训练，只交换模型参数或梯度信息，从而大大降低了通信成本。

2.4.1　联邦学习过程

联邦学习旨在建立一个基于分布数据集的学习模型。联邦学习包括两个过程，分别是模型训练和模型推理。在模型训练的过程中，模型相关的信息能够在各方之间交换（或者以加密形式进行交换），但数据不能。这一交换不会暴露每个站点上数据的任何受保护的隐私部分。已训练好的联邦学习模型可以置于联邦学习系统的各参与方，也可以在多方之间共享。进行模型推理时，模型可以应用于新的数据实例。例如，在 B2B（企业对企业）场景中，联邦医疗图像系统可能会接收一位新患者，其诊断来自不同的医院。在这种情况下，各方将协作进行预测。最终，应该有一个公平的价值分配机制来分配协同模型所获得的收益。

更一般地，设有 N 位参与方 $\{\mathcal{F}_i\}_{i=1}^{N}$ 通过使用各自的训练集 $\{D_i\}_{i=1}^{N}$ 来协作训练机器学习模型。传统的方法是将所有的数据 $\{D_i\}_{i=1}^{N}$ 收集起来并存储在一个地方，如存储在某一台云端数据服务器上，从而在该服务器上使用集中后的数据集训练得到一个机器学习模型 M_{SUM}。在传统方法的训练过程中，任何一位参与方 F_i 都会将自己的数据 D_i 暴露给服务器甚至其他参与方。联邦学习不需要收集各参与方所有的数据 $\{D_i\}_{i=1}^{N}$ 便能协作地训练一个模型 M_{FED}。设 $\mathcal{V}_{\mathrm{SUM}}$ 和 $\mathcal{V}_{\mathrm{FED}}$ 分别为集中训练模型 M_{SUM} 和联邦学习模型 M_{FED} 的性能量度（如准确度、召回度和 F_1 分数等），δ 为一个非负实数，当满足以下条件时，联邦学习模型 M_{FED} 具有 δ 的性能损失：

$$\mathcal{V}_{\mathrm{SUM}} - \mathcal{V}_{\mathrm{FED}} < \delta \tag{2-77}$$

式（2-77）表述了以下客观事实：如果在分布式数据源上使用安全的联邦学习构建机器学习模型，这个模型的性能近似于集中训练模型的性能。很多情况下允许联邦学习模型在性能上比集中训练模型稍差，因为在联邦学习中，参与方 F_i 并不会将其数据 D_i 暴露给服务器或者任何其他的参与方，所以相比于 δ 的损失，额外的安全性和隐私保护无疑更有价值。

2.4.2　联邦学习架构

根据应用场景的不同，联邦学习系统有两种架构。

1. 包含协调方的联邦学习架构

图 2-31 所示为包括协调方的联邦学习架构，这是一个客户端-服务器端（CS）架构。在此场景中，协调方是一台聚合服务器（也称为参数服务器），可以将初始模型发送给各参与方 A~C。参与方 A~C 分别使用各自的数据集训练该模型，并将模型权重更新发送到聚合服务器。之后，聚合服务器将从参与方处接收到的更新的模型聚合起来（如使用联邦平均算法），并将聚合后的模型更新发回给参与方。这一过程将会重复进行，直至模型收敛、

达到最大迭代次数或者达到最长训练时间。在这种体系结构下，参与方的原始数据不会进行交换。这种方法不仅保护了用户的隐私和数据安全，还减少了发送原始数据所带来的通信开销。此外，聚合服务器和参与方还能使用加密方法（如同态加密）来防止模型信息泄漏。

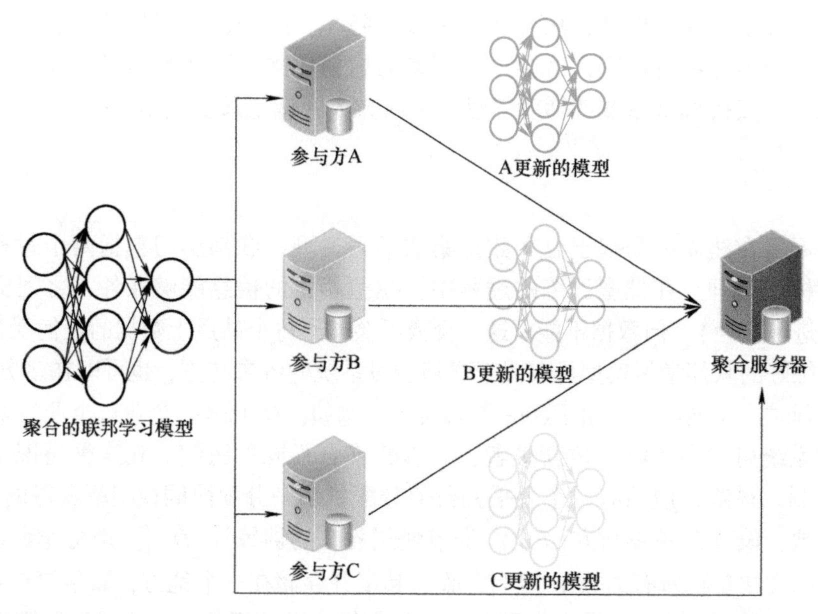

图 2-31 包含协调方的联邦学习架构

2. 不包含协调方的联邦学习架构

联邦学习架构也能被设计为对等（Peer-to-Peer，P2P）网络的方式，即不需要协调方。因为各参与方无须借助第三方便可以直接通信，所以进一步确保了安全性。对等网络架构如图 2-32 所示。这种体系结构的优点是提高了安全性，但可能需要更多的计算操作对消息内容进行加密和解密。

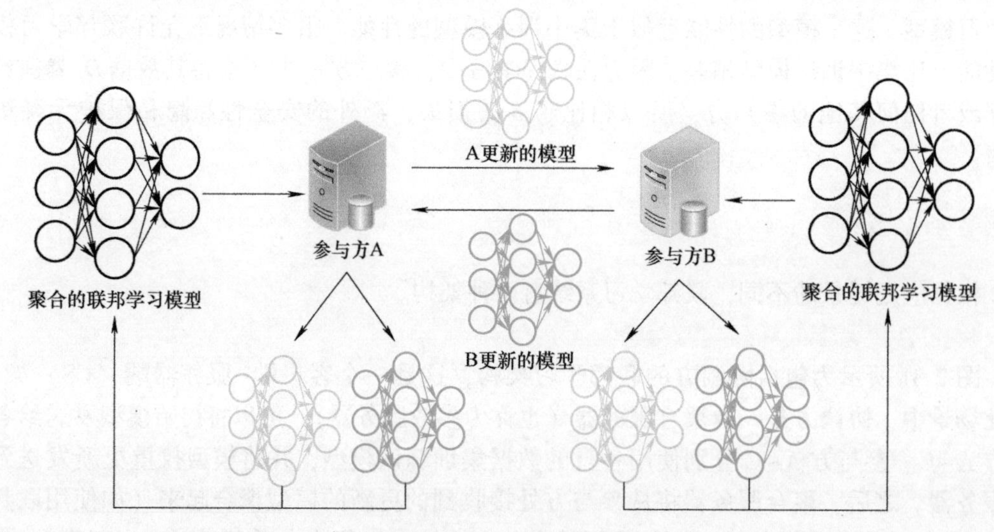

图 2-32 对等网络架构

2.4.3 联邦学习类型

根据训练数据在不同参与方之间的数据特征空间和样本 ID（标识）空间的分布情况，将联邦学习划分为横向联邦学习（Horizontal Federated Learning，HFL）、纵向联邦学习（Vertical Federated Learning，VFL）和联邦迁移学习（Federated Transfer Learning，FTL）。以有两个参与方的联邦学习场景为例，图 2-33~图 2-35 所示分别为三种联邦学习。

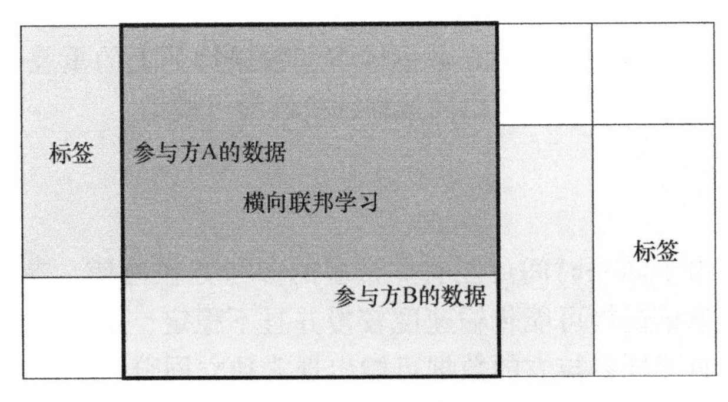

图 2-33　横向联邦学习

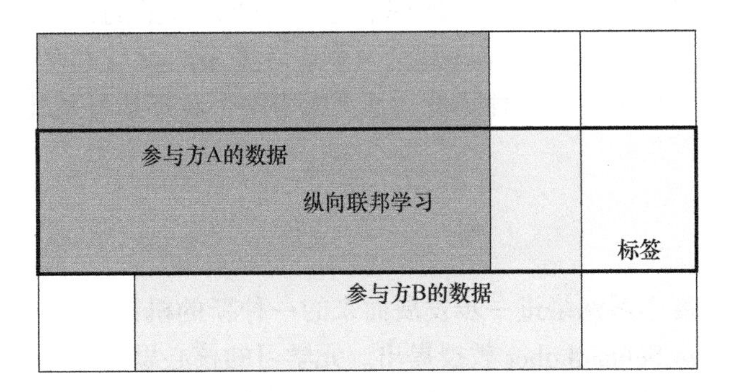

图 2-34　纵向联邦学习

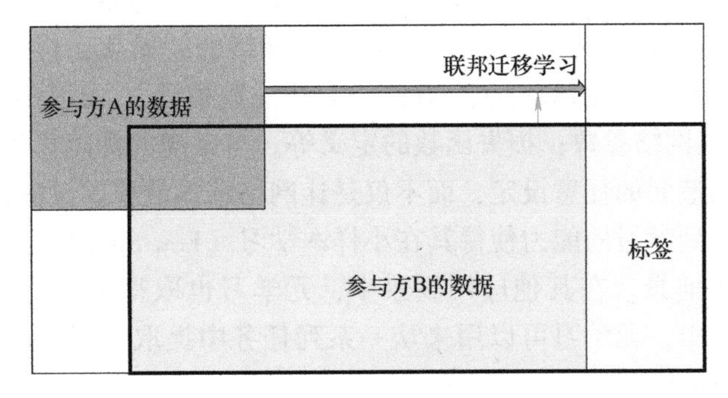

图 2-35　联邦迁移学习

1. 横向联邦学习

横向联邦学习适用于联邦学习参与方的数据有重叠的数据特征，即参与方之间在数据特征上是对齐的，但是参与方拥有的数据样本不同。它类似于在表格视图中将数据水平划分的情况。因此，也将横向联邦学习称为按样本划分的联邦学习（Sample-Partitioned Federated Learning 或 Example-Partitioned Federated Learning)。

2. 纵向联邦学习

与横向联邦学习不同，纵向联邦学习适用于联邦学习参与方的训练数据有重叠的数据样本，即参与方之间的数据样本是对齐的，但是在数据特征上有所不同。它类似于在表格视图中将数据垂直划分的情况。因此，也将纵向联邦学习称为按特征划分的联邦学习(Feature-Partitioned Federated Learning)。

3. 联邦迁移学习

当联邦学习参与方拥有的数据集在数据样本和数据特征上的重叠部分都比较小时，各参与方可以通过使用联邦迁移学习来协同地训练机器学习模型。

2.4.4 存在的问题

在联邦学习中，由于同一时间可能有非常多的参与方在通信，参与方（如智能手机）和聚合服务器之间的通信链接可能传输速度较慢并且不稳定，这将会使系统变得不稳定且不可预测。此外，来自不同参与方的数据可能出现非独立同分布的情况，并且不同的参与方可能有数量不均的训练数据样本，这可能导致联邦学习模型产生偏差，甚至会使联邦学习模型训练失败。再者，由于参与方在地理上通常是非常分散的，难以认证身份，这使得联邦学习模型容易遭到恶意攻击，即只要有一个或者更多的参与方发送破坏性的模型更新信息，就会使联邦学习模型的可用性降低，甚至损害整个联邦学习系统或者模型性能。

2.5 元学习

元学习是基于深度学习网络进一步发展而来的一种新的机器学习方法，于 1987 年由机器学习先驱人物 Jurgen Schmidhuber 教授提出。元学习的核心思想是通过在多个学习任务上进行训练，使模型能够具备广泛的泛化能力，在面对新任务时迅速适应和学习，即学会学习。“元”，指的是在神经网络训练过程中的各种参数，主要包括：训练超参数，如学习率等目前要人为设定的参数；神经网络的结构；神经网络的初始化；优化器的选择，如随机梯度下降（Stochastic Gradient Descent，SGD）、自适应矩估计（Adaptive Moment Estimation，Adam）算法等；神经网络参数；损失函数的定义等。与常规的深度学习过程不同，元学习支持神经网络自己构造元的任意设定，而不仅是让网络结构沿着预设的方向改变。

元学习这种学习到学习的能力使得其在小样本学习（Few-Shot Learning）和迁移学习等领域具有广泛的应用前景。在其他应用场景中，元学习也取得了重要且有实质性的进展。例如，在多任务场景中，元学习可以用来从一系列任务中提取与任务相关的知识，并用于改进对该系列新任务的性能。

2.5.1 元学习问题设置

元学习的目标是训练一个模型，该模型仅使用少量样本和训练迭代即可快速适应新任务。元学习主要通过元训练和元测试来实现这一目标，在元训练（Meta-training）阶段，模型针对一组任务而不是单一的任务进行训练；在元测试（Meta-testing）阶段，训练后的模型只需使用少量样本即可快速适应新任务。

现考虑一个元学习场景，有一个由多个任务 τ 构成的任务分布 $P(\tau)$，元学习的目的就是学习一个可以适应该任务分布的模型 f。在 K-shot 学习设置中，有 k 组样本用以计算对应的反馈 L_{τ_i} 以适应从任务分布 $P(\tau)$ 中采样的新任务 τ_i。任务集通常被划分为元训练集 $\boldsymbol{D}_{\text{train}}$、元测试集 $\boldsymbol{D}_{\text{test}}$、元验证集 $\boldsymbol{D}_{\text{validation}}$。而任务集的数据集 D_τ 又可以划分为用于元训练的支持集 $\boldsymbol{S}$ 和用于测试的查询集 $\boldsymbol{Q}$。

1. 元训练阶段

在元训练阶段，首先从元训练集 D_{train} 中采样一个任务 τ_i；然后使用该任务支持集 $\boldsymbol{S}$ 中的样本和任务对应的损失 L_{τ_i} 训练模型；最后在来自任务 τ_i 的新样本（也就是查询集 $\boldsymbol{Q}$ 中的样本）上进行测试，通过查询集 $\boldsymbol{Q}$ 上的测试误差来更新参数以改进模型。事实上，查询集中的测试误差是元学习过程的训练误差，而查询集的样本也是元训练阶段的验证样本。

2. 元测试阶段

在训练结束后，模型 f 的性能由元测试集 $\boldsymbol{D}_{\text{test}}$ 中采样的一个新任务 τ_i 来衡量。具体来说，利用新任务支持集 $\boldsymbol{S}$ 中的 k 组样本微调模型 f，然后再用新任务查询集 $\boldsymbol{Q}$ 中的新样本报告元性能。一般来说，用于元测试的任务在元训练期间不可见。元验证集 $\boldsymbol{D}_{\text{validation}}$ 中的数据通常被用来调整超参数。

2.5.2　MAML

元学习架构通常包括一个学习器和一个元优化器（元学习算法）。学习器负责在给定任务上学习；元优化器则负责在多个任务上进行元学习，指导学习器如何调整参数。常见的元学习算法有模型无关的元学习（Model-Agnostic Meta-Learning，MAML）、Reptile、匹配网络（Matching Networks）等。其中，由 Finn 在 2017 年提出的 MAML 应用最为广泛，该方法旨在学习一个初始神经网络权重，并直接使用额外的梯度步骤对神经网络进行微调，以便快速适应新任务。具体来说，其基础学习器被指定为包括特定于任务的参数和元参数，元参数指任务特定参数的初始值。元学习器通过最小化所有任务中验证数据的损失函数总和计算元参数，元参数作为任务特定参数的良好初始值。在每个小样本任务中，仅经过几轮随机梯度下降更新迭代后，就会更新任务特定的参数，以实现该任务足够高的预测精度。MAML 只需要很小的改动就可以广泛应用于神经网络对复杂任务的泛化，包括但不限于分类、回归、强化学习等任务。

MAML 的核心思想是学习一个良好的初始化参数，使得在少量样本上进行一次或多次梯度更新后，模型就能在新任务上表现良好。且初始化参数是模型无关的，因此 MAML 可以应用于各种模型架构，如神经网络、逻辑回归等。

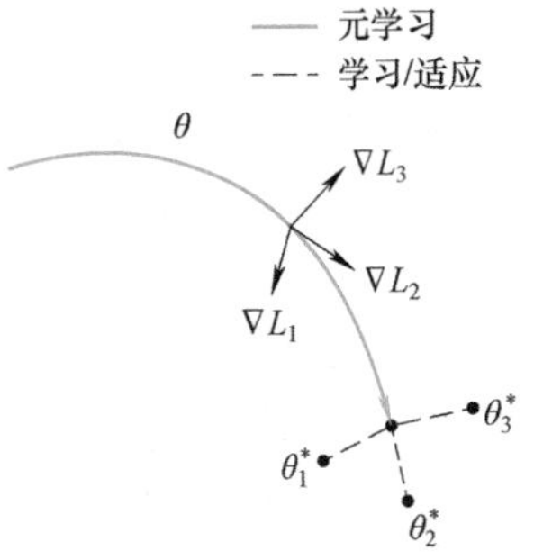

MAML 的目标是找到对任务变化敏感的模型参数，这样当模型参数在各个任务损失函数的梯度方向上改变时，参数的微小变化就会对从 $P(\tau)$ 采样的不同任务的损失函数产生很大的改进。MAML 下任务适应的参数优化路径示意如图 2-36 所示，θ_i^* 是对应任务 τ_i 的最优点，∇L_i 则是使用任务 τ_i 中的样本在 θ

图 2-36　MAML 下任务适应的参数优化路径示意

位置处所计算的梯度方向。

形式上，考虑一个由参数化函数 f_θ 表示的模型，其参数为 θ。当适应新任务 τ_i 时，以一个梯度更新模型为例，模型的参数 θ 变为 θ_1^i，则通过支持集 $\boldsymbol{S}$ 中的样本计算 MAML 的内层循环的梯度为

$$\theta_1^i = \theta - \alpha \nabla_\theta L_{\tau_i}(f_\theta, \boldsymbol{S}) \tag{2-78}$$

式中，α 为步长超参数，一般采用固定的值。

通过查询集 $\boldsymbol{Q}$ 中的样本使得模型 f_θ 对于所有任务中损失的和最小化来优化参数 θ：

$$\min_\theta \sum_{\tau_i \sim \rho(\tau)} L_{\tau_i}(f_{\theta_1^i}, \boldsymbol{Q}) = \min_\theta \sum_{\tau_i \sim \rho(\tau)} L_{\tau_i}(\theta - \alpha \nabla_\theta L_{\tau_i}(f_\theta, S), \boldsymbol{Q}). \tag{2-79}$$

由于元优化是在模型参数 θ 上执行的，而元目标函数是使用任务 τ_i 对应的预估模型参数 θ_1^i 计算的，因此需要将模型参数 θ 更新为

$$\theta = \theta - \beta \nabla_{\tau_i \sim p(\tau)} L_{\tau_i}(f_{\theta_1^i}, \boldsymbol{Q}) \tag{2-80}$$

式中，β 为步长超参数。

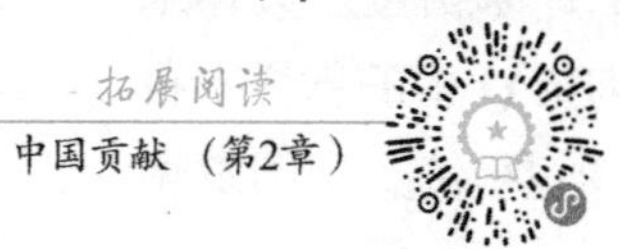

习　题

1. 什么是机器学习？
2. 机器学习可以分为哪几类？
3. 什么是特征提取？特征选择的目的是什么？
4. 为什么在模型的输出层使用 Softmax 激活函数？Softmax 函数的输入和输出是什么？
5. 留出法如何划分测试集和验证集？
6. 查准率与查全率的关系是什么？
7. LSTM 包括哪几个门？它们的作用分别是什么？
8. 人工神经网络的特点有哪些？感知器的基本思想是什么？
9. 在一个 5×5 像素的输入图像上，使用大小为 3×3 的卷积核进行卷积操作，步长为 1，则输出图像的尺寸是多少？输出图像的像素数是多少？
10. BP 神经网络的组成是什么？基本思想是什么？误差逆传播算法的作用是什么？
11. 描述一下卷积操作和池化操作的过程。
12. 常用的激活函数包括哪些？ReLU 函数有什么特点？
13. 训练神经网络时，为什么需要将每个输入样本的梯度归零？
14. 什么是联邦学习？联邦学习的好处有哪些？
15. 当数据样本上的重叠部分较大，而数据特征的重叠部分较小时，应选择哪种联邦学习方法？
16. SVM 和 AdaBoost 各有什么特点？请列举其他可以充当特征分类器的机器学习算法。
17. 在元学习中，什么是元参数和参数？
18. MAML 中的梯度是如何通过参数更新的？请简要描述其步骤。它与传统机器学习中的参数更新有何区别？

本章参考文献

[1] MCCULLOCH W S, PITTS W. A logical calculus of the ideas immanent in nervous activity [J]. The bulletin of mathematical biophysics, 1943, 5(4):115-133.

[2] Hebb D O. The organization of behavior: a neuropsychological approach [M]. John Wiley&Sons, 1949.

[3] ROSENBLATT F. The perceptron: a probabilistic model for information storage and organ ization in the brain [J]. Psychological review, 1958, 65(6):386.

[4] WIDROW B, HOFF M E. Adaptive switching circuits [C]//IRE. 1960 IRE WESCON Con vention Record Part Ⅳ. New York, 1960: 96-104.

[5] MINSKY M L, PAPERT S A. Perceptrons [M]. Cambridge. MA: MIT Press, 1969.

[6] KOHONEN T. Correlation matrix memories [J]. Computers, IEEE Transactions on, 1972, 100(4):353-359.

[7] HOPFIELD J J. Neural networks and physical systems with emergent collective computational abilities [J]. Proceedings of the national academy of sciences, 1982, 79(8):2554-2558.

[8] RUMELHART D E, MCCLELLAND J L. Parallel Distributed Processing: Explorations in the Microstructure of Cognition [M]. Cambridge: MIT Press, 1986.

[9] 苑希民，李鸿雁，刘树坤，等．神经网络和遗传算法在水科学领域的应用 [M]．北京：中国水利水电出版社，2002.

[10] 陈刚，刘发升．基于 BP 神经网络的数据挖掘方法 [J]．计算机与现代化，2006，134(10):20-22.

[11] MCMAHAN H B, MOORE E, RAMAGE D, et al. Communication-efficient learning of deep networks from decentralized data [EB/OL]. (2016-02-28) [2024-08-04]. http://arxiv. org/abs/1602. 05629v1.

[12] MCMAHAN H B, MOORE E, RAMAGE D, et al. Federated learning of deep networks using model averaging [EB/OL]. (2017-02-28) [2024-08-04]. http://arxiv. org/abs/1602. 05629v1.

[13] KONECNY J, MCMAHAN H B, YU F X, et al. Federated learning: Strategies for improving communication efficiency [EB/OL]. (2017-10-30) [2024-08-04]. http://arxiv. org/abs/1610. 05492.

[14] KONECNY J, MCMAHAN H B, RAMAGE D, et al. Federated optimization: Distributed machine learning for on-device intelligence [EB/OL]. (2016-10-08)] [2024-08-04]. http://arxiv. org/abs/1610. 02527.

[15] YANG Q, LIU Y, CHEN T, et al. Federated machine learning: Concept and applications [EB/OL]. (2019-02-13) [2024-08-04]. http://arxiv. org/abs/1902. 04885.

[16] HARTMANNF. Federated learning [D]. Berlin: Free University of Berlin, 1999.

[17] LIU Y, YANG Q, CHEN T, et al. Tutorial on federated learning and transfer learning for privacy, security and confidentiality [C]//33rd AAAI Conference on Artificial Intelligence, 2019.

[18] YANG T, ANDREW G, EICHNER H, et al. Applied federated learning: improving google keyboard query suggestions [EB/OL]. (2018-12-07) [2024-08-04]. http://arxiv. org/abs/1812. 02903.

[19] HARD A, RAO K, MATHEWS R, et al. Federated learning for mobile keyboard prediction [EB/OL]. (2019-02-28) [2024-08-04]. http://arxiv. org/abs/1811. 03604.

[20] CRAMER R, DAMGARD I, NIELSEN J B. Multiparty computation from threshold homomorphic encryption [C]//International Conference on the Theory and Application of Cryptographic Techniques: Advances in Cryptology, 2001.

[21] DAMGARD I, NIELSEN J B. Universally composable efficient multiparty computation from threshold homomorphic encryption [C]//23th Annual International Cryptology Conference, 2003.

[22] ZHAO Y, LI M, LAI L, et al. Federated learning with non-IID data [EB/OL]. (2018-06-02) [2024-08-

04]. http://arxiv. org/abs/1806. 0052.

[23] SATTLER F, WIEDEMANN S, MULLER K, et al. Robust and communication-efficient federated learning from non-IID data [EB/OL] (2019-03-07) [2024-08-04]. http://arxiv. org/abs/1903. 02891v1.

[24] BHAGOJI A N, CHAKRABORTY S, MITTAL P, et al. Analyzing federated learning through an adversarial lens [EB/OL]. (2019-11-25) [2024-08-04]. http://arxiv. org/abs/1811. 12470v3.

[25] KAIROUZ P, MCMAHAN H B, AVENT B, et al. Advances and open problems in federated learning [EB/OL]. (2019-12-10) [2024-08-04]. https://arxiv. org/abs/1912. 04977.

[26] RASKAR O, GUPTA R. Distributed learning of deep neural network over multiple agents [J]. Journal of network and computer applications, 2018, 116:1-8.

[27] VEPAKOMMA P, SWEDISH T, RASKAR R, et al. No peek: a survey of private distributed deep learning [EB/OL]. (2018-12-08) [2024-08-04]. http://arxiv. org/abs/1812. 03288v1.

[28] VEPAKOMMA P, GUPTA O, SWEDISHT, et al. Split learning for health: distributed deep learning without sharing raw patient data [C]//ICLR Workshop on AI for social good, 2019.

第 3 章

基于人工智能的信道估计

信道状态信息对保证航天通信系统在无线信道环境中的良好传输性能至关重要，而信道状态信息的准确获取则依赖于有效的信道估计。信道估计是无线通信系统的重要环节，对信道特性的准确估计有助于选择合适的调制编码方式及其参数，以适应信道的实际状况，从而提高信号传输的有效性和可靠性。信道估计涉及信道建模、信号采集、参考信号估计和参数估计等方面。根据不同的系统和应用场景，可以选择合适的信道估计技术和算法来获得准确的信道状态估计，从而优化信号传输和接收过程。

大部分航天通信信道是比较理想的加性白高斯噪声信道，不需要复杂的信道估计过程。然而在低轨卫星通信系统中，由于卫星与通信终端的快速相对移动和地球曲率的影响，信道特性会随时间发生显著变化，系统面临高动态性、多径效应和多普勒频移等问题，要求信道估计能够快速跟踪信道的变化，实时更新信道模型和参数，以保证通信系统的性能。随着正交频分多址接入（Orthogonal Frequency Division Multiple Access，OFDMA）等多载波传输体制逐渐应用，多普勒频移造成子载波间干扰（Inter-Carrier Interference，ICI）的问题凸显，这进一步增加了信道估计的复杂性。此外，传统的信道估计算法没有自动学习能力，通常需要数十甚至数百次迭代才能满足停止准则，存在计算复杂度过高的问题。基于深度学习的信道估计算法具有强大的拟合能力和学习能力，加速了收敛过程，且在适应性优化和泛化能力方面具有明显优势，可有效提高航天通信系统的通信质量和性能。基于深度学习的信道估计算法主要有两种思路：一是采用数据驱动的 DNN，二是采用模型驱动的 DNN。数据驱动需依靠大量的数据对 DNN 进行训练，从而带来了较大的训练开销；而模型驱动利用了已知先验知识加速收敛，所需的训练数据较少，且可解释性较强。

通过本章的学习，应掌握基于 DNN、CNN 和 RNN 的数据驱动型智能信道估计方法，熟悉传统基于导频和插值的非盲信道估计算法与基于压缩感知的稀疏信道估计算法，理解模型驱动的智能卫星信道估计，了解基于元学习的小样本时变信道估计。

3.1 传统物理模型信道估计

为了更好地理解并应用基于深度学习的智能信道估计算法，本节首先简要阐述信道估计原理，然后重点介绍经典的非盲信道估计。

3.1.1 信道估计原理

信道估计是指通过接收到的信号样本，推测或估计无线通信系统中信道的特性和状态。在无线通信中，信号在传输过程中不可避免地会受到各种影响，如衰落、干扰和噪声等，导致信号失真和变形。信道估计的目的是通过接收信号样本对信道的特性进行估计，包括时延、频率响应、衰落幅度和相位等。好的信道估计是使得某种估计误差最小化的估计算法，图 3-1 所示为一般的信道估计过程，其中 $e(n)$ 为估计误差，信道估计算法就是要使均方误差（Mean Square Error，MSE）$E\{e^2(n)\}$ 最小，同时还要尽量降低算法的计算复杂度。

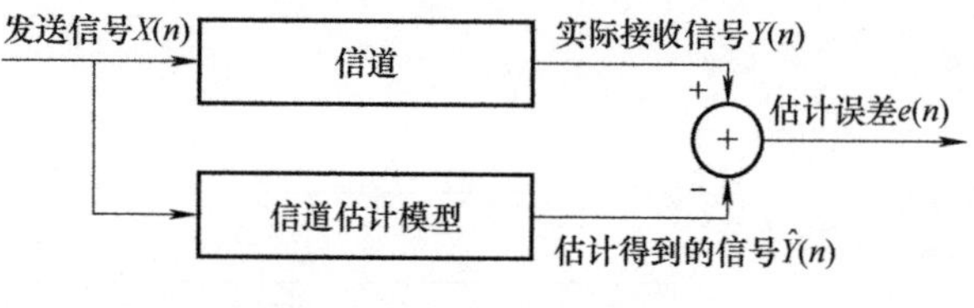

图 3-1 一般的信道估计过程

一般地，信道估计根据不同方法可以分为非盲估计、盲估计和半盲估计。

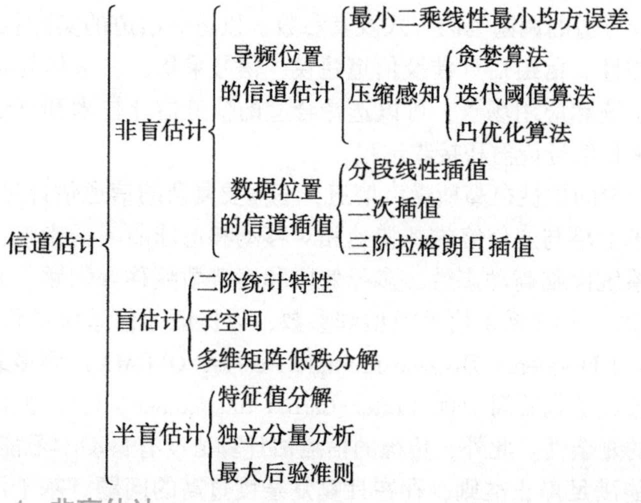

1. 非盲估计

非盲估计利用已知的信号结构或接收到的辅助信息对信道特性进行估计。发射端在发送的信号中插入一些确知信号，即导致接收端获得同步并利用一定的算法估计出插入导致位置的信道，再利用合适的算法估计出其他有用数据位置的信道。通常，导频是经过设计和优化后的信号，可以提供准确的信道参考以提高估计精度，其算法复杂度也较低。一般地，信道估计的性能与导频图样、导频和数据位置采用的估计算法都有密切关系。

2. 盲估计

在盲估计中，发射端所发送的数据不存在导频或训练序列等已知参考信息，仅依赖于信道的统计特性，并且需要大量的接收数据和较长的训练时间，复杂度高且仅适合慢衰落信道，在快衰落信道中收敛性往往会急剧恶化，系统性能很差。因此，尽管盲估计算法能够减少信噪比和带宽开销，但并不适合在卫星移动通信等系统中使用。

3. 半盲估计

半盲估计是一种介于盲估计和非盲估计之间的信道估计方法，结合了两种方法的优势，根据发射端发送的部分已知参考信息，同时利用信号的统计特性进行信道估计。相比于盲估计，半盲估计能够利用辅助信息提供的部分先验知识提高估计精度；相比于非盲估计，半盲估计不需要完全依赖于先验信息，因此可以更好地适应未知信道环境和复杂信号结构。但是，半盲估计算法通常需要较高的计算复杂度，且对参考信息的质量和准确度有较高的要求，如果参考信息存在噪声或失真，不能够准确充分地反映信道特性，那么半盲估计的性能将会受到影响。

虽然盲/半盲估计可以提高系统的频谱效率，但是计算复杂度高、收敛速度慢，且准确性不如非盲估计，所以基于导频信号或训练序列的非盲估计是目前无线通信系统采用的主流方法，本章介绍的所有信道估计算法均属于此类。

3.1.2　基于导频的非盲信道估计

基于导频的非盲信道估计是指在发射端所发送信号的某些固定位置插入一些已知的数据或序列，再在接收端利用这些导频符号和导频序列按照某些算法进行信道估计。设计基于导频的信道估计器通常要考虑三个关键问题：其一是导频信号的安排，即对导频图样的选择；其二是如何根据接收信号设计出既能准确估计导频信道，又具有低复杂度的信道估计器；其三在于如何利用估计出的导频信道信息，经过合适的插值，得到数据位置的信道估计，从而对数据位置上接收到的信号进行均衡和准确解调。

由于导频位置的信道估计是难点所在，所以在本章中，除了本小节明确介绍了不同的导频图样和数据位置的信道估计算法，其他小节所介绍的算法均是导频位置的信道估计算法。

1. 导频图样

在基于导频的信道估计中，随着导频插入规则和位置的不同，导频图样有所差异。以正交频分复用（Orthogonal Frequency Division Multiplexing，OFDM）系统为例，导频图样的选择取决于两个重要参数——最大多普勒频移（决定最小相关时间）和最大多径时延（决定最小相关带宽）。这两个参数取值越大，导频在频域或时域的插入密度越高，估计精度越高，但开销也越大。

频域方向上导频插入的最小间隔受最大多径时延 $\tau_{\max}$ 影响，时域方向上最小插入间隔则由最大多普勒频移 f_d 控制。在实际中为了获得更加可靠的估计，使导频能够及时跟上信道特性的变化，需要在时频方向上分别放置两倍二维奈奎斯特采样定理的导频数。假设导频在频域的插入间隔为 N_f（单位：子载波），在时域的插入间隔为 N_t（单位：OFDM 符号），则必须满足如下条件：

$$\begin{cases} N_\text{f} \leqslant \dfrac{1}{4\tau_{\max}\Delta f} \\ N_\text{t} \leqslant \dfrac{1}{4f_\text{d}T_\text{OFDM}} \end{cases} \tag{3-1}$$

式中，Δf 为子载波频率间隔；T_OFDM 为一个 OFDM 符号周期。如果采用低复杂度的信道估计，如用一维信道估计，此时对导频密度的选择较敏感，即使在这种情况下，导频符号的放置满足两倍采样频率的要求，也能满足系统性能的要求。

根据导频在频域和时域插入的具体位置，导频结构可以分为块状导频结构、梳状导频结构、混合导频结构三种方式，如图 3-2 所示。

（1）块状导频结构

块状导频结构在频域所有的子载波都插入导频符号，适合频率选择性衰落严重的信道。在时域上依据固定的时间间隔 N_t 插入导频符号，如果时域的导频插入间隔 $N_t=2$，那么在一个时隙持续时间内，导频符号之间隔两个 OFDM 符号。如图 3-2a 所示，插入的导频信息在 OFDM 符号中存在于每一个子载波上，但是在时域上有 N_t 的时间间隔，所以块状导频结构在频率选择性大、时间选择性小的场景中有较好的性能。插入块状导频进行信道估计适用于慢衰落信道，如果估计的信道具有快时变性，在时域上相邻信号的信道传输函数变化较大，通过插入块状导频进行信道估计的性能较差。

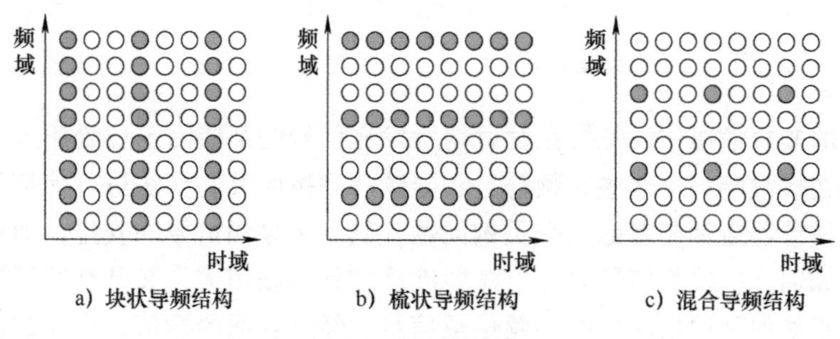

图 3-2 导频结构

（2）梳状导频结构

把块状导频结构中的时域和频域互换，可以得到梳状导频结构。梳状导频结构在时域上连续分布，在频域上以一定的频域间隔 N_f 周期性分布。如图 3-2b 所示，导频信息承载在每一个 OFDM 符号上，所以对高多普勒频移导致的时间选择性衰落信道具有较好的估计性能。

（3）混合导频结构

如图 3-2c 所示，混合导频结构是在某些 OFDM 符号内的一部分子载波中放入导频信号。相比于梳状导频结构，其频域导频更为稀疏；但相比于块状导频结构，其时域导频更为密集。所以混合导频结构介于梳状导频结构和块状导频结构之间，结合了两者的特征。这种插入导频的方式可以根据时延扩展和时间选择性大小，合理地选择频域和时域插入导频的数目。

2. 基于导频位置的信道估计

基于导频位置的信道估计方法的性能很大程度上取决于导频点处信道估计值的准确性，下面主要介绍频域最小二乘（Least Square，LS）估计算法和频域线性最小均方误差（Linear Minimum Mean Square Error，LMMSE）估计算法。其中，最小二乘是最简单的估计算法，该算法没有考虑噪声的影响，性能较差，但算法复杂度低；线性最小均方误差估计算法则利用了信道和噪声的统计特性，基于最小均方误差准则进行估计，性能较好，但计算复杂度比最小二乘估计算法高。

（1）频域最小二乘估计算法

令 $\boldsymbol{X}=[x_1,x_2,\cdots,x_M]^{\mathrm{T}}$ 表示导频点处发送的导频符号，$\boldsymbol{H}=[H_1,H_2,\cdots,H_M]^{\mathrm{T}}$ 为导频点处衰落信道的频域响应，$\boldsymbol{N}=[N_1,N_2,\cdots,N_M]^{\mathrm{T}}$ 为均值为零、方差为 σ_n^2 的高斯白噪声，其中 M 为导频子载波选择器，则导频点处接收的导频符号 $\boldsymbol{Y}$ 可表示为

$$\boldsymbol{Y}=\boldsymbol{XH}+\boldsymbol{N} \tag{3-2}$$

由式（3-2）可以得到 $\boldsymbol{H}$ 的频域最小二乘估计为

$$\hat{\boldsymbol{H}}_{\text{LS}} = \boldsymbol{X}^{-1}\boldsymbol{Y} \tag{3-3}$$

式中，$(\cdot)^{-1}$ 表示求逆。频域最小二乘估计算法的均方误差为

$$\text{MSE} = E\{\|\hat{\boldsymbol{H}}_{\text{LS}} - \boldsymbol{H}\|^2\} = \frac{1}{\beta \cdot \text{SNR}} \tag{3-4}$$

式中，$E\{\cdot\}$表示求均值；$\|\cdot\|$表示弗罗贝尼乌斯（Frobenius）范数；β 为导频和数据的功率比；SNR 为接收天线上的信噪比。由式（3-4）可以看出，频域最小二乘估计方法的性能主要取决于接收机的信噪比。另外，该方法对子载波间的干扰十分敏感，所以精度不高，但复杂度也较低。

例 3-1： 在一个 OFDM 通信系统中，第 k 个子载波上发送的信号为 $\boldsymbol{X}(k)$，经过一个频域响应为 $\boldsymbol{H}(k) = \sum_{l=0}^{L-1} a(l)\exp\left(-\text{j}\frac{2\pi k}{N}\beta_l\right)$、噪声为加性白高斯噪声 $\boldsymbol{W}(k)$ 的信道，其中，L 为多径数目，$a(l)$ 为第 l 条径的信道复增益，N 为快速傅里叶变换（FFT）点数，β_l 被归一化为采样间隔的整数倍，接收信号为 $\boldsymbol{Y}(k)$。请采用最小二乘算法对 $\boldsymbol{H}(k)$ 进行估计。

解：接收信号 $\boldsymbol{Y}(k)$ 可表示为

$$\boldsymbol{Y}(k) = \boldsymbol{X}(k)\boldsymbol{H}(k) + \boldsymbol{W}(k)$$

根据最小二乘原理，可得信道响应 $\boldsymbol{H}(k)$ 的估计为

$$\hat{\boldsymbol{H}}_{\text{LS}}(k) = [\boldsymbol{X}(k)]^{-1}\boldsymbol{Y}(k)$$

（2）频域线性最小均方误差估计算法

假设一个 OFDM 符号中导频子载波的信道频率响应为 $\boldsymbol{H}_p$，则线性最小均方误差估计可以表示为

$$\hat{\boldsymbol{H}}_{p,\text{LMMSE}} = \boldsymbol{R}_{\boldsymbol{H}\boldsymbol{H}_p}\{\boldsymbol{R}_{\boldsymbol{H}_p\boldsymbol{H}_p} + \sigma_n^2[\text{diag}(\boldsymbol{X}_p)\text{diag}(\boldsymbol{X}_p)^{\text{H}}]^{-1}\}^{-1}\hat{\boldsymbol{H}}_{p,\text{LS}} \tag{3-5}$$

式中，$\boldsymbol{R}_{\boldsymbol{H}\boldsymbol{H}_p} = E\{\boldsymbol{H}\boldsymbol{H}_p^{\text{H}}\}$ 表示导频子载波与所有子载波频率响应的互相关矩阵，$\boldsymbol{R}_{\boldsymbol{H}_p\boldsymbol{H}_p} = \boldsymbol{E}\{\boldsymbol{H}_p\boldsymbol{H}_p^{\text{H}}\}$表示 $\boldsymbol{H}_p$ 的自相关矩阵，$\boldsymbol{X}_p$ 为发送的导频符号，$\hat{\boldsymbol{H}}_{p,\text{LS}}$ 是由式（3-3）所得的 $\boldsymbol{H}_p$ 的最小二乘估计，σ_n^2 为 $\boldsymbol{H}_p$ 位置处高斯白噪声的方差，$\text{diag}(\cdot)$表示对角化，$(\cdot)^{\text{H}}$ 表示共轭转置。线性最小均方误差估计使用了信噪比和子载波之间相关矩阵等信道统计特性，计算复杂度比最小二乘估计大得多，因为每当导频信号 $\boldsymbol{X}_p$ 变化时，$[\text{diag}(\boldsymbol{X}_p)\text{diag}(\boldsymbol{X}_p)^{\text{H}}]^{-1}$ 都要随之变化。为了进一步降低线性最小均方误差估计的计算复杂度，可以利用信号统计平均代替瞬时能量分布，即

$$E\{[\text{diag}(\boldsymbol{X}_p)\text{diag}(\boldsymbol{X}_p)^{\text{H}}]^{-1}\} = \frac{\beta}{\text{SNR}}\boldsymbol{I} \tag{3-6}$$

式中，星座因子 $\beta = \boldsymbol{E}\{|\boldsymbol{X}_p|^2\}E\{|1/\boldsymbol{X}_p|^2\}$与信号采用的调制方式有关，如 16QAM 中 $\beta = 17/9$，代入式（3-5）可得

$$\hat{\boldsymbol{H}}_{p,\text{LMMSE}} = \boldsymbol{R}_{\boldsymbol{H}\boldsymbol{H}_p}\left(\boldsymbol{R}_{\boldsymbol{H}_p\boldsymbol{H}_p} + \frac{\beta}{\text{SNR}}\boldsymbol{I}\right)^{-1}\hat{\boldsymbol{H}}_{p,\text{LS}} \tag{3-7}$$

虽然简化的导频点处信道频率响应的线性最小均方误差估计避免了求 $[\text{diag}(\boldsymbol{X}_p)\text{diag}(\boldsymbol{X}_p)^{\text{H}}]^{-1}$ 的运算，但仍需要根据信噪比和信道功率延时谱（PDP）进行更新，因此计算复杂度仍然很高，但在慢衰落信道中，更新计算频率可以降低。

为了进一步降低线性最小均方误差的复杂度，可以对两个相关矩阵 $\boldsymbol{R}_{\boldsymbol{H}_p\boldsymbol{H}_p}$ 和 $\boldsymbol{R}_{\boldsymbol{H}\boldsymbol{H}_p}$ 进行

奇异值分解（Singular Value Decomposition，SVD），由于信道频域冲激响应相关矩阵是慢变函数，因此奇异值分解的计算复杂度可以降低。

3. 基于数据位置的信道插值

在估计出导频位置的信道参数后，需再借助某种插值算法，如分段线性插值、二次插值、三阶拉格朗日插值等，恢复出数据位置的信道参数，从而得到 OFDM 系统完整的频域信道响应。

（1）分段线性插值

分段线性插值就是一阶拉格朗日插值。该插值方法利用两个估计的导频子信道频率响应对其间的其他子信道进行插值，算法可以表示为

$$\hat{\boldsymbol{H}}_k = \hat{\boldsymbol{H}}_{k_i} + \frac{k - k_i}{\Delta p}(\hat{\boldsymbol{H}}_{k_{i+1}} - \hat{\boldsymbol{H}}_{k_i}),\ k_i < k < k_{i+1} \tag{3-8}$$

式中，$\hat{\boldsymbol{H}}_k$ 为插值估计的第 k 个子信道；$\hat{\boldsymbol{H}}_{k_i}$ 为第 i 个导频子信道的估计值；Δp 为区间长度。

例 3-2：在一个 OFDM 卫星通信系统中，若已经获得了信道的部分频率响应估计样本 $\boldsymbol{H}(1)$、$\boldsymbol{H}(3)$、$\boldsymbol{H}(8)$、$\boldsymbol{H}(16)$，请采用分段线性插值算法对 $\boldsymbol{H}(2)$、$\boldsymbol{H}(4)$、$\boldsymbol{H}(6)$、$\boldsymbol{H}(10)$、$\boldsymbol{H}(14)$ 进行估计。

解：根据已知样本点确定分段区间［1,3］、［3,8］、［8,16］，在每个区间内应用线性插值，得

$$\boldsymbol{H}(2) = \boldsymbol{H}(1) + \frac{2-1}{3-1}[\boldsymbol{H}(3) - \boldsymbol{H}(1)] = \boldsymbol{H}(1) + \frac{1}{2}[\boldsymbol{H}(3) - \boldsymbol{H}(1)]$$

$$\boldsymbol{H}(4) = \boldsymbol{H}(3) + \frac{4-3}{8-3}[\boldsymbol{H}(8) - \boldsymbol{H}(3)] = \boldsymbol{H}(3) + \frac{1}{5}[\boldsymbol{H}(8) - \boldsymbol{H}(3)]$$

$$\boldsymbol{H}(6) = \boldsymbol{H}(3) + \frac{6-3}{8-3}[\boldsymbol{H}(8) - \boldsymbol{H}(3)] = \boldsymbol{H}(3) + \frac{3}{5}[\boldsymbol{H}(8) - \boldsymbol{H}(3)]$$

$$\boldsymbol{H}(10) = \boldsymbol{H}(8) + \frac{10-8}{16-8}[\boldsymbol{H}(16) - \boldsymbol{H}(8)] = \boldsymbol{H}(8) + \frac{1}{4}[\boldsymbol{H}(16) - \boldsymbol{H}(8)]$$

$$\boldsymbol{H}(14) = \boldsymbol{H}(8) + \frac{14-8}{16-8}[\boldsymbol{H}(16) - \boldsymbol{H}(8)] = \boldsymbol{H}(8) + \frac{3}{4}[\boldsymbol{H}(16) - \boldsymbol{H}(8)]$$

（2）二次插值

当信道相干带宽与导频间隔接近时，分段线性插值会导致较大的插值误差。此时可采用二次插值方法，也就是二阶拉格朗日插值。二次插值需要利用三个估计的导频子信道对其间的其他子信道进行插值，算法可以表示为

$$\hat{\boldsymbol{H}}_k = \frac{\hat{\boldsymbol{H}}_{k_i}}{2}(x-1)(x-2) + \hat{\boldsymbol{H}}_{k_{i+1}}(2x - x^2) + \frac{\hat{\boldsymbol{H}}_{k_{i+2}}}{2}(x^2 - x),\ k_i < k < k_{i+1} \tag{3-9}$$

式中，$x=(k-k_i)/D_p$，D_p 为导频间隔。

（3）三阶拉格朗日插值

由式（3-9）可知，二阶插值算法是非对称的，即插值子信道左右两边利用的导频数不相等。三阶拉格朗日插值利用四个估计的导频子信道对中间的子信道进行插值，算法可以表示为

$$\hat{\boldsymbol{H}}_k = -\hat{\boldsymbol{H}}_{k_i}\frac{x(x-1)(x-2)}{6} + \hat{\boldsymbol{H}}_{k_{i+1}}\frac{(x+1)(x-1)(x-2)}{2} - \hat{\boldsymbol{H}}_{k_{i+2}}\frac{x(x-1)(x-2)}{2} + \hat{\boldsymbol{H}}_{k_{i+3}}\frac{x(x-1)(x+1)}{6} \tag{3-10}$$

式中，$x=(k-k_i)/D_p$，对于每个 OFDM 符号中边缘的子信道可以采用一阶或二阶插值。

3.2 基于压缩感知的多天线信道估计

目前用于卫星通信的 S、C、Ku 等低频频段即将消耗殆尽，而 Ka 和 Q/V 等毫米波频段资源丰富，因此毫米波在未来卫星通信中扮演着举足轻重的角色。但由于毫米波信号在空间传播过程中会经历更大的穿透损耗，而且更易受大气吸收、雨雪衰落的影响，使得路径损耗增大，因此需要同时结合大规模 MIMO（多输入多输出）天线系统和波束成形架构以形成高增益定向波束，来对抗路径损耗和提高链路增益。但大规模 MIMO 系统给信道估计带来了严峻挑战，单元数在几十到数百之间变化的大规模相控阵天线导致信道矩阵是一个高维矩阵，信道估计中涉及的矩阵相乘、求逆等运算复杂度很高，对于计算能力受限的卫星和地面终端来说都极具挑战。传统的最小二乘或线性最小均方误差等信道估计算法不再适用。幸运的是，毫米波信道具有稀疏性，即仅由很少的路径组成。毫米波频段的波长非常短，通常在几毫米到几十毫米之间，在通信过程中信号的传播路径相对较短，不易受到环境中物体散射、反射和衍射的影响，减少了多径效应。而且，毫米波频段的信号在大气中的吸收相对较强，进一步提高了毫米波信道的稀疏性。与地面通信相比，在卫星通信中信号不易受地面上建筑物、树木等散射体的影响，传播路径相对更直接，因此这种稀疏性在卫星通信中更为明显。鉴于毫米波大规模 MIMO 系统的信道稀疏性，压缩感知理论在毫米波信道估计中得到了广泛的研究与应用。

使用压缩感知理论可以把一个稀疏多径信道估计问题转换为稀疏重构问题。首先采用一定的方法将原始待估计信道矩阵转换为离散角度空间的一个稀疏矩阵，基于角度网格描述路径方向和增益，稀疏矩阵中的每个元素对应一个角度网格点，位置索引代表一对离散的收发角度，元素取值为对应传播方向的路径增益系数。由于毫米波信道的稀疏性，转换到角度域的高维矩阵中仅有少部分增益系数为非零值，所以可以采用正交匹配追踪（Orthogonal Matching Pursuit，OMP）、近似消息传递（Approximate Message Passing，AMP）等稀疏重构算法恢复出这些非零系数和路径方向。

3.2.1 压缩感知理论

对于一般数字信号的恢复，通常需要遵循奈奎斯特采样定理，以避免进行信号捕获时丢失信息。通过奈奎斯特采样得到的数字信号的数据量往往比较大，不利于存储和传输，同时采样率的增加也会进一步导致成本提高。2004 年，Candes、陶哲轩和 Donoho 提出了压缩感知理论，该理论认为：如果信号是稀疏的，那么它可以由远低于采样定理要求的采样点重建恢复。首先用随机亚采样获取信号的离散样本，然后通过非线性重构算法恢复原始数字信号。稀疏信号的定义如下：设一维离散信号 $\boldsymbol{x}$，长度为 N，此信号可看作 N 维空间中 $N\times1$ 的列向量，若此列向量中含有 K 个不为 0 的元素，且 $K<<N$，则称该信号 $\boldsymbol{x}$ 是 K 稀疏信号，具有稀疏性，K 称为信号 $\boldsymbol{x}$ 的稀疏度。虽然许多情况下信号往往不能满足稀疏性要求，但在合适的变换域内可以转化为稀疏信号，这样也能够使用压缩感知理论。信号具有稀疏性是指在本域或其他变换域稀疏。压缩感知过程如图 3-3 所示。

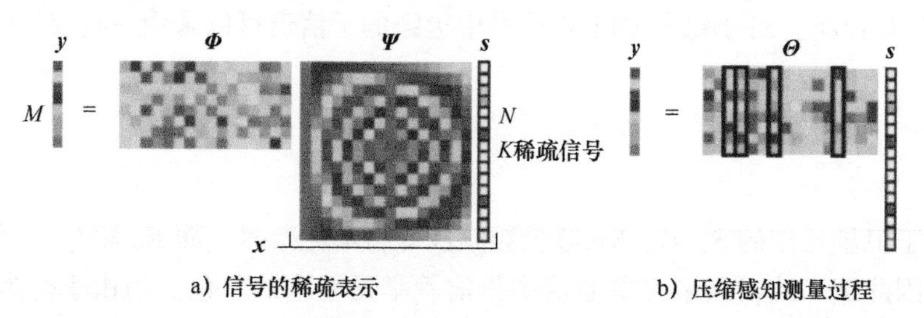

a）信号的稀疏表示　　b）压缩感知测量过程

图 3-3　压缩感知过程

首先是信号的稀疏表示。设一个维度为 $N\times1$ 的信号 $\boldsymbol{x}$ 和 N 维向量空间中维度为 $N\times N$ 的稀疏基矩阵 $\boldsymbol{\Psi}=[\boldsymbol{\Psi}_1,\cdots,\boldsymbol{\Psi}_N]$，向量 $\boldsymbol{x}$ 可表示为

$$\boldsymbol{x}=\sum_{n=1}^{N}\psi_n s_n=\boldsymbol{\Psi s} \tag{3-11}$$

式（3-11）中的线性变换表示 $\boldsymbol{s}$ 与 $\boldsymbol{x}$ 分别是 N 维向量空间中同一个信号在不同向量基上的投影值，并可通过线性变换进行转换。$\boldsymbol{s}$ 为稀疏系数，也是要使用算法恢复出来的重建信号，其维度与原始信号 $\boldsymbol{x}$ 相同。当信号本身具有稀疏性时，稀疏变换基 $\boldsymbol{\Psi}$ 可以是单位矩阵，然而实际中的大部分信号本身在时域上都没有稀疏性，因此可以根据式（3-11）通过稀疏变换基投影到某个变换域下进行稀疏表示，大部分正交变换基，如小波变换基、离散余弦变换基和傅里叶变换基等都可以作为稀疏变换基。

然后是压缩感知测量过程，也可称为压缩采样过程，表示为

$$\boldsymbol{y}=\boldsymbol{\Phi x}=\boldsymbol{\Phi\Psi s}=\boldsymbol{\Theta s} \tag{3-12}$$

式中，$\boldsymbol{\Theta}=\boldsymbol{\Phi\Psi}$ 为感知矩阵，维度为 $M\times N$；$\boldsymbol{\Phi}$ 为 $M\times N$ 维的采样矩阵，也称测量矩阵或观测矩阵。所设计的测量矩阵 $\boldsymbol{\Phi}$ 需满足有限等距性质（Restricted Isometry Property，RIP），也就是测量矩阵 $\boldsymbol{\Phi}$ 和稀疏变换基 $\boldsymbol{\Psi}$ 之间不相关或相关性非常低，$\boldsymbol{\Phi}$ 的每一行代表一次对 $\boldsymbol{x}$ 的采样或测量，经过 M 次测量就得到了 $M\times1$ 维的测量信号 $\boldsymbol{y}$。

最后是对稀疏信号的重构。信号重构是对式（3-12）求最优解，从测量信号 $\boldsymbol{y}$ 中重构出稀疏信号 $\boldsymbol{s}$，进而再根据式（3-11），由稀疏变换基 $\boldsymbol{\Psi}$ 重构出原始信号 $\boldsymbol{x}$。目前，重构算法主要有贪婪算法、迭代阈值算法、凸优化算法等。贪婪算法主要是选择合适的列向量，经过多次逐步加和以实现信号的逼近，匹配追踪、正交匹配追踪等算法均属于贪婪算法。迭代阈值算法通过设置初始的信道参数估计值，并根据当前的信道参数估计值和观测数据应用阈值操作进行更新，得到新的估计值，有迭代软阈值算法、近似消息传递等。凸优化算法则是将范数的求解置于范数进行线性规划求解，此算法包括基追踪算法、梯度投影算法等。

3.2.2　基于压缩感知的信道估计算法

考虑高频段低轨卫星与地面终端均采用混合波束成形的下行单基站单用户通信系统模

型。大规模 MIMO 通信系统架构如图 3-4 所示，卫星部署了 N_{t} 根天线和 $N_{\mathrm{t,RF}}$ 条射频（RF）链路，地面终端部署了 N_{r} 根天线和 $N_{\mathrm{r,RF}}$ 条射频链路，并假设卫星和地面终端通过 N_{s} 条数据流进行通信，且满足 $N_{\mathrm{s}} \leqslant N_{\mathrm{t,RF}} \leqslant N_{\mathrm{t}}$ 和 $N_{\mathrm{s}} \leqslant N_{\mathrm{r,RF}} \leqslant N_{\mathrm{r}}$。

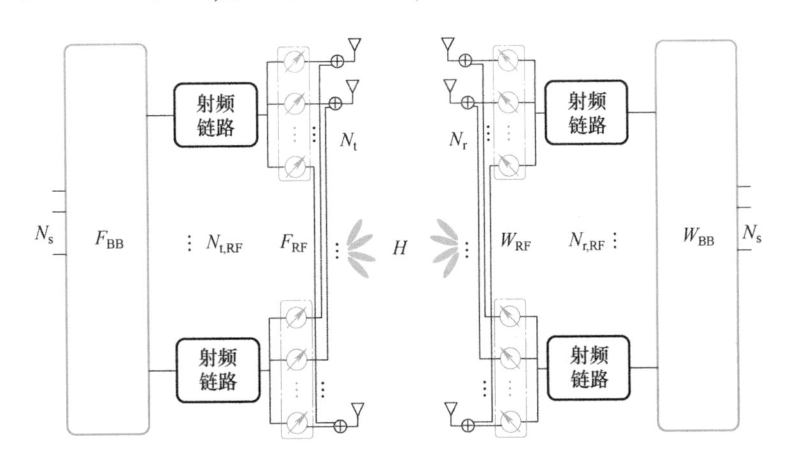

图 3-4　大规模 MIMO 通信系统架构

在发射端，卫星发送 $N_{\mathrm{s}}\times 1$ 维的导频信号 $\boldsymbol{s}$，经过基带预编码矩阵 $\boldsymbol{F}_{\mathrm{BB}} \in \mathbb{C}^{N_{\mathrm{t,RF}}\times N_{\mathrm{s}}}$ 和模拟预编码矩阵 $\boldsymbol{F}_{\mathrm{RF}} \in \mathbb{C}^{N_{\mathrm{t}}\times N_{\mathrm{t,RF}}}$ 后，由 N_{t} 根天线以指向特定接收方向的高增益窄波束发送至地面。在接收端，经过模拟合并矩阵 $\boldsymbol{W}_{\mathrm{RF}} \in \mathbb{C}^{N_{\mathrm{r}}\times N_{\mathrm{r,RF}}}$ 和基带合并矩阵 $\boldsymbol{W}_{\mathrm{BB}} \in \mathbb{C}^{N_{\mathrm{r,RF}}\times N_{\mathrm{s}}}$ 的处理后，得到最终的接收信号 $\boldsymbol{y}$ 如下：

$$\boldsymbol{y} = \boldsymbol{W}_{\mathrm{BB}}^{\mathrm{H}}\boldsymbol{W}_{\mathrm{RF}}^{\mathrm{H}}\boldsymbol{H}\boldsymbol{F}_{\mathrm{RF}}\boldsymbol{F}_{\mathrm{BB}}\boldsymbol{s} + \boldsymbol{W}_{\mathrm{BB}}^{\mathrm{H}}\boldsymbol{W}_{\mathrm{RF}}^{\mathrm{H}}\boldsymbol{n} = \boldsymbol{W}^{\mathrm{H}}\boldsymbol{H}\boldsymbol{F}\boldsymbol{s} + \boldsymbol{W}^{\mathrm{H}}\boldsymbol{n} \tag{3-13}$$

式中，接收信号 $\boldsymbol{y}$ 的维度为 $N_{\mathrm{s}}\times 1$，$\boldsymbol{H}$ 为 $N_{\mathrm{r}}\times N_{\mathrm{t}}$ 维的信道矩阵，$\boldsymbol{n}$ 为服从独立复高斯分布 $\mathcal{CN}(\boldsymbol{0}_{N_{\mathrm{r}}\times 1}, \sigma_n^2\boldsymbol{I}_{N_{\mathrm{r}}\times 1})$ 的加性高斯白噪声向量，$\boldsymbol{W}=\boldsymbol{W}_{\mathrm{RF}}\boldsymbol{W}_{\mathrm{BB}} \in \mathbb{C}^{N_{\mathrm{r}}\times N_{\mathrm{s}}}$，$\boldsymbol{F}=\boldsymbol{F}_{\mathrm{RF}}\boldsymbol{F}_{\mathrm{BB}} \in \mathbb{C}^{N_{\mathrm{t}}\times N_{\mathrm{s}}}$。

由于毫米波信道中只有有限数量的散射体，因此采用具有 L 个散射体的几何信道模型，即 S-V(Saleh-Valenzuela）信道，信道模型为

$$\boldsymbol{H} = \sqrt{\frac{N_{\mathrm{t}}N_{\mathrm{r}}}{L}}\sum_{l=1}^{L}\alpha_l\boldsymbol{a}_{\mathrm{r}}(\theta_l^{\mathrm{r}})\boldsymbol{a}_{\mathrm{t}}^{\mathrm{H}}(\theta_l^{\mathrm{t}}) = \boldsymbol{A}_{\mathrm{r}}\boldsymbol{H}_{\mathrm{a}}\boldsymbol{A}_{\mathrm{t}}^{\mathrm{H}} \tag{3-14}$$

式中，L 表示信道中多径的数量；α_l 为第 l 条径所对应的复增益；θ_l^{r} 和 θ_l^{t} 分别为第 l 条径的 AoA（出发角）和 AoD（到达角），在［$0,2\pi$］范围内随机分布；$\boldsymbol{A}_{\mathrm{r}}=[\boldsymbol{a}_{\mathrm{r}}(\theta_1^{\mathrm{r}}),\boldsymbol{a}_{\mathrm{r}}(\theta_2^{\mathrm{r}}),\cdots,\boldsymbol{a}_{\mathrm{r}}(\theta_L^{\mathrm{r}})] \in \mathbb{C}^{N_{\mathrm{r}}\times L}$；$\boldsymbol{H}_{\mathrm{a}} = \sqrt{\frac{N_{\mathrm{t}}N_{\mathrm{r}}}{L}}\mathrm{diag}(\alpha_1,\alpha_2,\cdots,\alpha_L) \in \mathbb{C}^{L\times L}$；$\boldsymbol{A}_{\mathrm{t}}=[\boldsymbol{a}_{\mathrm{t}}(\theta_1^{\mathrm{t}}),\boldsymbol{a}_{\mathrm{t}}(\theta_2^{\mathrm{t}}),\cdots,\boldsymbol{a}_{\mathrm{t}}(\theta_L^{\mathrm{t}})] \in \mathbb{C}^{N_{\mathrm{t}}\times L}$；$\boldsymbol{a}_{\mathrm{r}}(\theta_l^{\mathrm{r}})$ 和 $\boldsymbol{a}_{\mathrm{t}}(\theta_l^{\mathrm{t}})$ 分别表示地面终端和卫星的天线阵列响应向量，当天线阵列为均匀线性阵列（Uniform Linear Array，ULA）时，其阵列响应向量表示为

$$\begin{cases} \boldsymbol{a}_{\mathrm{r}}(\theta_l^{\mathrm{r}}) = \dfrac{1}{\sqrt{N_{\mathrm{r}}}}[1, \mathrm{e}^{\mathrm{j}(2\pi/\lambda)d\sin\theta_l^r}, \cdots, \mathrm{e}^{\mathrm{j}(N_{\mathrm{r}}-1)(2\pi/\lambda)d\sin\theta_l^r}]^{\mathrm{T}} \\ \boldsymbol{a}_{\mathrm{t}}(\theta_1^{\mathrm{t}}) = \dfrac{1}{\sqrt{N_{\mathrm{t}}}}[1, \mathrm{e}^{\mathrm{j}(2\pi/\lambda)d\sin\theta_l^t}, \cdots, \mathrm{e}^{\mathrm{j}(N_{\mathrm{t}}-1)(2\pi/\lambda)d\sin\theta_l^t}]^{\mathrm{T}} \end{cases} \tag{3-15}$$

式中，λ 为波长；d 为天线阵元之间的距离，其值一般为半波长。利用毫米波信道在角度域的稀疏性，原始信道 $\boldsymbol{H}$ 可采用角度域的虚拟信道 $\boldsymbol{H}_{\mathrm{v}}$ 表示

$$\boldsymbol{H}=\bar{\boldsymbol{A}}_{\mathrm{r}}\boldsymbol{H}_{\mathrm{v}}\bar{\boldsymbol{A}}_{\mathrm{t}}^{\mathrm{H}} \tag{3-16}$$

式中，$\bar{\boldsymbol{A}}_{\mathrm{r}}\in\mathbb{C}^{N_{\mathrm{r}}\times N_{\mathrm{r}}}$ 和$\bar{\boldsymbol{A}}_{\mathrm{t}}\in\mathbb{C}^{N_{\mathrm{t}}\times N_{\mathrm{t}}}$ 均为离散傅里叶变换（DFT）的酉矩阵，分别表示了 AoA 和 AoD 在［0,2π］内虚拟角度域的量化，其量化精度分别为 $1/N_{\mathrm{r}}$ 和 $1/N_{\mathrm{t}}$，量化角度$\bar{\theta}_{\mathrm{r}}$ 和$\bar{\theta}_{\mathrm{t}}$ 可表示为

$$\begin{cases}\bar{\theta}_{\mathrm{r}}=\left\{0,\ \dfrac{1\times 2\pi}{N_{\mathrm{r}}},\ \cdots,\ \dfrac{(N_{\mathrm{r}}-1)\times 2\pi}{N_{\mathrm{r}}}\right\}\\ \bar{\theta}_{\mathrm{t}}=\left\{0,\ \dfrac{1\times 2\pi}{N_{\mathrm{t}}},\ \cdots,\ \dfrac{(N_{\mathrm{t}}-1)\times 2\pi}{N_{\mathrm{t}}}\right\}\end{cases} \tag{3-17}$$

考虑图 3-4 中所示的大规模 MIMO 毫米波系统模型，假设基站使用一个波束成形向量 $\boldsymbol{f}_p$，用户使用一个测量向量 $\boldsymbol{w}_q$ 来合并接收信号，则得到的信号可以写为

$$y_{q,p}=\boldsymbol{w}_q^{\mathrm{H}}\boldsymbol{H}\boldsymbol{f}_p s_p+\boldsymbol{w}_q^{\mathrm{H}}\boldsymbol{n}_{q,p} \tag{3-18}$$

式中，s_p 是波束成形向量 $\boldsymbol{f}_p$ 上的发射符号。若用户对波束成形向量 $\boldsymbol{f}_p$ 进行 M_{r} 次测量，则得到的向量可表示为

$$\boldsymbol{y}_p=\boldsymbol{W}^{\mathrm{H}}\boldsymbol{H}\boldsymbol{f}_p s_p+\boldsymbol{W}^{\mathrm{H}}\boldsymbol{n}_p \tag{3-19}$$

式中，$\boldsymbol{W}=[w_1,w_2,\cdots,w_{M_{\mathrm{r}}}]$是 $N_{\mathrm{r}}\times M_{\mathrm{r}}$ 的测量矩阵。若基站进行 M_{t} 次波束成形，而用户使用相同的测量矩阵 $\boldsymbol{W}$ 来组合接收到的信号，则最终接收到的信号为

$$\boldsymbol{Y}=\boldsymbol{W}^{\mathrm{H}}\boldsymbol{H}\boldsymbol{F}\boldsymbol{S}+\boldsymbol{W}^{\mathrm{H}}N, \tag{3-20}$$

式中，接收信号 $\boldsymbol{Y}\in\mathbb{C}^{M_{\mathrm{r}}\times M_{\mathrm{t}}}$，$\boldsymbol{F}=[f_1,f_2,\cdots,f_{M_{\mathrm{t}}}]$是 $N_{\mathrm{t}}\times M_{\mathrm{t}}$ 的波束成形矩阵。发射信号 $S=\mathrm{diag}\{s_1,s_2,\cdots,s_{M_{\mathrm{t}}}\}\in\mathbb{C}^{M_{\mathrm{t}}\times M_{\mathrm{t}}}$，为了方便，假设所有发射符号均为 1，即 $S=\boldsymbol{I}_{M_{\mathrm{t}}}$。$\boldsymbol{N}\in\mathbb{C}^{N_{\mathrm{r}}\times M_{\mathrm{t}}}$是噪声矩阵。

为了利用信道的稀疏特性，将式（3-16）代入式（3-20）中，并对 Y 进行向量化

$$\begin{aligned}\mathrm{vec}(Y)&=((\bar{\boldsymbol{A}}_{\mathrm{t}}^{\mathrm{H}}\boldsymbol{F})^{\mathrm{T}}\otimes(\boldsymbol{W}^{\mathrm{H}}\bar{\boldsymbol{A}}_{\mathrm{r}}))\times\mathrm{vec}(\widetilde{H}_v)+\mathrm{vec}(\boldsymbol{W}^{\mathrm{H}}N)\\&=\boldsymbol{\Phi}\widetilde{\boldsymbol{h}}_{\mathrm{v}}+\boldsymbol{n}'\end{aligned} \tag{3-21}$$

式中，$\mathrm{vec}(\cdot)$ 表示向量化运算；$\otimes$ 表示克罗内克积；$\boldsymbol{\Phi}=(\bar{A}_{\mathrm{t}}^{\mathrm{H}}F)^{\mathrm{T}}\otimes(W^{\mathrm{H}}\bar{A}_{\mathrm{r}})$ 为感知矩阵，维度为 $M_{\mathrm{t}}M_{\mathrm{r}}\times N_{\mathrm{t}}N_{\mathrm{r}}$，其每一列对应一组量化角度 $\bar{\theta}_{\mathrm{r}}$ 和 $\bar{\theta}_{\mathrm{t}}$；$\boldsymbol{h}_{\mathrm{v}}$ 表示虚拟信道的向量形式，维度为 $N_{\mathrm{r}}N_{\mathrm{t}}\times 1$，$\boldsymbol{n}'$ 表示噪声向量。至此，对原始信道 $\widetilde{\boldsymbol{H}}$ 的估计问题就简化为了对稀疏向量 $\widetilde{\boldsymbol{h}}_{\mathrm{v}}$ 的求解问题，可采用贪婪或迭代阈值等重构算法进行求解。获得 $\boldsymbol{h}_{\mathrm{v}}$ 的估计后，进一步根据式（3-16）恢复出原始信道。

1. 基于 OMP 算法的信道估计

OMP 算法作为最早的贪婪迭代算法之一，其思想对之后出现的各种贪婪算法都有着不容忽视的意义。OMP 的基本思想是在每一次的迭代过程中，从过完备感知矩阵 $\boldsymbol{\Phi}$ 中选择与信号最匹配的原子进行稀疏逼近并求出残差，然后继续选出与信号残差 $\boldsymbol{r}$ 最为匹配的原子，经过数次迭代该信号便可以由一些原子线性表示。OMP 的重构算法是在给定迭代次数的条件下进行重构，这种强制迭代过程停止的方法使得 OMP 需要非常多的线性测量来保证精确重构。以贪婪迭代的方法选择感知矩阵 $\boldsymbol{\Phi}$ 的列，使得在每次迭代中所选择的列与当前的冗余向量最大程度相

关，从测量向量中减去相关部分并反复迭代，直到迭代次数达到稀疏度 L，强制迭代过程停止。

首先，通过计算残差 $\boldsymbol{r}_{t-1}$ 与感知矩阵 $\boldsymbol{\Phi}$ 中各个原子之间内积的绝对值来选取最大相关值索引，表达式为

$$j = \arg \max_{i=1,\cdots,N_r N_t} |<\boldsymbol{r}_{t-1}, \boldsymbol{\varphi}_i>| \tag{3-19}$$

获得的每一个列索引对应网格中的一个 AoD/AoA 角度对 n_r/n_t。采用最小二乘法进行信号逼近和残差更新，表达式为

$$\boldsymbol{h}_t = \operatorname{argmin}_{\boldsymbol{h}} \|\boldsymbol{y} - \boldsymbol{\Phi}_{\Lambda_t}\boldsymbol{h}\|_2 \tag{3-20}$$

$$\boldsymbol{r}_t = \boldsymbol{y} - \boldsymbol{\Phi}_{\Lambda_t}\boldsymbol{h}_t \tag{3-21}$$

式中，$\boldsymbol{\Phi}_{\Lambda_t}$ 表示已选取的感知矩阵列，其中 $\Lambda_t = \Lambda_{t-1} \cup \{j\}$。

基于 OMP 算法的信道估计流程图如图 3-5 所示，相关源代码可扫描下方二维码下载。

OMP 算法虽然简单易实现，但忽略了角度量化误差问题，该算法只适用于 AoA/AoD 恰好位于角度网格的量化格点上（On-grid）的场景，这种场景下恢复出的路径角度才精确，如图 3-6a 所示。但实际场景中路径角度随机出现，不太可能完全位于量化格点上，此时将出现网格不匹配（Off-grid）问题，从而导致功率泄漏和径间干扰，使得信道估计精度降低，如图 3-6b 所示。虽然通过增加网格的量化分辨率可以缓解网格不匹配问题，但也会使计算复杂度大幅增加。

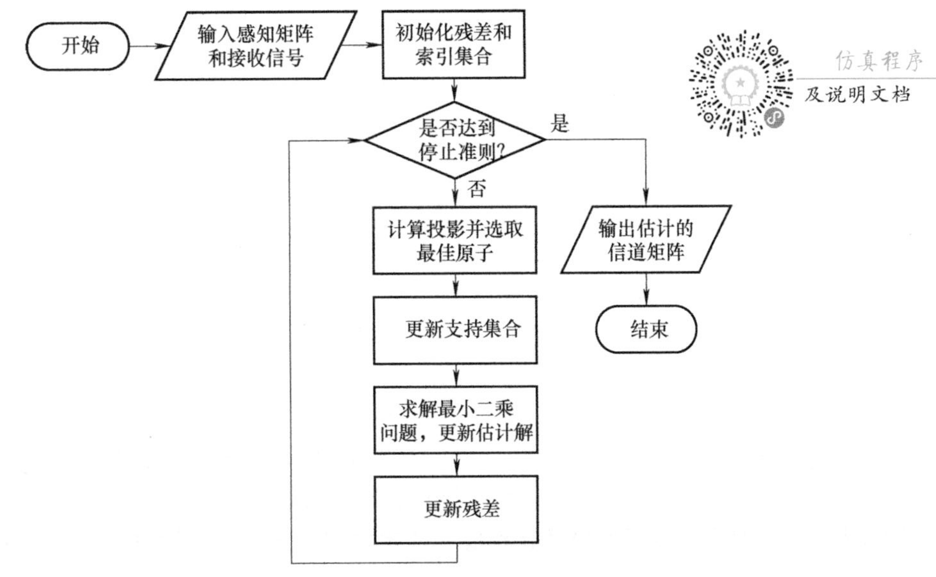

图 3-5　基于 OMP 算法的信道估计流程图

2. 基于 PIC-MGMP 算法的信道估计

OMP 算法保证了每次迭代的最优性，减少了迭代次数且简单易实现，却忽略了角度量化误差导致的 Off-grid 问题。基于毫米波大规模 MIMO 通信系统中角度随机分布的多径场景，通过同时考虑功率泄漏和多径干扰问题，可采用并行干扰消除辅助的多网格匹配追踪（Parallel Interference Cancellation assisted Multi-Grid Matching Pursuit，PIC-MGMP）信道估计算法。PIC-MGMP 算法采用局部网格细化和并行干扰消除的思想，联合考虑功率泄漏和径间干扰对信道估计精度的影响，通过局部细化网格提高角度分辨率，并利用并行干扰消除算法降低路径间干扰，以此实现更高精度的信道估计。该算法包含三个阶段，分别为粗估计、细估计和径间干扰消除，其示意图如图 3-7 所示。

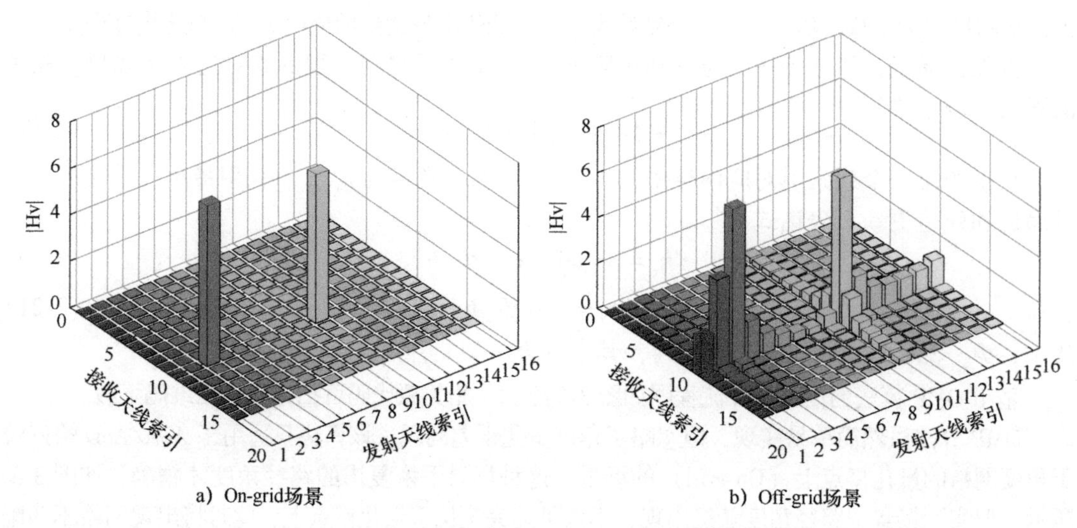

a）On-grid场景　　b）Off-grid场景

图 3-6　虚拟信道有无功率泄漏的两种情况

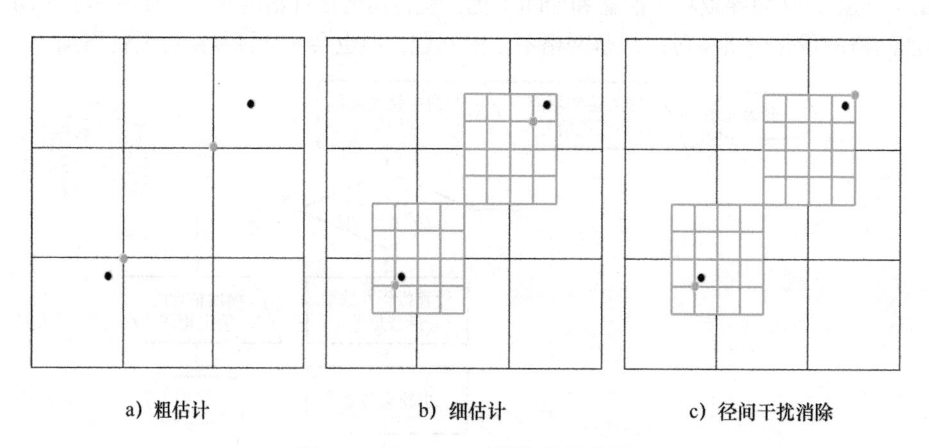

a）粗估计　　b）细估计　　c）径间干扰消除

图 3-7　PIC-MGMP 算法的示意图

首先在粗估计阶段，根据式（3-19）计算感知矩阵和残差的相关值，得到 AoA/AoD 的初始索引 n_r/n_t。然后在细估计阶段，对粗估计阶段得到的初始 AoA/AoD 周围的角度进行局部细化，有针对性地提高网格量化精度，使角度估计更接近实际角度，表达式为

$$\begin{cases} \bar{\theta}_r^{\text{refine}} = \dfrac{2\pi}{N_r}\left[n_r - 1 + \dfrac{j}{(2R)^{\text{iter}}}\right] \\ \bar{\theta}_t^{\text{refine}} = \dfrac{2\pi}{N_t}\left[n_t - 1 + \dfrac{j}{(2R)^{\text{iter}}}\right] \end{cases} \tag{3-22}$$

式中，J 为局部细化分辨率，$j=-J,\cdots,J$；iter 表示当前迭代次数。最后为径间干扰消除阶段，初步获得所有路径的角度细估计后，根据式（3-23）采用并行干扰消除算法减少路径间干扰。从接收信号中减去其他路径对当前待更新路径的影响，从而对当前第 l 条路径的角度进行更准确的估计，表达式为

$$\boldsymbol{r}_l = \boldsymbol{y} - \sum_{l=1,l\neq k}^{L} \boldsymbol{\Phi}_l \boldsymbol{h}_l \tag{3-23}$$

基于 PIC-MGMP 算法的信道估计流程图如图 3-8 所示。

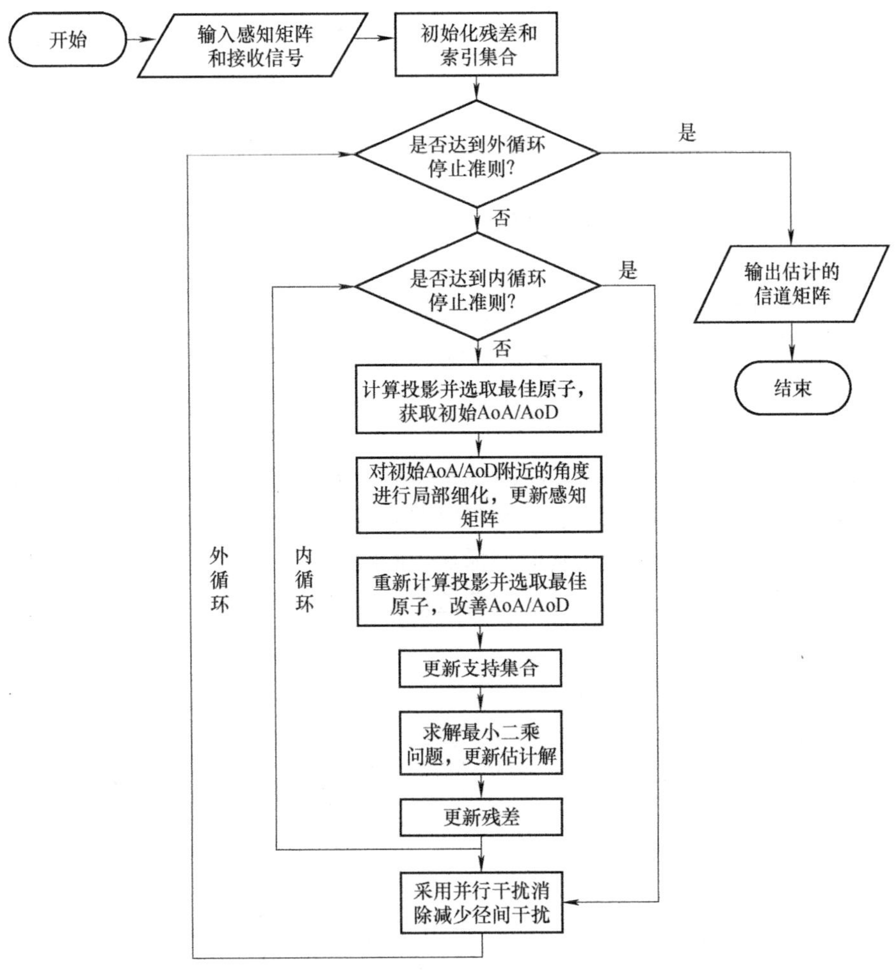

图 3-8　基于 PIC-MGMP 算法的信道估计流程图

3.3　数据驱动的智能卫星信道估计

数据驱动的信道估计是将信道估计模块看作通信链路中的一个黑匣子，用深度学习网络连接黑匣子的输入与输出，通过大量训练数据学习输入与输出间的复杂映射关系，实现信道估计。可用于信道估计的深度学习网络有 DNN、CNN 和 RNN 等。其中基于 DNN 的信道估计具有良好的灵活性，理论上能够适应众多场景下的需求。但是 DNN 需要通过大量数据的学习才能实现较高的估计精度，对于时域多径、收端多天线的模型，要达到明显的估计能力，DNN 模型的参数量和复杂度将陡然上升，这使 DNN 仅在天线数较少的 MIMO 时域信道估计场景中有良好的表现。而 CNN 的参数共享机制可以减少模型的参数数目，降低过拟合的风险，更加适用于训练数据量少的情况，所以 CNN 可以较好地应对 3.2 节中的多天线频域信道估计场景。若针对时变信道进行估计，则借助用于处理序列数据的 RNN 更有利于捕捉信道的时间相关性。

数据驱动的信道估计器的输入是接收信号，输出是估计的信道响应，不同模型的信道估计器主要区别在于内部使用的深度学习网络架构，因此本节将主要介绍信道估计器内部的网络架构。本节将从基于DNN的多天线时域信道估计模型、基于CNN的多天线频域信道估计模型和基于RNN的时变信道估计模型三个部分对数据驱动的智能卫星信道估计进行介绍。

3.3.1 基于DNN的多天线时域信道估计模型

如第2章所述，DNN通过学习大量的数据样本，能够自动捕捉信道的非线性特征和时空相关性，从而减少对先验知识的依赖，具有更高的灵活性。然而，当处理复杂的MIMO时域多径信道估计问题时，DNN往往会面临参数数目庞大的挑战，这会导致计算资源的过度消耗，进一步造成模型性能下降和训练困难。因此，本小节仅关注发射端多天线、接收端单天线的MISO时域信道估计场景。

1. 基于DNN的信道估计模型

对MISO时域信道进行估计时，时域稀疏性是一个重要问题，用传统方法处理此问题时往往需要收集大量信道状态信息，而DNN可以在无须显式处理上述信息时实现准确的信道估计，因此采用DNN可以有效地处理时域稀疏性的问题。

以卫星物联网系统为例，基于DNN的信道估计模型框架如图3-9所示。

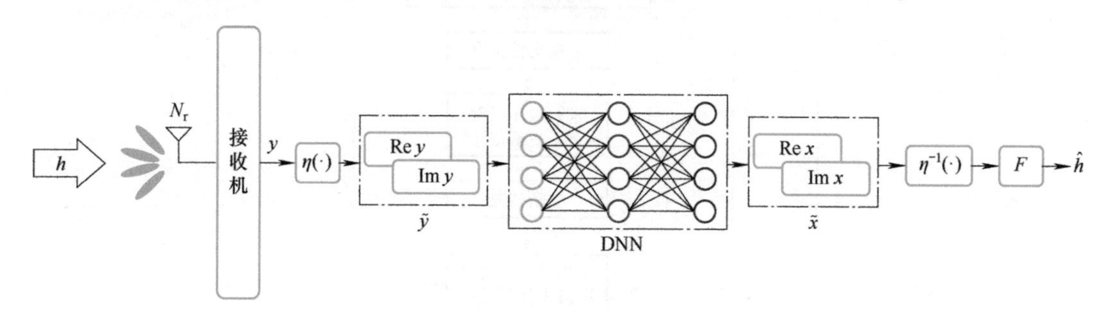

图3-9 基于DNN的信道估计模型框架

系统中有一个配备了N根天线的卫星为单天线物联网设备服务，即$N_t=N$、$N_r=1$。在下行链路传输期间，基站向物联网设备发送已知的导频序列用于信道估计。若令发射机和接收机放大器对应的传递函数为$f_{tx}(\cdot)$和$f_{rx}(\cdot)$（即波束成形矩阵和合并矩阵，此处不涉及相关运算，故以函数的形式简化）。则接收信号序列$\boldsymbol{y}=[y(1),\cdots,y(M)]^T$可以表示为

$$\boldsymbol{y}=f_{rx}(f_{tx}(\boldsymbol{S})\boldsymbol{h})+\boldsymbol{n} \tag{3-24}$$

式中，$\boldsymbol{S}=[\boldsymbol{s}(1),\cdots,\boldsymbol{s}(M)]^T$为传输的导频序列；$\boldsymbol{s}(m)\in\mathbb{C}^{N\times1}$为传输的单个导频信号；$\boldsymbol{h}\in\mathbb{C}^{N\times1}$为下行信道向量；$\boldsymbol{n}=[n(1),\cdots,n(M)]^T$为系统噪声序列，其中每个元素$n(m)$服从均值为0、方差为$\sigma_n^2$的正态分布。

大规模MIMO系统的散射路径非常有限，所以多径信号的大部分能量都集中在少数的角度范围内，因此空间信道响应$\boldsymbol{h}$可以转换为如下在角度域中的稀疏表示形式：

$$\boldsymbol{h}=\boldsymbol{F}\boldsymbol{x} \tag{3-25}$$

式中，$\boldsymbol{x}\in\mathbb{C}^{N\times1}$为角度域信道响应；$\boldsymbol{F}=[\boldsymbol{f}(\phi_1),\cdots,\boldsymbol{f}(\phi_N)]\in\mathbb{C}^{N\times N}$为阵列响应矩阵，$\boldsymbol{f}(\phi)$为基站天线的阵列响应向量，$\phi_1\sim\phi_N$为对应的量化角度。特别地，若基站配备的是半

波长间距的均匀线性阵列，则 $\boldsymbol{F}\in\mathbb{C}^{N\times N}$ 就是离散傅里叶变换矩阵。

信道估计模块的输入是接收到的导频信号 $\boldsymbol{y}$，输出是网络估计得到的角度域信道响应 $\boldsymbol{x}$。由于 DNN 需要输入和输出的数据是实数，而 $\boldsymbol{y}$ 与 $\boldsymbol{x}$ 均为复数形式，所以要将复数转化为实数形式 $\tilde{\boldsymbol{y}}$ 与 $\tilde{\boldsymbol{x}}$，定义如下映射关系 $\boldsymbol{\eta}$：

$$\boldsymbol{\eta}:\ \boldsymbol{x}\rightarrow\tilde{\boldsymbol{x}}=[\operatorname{Re}\boldsymbol{x};\ \operatorname{Im}\boldsymbol{x}] \tag{3-26}$$

同时将映射 $\boldsymbol{\eta}$ 的逆映射表示为 $\boldsymbol{\eta}^{-1}$。此时 DNN 的输入代表接收到的导频信号 $\tilde{\boldsymbol{y}}=\boldsymbol{\eta}(\boldsymbol{y})$，输出代表角度域信道矩阵 $\tilde{\boldsymbol{x}}=\boldsymbol{\eta}(\boldsymbol{x})$。

全连接 DNN 是关于输入的多层复合函数，每一层都包含着一个线性运算和一个非线性的映射（又称激活函数）。对于一个 L 层的 DNN，其输入 $\tilde{\boldsymbol{y}}$ 与输出的关系可以表示为

$$\mathrm{DNN}_{\boldsymbol{\Omega}}(\tilde{\boldsymbol{y}})=g^{[L]}(\boldsymbol{W}^{[L]}(\cdots g^{[1]}(\boldsymbol{W}^{[1]}\tilde{\boldsymbol{y}}+\boldsymbol{b}^{[1]})\cdots)+\boldsymbol{b}^{[L]}) \tag{3-27}$$

式中，$\boldsymbol{W}^{[l]}$ 和 $\boldsymbol{b}^{[l]}$ 分别为 DNN 中第 l 层可学习的权重和偏置，所有可学习参数的集合以 $\boldsymbol{\Omega}=\{\boldsymbol{W}^{[l]},\ \boldsymbol{b}^{[l]}\}_{l=1}^{L}$ 表示；$g^{[l]}$ 为第 l 层的激活函数，$l=1,2,\cdots,L$。将 DNN 的输出数据转化为复数形式，得到角度域的信道响应 $\hat{\boldsymbol{x}}$ 为

$$\hat{\boldsymbol{x}}(\tilde{\boldsymbol{y}};\boldsymbol{\Omega})=\boldsymbol{\eta}^{-1}(\tilde{\boldsymbol{x}})=\boldsymbol{\eta}^{-1}(\mathrm{DNN}_{\boldsymbol{\Omega}}(\tilde{\boldsymbol{y}})) \tag{3-28}$$

2. DNN 在线训练方法

将 $\mathrm{DNN}_{\boldsymbol{\Omega}}(\tilde{\boldsymbol{y}})$ 看作一个关于 $\tilde{\boldsymbol{y}}$ 的函数，其映射关系由参数集合 $\boldsymbol{\Omega}$ 决定。因此，训练此 DNN 的过程可以看作对如下的优化问题进行求解：

$$\boldsymbol{\Omega}^{*}=\underset{\boldsymbol{\Omega}}{\operatorname{argmin}}\mathbb{E}\{\mathcal{L}(\hat{\boldsymbol{x}}(\tilde{\boldsymbol{y}};\boldsymbol{\Omega});\boldsymbol{\theta},f_{\mathrm{tx}},f_{\mathrm{rx}})\} \tag{3-29}$$

式中，$\mathcal{L}(\cdot)$ 为网络的损失函数，$\boldsymbol{\theta}$ 为损失函数的参数集合。由于 DNN 需要在线完成训练，因此损失函数 $\mathcal{L}(\cdot)$ 应该只是关于 $\boldsymbol{y}$、$\boldsymbol{S}$、f_{tx}、f_{rx} 和信道估计结果 $\hat{\boldsymbol{x}}$ 的函数，而非实际信道 $\boldsymbol{x}$ 的函数。一个满足上述条件的损失函数为

$$\mathcal{L}(\hat{\boldsymbol{x}};\boldsymbol{\theta},f_{\mathrm{tx}},f_{\mathrm{rx}})=\frac{1}{2}\|y-f_{\mathrm{rx}}(f_{\mathrm{tx}}(\boldsymbol{S})\boldsymbol{F}\hat{\boldsymbol{x}})\|,\ \boldsymbol{\theta}=\{\boldsymbol{y},\boldsymbol{S},\boldsymbol{F}\} \tag{3-30}$$

在 DNN 的训练过程中，各可学习参数的梯度值可以由反向传播算法得到。设批量大小为 B，则可以通过对批量的梯度取平均的方法估计整体梯度为

$$\mathrm{d}\boldsymbol{\Omega}^{(j)}=\frac{1}{B}\sum_{i=1}^{B}\mathrm{d}\boldsymbol{\Omega}_{i} \tag{3-31}$$

为了加快在线训练时的速度，可以利用 Adam 算法对 DNN 进行训练。Adam 算法是自适应学习率的优化算法，其通过估计梯度的一阶矩和二阶矩调整学习率，在训练的过程中自适应地调整学习率。相比于传统的随机梯度下降算法，Adam 算法具有更快的收敛速度和更强的对梯度和参数变化的适应能力。此算法通过如下等式更新网络可学习参数：

$$\boldsymbol{\Omega}^{(j)}=\boldsymbol{\Omega}^{(j-1)}-r\bar{\boldsymbol{\mu}}^{(j)}/(\sqrt{\bar{\boldsymbol{\nu}}^{(j)}}+\epsilon) \tag{3-32}$$

式中，r 为学习率，$\epsilon>0$ 为干扰参数。$\bar{\boldsymbol{\mu}}^{(j)}$ 和 $\bar{\boldsymbol{\nu}}^{(j)}$ 的计算方式如下：

$$\begin{cases}\boldsymbol{\mu}^{(j)}=\eta_1\boldsymbol{\mu}^{(j-1)}+(1-\eta_1)\mathrm{d}\boldsymbol{\Omega}^{(j)}\\ \boldsymbol{\nu}^{(j)}=\boldsymbol{\eta}_2\boldsymbol{\mu}^{(j-1)}+(1-\eta_2)[\mathrm{d}\boldsymbol{\Omega}^{(j)}]^2\end{cases} \tag{3-33}$$

$$\begin{cases}\bar{\boldsymbol{\mu}}^{(j)}=\boldsymbol{\mu}^{(j)}/(1-\boldsymbol{\eta}_1^{j})\\ \bar{\boldsymbol{\nu}}^{(j)}=\boldsymbol{\nu}^{(j)}/(1-\boldsymbol{\eta}_2^{j})\end{cases} \tag{3-34}$$

式中，$[\mathrm{d}\boldsymbol{\Omega}^{(j)}]^2$ 表示逐元素平方；η_1，$\eta_2\in[0,1)$ 为衰变率。

基于 Adam 算法的 DNN 在线训练流程图如图 3-10 所示。

例 3-3：在一个卫星通信系统中，卫星部署有 N 根天线，用户终端配备单天线。设计一个用于信道估计的全连接 DNN，试确定 DNN 输入层和输出层的维度。

解：全连接 DNN 输入层、输出层的维度分别与输入层、输出层的数据类型相关。

1）输入层维度设计：输入层的维度应该与接收信号的维度相匹配，由于接收信号的维度为 $N\times1$，因此输入层的维度应该是 N。

2）输出层维度设计：信道估计任务的目标是估计信道参数，因此输出层的维度应该与信道的维度相匹配。因此，输出层的维度也应该是 N。

综上，DNN 的输入层维度为 N，输出层维度也为 N。

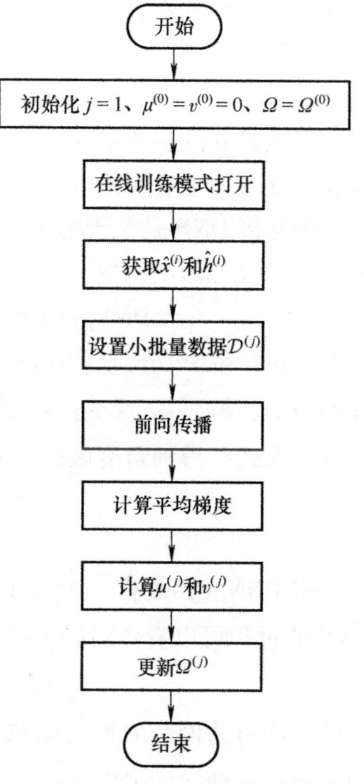

图 3-10 基于 Adam 算法的 DNN 在线训练流程图

3. 模型复杂度分析

模型计算复杂度通常以浮点数运算次数（Floating Point Operations，FLOPs）作为衡量标准。对于 DNN，其 FLOPs 为 $\mathcal{C}_{\mathrm{DNN}}\sim\mathcal{O}((2M-1)K+(2K-1)(L-2)K+(2K-1)N)$，其中 L 为 DNN 的层数，K 为中间层输入向量和输出向量的长度。对于传统的最小均方误差（MMSE）信道估计模型，其 FLOPs 为 $\mathcal{C}_{\mathrm{MMSE}}\sim\mathcal{O}(Q^3N)$，其中 Q 为导频间隔。二者难以直接比较，但是对于 DNN 而言，其层数 L 和中间层输入、输出向量的长度 K 都具有较大的量级，因此基于 DNN 的信道估计模型的复杂度往往高于最小均方误差估计模型。这也从定量的角度说明了 DNN 并不适用于更复杂的时域多径、接收端多天线的频域信道估计问题。

3.3.2 基于 CNN 的多天线频域信道估计模型

如第 2 章所述，CNN 是一种具有局部连接、权值共享等特点的神经网络，在计算机视觉和图像处理领域有着广泛的应用。相比于 DNN，CNN 具有更强的局部感知性，且减少了网络的参数数量和训练数据的需要量，降低了过拟合的风险，在更复杂的 MIMO 系统场景下也能有良好的性能。本小节将基于 3.2.2 节高频段低轨卫星与地面终端的信道估计场景部署基于 CNN 的多天线频域信道估计模型。

1. 基于空间-频率 CNN 的信道估计模型

基于空间-频率 CNN 的信道估计模型框架如图 3-11 所示。系统在相邻的 Q（为不失一般性，后续假设 $Q=2$）个子载波中插入相同长度的导频，形成导频子载波块，相邻的两个导频子载波块之间均有 Q_{d} 个专门用于数据传输的子载波。基于 CNN 估计的导频子载波块信道响应，可以用辅助插值法估计用于数据传输的子载波信道响应。同时考虑到相邻子载波之间的信道相关性，将相邻的两个含有导频的子载波信号同时作为信道估计模块的输入。

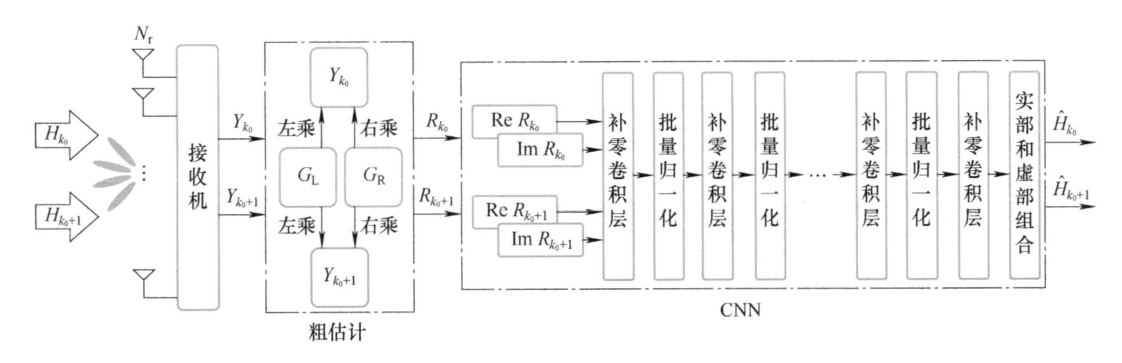

图 3-11　基于空间-频率 CNN 的信道估计模型框架

发射端和接收端的天线数目分别为 N_t 和 N_r。设发射端采用 N_t 个波束成形向量，接收端采用 N_r 个合并向量，若令 $\boldsymbol{n}_k=\boldsymbol{W}^H\boldsymbol{n}_k$、$\boldsymbol{X}_k=\sqrt{P}\boldsymbol{I}$（$\boldsymbol{I}\in\mathbb{C}^{N_t\times N_t}$ 是单位矩阵），则接收到的第 k 个子载波信号 $\boldsymbol{Y}_k$ 可以表示为

$$\boldsymbol{Y}_k=\boldsymbol{W}^H\boldsymbol{H}_k\boldsymbol{F}\boldsymbol{X}_k+\boldsymbol{W}^H\boldsymbol{n}_k\triangleq\sqrt{P}\boldsymbol{W}^H\boldsymbol{H}_k\boldsymbol{F}+\tilde{\boldsymbol{n}}_k \tag{3-35}$$

式中，$\boldsymbol{W}\in\mathbb{C}^{N_r\times N_r}$ 是合并矩阵，$\boldsymbol{F}\in\mathbb{C}^{N_t\times N_t}$ 是波束成形矩阵，$\boldsymbol{n}_k$ 是加性高斯白噪声，$\boldsymbol{H}_k\in\mathbb{C}^{N_r\times N_t}$ 是频域信道响应，P 是发射功率。在接收到两个相邻的导频子载波信号 $\boldsymbol{Y}_{k_0}\in\mathbb{C}^{N_r\times N_t}$、$\boldsymbol{Y}_{k_0+1}\in\mathbb{C}^{N_r\times N_t}$ 后，先对其进行初估计（Tentative Estimation，TE），得到初步信道响应 $\boldsymbol{R}_{k_0}\in\mathbb{C}^{N_r\times N_t}$、$\boldsymbol{R}_{k_0+1}\in\mathbb{C}^{N_r\times N_t}$，初估计的数学处理过程如下：

$$\boldsymbol{R}_k=\boldsymbol{G}_L\boldsymbol{Y}_k\boldsymbol{G}_R=\sqrt{P}\boldsymbol{G}_L\boldsymbol{W}^H\boldsymbol{H}_k\boldsymbol{F}\boldsymbol{G}_R+\boldsymbol{G}_L\tilde{\boldsymbol{n}}_k\boldsymbol{G}_R \tag{3-36}$$

式中，$\boldsymbol{G}_L$ 和 $\boldsymbol{G}_R$ 用于消去接收信号 $\boldsymbol{Y}_k$ 中的合并矩阵 $\boldsymbol{W}^H$ 和波束成形矩阵 $\boldsymbol{F}$，其表达式为

$$\boldsymbol{G}_L=(\boldsymbol{W}\boldsymbol{W}^H)^{-1}\boldsymbol{W} \tag{3-37}$$

$$\boldsymbol{G}_R=\boldsymbol{F}^H(\boldsymbol{F}\boldsymbol{F}^H)^{-1}\boldsymbol{W} \tag{3-38}$$

初估计后的信道响应 $\boldsymbol{R}_{k_0}$、$\boldsymbol{R}_{k_0+1}$ 作为 CNN 的输入，估计的信道矩阵 $\hat{\boldsymbol{H}}_{k_0}$、$\hat{\boldsymbol{H}}_{k_0+1}$ 作为 CNN 的输出。输入与输出构成映射关系：

$$\{\hat{\boldsymbol{H}}_{k_0},\hat{\boldsymbol{H}}_{k_0+1}\}=f_{\boldsymbol{\Phi}}(\boldsymbol{R}_{k_0},\boldsymbol{R}_{k_0+1};\boldsymbol{\Phi}) \tag{3-39}$$

式中，$\boldsymbol{\Phi}$ 为 CNN 中的可学习参数。

此模型的 CNN 需要先完成离线训练才能部署，设训练集的样本量为 N_{tr}，$(\boldsymbol{R}_i,\boldsymbol{H}_i)$ 表示第 i 个样本，其中 $\boldsymbol{R}_i$ 表示输入数据，$\boldsymbol{H}_i$ 表示输出数据。$\boldsymbol{R}_i$ 和 $\boldsymbol{H}_i$ 均属于 $\mathbb{C}^{N_R\times N_T\times 2}$，分别为 $\boldsymbol{R}^i_{k'_0}$、$\boldsymbol{R}^i_{k'_0+1}$ 的组合和 $\boldsymbol{H}^i_{k'_0}/c$、$\boldsymbol{H}^i_{k'_0+1}/c$ 的组合，其中 $\boldsymbol{R}^i_{k_0}$、$\boldsymbol{H}^i_{k_0}$ 分别是训练集中第 i 个样本对应的初估计的信道响应和信道矩阵，$c>0$ 是缩放参数，使得估计的 $\boldsymbol{H}_i$ 的实部和虚部取值范围均与 CNN 的输出层激活函数的输出范围相匹配。

例 3-4：一个毫米波 MIMO 卫星通信系统 $N_t=32$、$N_r=16$，采用 CNN 进行信道矩阵估计。请根据图 3-11 和输入、输出矩阵的维度，设计一个具体的 CNN 结构。

解：答案不唯一，维度和结构合理即可。

如图 3-11 所示，输入初估计信道矩阵 $\boldsymbol{R}^i_{k'_0}\in\mathbb{C}^{16\times 32}$、$\boldsymbol{R}^i_{k'_0+1}\in\mathbb{C}^{16\times 32}$，再将实部和虚部分离后便得到了 4 个 16×32 的输入矩阵。将这 4 个输入矩阵经过 64 个 3×3×4 的卷积滤波器处

理，并使用 ReLU 函数作为激活函数，生成 64 个 16×32 的实数矩阵。在处理特征矩阵的过程中，采用补零的方法保持矩阵的维度不变，并通过批量归一化（Batch Normalization，BN）避免梯度扩散和过拟合。后续的 8 个卷积层，都使用 64 个 3×3×64 的卷积过滤器进行同样的处理。输出层利用 4 个 3×3×64 的卷积滤波器进行处理，并使用 tanh 函数获得缩放后的相邻子载波信道矩阵实部和虚部的估计值。将估计值实部和虚部组合并反向缩放后，就得到估计后的信道矩阵$\hat{\boldsymbol{H}}^i_{k_0'}$、$\hat{\boldsymbol{H}}^i_{k_0'+1}$。

本模型中的 CNN 结构可以用表 3-1 概括。

表 3-1 CNN 结构

层序数	类型	过滤器数目	过滤器大小	激活函数
1	输入层	—	—	—
2~10	卷积层	64	3×3	ReLU
11	输出层	2Q	3×3	tanh

此 CNN 的训练目标为最小化均方误差损失函数：

$$\mathrm{MSE_{Loss}} = \frac{1}{N_{\mathrm{tr}}c^2}\sum_{i=1}^{N_{\mathrm{tr}}}\sum_{q=1}^{2}\|\boldsymbol{H}^i_{k_0'+q-1} - \hat{\boldsymbol{H}}^i_{k_0'+q-1}\|_F^2 \tag{3-40}$$

此模型采用了小型多重卷积滤波器，可以充分提取信道的内在特征，从而获得良好的信道估计性能，并保持较低的复杂度。在完成离线训练后，模型将在线部署到接收机上。若实际的信道模型与训练时使用的信道模型不同，一个简单的解决方式是对网络参数进行微调。不过仿真结果表明，离线训练好的 CNN 应当对训练集中没有出现过的信道模型时也有着稳定的表现，没有必要占用额外开销进行性能提升微弱的在线微调。

2. 模型复杂度分析

上述模型的浮点数运算主要来自初估计和 CNN，初估计部分的浮点数运算由矩阵运算产生，其 FLOPs 为 $\mathcal{C}_{\mathrm{TE}} \sim \mathcal{O}(QN_{\mathrm{t}}N_{\mathrm{r}}(N_{\mathrm{t}}+N_{\mathrm{r}}))$。对于 CNN，其 FLOPs 为 $\mathcal{C}_{\mathrm{CNN}} \sim \mathcal{O}(\sum_{l=1}^{L_{\mathrm{c}}} M_{1,l}M_{2,l}F_l^2N_{l-1}N_l)$，其中 L_{c} 表示卷积层数，$M_{1,l}$ 和 $M_{2,l}$ 分别表示第 l 层输出的特征图的行数和列数，F_l 是第 l 层所使用的滤波器边长，N_{l-1} 和 N_l 分别表示第 l 层输入和输出的特征图数量。综合上述两部分，基于 CNN 的信道估计模型的整体复杂度为

$$\mathcal{C} \sim \mathcal{O}(QN_{\mathrm{t}}N_{\mathrm{r}}(N_{\mathrm{t}}+N_{\mathrm{r}}) + N_{\mathrm{t}}N_{\mathrm{r}}\sum_{l=1}^{L_{\mathrm{c}}}F_l^2N_{l-1}N_l) \tag{3-41}$$

作为对比，考虑传统基于协方差矩阵的非理想最小均方误差信道估计模型，该模型中首先进行的最小二乘信道估计复杂度为 $\mathcal{C}_{\mathrm{LS}} \sim \mathcal{O}(QN_{\mathrm{t}}^2N_{\mathrm{r}}^2)$，随后再根据最小二乘的结果计算信道协方差矩阵。若同样考虑空间和频率的信道特征，此环节的计算复杂度应为 $\mathcal{C}_{\mathrm{MMSE},1} \sim \mathcal{O}(Q^2N_{\mathrm{t}}^2N_{\mathrm{r}}^2)$。最后，通过协方差矩阵细化最小二乘的估计结果，其 FLOPs 为 $\mathcal{C}_{\mathrm{MMSE},2} \sim \mathcal{O}(Q^3N_{\mathrm{t}}^3N_{\mathrm{r}}^3)$。结合以上几个部分，整体的复杂度可以表示为

$$\mathcal{C}_{\mathrm{MMSE}} \sim \mathcal{O}(Q^3N_{\mathrm{t}}^3N_{\mathrm{r}}^3) \tag{3-42}$$

基于 CNN 的信道估计模型复杂度和传统的基于协方差矩阵的非理想最小均方误差信道估计模型复杂度难以直接比较，这是因为影响前者复杂度的变量相比于后者增多了，因此

可以选择一个常用的固定参数设置直接进行比较。设 $N_t=32$、$N_r=16$，CNN 的参数设置见表 3-2，分析可知在当前的参数设置下，基于 CNN 的信道估计模型复杂度的数量级为 10^8，而对应的最小均方误差信道估计模型复杂度具有更高的数量级 10^9。同时，实际的仿真结果也表明，基于 CNN 的信道估计相比于传统的基于协方差矩阵的非理想最小均方误差信道估计具有更高效的运行方式和更快的运行时间。

表 3-2　CNN 的参数设置

层序数	$M_{1,l}$	$M_{2,l}$	F_l	N_{l-1}	N_l
1	16	32	3	4	64
2~9	16	32	3	64	64
10	16	32	3	64	4

3.3.3　基于 RNN 的时变信道估计模型

相比于 DNN，RNN 对于序列化的数据具有很强的模型拟合能力。时变信道的响应在时间序列上变化，构成了一组时间序列数据，其任意两个时刻之间的状态都具有相关性，因此对于时变信道，基于改良的 RNN 能够实现良好的信道估计能力。由于时变信道不仅与之前的时刻有关，也与未来的时刻有关，所以网络采用双向结构可以实现更好的性能。本小节介绍一种基于 SBGRU（Sliding Bidirectional GRU，滑动双向 GRU）的信道估计模型。

1. 基于 SBGRU 的信道估计模型

图 3-12 所示为基于 BGRU（双向 GRU）的网络结构示意图，可以看到隐藏层中的 RNN Cell 的状态不仅会向前输入下一个 RNN Cell，还会再次反向向后输入上一个 RNN Cell。

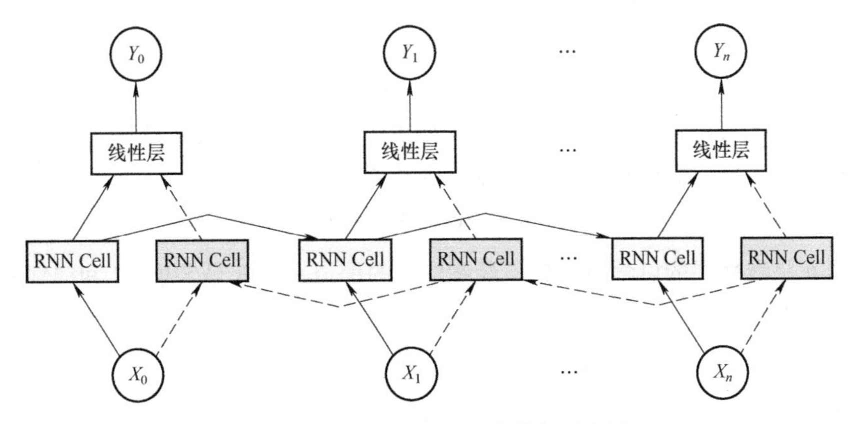

图 3-12　基于 BGRU 的网络结构示意图

在网络结构中引入滑动窗口，使其能够处理任意长度的传输信号，且能够实现低延迟的网络推理。图 3-13 所示为 SBGRU 结构示意图，图中的每个 BGRU 都具有固定的窗口长度 $\boldsymbol{W}_L$，L 是信号时间序列长度。窗口长度如何选择与信道的特性有关，对于时变信道，任意两个时刻之间都具有相关性。因此，一般窗口长度越长，网络实现的估计性能越好。

SBGRU 每获取 W_L 个符号完成一次计算，每次计算后向后滑动一个符号，所以序列中的多数符号都会被重复估计，因此将每个符号多次估计结果的均值作为最终估计结果。基于 SBGRU 的信道估计模型如图 3-14 所示。

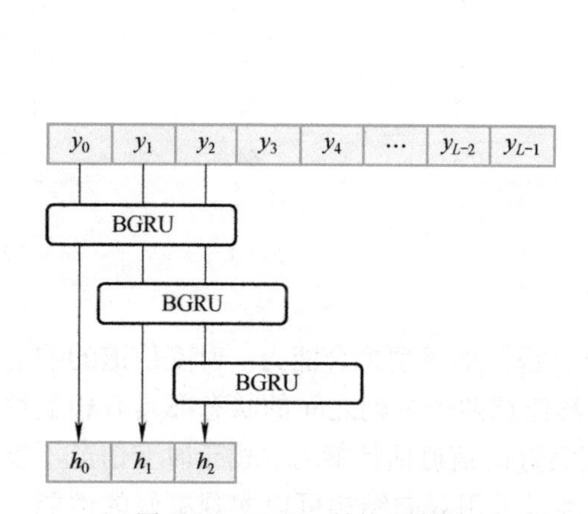

图 3-13 SBGRU 结构示意图

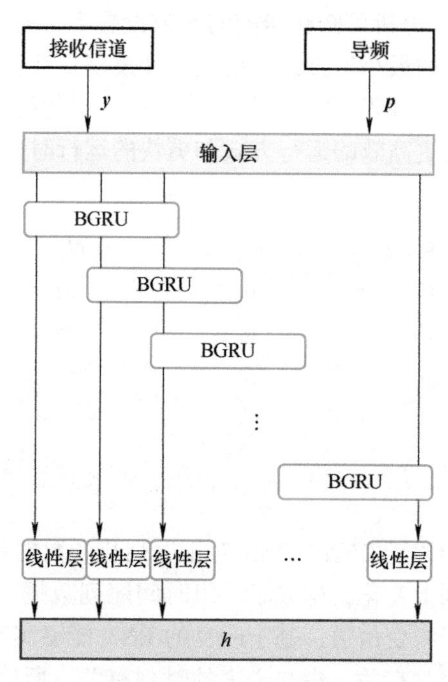

图 3-14 基于 SBGRU 的信道估计模型

图 3-14 中 $\boldsymbol{y}$ 表示信道失真信号，导频信号为 $\boldsymbol{P}=[\boldsymbol{p}^1,\boldsymbol{p}^2,\cdots,\boldsymbol{p}^K]\in\mathbb{C}^{N\times K}$，其包含了 K 个相同的长度为 N 的导频块，表达式为

$$\boldsymbol{p}^i=[p_1,0_{1*N_s},p_2,0_{1*N_s},\cdots,p_{N_p},0_{1*N_s}] \tag{3-43}$$

将复数信号的实部、虚部分离，便得到了 SBGRU 的输入数据形式：

$$\boldsymbol{X}_{\text{in}}=[\text{Re}\,\boldsymbol{y}^{\text{T}},\text{Re}\,\boldsymbol{P}^{\text{T}},\text{Im}\,\boldsymbol{y}^{\text{T}},\text{Im}\,\boldsymbol{P}^{\text{T}}]^{\text{T}} \tag{3-44}$$

为了兼顾模型准确度和训练速度，每个 BGRU 采用两层结构。设 f_{SBGRU} 为 SBGRU 的输入输出映射函数，f_{Linear} 为线性层的输入输出映射函数，则有

$$f_{\text{Linear}}(\boldsymbol{x})=\boldsymbol{W}\boldsymbol{x}+\boldsymbol{b} \tag{3-45}$$

式中，$\boldsymbol{W}$ 和 $\boldsymbol{b}$ 是线性层的可学习参数。最终估计的信道响应 $\hat{\boldsymbol{h}}$ 是 SBGRU 和线性层的复合映射输出，表达式为

$$\hat{\boldsymbol{h}}=f_{\text{Linear}}(f_{\text{SBGRU}}(\boldsymbol{X}_{\text{in}},\boldsymbol{\theta}_{\text{S}}),\boldsymbol{\theta}_{\text{L}}) \tag{3-46}$$

式中，$\boldsymbol{\theta}_{\text{S}}$ 和 $\boldsymbol{\theta}_{\text{L}}$ 分别为 SBGRU 和线性层的参数集，二者统一用集合 $\boldsymbol{\theta}=\{\boldsymbol{\theta}_{\text{S}},\boldsymbol{\theta}_{\text{L}}\}$ 表示。

训练网络的损失函数选择广泛使用的均方误差损失函数：

$$\text{Loss}(\boldsymbol{\theta})=\frac{1}{L}\sum_{n=1}^{L}|\hat{\boldsymbol{h}}-\boldsymbol{h}|^2 \tag{3-47}$$

训练网络的过程就是对损失函数最小化的优化过程，为了实现快速的训练，通常采用 Adam 算法作为优化算法，此处不再赘述。

例 3-5：设计一个基于 SBGRU 的神经网络用于信道估计，输入为时域信号序列，输出为信道估计结果。假设输入信号序列长度为 T，每个时间步的信号维度为 D，输出信道估计

结果的维度为 C。请描述网络的具体结构设计，包括每一层的维度设置和激活函数的选择。

解：答案不唯一，维度和结构合理即可。

1）输入层：接收时域信号序列作为输入，每个时间步的信号维度为 D，因此输入层的维度为 $T\times D$。

2）SBGRU 层：SBGRU 层是网络的核心部分，用于学习时域信号序列中的时空特征。每个 SBGRU 层的输入维度为 $T\times D$，输出维度为 $T\times H$，其中 H 是 SBGRU 层的隐藏状态维度。选择 ReLU 函数作为激活函数。

3）全连接层：在 SBGRU 层之后添加一个全连接层，用于将 SBGRU 层的输出映射到信道估计结果空间。全连接层的输入维度为 $T\times H$，输出维度为 $T\times C$，其中 C 是信道估计结果的维度。

4）输出层：在全连接层之后添加一个输出层，选择 Softmax 函数作为激活函数，用于对信道估计结果进行归一化，使得输出结果符合概率分布。输出层的输入维度为 $T\times C$，输出维度为 $T\times C$。

总的来说，网络包括输入层、SBGRU 层、全连接层和输出层。每一层的维度设置根据网络输入和输出的要求进行调整，激活函数的选择考虑到 ReLU 函数的非线性特性和 Softmax 函数的归一化特性。这样设计的网络可以有效地学习时域信号序列中的时空特征，并输出对应的信道估计结果。

2. 模型复杂度分析

对于基于 SBGRU 的信道估计模型复杂度的度量，使用 FLOPs，令 i_s、h_s、o_s 分别表示 SBGRU 输入的大小、隐藏层的大小、输出的大小，n_s 和 n_l 分别表示滑动层和隐藏层的数量，同时符号 $bi=2$ 表示网络的双向计算。一个窗口中每个符号所需 FLOPs 为 $3*bi*n_l*(h_s^2+i_s*h_s+h_s)$。而输出层所需 FLOPs 为 $bi*h_s*o_s$。考虑到滑动窗的操作次数为 $L-W_L+1$ 和窗口中的总符号数为 W_L，那么总的所需 FLOPs 为

$$\mathcal{O}((L-W_L+1)*W_L*3*bi*n_l*(h_s^2+i_s*h_s+h_s)+L*bi*h_s*o_s) \tag{3-48}$$

由于 L 远大于 W_L，h_s 远大于 i_s 和 o_s，因此基于 SBGRU 的信道估计模型复杂度可以近似表示为

$$\mathcal{C}_{\text{SBGRU}} \sim \mathcal{O}(LW_L n_l h_s^2) \tag{3-49}$$

对于传统的信道估计器，最小二乘估计器的复杂度可简单表示为 $\mathcal{O}(L)$，基于 Coppersmith-Winograd 算法的最小均方误差估计器至少为 $\mathcal{O}(L^{2.37})$。

根据以上分析可知，最小二乘和 SBGRU 估计器的复杂度与信号长度 L 成正比，相比于最小均方误差估计器明显更小。

3.4 模型驱动的智能卫星信道估计

基于数据驱动的信道估计方法利用深度学习的非线性表征能力可接近传统最优算法的性能，并在模型非理想等场景中可获得比传统方法更好的性能。但基于数据驱动的信道估计所需训练数据量大、训练开销较高，同时存在无法使用已知先验知识和解释性差的问题。

基于模型驱动的深度学习方法所需的训练数据量较少，通过已知的先验知识大大降低

了训练开销，且未把信道估计模块看作黑匣子，不会改变原有的通信系统模型结构，将深度学习方法与传统方法有机结合，具有较强的可解释性和可信性。基于模型驱动的信道估计方法可分为两类。第一类方法是利用深度学习辅助优化传统模块，将深度学习与传统通信模块相结合以实现信道估计功能；另一类方法是将迭代算法形成信号流图，即通过借鉴传统迭代算法的框架，将传统迭代算法的结构转化为深度学习网络架构，通过深度学习的训练优化算法参数，从而提高算法性能。

3.4.1 深度残差网络辅助的 OMP 信道估计模型

相对于直接将网络设计成 $\mathcal{H}(\hat{\boldsymbol{H}})=\boldsymbol{H}$ 的形式，网络也可以设计成残差的形式，即

$$\mathcal{H}(\hat{\boldsymbol{H}}) = \mathcal{F}(\hat{\boldsymbol{H}}) + \hat{\boldsymbol{H}} = \boldsymbol{H} \tag{3-50}$$

式中，$\mathcal{H}$ 和 $\mathcal{F}$ 分别表示两种网络参数映射。通过引入残差结构可以降低输入信道矩阵之间的差异，让网络映射对输入的变化更加敏感，有利于网络后续的优化和训练。

为了提升 Off-grid 场景下估计信道的精度，可以采用两种深度残差网络辅助的 OMP 信道估计模型：基于 RS-OMP（Residual Structure-based OMP，基于残差结构的 OMP）网络的信道估计模型和基于 SN（more Straightforward Network，更直接网络）的信道估计模型。这两种模型均采用深度学习辅助优化传统算法，以传统算法某一步的输出作为网络的输入，再根据训练数据对网络进行学习训练，使定义的损失函数值最小化，最终输出信道估计的结果。

1. 基于 RS-OMP 网络的信道估计模型

基于 RS-OMP 网络的信道估计模型是在 OMP 算法框架之后增加一个深度残差网络以弥补 OMP 算法的性能损失，如图 3-15 所示。RS-OMP 网络的输入为 OMP 算法输出的估计信道$\hat{\boldsymbol{H}}_{\mathrm{OMP}} \in \mathbb{C}^{N_{\mathrm{r}}\times N_{\mathrm{t}}}$，该信道可看作是 $N_{\mathrm{r}}\times N_{\mathrm{t}}$ 的二维图像。

由于信道一般是复数形式，而神经网络通常只处理实数，因此需要先将$\hat{\boldsymbol{H}}_{\mathrm{OMP}}$ 的实数和虚数分成两部分，并将其重新组合为两个特征图，作为深度残差网络的输入。此外，为了减轻网络训练时的过拟合情况，需对输入矩阵作归一化处理：

$$\boldsymbol{H}_{\mathrm{OMP,norm}} \triangleq \frac{\hat{\boldsymbol{H}}_{\mathrm{OMP}}}{2|\hat{\boldsymbol{H}}_{\mathrm{OMP}}|_{\max}} + 0.5 \tag{3-51}$$

深度残差网络可由两个不同卷积核大小的输入层、五个残差结构层和一个输出卷积层组成。如图 3-15 所示，前两层分别采用卷积核大小为 5×1 和 1×5 的卷积层提取 2 个和 64 个特征图，并在卷积层后采用 LeakyReLU（Leaky Rectified Linear Unit，渗漏整流单元）作为激活函数。残差结构层包括三个卷积核大小分别为 5×1、1×5 和 3×3 的卷积层，每一层都具有 64 个卷积核来进行特征提取，残差结构层的输出为第一个卷积层的输入和最后一个卷积层的输出相加，且在残差结构层中，激活函数 LeakyReLU 放在了卷积层之前。输出卷积层由两个大小为 3×3 的卷积核组成的卷积层构成。采用矩形的卷积核方案是为了加强对信道矩阵行和列稀疏性的学习能力，且所有卷积层都使用了零填充操作以保持输出信道矩阵大小。最后，将重构的信道矩阵由实数形式重新排列为复数形式，得到最终的估计矩阵。

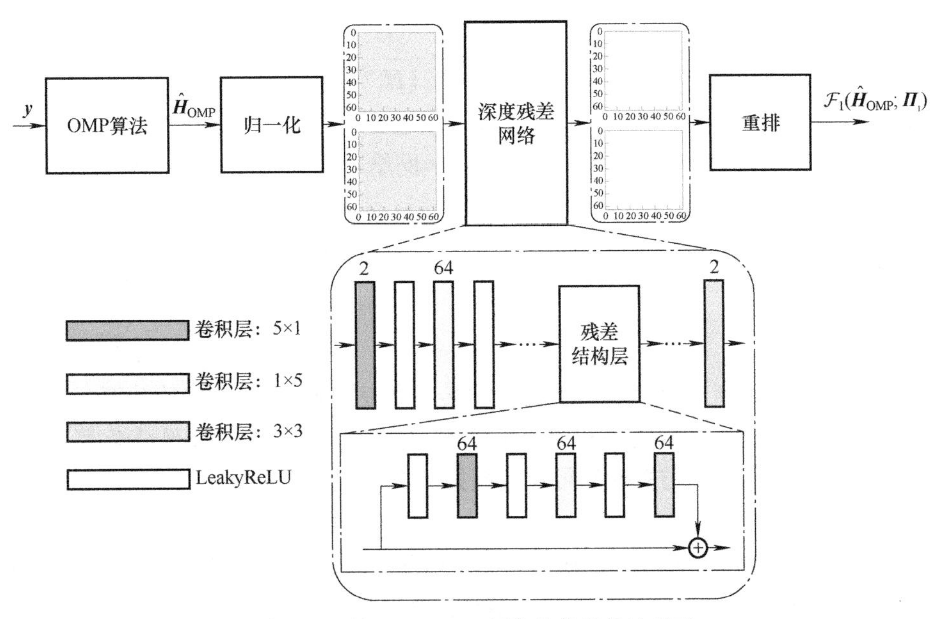

图 3-15　基于 RS-OMP 网络的信道估计模型

此外，该模型的损失函数 $\mathcal{L}(\boldsymbol{\Pi}_1)$ 定义为归一化均方误差（NMSE），即

$$\mathcal{L}(\boldsymbol{\Pi}_1)=\frac{1}{I}\sum_{i=1}^{I}\frac{\|\mathcal{F}_1(\hat{\boldsymbol{H}}_{\mathrm{OMP}}^{(i)};\boldsymbol{\Pi}_1)-\boldsymbol{H}_{\mathrm{v}}^{(i)}\|_F^2}{\|\boldsymbol{H}_{\mathrm{v}}^{(i)}\|_F^2} \tag{3-52}$$

式中，$\boldsymbol{\Pi}_1$ 为 RS-OMP 网络参数的集合，$\mathcal{F}_1$ 为 RS-OMP 网络的映射，上标“i”为训练数据的索引，I 为训练集中样本的数目。

训练 RS-OMP 网络所需的训练数据对通过仿真生成。首先根据式（3-14）~式（3-17）可生成信道矩阵 $\boldsymbol{H}_{\mathrm{v}}$，再根据式（3-13）和式（3-18）生成相应的等效观测矩阵 $\boldsymbol{y}$，然后利用 OMP 算法估计出稀疏信道矩阵$\hat{\boldsymbol{H}}_{\mathrm{OMP}}^{(i)}$，即可得到训练数据对（$\hat{\boldsymbol{H}}_{\mathrm{OMP}}^{(i)},\boldsymbol{H}_{\mathrm{v}}^{(i)}$）。

2. 基于 SN 的信道估计模型

由于 RM-OMP 网络的输入为 OMP 算法的估计结果 $\boldsymbol{H}_{\mathrm{OMP}}$，因此其信道估计精度依赖于 OMP 算法。由于 OMP 算法中最为关键的步骤是残差与感知矩阵每一列的相关操作，因此还可以基于 SN 进行信道估计，即直接使用相关操作的输出 $\boldsymbol{\Phi}^{\mathrm{H}}\boldsymbol{y}$ 作为输入。该方案减少了网络对 OMP 算法估计结果的依赖性，简化了网络的训练和预测过程。基于 SN 的信道估计模型如图 3-16 所示。

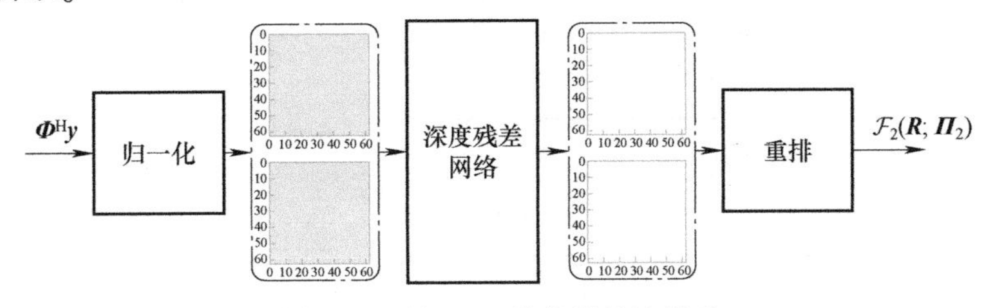

图 3-16　基于 SN 的信道估计模型

相较于 RS-OMP 网络，SN 不需要提前获取信道稀疏度的先验信息，更适用于实际场景中信道稀疏度未知的情况。同样的，SN 的损失函数 $\mathcal{L}(\boldsymbol{\Pi}_2)$ 定义为

$$\mathcal{L}(\boldsymbol{\Pi}_2)=\frac{1}{I}\sum_{i=1}^{I}\frac{\|\mathcal{F}_2(\boldsymbol{R}^{(i)};\boldsymbol{\Pi}_2)-\boldsymbol{H}_{\mathrm{v}}^{(i)}\|_F^2}{\|\boldsymbol{H}_{\mathrm{v}}^{(i)}\|_F^2} \tag{3-53}$$

式中，$\boldsymbol{\Pi}_2$ 为 SN 参数的集合，$\mathcal{F}_2$ 为 SN 的映射，$\boldsymbol{R}\triangleq\boldsymbol{\Phi}^{\mathrm{H}}\boldsymbol{y}$ 为 SN 的输入。

训练 SN 所需的训练数据生成方式与 RS-OMP 网络对应的生成方式大体相同，唯一的区别就是采用相关操作 $\boldsymbol{\Phi}^{\mathrm{H}}\boldsymbol{y}$ 得到的矩阵 $\boldsymbol{R}$ 替代了 OMP 算法估计的矩阵$\hat{\boldsymbol{H}}_{\mathrm{OMP}}^{(i)}$，因此 SN 保存的训练数据对为($\boldsymbol{R}^{(i)}$,$\boldsymbol{H}_{\mathrm{v}}^{(i)}$)。

实验视频
项目6：基于深度学习的信道估计仿真实验

3.4.2 基于深度展开的 AMP 迭代信道估计模型

上一小节的方法是利用深度学习辅助优化传统算法，提高信道估计精度。本小节所阐述的方案是直接将传统迭代算法展开成为深度学习网络架构，通过训练优化算法参数，提高算法性能。本节内容相关仿真代码可通过扫描下方二维码下载。

1. 基于 AMP 算法的信道估计模型

由于毫米波大规模 MIMO 系统中的天线数量通常较大，信道估计的计算复杂度较高，而 AMP 算法是一种计算复杂度较低的稀疏重构迭代算法，适用于高维稀疏信道估计。基于 AMP 算法的信道估计流程图如图 3-17 所示。

仿真程序
及说明文档

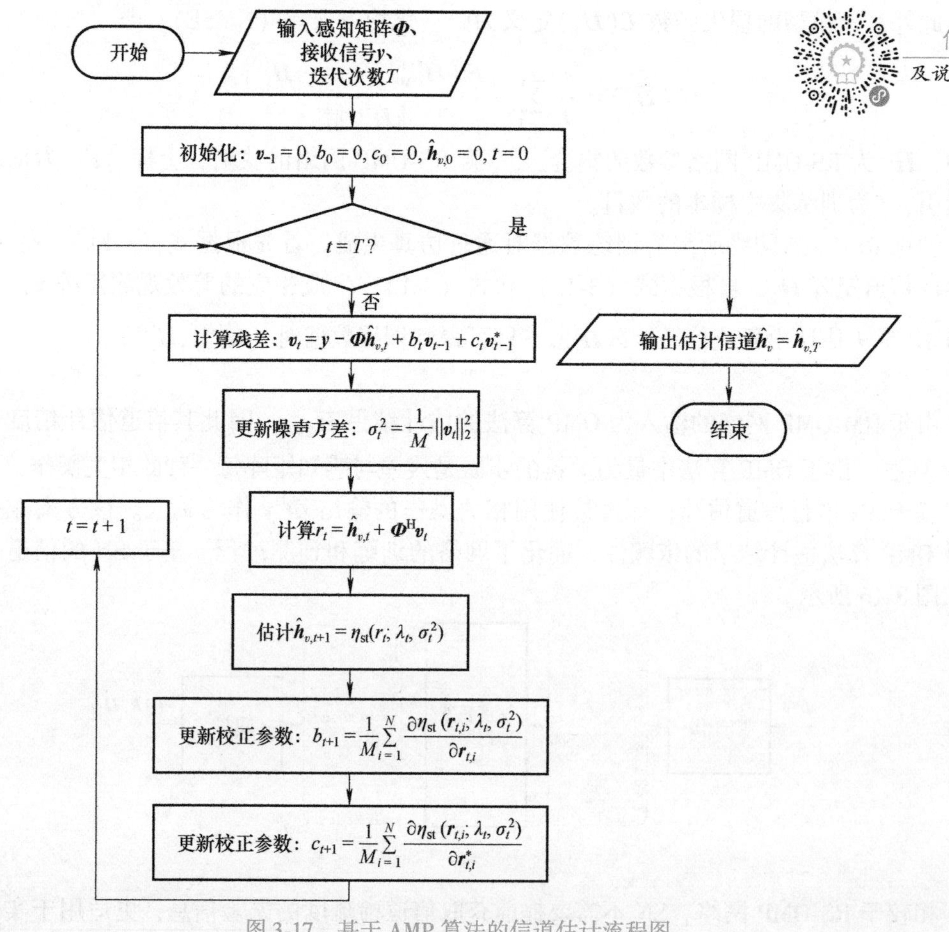

图 3-17 基于 AMP 算法的信道估计流程图

在图 3-17 中，$b_t\boldsymbol{v}_{t-1}$ 和 $c_t\boldsymbol{v}_{t-1}^*$ 称为 Onsager 校正，引入 AMP 算法中以加速收敛，其中，b_t 和 c_t 为 Onsager 校正参数，$\boldsymbol{v}_{t-1}$ 为迭代过程中前一次的残差向量，$\boldsymbol{v}_{t-1}^*$ 为前一次残差向量的共轭。AMP 算法的关键步骤是通过软阈值收缩函数（$\boldsymbol{\eta}_{\text{st}}$：$\mathbb{C}^N \rightarrow \mathbb{C}^N$）获得第 t 次迭代中的估计$\hat{\boldsymbol{h}}_{v,t+1}$。收缩函数 $\boldsymbol{\eta}_{\text{st}}$ 是非线性的逐元运算，考虑了 $\boldsymbol{h}_v$ 向量的稀疏性，并使$\hat{\boldsymbol{h}}_{v,t+1}$ 更稀疏。对于输入向量 $\boldsymbol{r}_t$ 的第 i 个元素 $\boldsymbol{r}_{t,i}=|\boldsymbol{r}_{t,i}|\text{e}^{\text{j}\omega_{t,i}}$（$i=1,2,\cdots,N$）有

$$\begin{aligned}[\boldsymbol{\eta}_{\text{st}}(\boldsymbol{r}_t;\boldsymbol{\lambda}_t,\boldsymbol{\sigma}_t^2)]_i &= \boldsymbol{\eta}_{\text{st}}(|\boldsymbol{r}_{t,i}|\text{e}^{\text{j}\omega_{t,i}};\boldsymbol{\lambda}_t,\boldsymbol{\sigma}_t^2) \\ &= \max(|\boldsymbol{r}_{t,i}|-\boldsymbol{\lambda}_t\boldsymbol{\sigma}_t,0)\text{e}^{\text{j}\omega_{t,i}}\end{aligned} \tag{3-54}$$

式中，$\boldsymbol{\omega}_{t,i}$ 是复值元素 $\boldsymbol{r}_{t,i}$ 的相位；$\boldsymbol{\lambda}_t$ 是第 t 次迭代中预定义的固定参数，并通过估计噪声方差更新 $\boldsymbol{\sigma}_t^2$。根据式（3-54）可知，软阈值收缩函数 $\boldsymbol{\eta}_{\text{st}}$ 可将低功率复值输入的幅值收缩为零。接下来，分别计算收缩函数 $\boldsymbol{\eta}_{\text{st}}$ 在输入向量 $\boldsymbol{r}$ 和其共轭向量 $\boldsymbol{r}^*$ 处的逐元素导数，以获得 b_{t+1} 和 c_{t+1}。

尽管 AMP 算法适用于解决大规模稀疏信号重构的问题，但用于稀疏信道估计时仍存在两个问题。首先，式（3-54）中的收缩参数 $\boldsymbol{\lambda}_t$ 对于所有迭代步骤通常都取相同经验值，且很难找到最优的收缩参数；其次，一般的 AMP 算法不能完全利用信道已知的先验分布。这两个问题限制了 AMP 算法在实际信道估计中的性能。

2. 基于 LAMP 网络的信道估计模型

基于传统 AMP 算法的 LAMP（可学习的近似消息传递）网络可用于在迭代中优化非线性收缩参数 $\boldsymbol{\lambda}_t$。LAMP 网络架构如图 3-18 所示，传统 AMP 算法的每次迭代过程都映射到 LAMP 网络的每一层，以第 t 层为例，第 t 层的输入是接收信号 $\boldsymbol{y}$，第 t-1 层的输出$\hat{\boldsymbol{h}}_{v,t}$ 和 $\boldsymbol{v}_t$。

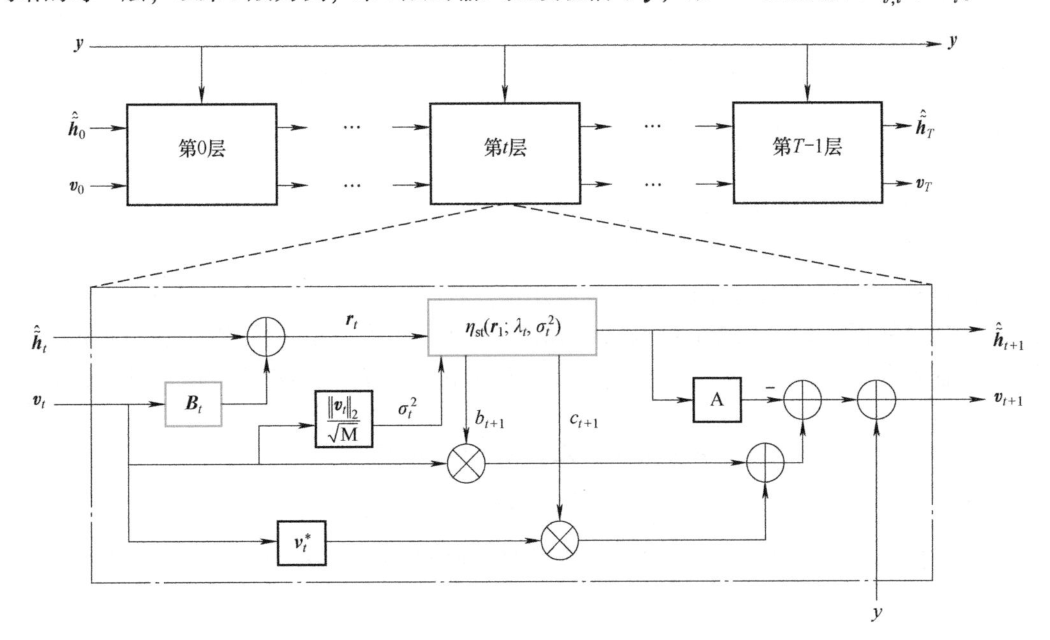

图 3-18　LAMP 网络架构

遵循 AMP 算法的原理，LAMP 网络的每一层对信号的处理如下：

$$\hat{\boldsymbol{h}}_{v,t+1}=\boldsymbol{\eta}_{\text{st}}(\boldsymbol{r}_t;\boldsymbol{\lambda}_t,\boldsymbol{\sigma}_t^2) \tag{3-55}$$

$$\boldsymbol{v}_{t+1}=\boldsymbol{y}-\boldsymbol{\Phi}\hat{\boldsymbol{h}}_{v,t}+b_{t+1}\boldsymbol{v}_t+c_{t+1}\boldsymbol{v}_t^* \tag{3-56}$$

式中，

$$\boldsymbol{r}_t=\hat{\boldsymbol{h}}_{v,t}+\boldsymbol{B}_t\boldsymbol{v}_t \tag{3-57}$$

$$\sigma_t^2=\frac{1}{M}\|\boldsymbol{v}_t\|_2^2 \tag{3-58}$$

$$b_{t+1}=\frac{1}{M}\sum_{i=1}^{N}\frac{\partial\eta_{\mathrm{st}}(\boldsymbol{r}_{t,i};\lambda_t,\sigma_t^2)}{\partial\boldsymbol{r}_{t,i}} \tag{3-59}$$

$$c_{t+1}=\frac{1}{M}\sum_{i=1}^{N}\frac{\partial\eta_{\mathrm{st}}(\boldsymbol{r}_{t,i};\lambda_t,\sigma_t^2)}{\partial\boldsymbol{r}_{t,i}^*} \tag{3-60}$$

式中，AMP 算法的收缩函数 η_{st} 在传统 DNN 中起非线性激活函数的作用。此外，从式（3-57）中可知，与图 3-17 不同，LAMP 网络可以为每层选择不同的线性系数 $\boldsymbol{B}_t$，这可以取代 $\boldsymbol{\Phi}^{\mathrm{H}}$ 作为从测量信号空间到稀疏信号空间的线性变换。在 LAMP 网络的训练阶段，可以优化式（3-57）中大小为 $N_{\mathrm{r}}N_{\mathrm{t}}\times N_{\mathrm{s}}$ 的线性变换系数 $\boldsymbol{B}_t$，以及式（3-55）~式（3-60）中的非线性收缩参数 λ_t。因此，在给定足够训练数据的情况下，LAMP 网络可以利用 DNN 强大的学习能力找到更好的收缩参数。

然而，用于信道估计的 AMP 算法的第二个问题尚未解决。传统的 AMP 算法及其相应的 LAMP 网络只考虑了待恢复信号的稀疏性，而未充分利用信道已知的先验分布。特别地，与传统 DNN 中没有明确物理意义的激活函数相比，LAMP 网络中的收缩函数并不是为所研究的信道估计问题专门设计的。因此，基于 LAMP 网络的信道估计方案仍然不能实现令人满意的性能。

3. 基于 GM-LAMP 网络的信道估计模型

基于 GM-LAMP（高斯混合 LAMP）网络的信道估计模型利用了稀疏信道的先验分布，更适合毫米波大规模 MIMO 系统，有效提高了估计精度。

(1) 高斯混合分布及其相应的收缩函数

众所周知，信道的先验信息越多，估计越准确，因此可利用角度域信道更具体的先验分布（除了稀疏性）优化 LAMP 网络。

以前已有一些研究通过考虑高斯混合分布，对均匀线性阵列（Uniform Linear Array，ULA）和均匀平面阵列（Uniform Planar Array，UPA）角度域信道元素的先验分布进行建模，并验证其有效性。具体地，角度域稀疏信道 $\boldsymbol{h}_v$ 的元素 h_v 的概率密度函数可以表示为

$$p(h_v;\boldsymbol{\theta})=\sum_{k=0}^{N_{\mathrm{c}}-1}p_k\mathcal{CN}(h_v;\mu_k,\sigma_k^2) \tag{3-61}$$

式中，$\boldsymbol{\theta}=\{p_0,\cdots,p_{N_{\mathrm{c}}-1},\mu_0,\cdots,\mu_{N_{\mathrm{c}}-1},\cdots,\sigma_0^2,\cdots,\sigma_{N_{\mathrm{c}}-1}^2\}$ 是所有分布参数的集合，N_{c} 是高斯混合分布中高斯分量的数目，p_k 是第 k 个高斯分量的概率，μ_k 和 σ_k^2 分别是第 k 个高斯分量的均值和方差，$\mathcal{CN}(h_v;\mu_k,\sigma_k^2)=\frac{1}{\pi\sigma_k^2}\mathrm{e}^{-\frac{(h_v-\mu_k)^*(h_v-\mu_k)}{\sigma_k^2}}$ 是第 k 个高斯分量的概率密度函数。值得注意的是，当一个高斯分量的均值和方差都为 0 时，高斯分量的概率密度函数变为

$$\mathcal{CN}(h_v;0,0)=\delta(h_v) \tag{3-62}$$

式中，$\delta(h_v)$是狄拉克δ函数，这意味着随机变量h_v将精确为0。因此，高斯混合分布也可以作为一种特殊情况来描述角度域信道的稀疏性。

基于贝叶斯最小均方误差估计原理，可推导出逐元素高斯混合收缩函数的标量形式η_{gm}：$\mathbb{C}\to\mathbb{C}$为

$$\eta_{\mathrm{gm}} = E\{h_v \mid r;\boldsymbol{\theta},\sigma^2\} = \frac{\int h_v p(r \mid h_v;\sigma^2)p(h_v;\boldsymbol{\theta})\mathrm{d}h_v}{\int p(r \mid h_v;\sigma^2)p(h_v;\boldsymbol{\theta})\mathrm{d}h_v} \tag{3-63}$$

式中，收缩函数的输入元素r建模为

$$r = h_v + n \tag{3-64}$$

式中，n是服从$\mathcal{CN}(0,\sigma^2)$的加性高斯噪声。由此可得

$$p(r \mid h_v;\sigma^2) = \mathcal{CN}(r;h_v,\sigma^2) \tag{3-65}$$

由式（3-61）给定$p(h_v;\boldsymbol{\theta})$，有

$$\begin{aligned} p(r \mid h_v;\sigma^2)p(h_v;\boldsymbol{\theta}) &= \mathcal{CN}(r;h_v,\sigma^2)\sum_{k=0}^{N_c-1} p_k \mathcal{CN}(h_v;\mu_k,\sigma_k^2) \\ &= \sum_{k=0}^{N_c-1} p_k \mathcal{CN}(r;h_v,\sigma^2)\mathcal{CN}(h_v;\mu_k,\sigma_k^2) \\ &= \sum_{k=0}^{N_c-1} p_k \mathcal{CN}(r;\mu_k,\sigma^2+\sigma_k^2)\mathcal{CN}(h_v;\tilde{\mu}_k(r),\tilde{\sigma}_k^2) \end{aligned} \tag{3-66}$$

式中，$\tilde{\mu}_k(r)=\dfrac{\sigma^2\mu_k+\sigma_k^2 r}{\sigma^2+\sigma_k^2}$，$\tilde{\sigma}_k^2(r)=\dfrac{\sigma^2\sigma_k^2}{\sigma^2+\sigma_k^2}$。

把式（3-66）代入式（3-63），可得到基于高斯混合分布的新收缩函数

$$\eta_{\mathrm{gm}}(r;\boldsymbol{\theta},\sigma^2) = \frac{\sum_{k=0}^{N_c-1} p_k \tilde{\mu}_k(r)\mathcal{CN}(r;\mu_k,\sigma^2+\sigma_k^2)}{\sum_{k=0}^{N_c-1} p_k \mathcal{CN}(r;\mu_k,\sigma^2+\sigma_k^2)} \tag{3-67}$$

式中，所有分布参数集合$\boldsymbol{\theta}$也可以称为收缩参数。与现有LAMP网络中的一般软阈值收缩函数η_{st}相比，针对特定的角度域信道估计问题，设计了考虑角度域信道先验分布的高斯混合收缩函数η_{gm}。

（2）基于GM-LAMP网络的信道估计模型

为了更准确地估计角度域稀疏信道，将LAMP网络与基于高斯混合分布的新收缩函数相结合，构成一种先验辅助的GM-LAMP网络。

具体地，用高斯混合收缩函数代替现有LAMP网络中原始的软阈值收缩函数，因此GM-LAMP网络仍是在AMP算法的基础上构建的。与图3-18类似，GM-LAMP网络也有T个同构层，其中每一层的输入和输出都与LAMP网络相同。第t层的输入由接收信号$\boldsymbol{y}$，以及第$t-1$层的输出$\hat{\boldsymbol{h}}_{v,t}$和$\boldsymbol{v}_t$表示。第$t$层的输出$\hat{\boldsymbol{h}}_{v,t+1}$和$\boldsymbol{v}_{t+1}$分别表示第$t$层的信道估计和残差。不同之处在于，每层的软阈值收缩函数η_{st}被高斯混合收缩函数η_{gm}代替。为此，GM-LAMP网络中的第t层的信道估计$\hat{\boldsymbol{h}}_{v,t+1}$可通过下式获得：

$$\hat{\boldsymbol{h}}_{v,t+1}=\eta_{\mathrm{gm}}(\boldsymbol{r}_t;\boldsymbol{\theta}_t,\sigma^2) \tag{3-68}$$

式中，$\boldsymbol{r}_t$ 由式（3-57）获得，$\sigma^2=\frac{\|\boldsymbol{v}_t\|_2^2}{M}$是以与 AMP 算法和 LAMP 网络相同的方式获得。式（3-57）中的线性变换系数 $\boldsymbol{B}_t$ 与式（3-66）中的非线性收缩参数 $\boldsymbol{\theta}_t$ 均是在训练阶段要优化的可训练变量。

（3）GM-LAMP 网络模型训练

与现有大多数 DNN 一样，GM-LAMP 网络主要分为离线训练阶段和在线估计阶段。在离线训练阶段，根据给定的大量已知训练数据，GM-LAMP 网络通过最小化损失函数优化整体可训练变量 $\boldsymbol{\Omega}_{T-1}=\{\boldsymbol{B}_t,\boldsymbol{\theta}_t\}_{t=0}^{T-1}$，为了避免过拟合，采用图 3-19 所示的逐层训练方法对 GM-LAMP 网络进行训练。

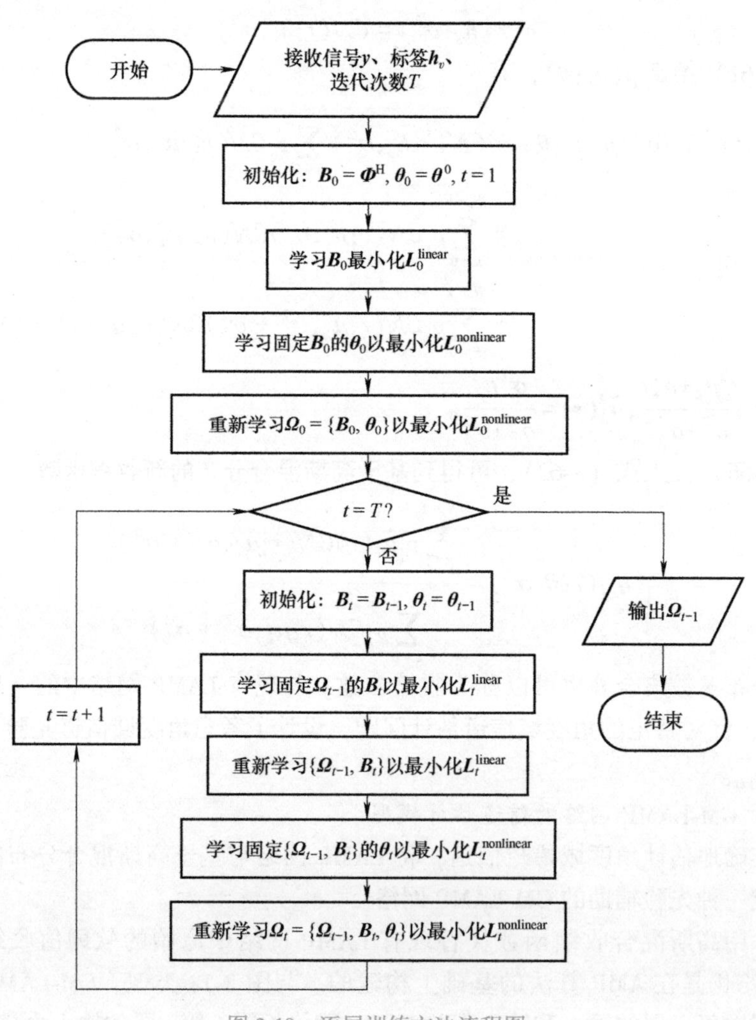

图 3-19 逐层训练方法流程图

训练集为 $\{\boldsymbol{y}^d,\boldsymbol{h}_v^d\}_{d=1}^{D}$，其中 $\boldsymbol{y}^d$ 是 GM-LAMP 网络的输入，$\boldsymbol{h}_v^d$ 是相对应的标签，D 是训练数据的个数。训练过程中所使用的两类损失函数分别与线性变换运算和非线性收缩运算有关，表达式为

$$L_t^{\text{linear}}(\boldsymbol{\Omega}_t)=\frac{1}{D}\sum_{d=1}^{D}\|\boldsymbol{r}_t^d(\boldsymbol{y}^d,\boldsymbol{\Omega}_t)-\boldsymbol{h}_v^d\|_2^2 \tag{3-69}$$

$$L_t^{\text{nonlinear}}(\boldsymbol{\Omega}_t)=\frac{1}{D}\sum_{d=1}^{D}\|\hat{\boldsymbol{h}}_{v,t+1}^d(\boldsymbol{y}^d,\boldsymbol{\Omega}_t)-\boldsymbol{h}_v^d\|_2^2 \tag{3-70}$$

在在线估计阶段，输入新的接收信号 $\boldsymbol{y}$，训练好的 GM-LAMP 网络可以输出估计的角度域稀疏信道$\hat{\boldsymbol{h}}_v$，并采用归一化均方误差（NMSE）对 GM-LAMP 网络的性能进行评估：

$$\text{NMSE}=\frac{E\{\|\hat{\boldsymbol{h}}_v-\boldsymbol{h}_v\|_2^2\}}{E\{\|\boldsymbol{h}_v\|_2^2\}} \tag{3-71}$$

3.5　基于元学习的小样本时变信道估计

基于深度学习的信道估计算法利用神经网络的强大表示学习能力，无须先验的信道统计特性，仅需数据迭代训练就可以使深度网络模型无限接近于实际的信道场景，并在降低算法复杂度、处理异构数据、鲁棒性等方面表现出良好的性能优势。基于深度学习的信道估计算法虽然能够自动提取特征，并能够减少对信道和噪声模型的依赖，使得其能够更好地适应复杂和动态的信道条件，但应用于信道估计的深度学习算法采用的神经网络复杂度较高，需要相当多的迭代次数才能达到收敛。而且如果实际信道环境和设定参数与训练时不同，那么训练好的网络便不再适用于实际的连续传输。此外，实际通信中有时只能获得有限信道估计数据，限制了依靠海量且高质量数据支撑的深度学习算法的应用，因此可以采用小样本学习方法（如元学习）更好地利用这些数据。

如第 2 章所述，元学习作为一种新的深度学习方法，可以通过使用不同元学习策略（如不同的初始化权值、优化器的选择，甚至网络的结构），选择、更改或组合不同的学习算法，以有效解决新的、不同类型的学习任务。元学习的方法可以仅凭借少量导频序列，达到较低的传输误码率，并且当面对新的学习任务（设定参数或信道环境改变）时，可以快速适应新的任务（模型的泛化能力）。

3.5.1　基于元学习的信道估计模型

一种典型的基于元学习的信道估计方法称为 RoemNet（Robust Channel Estimation with Meta Neural Networks）。RoemNet 可以从不同渠道的环境中学习，并且随着元学习器的更新，RoemNet 具有足够的鲁棒性，仅使用少量的导频就可以解决新的信道学习任务。此外，在不同的信道环境下，RoemNet 可以减轻多普勒扩频的影响，显著提高误码率性能。RoemNet 模型架构如图 3-20 所示。

RoemNet 采用 MAML 方案，即将信道估计建模为一个小样本学习过程，通过在线微调的方式使网络凭借少量样本完成线上信道估计任务。如图 3-20 所示，RoemNet 的工作流程分为预训练与在线微调两个部分。

首先，进行预训练，收集训练数据，生成任务集合。每次训练的数据是从信道数据中集中抽取的随机信道，每种参数的信道数据作为一个子任务。元学习预训练可得到初始的元网络。这里采取的是 MAML 算法，得到的元网络初始权值将对不同子任务具有适应性。在训练过程中，RoemNet 首先使用等式计算所有损失函数的梯度，然后在这次梯度的基础上再求一次梯度，称为元更新。这与基于监督学习的普通神经网络每当出现梯度下降时都会更新参数有所不同，该方式可针对特定的任务集合为网络找到一组合适的初始参数，对应任务空间中不同子任务欧氏距离和最短的那个点，因此对于不同子任务具有最佳的泛化能力。

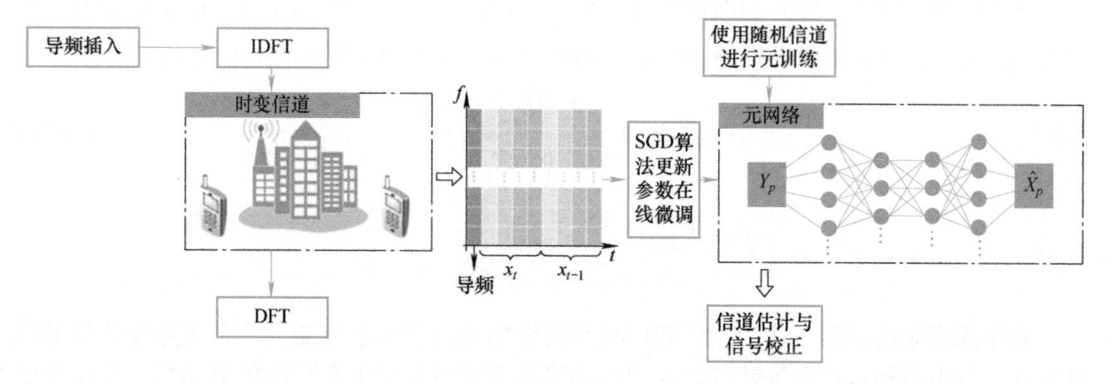

图 3-20 RoemNet 模型架构

接下来，RoemNet 使用收集到的真实信道的导频序列数据更新参数，即通过执行随机梯度下降的某些步骤，对先前的网络进行在线微调，从而得到针对当前变化信道的适应性网络。

3.5.2 元学习的实现流程

1. 训练初始化参数

在实际系统设计中，数据帧导频点的数量是一个关键的资源，越少的导频点意味着越小的开销。因此设每个数据帧的导频数目为 K，RoemNet 中的数据帧结构如图 3-21 所示。

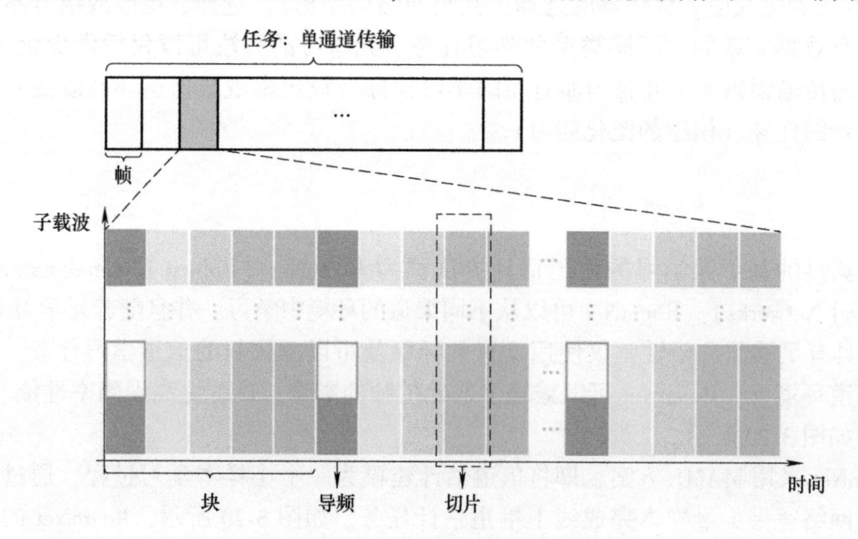

图 3-21 RoemNet 中的数据帧结构

在元训练过程中，将接收到的原始数据设为 RoemNet 的输入 $\bar{Y}$，输出设为估计的 $\bar{X}$，以模拟原始传输序列标签 X。设 N_1 表示元训练的不同信道数，即 N_1 个不同的任务。设所有任务服从相同的分布 $P(T)$，并将这些任务定义为集合$\{T_1, T_2, \cdots, T_i, \cdots, T_{N_1}\}$。对于每个任务，设 N_2 表示训练单个信道的切片数。采用均方误差作为损失函数，表达式为

$$L(h_{\phi_i}) = \sum_{\bar{X}^{(j)} \bar{Y}^{(j)} \sim T_i} \| h_{\phi_i^j}(\bar{Y}_i^{(j)}) - \bar{X}_i^{(j)} \|_2^2 \tag{3-72}$$

式中，L 为损失函数，h 为模型，ϕ 为权值。在每个任务 T_i 的第 j 个训练切片中，更新主参数 ϕ_i^j：

$$\phi_i^j = \Phi_i - \nabla_{\phi_i^j} L(h_{\Phi_i}) \tag{3-73}$$

式中，Φ_i 为第 i 次更新后的参数，则第 j 次训练切片的损失函数梯度公式为

$$\nabla_{\phi_i^j} L(h_{\Phi_i}) = \frac{\partial L(h_{\Phi_i})}{\partial \phi_i^j} = -\frac{1}{K_1} \sum_{m=1}^{K_1} [\bar{X}^m - h_{\phi_i^j}(\bar{Y}^m)] Y_j^m \tag{3-74}$$

式中，K_1 表示实际的训练符号对数，K_1 应大于等于 OFDM 的子载波数。在遍历 N_1 个任务及其对应的 N_1 的切片后，参数 ϕ 通过下式进行更新：

$$\phi = \Phi - \alpha \nabla_{\phi} \sum L(h_{\Phi}) \tag{3-75}$$

式中，α 为 RoemNet 中使用的步长超参数。

基于 MAML 的 RoemNet 训练流程图如图 3-22 所示。

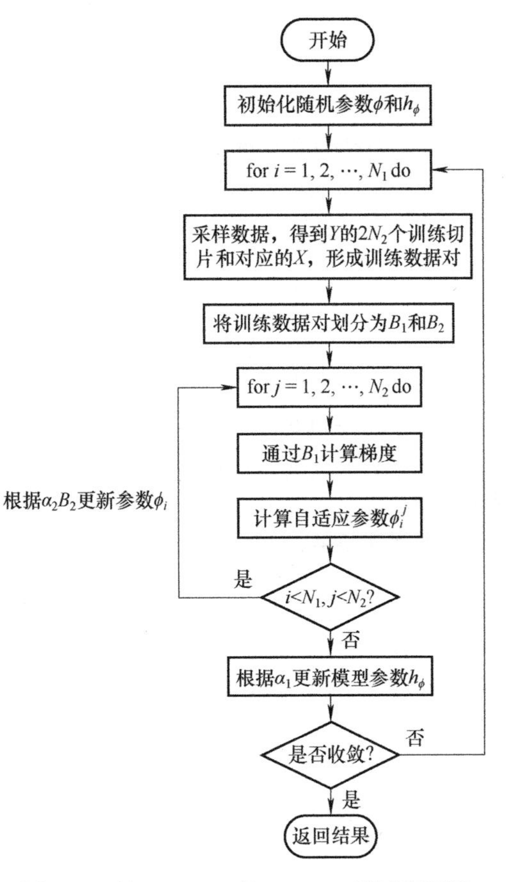

图 3-22　基于 MAML 的 RoemNet 训练流程图

2. 更新并微调参数

RoemNet 参数的更新采用 2.5.2 节中的方式计算损失函数的所有梯度，由此 RoemNet 可以在参数空间中找到一组对不同信道任务具有最佳泛化能力的合适初始参数。

当面对测试块时，元学习器更新参数使 RoemNet 适应时变信道。将在一个块中 K_2 个已知导频信号设为一组。与训练阶段不同，由于 OFDM 通信系统要求实时传输，因此使用随机梯度下降进行元更新：

$$\phi_i(T_i) = \Phi + [\bar{X}_p - h_{\phi_i}(\bar{Y}_p)]\bar{X}_{p_i} \tag{3-76}$$

RoemNet 时变信道元更新算法流程图如图 3-23 所示。

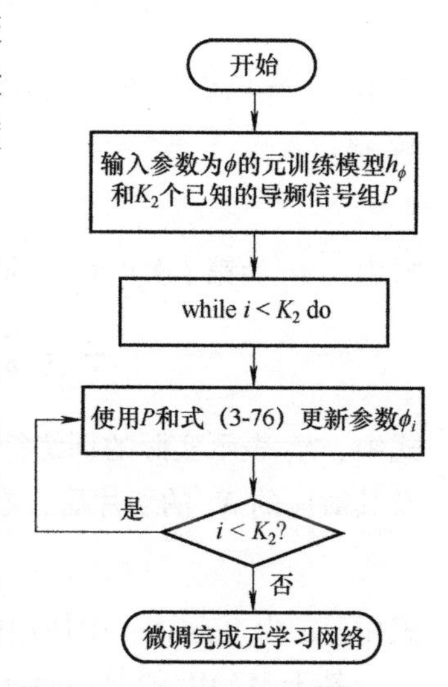

图 3-23 RoemNet 时变信道元更新算法流程图

例 3-6：为了评估 RoemNet 的性能，使用 DNN 作为待优化网络模型。DNN 由五层组成，其中三层是隐藏层，大小分别为 64、128、64，在隐藏层中应用 ReLU 函数作为激活函数，以加速收敛过程。ReLU 激活函数的定义为 $\mathrm{ReLU}(S_i) = \max(S_i, 0)$，$S_i$ 为第 i 层激活的输入信号。请设计合理的训练参数，仿真评估在 OFDM 系统中 RoemNet 与单一 DNN 信道估计方法的性能差异，并加以分析。生成数据集的测试信道参数见表 3-3。

表 3-3 测试信道参数

路径序号	平均路径增益/dB	路径延迟/μs
1	-3.0	0.0
2	0.0	0.2
3	-2.0	0.5
4	-6.0	1.6
5	-8.0	2.3
6	-10.0	5.0

解：答案不唯一，合理即可。

1）设计 RoemNet 训练参数见表 3-4。

表 3-4 RoemNet 训练参数

参数	值
调制方式	16QAM
子载波的数量 N_s	64
DFT 点数 N_d	64
循环前缀长度 L_{cp}	8
导频数目 N_p	16
载波频率 f_c	1GHz

（续）

参　数	值
带宽 B_w	2MHz
帧大小 B	10 blocks
每个块中的符号数 N_s	10
训练时的信噪比 E_b/N_0	5dB：5dB：30dB
训练时的多普勒频移区间 f_d	[0,50] Hz
训练时的多径数目区间 M	[1,16]
训练时的最大路径延迟区间 τ_m	[0.2,8.0) μs
用于训练的不同参数信道数量 N_1	100
每个信道的数据切片数量 N_2	100

2）图 3-24 所示为仿真得到的 RoemNet 和预训练的 DNN 微调时不同梯度阶跃下（5dB）的均方误差比较。从图中可以观察到，在第一次微调后，RoemNet 在均方误差方面比预训练的 DNN 有明显提高。相反，普通的 DNN 不能如此快速地学习无线信道的新特性进行测试，并且容易达到过拟合。RoemNet 性能优越的原因是经过元训练的参数位于对 $P(T)$ 的损失函数敏感的区域。

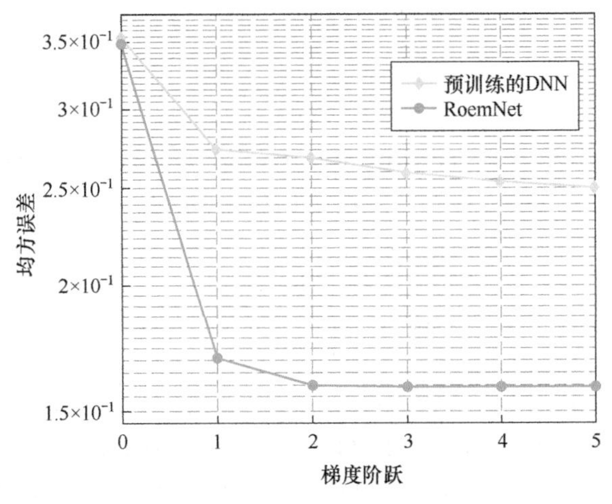

图 3-24　微调时不同梯度阶跃下（5dB）的均方误差比较

习　题

1. 在一个带宽 B 为 12MHz，子载波间隔 Δf 为 30kHz 的 OFDM 系统中，时域多径信道 $h(\tau)=\sum_{l=0}^{L-1} a(i)\delta(\tau-\tau_l)$，$0\leqslant\tau\leqslant N-1$，式中路径数 L 为 2，τ_l 为第 l 条径的时延，第 1 条径和第 2 条径的时延分别为 0 和 7.5μs。试编程实现频域最小二乘信道估计算法，并给出信噪比在[−8,8]dB 范围内时关于信道估计的归一化均方误差曲线。

2. 设导频频域间隔为 D_p，噪声功率为 σ_n^2，相隔为 l 的两个子载波间信道频率响应（CFR）相关函数为 $R_f[l]$。试计算以分段线性插值算法对数据位置的信道进行估计的均方误差，并分析降低均方误差的条件。

3. 请简述单用户毫米波大规模 MIMO 通信系统的收发处理流程。

4. 设计一个 DNN 信道估计器，用于估计瑞利衰落信道。假设发射端配有两根天线，接收端配有一根天线，该估计器的输入是接收信号 $\boldsymbol{y}$ 的实部和虚部，输出是估计的信道响应 $\boldsymbol{h}$ 的实部和虚部。要求如下：

1）构建一个 DNN 模型，用于从接收信号 $\boldsymbol{y}$ 的实部和虚部中学习信道响应 $\boldsymbol{h}$ 的实部和虚部。

2）使用瑞利衰落信道模型作为训练数据的生成器。

3）使用适当的损失函数和优化算法进行模型训练。

4）对模型进行测试，并评估其在信道估计任务上的性能。

5. 相对于传统物理模型信道估计算法，基于深度学习的智能信道估计有什么优势？进一步地，相对于基于数据驱动的智能信道估计，模型驱动有什么优势？

6. 假设 MAML 的外循环中有两个任务，每个任务都有一个包含两个权重 w_1 和 w_2 的模型，任务 1 的验证损失为 $\mathcal{L}_1=(w_1-1)^2+w_2^2$，任务 2 的验证损失为 $\mathcal{L}_2=w_1^2+(w_2-1)^2$，设学习率 $\beta=0.1$，计算元参数 θ 的更新值。

本章参考文献

[1] ALAKHATEEB A, AYACH O E, LEUS G, et al. Channel estimation and hybrid precoding for millimeter wave cellular systems [J]. IEEE Journal of selected topics in signal processing, 2014, 8(5):831-846.

[2] LEE G, GIL G T, LEE Y H. Exploiting spatial sparsity for estimating channels of hybrid MIMO systems in millimeter wave communications [C]//IEEE Global Communications Conference, 2014.

[3] GAO Z, HU C, DAI L L, et al. Channel estimation for millimeter-wave massive MIMO with hybrid precoding over frequency-selective fading channels [J]. IEEE Communications letters, 2016, 20(6):1259-1262.

[4] LIU J R, TIAN Y Q, LIU D P, et al. Off-grid compressed channel estimation with parallel interference cancellation for millimeter wave massive MIMO [J]. China Communications, 2024, 21(3):51-65.

[5] ZHENG X Y, LAU V K N. Simultaneous learning and inferencing of DNN-based mmWave massive MIMO channel estimation in IoT systems with unknown nonlinear distortion [J]. IEEE Internet of things journal, 2021, 9(1):783-799.

[6] DONG P H, ZHANG H, LI G Y, et al. Deep CNN-based channel estimation for mmWave massive MIMO systems [J]. IEEE Journal of selected topics in signal processing, 2019, 13(5):989-1000.

[7] BAI Q B, WANG J T, ZHANG Y, et al. Deep learning-based channel estimation algorithm over time selective fading channels [J]. IEEE Transactions on cognitive communications and networking, 2020, 6(1):125-134.

[8] MA X, YE H, LI Y. Learning assisted estimation for time-varying channels [C]//15th International Symposium on Wireless Communication Systems (ISWCS), 2018.

[9] MAO D, LIU X Q, PENG M G. Channel estimation for intelligent eeflecting surface assisted massive MIMO systems: a deep learning approach [J]. IEEE Communications letters, 2022, 26(4):798-802.

[10] BORGERDING M, SCHNITER P, RANGAN S. AMP-Inspired Deep networks for sparse linear inverse prob-

lems [J]. IEEE Transactions on signal processing, 2017, 65(16):4293-4308.

[11] WEI X H, HU C, DAI L L. Deep learning for beamspace channel estimation in millimeter-wave massive MIMO systems [J]. IEEE Transactions on communications, 2021, 69(1):182-193.

[12] HUANG C W, LIU L, YUEN C, et al. Iterative channel estimation using LSE and sparse message passing for mmWave MIMO systems [J]. IEEE Transactions on signal processing, 2019, 67(1):245-259.

[13] MO J H, SCHNITER P, HEATH R W. Channel estimation in broadband millimeter wave MIMO systems with few-bit ADCs [J]. IEEE Transactions on signal processing, 2018, 66(5):1141-1154.

[14] SCHMIDHUBER J. Evolutionary principles in self-referential learning. on learning now to learn: The meta-meta-meta...-hook [D]. München: Technische Universität München, 1987.

[15] FINN C, ABBEEL P, LEVINE S. Model-agnostic meta-learning for fast adaptation of deep networks [J]. 34th International Conference on Machine Learning, 2017.

[16] ZOPH B, LE Q V. Neural architecture search with reinforcement learning [C]//5th International Conference on Learning Representations, 2017.

[17] PARK S, JANG H, SIMEONE O, et al. Learning to demodulate from few pilots via offline and online meta-learning [J]. IEEE Transactions on signal processing, 2021, 69:226-239.

[18] MAO H X, LU H C, LU Y J. RoemNet: robust meta learning based channel estimation in OFDM systems [C]//IEEE International Conference on Communications (ICC), 2019.

第 4 章

基于人工智能的数字调制信号解调

调制解调是通信系统进行有效传输的关键。按调制信号的形式，调制分为模拟调制和数字调制。由于数字调制比模拟调制具有更强的抗干扰能力，也更易于传输处理、降低成本和集成化，因而更适合应用于航天通信。根据信息加载位置的不同，数字调制可分为幅移键控（Amplitude Shift Keying，ASK）调制、频移键控（Frequency Shift Keying，FSK）调制、相移键控（Phase Shift Keying，PSK）调制，以及结合相位调制和幅度调制特点的正交调幅（Quadrature Amplitude Modulation，QAM）。从带宽利用率、频带利用率、抗衰落和抗干扰性能等方面综合考虑，相移键控和正交调幅等调制方式在航天通信，尤其是卫星通信中逐渐成为主流。

传统的信号解调方法依赖于数学模型和人工设计的算法，如调制识别、信号检测、符号估计等，这些方法在理论上较为成熟，但在处理现实世界的复杂信号时，往往需要对航天通信信道条件有精确的先验信息，并且对于存在衰落与干扰的复杂环境，其适应性有限。为了更好地适应复杂信道环境，人们提出了数据驱动的智能解调方法。这种方法的基本思路是将解调视为分类问题，利用人工智能技术从包含噪声的信号中提取幅度、相位或频率特征，然后将其映射到相应的样本空间进行分类处理，进而完成解调。数据驱动的智能解调方法虽然可能比传统解调方法的计算复杂度高，但是省去了载波恢复、滤波等处理过程，能够直接从接收端接收到的原始信号中恢复信息码流，提高了信息处理速率，增强了对抗外界干扰的能力。此外，与传统方法相比，智能解调方法可以在同一模块下解调多种数字调制信号，缓解了硬件电路设计的压力，也能在衰落信道下进行解调，且省去了引入导频进行信道估计的过程，有助于提高通信系统的频谱利用率。

通过本章的学习，应掌握数据驱动的智能调制解调方法，熟悉基于机器学习和深度学习的通信系统物理层设计，理解基于机器学习的数据预处理、特征提取、特征分类、信号解调实现智能解调的逻辑关系，了解基于深度学习的端到端信号解调方法，掌握使用常见编程语言实现智能调制解调的技能。

4.1 典型数字调制解调原理

数字调制解调是现代通信的关键技术之一，其克服了传统模拟调制信号保密性差、抗干扰能力差等缺点，具有更强的抗干扰能力，更易于加密，也更易于传输处理、降低成本和集成化。本书仅对相位调制进行介绍。

实验视频
项目7：卫星通信中QPSK和16QAM两种调制方式效果比较

4.1.1 PSK 调制解调

数字相位调制最简单的形式之一是二进制相移键控（BPSK），它的其中一个应用是深空遥测。BPSK 利用载波的相位变化传递数字信息，而振幅和频率保持不变。在 BPSK 中，通常使用初始相位 0 和 π 分别表示二进制的“0”和“1”，将其推广到多进制时，θ 可以取多个可能值，所以一个 MPSK（M 元相移键控）信号可以表示为

$$e_k(t) = A\cos(\omega_c t + \theta_k),\ k = 1,2,\cdots,M \tag{4-1}$$

式中，A 为常数；θ_k 为一组间隔均匀的受调制相位，其值取决于基带码元的取值，所以可以写为

$$\theta_k = \frac{2\pi}{M}(k-1),\ k = 1,2,\cdots,M \tag{4-2}$$

通常 M 取 2 的整数次幂：

$$M = 2^k,\ k = \text{正整数} \tag{4-3}$$

8PSK 信号相位如图 4-1 所示，这是当 $k=3$ 时，θ_k 取值的一个例子。

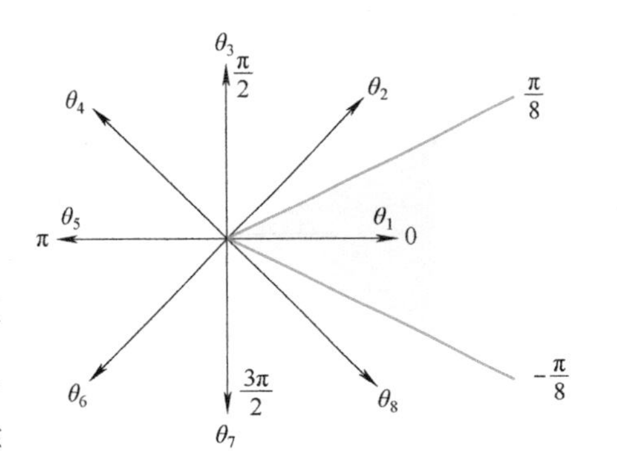

图 4-1 8PSK 信号相位

图 4-1 示出当发送信号的相位为 $\theta_1 = 0$ 时，能够正确接收的相位范围在 $\pm\frac{\pi}{8}$ 内。对于 MPSK 信号（除了 BPSK 信号），不能简单地采用一个相干载波进行相干解调。例如，当用 $\cos(2\pi f_c t)$ 作为相干载波时，因为 $\cos\theta_k = \cos(2\pi - \theta_k)$，使解调存在模糊。这时需要用两个正交的相干载波解调。令式（4-1）中的 $A=1$，然后将 MPSK 信号表示式展开写成

$$e_k(t) = \cos(\omega_c t + \theta_k) = a_k\cos\omega_c t - b_k\sin\omega_c t \tag{4-4}$$

式中，$a_k = \cos\theta_k$，$b_k = \sin\theta_k$。

式（4-4）表明，MPSK 信号 $e_k(t)$ 可以看作由正弦和余弦两个正交分量合成的信号，它们的振幅分别是 a_k 和 b_k，并且 $a_k^2 + b_k^2 = 1$。这就是说，MPSK 信号码元可以看作两个特定的 MASK 信号码元之和，因此其带宽和 MASK 信号的带宽相同。下面主要以 $M=4$ 为例，对 4PSK 做进一步的分析。4PSK 为 QPSK（四相移相键控），常称为**正交相移键控**，它的每个码元含有 2bit 信息，现用 ab 代表这 2bit。发送码元序列在编码时需要先将每 2bit 分成一个双比特组 ab。ab 有 4 种排列，即 00、01、10、11。然后用 4 种相位之一表示每种排列。各种排列相位之间的关系通常都按格雷码安排，表 4-1 列出了 QPSK 信号的编码规则，其星座图如图 4-2 所示。

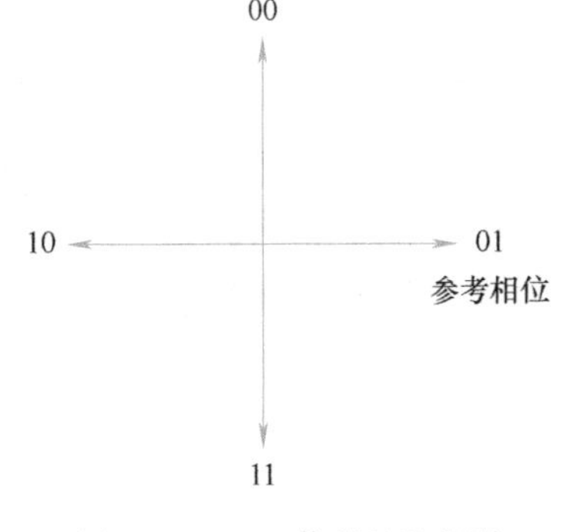

图 4-2 QPSK 信号的星座图

表 4-1 QPSK 信号的编码规则

a	b	θ_k	a	b	θ_k
0	0	90°	1	1	270°
0	1	0°	1	0	180°

由表 4-1 和图 4-2 可以看出，采用格雷码的好处在于相邻相位所代表的 2bit 只有 1bit 不同。由于因相位误差造成错判至相邻相位上的概率最大，因此这样编码可使总误码率降低。

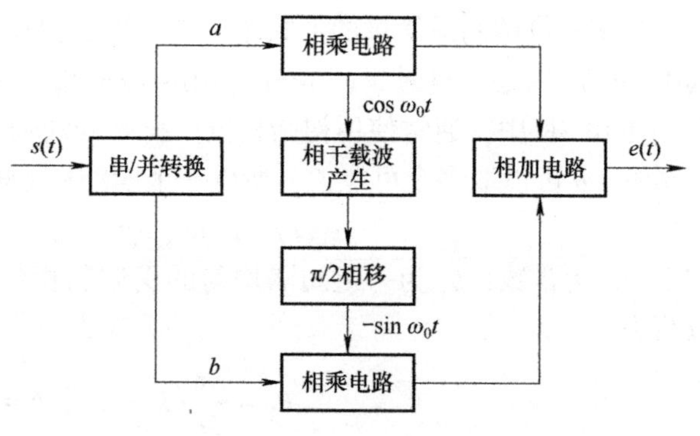

图 4-3 用正交调相法生成 QPSK 信号

1. QPSK 调制

QPSK 信号的产生方法有两种，第一种是用正交调相法生成 QPSK 信号，如图 4-3 所示。

图 4-3 中输入基带信号 $s(t)$ 是二进制不归零双极性码元，它被串/并转换电路变成两路码元 a 和 b。变成并行码元 a 和 b 后，其每个码元 QPSK 的持续时间是输入码元的两倍，码元串/并转换如图 4-4 所示。

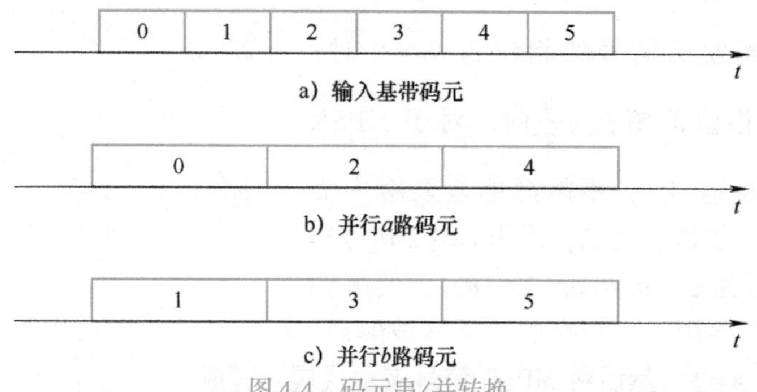

图 4-4 码元串/并转换

这两路并行码元序列分别和两路正交载波相乘。相乘结果用虚线示于图 4-5 所示的 QPSK 星座图中，图中 **a**(1)代表 a 路二进制信号码元“1”，**a**(0)代表 a 路二进制信号码元“0”；类似地，**b**(1)代表 b 路二进制信号码元“1”，**b**(0)代表 b 路二进制信号码元“0”。这两路信号在相加电路中相加后得到的每个信号代表 2bit，如图 4-5 中实线所示。这种编码方式称为 B 方式。应当注意的是，上述二进制信号码元“0”和“1”在相乘电路中与不归零双极性矩形脉冲振幅的关系如下：

① 二进制信号码元“1”→双极性矩形脉冲振幅“+1”。

② 二进制信号码元“0”→双极性矩形脉冲振幅“−1”。

第二种是用相位选择法生成 QPSK 信号，如图 4-6 所示。

这时输入基带信号经过串/并转换后用于控制一个相位选择电路，按照当时的输入双比特 ab，决定选择哪个相位的载波输出。候选的 4 个相位 θ_1、θ_2、θ_3、θ_4 可以是图 4-5 中的 4 条实线，也可以是图 4-5 中的 4 条虚线。

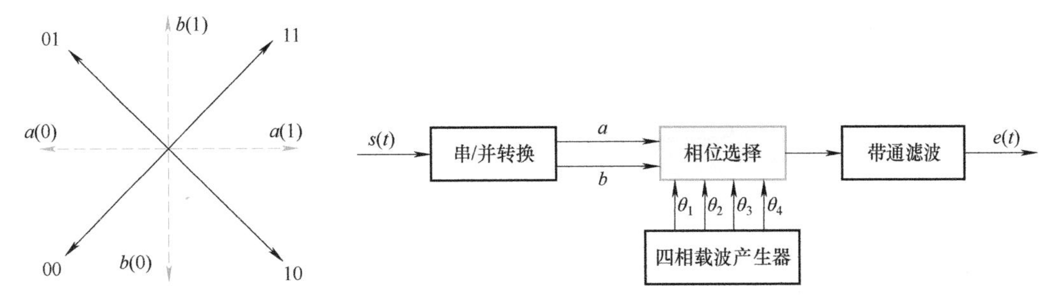

图4-5　另一种形式的QPSK信号星座图

图4-6　用相位选择法生成QPSK信号

2. QPSK解调

QPSK信号解调原理如图4-7所示。由于QPSK信号可以看作两个正交BPSK信号的叠加，所以用两路正交的相干载波解调，可以很容易分离这两路正交的BPSK信号。相干解调后的两路并行码元a和b，经过并/串转换后成为串行数据输出。

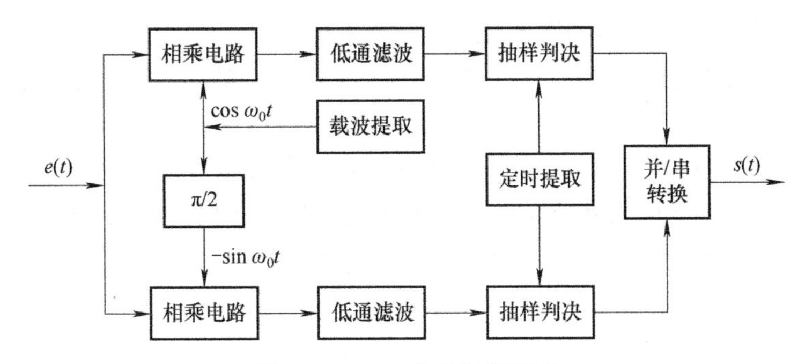

图4-7　QPSK信号解调原理

4.1.2　QAM调制解调

QAM是一种通过调整信号的幅度和相位来传递信息的正交振幅调制方式，多进制的QAM表示为MQAM（多进制正交调幅）。QAM的包络不稳定，通常被认为不适用于有较强幅度衰落的移动通信，但由于其具有很高的频谱利用率，而且随着进制数的增加，频带效率也随之增高，比较适用于卫星通信这类频率资源受限的通信系统。此外，当调制阶数M相同时，MQAM星座图中各点之间的欧氏距离比MASK（多进制幅移键控）和MPSK的欧氏距离都大。显然，MQAM在功率效率上也有一定优势，但人们更看重MQAM的频带效率优势。

MQAM信号的一般表达式为

$$s(t)=A_m\cos\omega_c t+B_m\sin\omega_c t,\ 0\leqslant t\leqslant T_s \tag{4-5}$$

式中，T_s为码元宽度；A_m和B_m为离散振幅值，$m=1,2,\cdots,M$。

由式（4-5）可以看出，已调信号由两路相互正交的载波叠加而成，两路载波分别被两路离散的振幅A_m和B_m所调制，因而称为正交调幅。

QAM的原理框图如图4-8所示。在调制器中，输入二进制码元数据经串/并转换分成两路，再分别经过电平变换形成A_m和B_m。为抑制信号带外辐射，A_m和B_m要经过成形滤波器再分别与相互正交的两路载波相乘，产生两路ASK调制信号。最后，两路信号相加就得到已调 QAM 信号 $s(t)$。

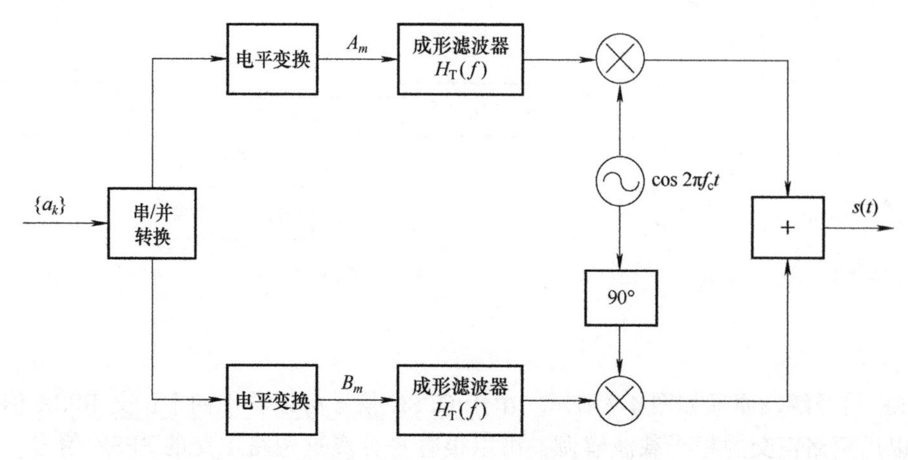

图 4-8　QAM 的原理框图

QAM 相干解调的原理框图如图 4-9 所示。在解调器中，输入信号分成两路分别与本地恢复的两个正交载波相乘，并经过匹配滤波器。经多电平判决后将多电平数据变换为二电平，将两路信号进行并/串转换得到接收数据。传统的 QAM 解调方法通常采用最大似然算法进行符号判决，即在所有可能的发送符号中找到最有可能被发送的那个符号。然而，最大似然算法的计算复杂度随着调制阶数的增加而呈指数级增长，这在高阶 QAM 系统中会导致巨大的计算负担。此外，最大似然算法需要准确的信道状态信息，而这在实际通信系统中往往难以获得。

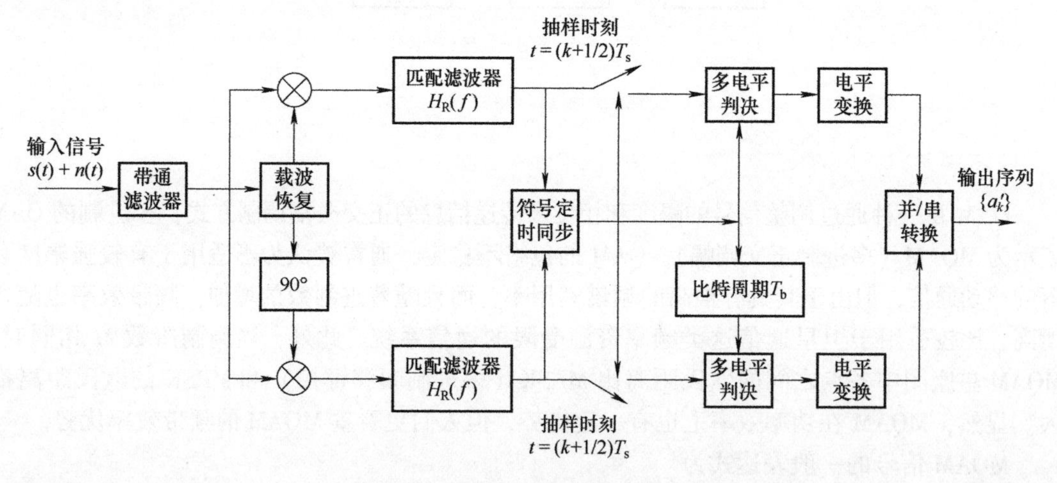

图 4-9　QAM 相干解调的原理框图

4.2　基于机器学习的数字调制信号解调

传统的信号解调方法依赖于数学模型和人工设计的算法，这些方法在理论上较为成熟，但处理现实世界的复杂信号时，往往需要信道条件有精确的先验信息，并且对于存在衰落与干扰的复杂环境，其适应性有限。为更好地适应复杂信道环境，可将解调视为分类问题，即从包含噪声的信号中提取幅度、相位或频率特征，然后将其映射到相应的样本空间中进行分类。与传统解调方法相比，基于机器学习的解调方法虽然可能会增加一定的计算复杂度，但是省去了载波恢复、滤波等处理过程，能够直接从接收端接收到的原始信号中恢复信息码流，提高了信息处理速率，增强了对抗外界干扰的能力。此外，与传统方法相比，基于机器学习的解调方法可以在同一模块下解调多种数字调制信号，缓解了硬件电路设计的压力，也能在衰落信道下进行解调，且省去了引入导频进行信道估计的过程，有助于提高通信系统的频谱利用率。

4.2.1　基于机器学习的信号解调基本流程

基于机器学习的信号解调主要包括数据预处理、特征提取、特征分类、信号解调（星座映射）四个阶段，其基本流程如图 4-10 所示。

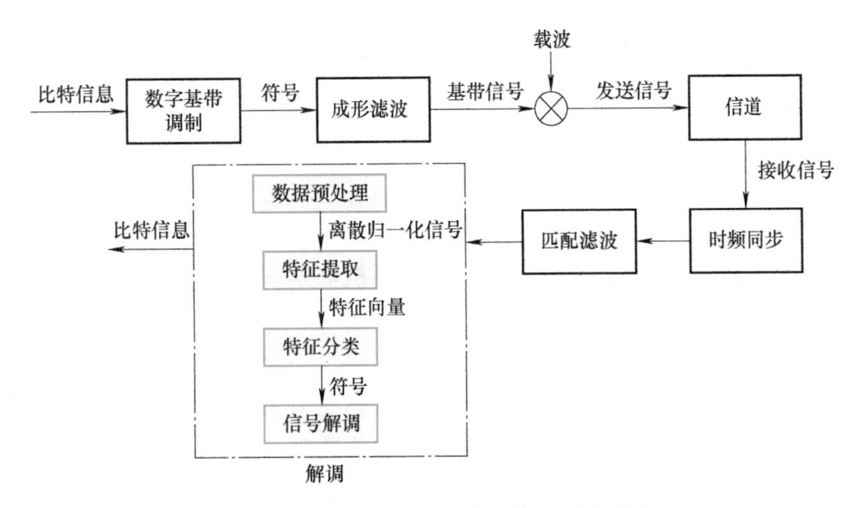

图 4-10　基于机器学习的信号解调基本流程

（1）数据预处理

数据预处理通常包括信号接收、采样、时钟恢复等步骤。在这个阶段，原始接收到的信号可能会经历噪声干扰、频偏等问题，因此需要进行一些预处理操作，以提高信号质量和可靠性。

（2）特征提取

特征提取是将接收到的信号转换为一系列能够反映信号特性的数值或特征向量的过程。这些特征通常是通过对接收到的信号进行信号处理和分析得到的，可以包括信号的频谱特性、时域特性（幅度、相位）、调制特性等信息，甚至可以是接收符号的实部和虚部。此过程可以采用手动提取或深度学习提取等手段。

（3）特征分类

特征分类就是用模型对接收符号的特征进行预测，从而输出接收符号的分类解调结果的过程。在预训练阶段，模型训练的标签来自发射端符号类别，训练数据是数据集提取出的特征。训练结束后得到可用于解调的分类器参数。

(4) 信号解调(星座映射)

信号解调是将分类得到的符号转换为数字比特流的过程。在这个阶段，针对不同的调制类型，采用相应的映射方式进行信号解调。对于常见的调制方式如 PSK 和 QAM，解调过程通常涉及星座映射，即从星座点映射到其代表的比特信息。

4.2.2 基于 SVM 的 QPSK 信号解调

本小节介绍基于 SVM 的机器学习方法解调 QPSK 符号的方法。考虑符号级仿真场景，即直接将发射端发送的 QPSK 调制符号送入信道，省去了成形滤波和匹配滤波过程，这是因为从符号中直接提取对解调有用的特征比从信号波形中提取要简单。基于 SVM 的 QPSK 符号级调制解调仿真流程如图 4-11 所示。

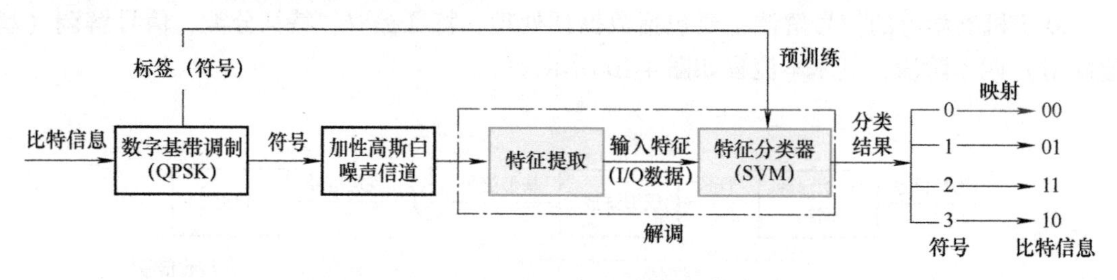

图 4-11 基于 SVM 的 QPSK 符号级调制解调仿真流程

如 4.2.1 节所述，特征提取和特征分类是利用机器学习进行解调的重要步骤，接下来分别对这两个模块进行介绍。

1. 特征提取

特征提取的作用是通过提取出接收符号与调制信息有关的某些信息，帮助后续特征分类器顺利完成解调。对于 QPSK 调制，由于其为相位调制，00、01、10、11 四种符号的星座点的区别在于相位，因此简单起见，直接提取接收信号的实部和虚部作为特征，送入特征分类器中。此过程可以采用手动提取或深度学习提取等手段。

2. 特征分类

特征分类就是用模型对接收符号的特征进行预测，从而输出接收符号的分类解调结果。采用 SVM 作为特征分类器，其输入是特征提取的 I/Q（同相/正交）数据，输出是分类结果，由于 QPSK 有四种符号，所以分类结果在 0、1、2、3 范围内。

在有监督学习下的预训练阶段，SVM 模型训练的标签来自发射端符号，同样在 0、1、2、3 范围内。训练结束后得到可用于解调的特征分类器参数。对于 SVM 来说，这些参数包括超平面的法向量和偏移量，它们共同定义了超平面的位置和方向。后续只需将提取出来的特征输入训练好的特征分类器，即可完成解调。

QPSK 符号级调制解调仿真流程可以总结为以下步骤。

1）生成比特序列。

2）进行 QPSK 调制，得到符号。

3）添加高斯白噪声，模拟信道影响。

4）建立训练和测试集，将经过信道后的符号进行划分。

5）对训练集中的符号进行特征提取，并将训练集的发射端符号作为其对应的标签。

6）利用训练集的特征、标签训练 SVM 模型。

7）对测试集中的符号进行特征提取。

8）将测试集特征送入 SVM 模型，得到测试解调结果。

9）将测试解调结果与测试集的发射端符号对比，计算出解调准确率。

实验视频
项目8：基于机器学习的QPSK解调仿真实验

图 4-12 所示为信噪比分别为 20dB、10dB、0dB 时的 QPSK 解调仿真星座图。可以发现，在不同信噪比下，噪声给星座图带来不同程度的模糊，从而影响解调的性能。信噪比越高，机器学习解调效果越好。运行仿真程序（扫描下方二维码可获取程序代码）[⊖]可以得到，20dB 信噪比下解调的准确率为 100%，10dB 信噪比下解调的准确率为 99.75%，0dB 信噪比下解调的准确率为 69.4%，随着信噪比的下降，星座图模糊程度加重，甚至无法正确解调。

仿真程序
基于机器学习的QPSK解调MATLAB代码

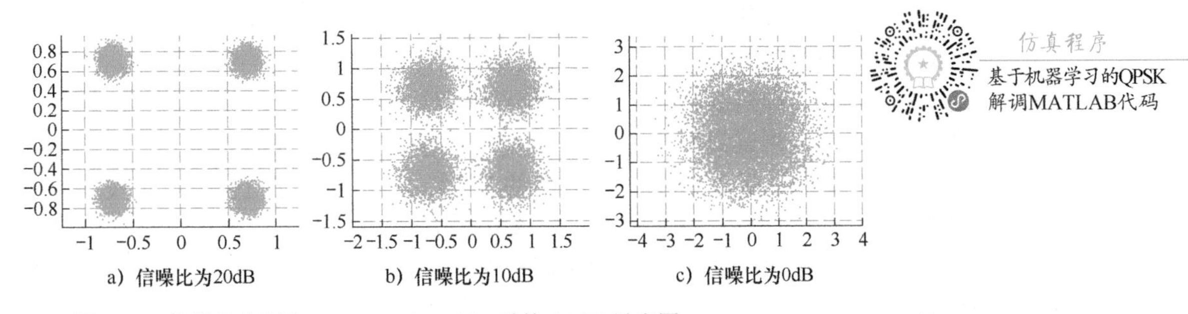

图 4-12　信噪比分别为 20dB、10dB、0dB 时的 QPSK 星座图

实验视频
项目9：基于机器学习的16QAM解调仿真实验

4.2.3　基于随机森林的 16QAM 信号解调

本小节介绍随机森林机器学习方法解调 16QAM 符号的方法。考虑与 4.2.2 节类似的符号级仿真场景，对比特信息进行 16QAM 调制，发射端发送的是 16QAM 符号，经过信道引入噪声后，接收端利用机器学习方法对接收符号进行解调。基于随机森林的 16QAM 符号级调制解调仿真流程如图 4-13 所示。

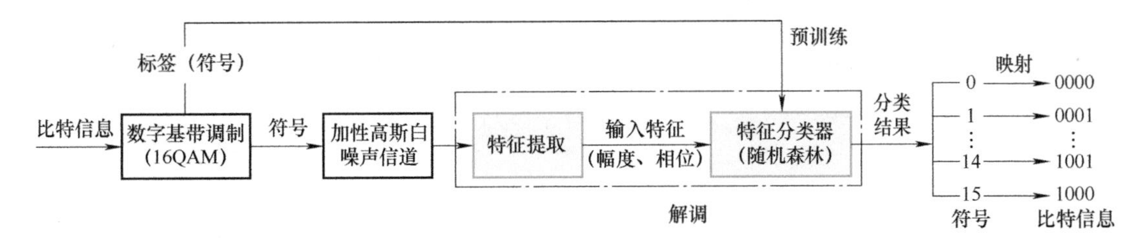

图 4-13　基于随机森林的 16QAM 符号级调制解调仿真流程

在特征提取阶段，由于 16QAM 是振幅相位调制，因此手动提取接收符号的幅度和相位作为解调的特征。

随机森林作为特征分类器，其输入是特征提取的幅度和相位，输出是分类结果，由于

⊖ 本书全部程序代码可扫描前言末尾的二维码打包下载。

16QAM 有 16 种符号，所以分类结果为 0~15 范围内的整数。

在有监督学习下的预训练阶段，模型训练的标签来自于发射端符号，同样是 0~15 范围内的整数。训练结束后得到可用于解调的特征分类器参数，后续只需将提取出来的特征输入训练好的特征分类器，即可完成解调。

16QAM 符号级调制解调仿真流程可以总结为以下步骤。

1）生成比特序列。

2）进行 16QAM，得到发射端符号。

3）添加高斯白噪声，模拟信道影响，得到训练集接收符号。

4）对训练集中的符号进行特征提取，即提取幅度和相位，并将训练集的发射端符号作为其对应的标签。

5）利用训练集的特征、标签训练随机森林模型。

6）为第 2）步中得到的发射端符号重新添加随机白噪声，得到测试集接收符号。

7）对测试集中的符号进行幅度和相位特征提取。

8）将测试集特征送入随机森林模型，得到测试解调结果。

9）将测试解调结果与测试集的发射端符号对比，计算出解调准确率。

图 4-14 所示为信噪比分别为 20dB、10dB 时的 16QAM 星座图。通过仿真可以发现，在不同信噪比下噪声给星座图带来不同程度的判决影响。运行仿真程序（扫描下方二维码可获取程序代码）可以得到，20dB 信噪比下解调的准确率为 99.5%，10dB 信噪比下解调的准确率为 71.20%，随着信噪比的下降，甚至无法正确解调。由于 16QAM 的星座点之间距离近，导致在低信噪比下，其解调性能不如 QPSK。

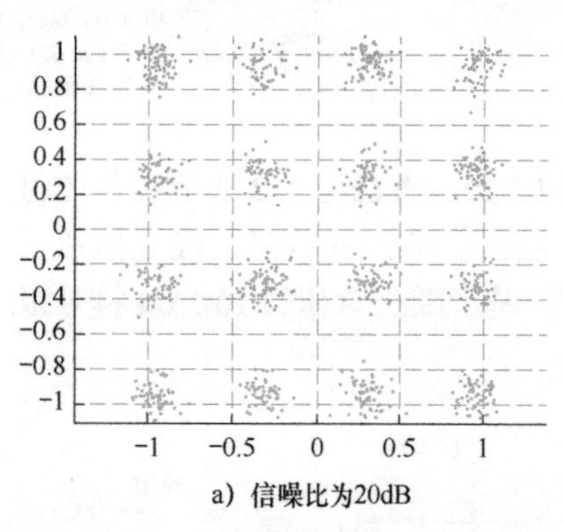

a）信噪比为20dB

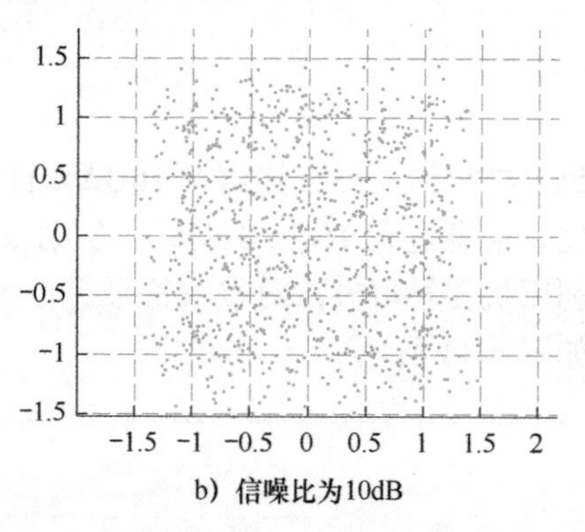

b）信噪比为10dB

图 4-14 信噪比分别为 20dB、10dB 时的 16QAM 星座图

实验视频

项目10：基于MLP-CNN-SAE的智能解调仿真实验

4.3 基于深度学习的数字调制信号解调

不同于 SVM、随机森林等典型机器学习方法，深度学习方法能够通过从大量数据中自动学习信号的内在特征和解调策略，减少了对通信解调专家知识的依赖，能够实现数据驱动的端到端信号解调，更加鲁棒地解决实际信号中的不确定性和复杂性问题。

对于 MQAM 的解调，可通过基于深度学习的多分类器实现。这种分类器通过反向传播算法更新模型权重，从而拟合由接收信号到 M 个星座点中某一个的映射。训练深度学习模型时，可以使用大量带噪声的 QAM 信号样本进行训练，使其在各种信道条件下都能够实现准确的解调。此外，通过调整网络的结构和参数，可以进一步提高解调器的性能，使其在低信噪比的条件下也能够保持较低的误码率。本节重点介绍三种基于深度学习的数字调制信号解调方案。

4.3.1　基于 MLP 的解调器

多层感知机（Multi-Layer Perception，MLP）是一种最基础的深度学习网络结构，能够自动学习和提取信号的关键特征，并将这些特征映射到相应的调制符号上，实现从接收信号到传输信息的准确解调。

MLP 通常由输入层、一个或多个隐藏层和输出层组成，其中隐藏层利用非线性激活函数增强模型的表达能力，输出层采用 Softmax 激活函数进行多分类，确定最可能的调制符号。训练 MLP 解调器时，可使用交叉熵损失函数衡量预测与实际标签之间的差异，并采用优化算法如 Adam 或随机梯度下降来更新网络权重。MLP 解调器的性能依赖于训练数据的质量和网络结构的设计，但其在自动特征学习和信道条件适应等能力上具有较大优势。

基于 MLP 的调制解调系统框图如图 4-15 所示，该系统可分成调制模块、信道模块和 MLP 解调模块，其中 MLP 解调模块由幅度和相位的特征提取器与判决系统构成。

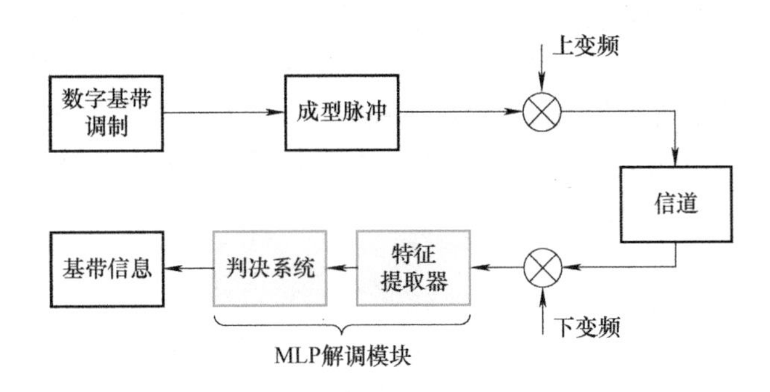

图 4-15　基于 MLP 的调制解调系统框图

例 4-1：试设计一种基于 MLP 的 MQAM 数字调制信号解调器。

解：答案不唯一。

基于 MLP 的解调器如图 4-16 所示，MLP 网络包括一个输入层、两个隐藏层和一个输出层。

（1）输入层

网络的第一层作为输入层，接收经过预处理的 MQAM 信号。

（2）隐藏层

两个隐藏层分别包含 40 和 80 个节点，考虑处理稀疏数据时的高效性，使用 ReLU 激活函数增强网络的非线性表达能力。

（3）输出层

输出层包含与星座点数量相等的节点，如 4 个节点或 16 个节点（对应于 4QAM 至 16QAM）。输出层使用 Softmax 激活函数执行多分类任务。Softmax

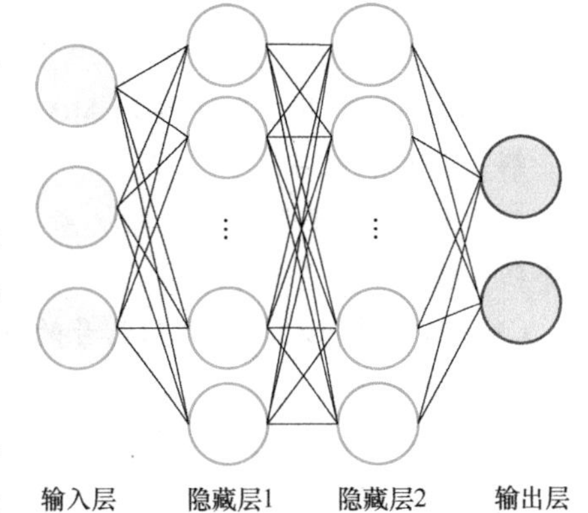

图 4-16　基于 MLP 的解调器

函数能够将网络的输出转换为概率分布，从而为每个星座点分配一个概率值，最高概率值对应的星座点即为最终的解调结果。

在模型训练过程中，通过多分类交叉熵损失衡量当前输出与目标输出的差异，利用反向传播算法更新模型权重参数，从而拟合接收信号到星座符号的映射。损失函数定义为

$$L(y,\hat{y}) = -\sum_{i=1}^{M} y_i \log \hat{y}_i$$

通过这种深度学习架构，解调器能够在加性高斯白噪声等复杂信道条件下实现高性能的 MQAM 解调。

4.3.2 基于 CNN 的解调器

与 MLP 网络不同，CNN 具有特殊拓扑的多层神经网络结构，且包含多于一个的隐藏层，允许在输入向量内自动提取特征，并且在不进行特定规范化的情况下保留原始信息，能提取输入调制信号之间内部结构存在的特征，非常适合处理具有丰富局部特征的信号解调任务。

基于 CNN 的解调器设计思想是：在频率选择性衰落等信道下构建数字调制信号的检测与判决系统，对受信道干扰的接收信号进行调制信息提取和信道特征估计，通过信号的大数据特征拟合完成已调信号到传输信息的可靠映射。基于 CNN 的调制解调系统框图如图 4-17 所示，该系统可分成调制模块、信道模块和 CNN 解调模块，其中 CNN 解调模块由幅度和相位的特征提取器与判决系统构成。

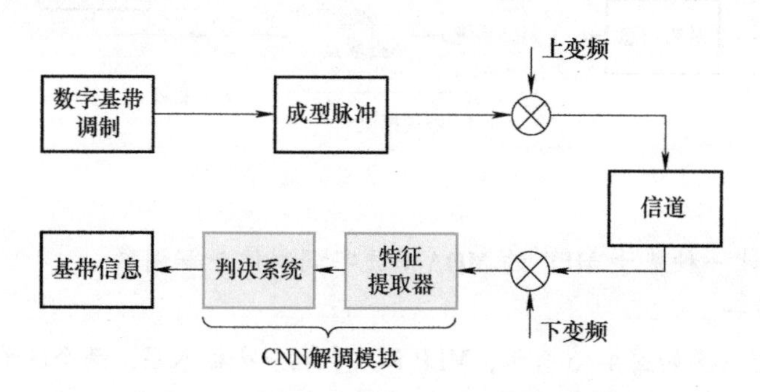

图 4-17 基于 CNN 的调制解调系统框图

例 4-2：试设计基于 CNN 的 MQAM 数字调制信号解调器。

解：答案不唯一。

基于 CNN 的解调器如图 4-18 所示，CNN 包括一个输入层、两个卷积层、一个池化层、一个归一化层和一个输出层。

CNN 的设计针对数字调制信号的特点进行了特别优化。

(1) 输入层

输入层直接接收经过预处理的 MQAM 信号，这些信号已经被转换成适合网络处理的格式。预处理步骤可能包括归一化、中心化或维度变换，以确保信号数据能够高效地被网络学习。

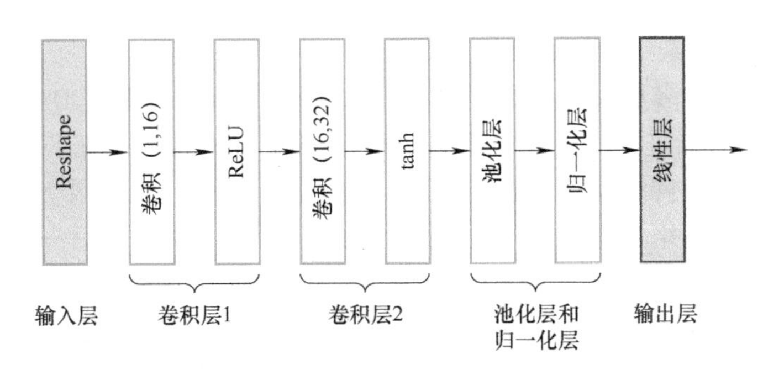

图 4-18　基于 CNN 的解调器

（2）卷积层 1

第一个卷积层具有 1 个输入通道和 16 个输出通道，使用 2×2 的卷积核，步长为 1，并应用 1 像素的填充。这样的配置允许网络在保持维度不变的同时，通过卷积操作提取信号的局部特征。考虑处理稀疏数据时的高效性，ReLU 激活函数随后应用于卷积层的输出，以引入非线性，这有助于网络学习更加复杂的特征表示。

（3）卷积层 2

第二个卷积层进一步增加了网络的深度，它具有 16 个输入通道和 32 个输出通道，同样使用 2×2 的卷积核和 1 像素的填充。这一层的 tanh 激活函数提供了对信号相位信息的敏感性，有助于网络更好地区分不同相位的调制符号。

（4）池化层和归一化层

在进行特征提取之后，池化层用于降低特征的空间尺寸，这有助于减少参数数量并提高网络对信号位移的不变性。归一化层应用于具有 32 个通道的特征图，以规范化后续层的输入，这有助于加速网络的收敛并提高其泛化能力。

（5）输出层

输出层根据星座点的数量设计，使用 Softmax 激活函数进行多分类。Softmax 函数将网络的原始输出转换为概率分布，使得每个星座点都对应一个概率值。在多分类任务中，最高概率值对应的星座点被选为最终的解调结果，这一策略使得 CNN 解调器能够准确地识别出信号对应的调制符号。通过这样的设计，CNN 解调器能够自动学习信号的关键特征，并有效地将这些特征映射到解调任务的输出上，实现对数字信号的准确解调。

损失函数同样定义为

$$L(y,\hat{y}) = -\sum_{i=1}^{M} y_i \log \hat{y}_i$$

通过这种深度学习架构，解调器能够在频率选择性衰落信道等条件下实现高性能的 MQAM 解调。

4.3.3　基于 SAE 的解调器

另一种解调器设计思想是基于 SAE（Stacked Auto Encoder，堆叠自编码器）网络的数字调制信号解调方法。SAE 是一种深度学习结构，由多个自编码器堆叠而成，每一层自编码器学习输入数据的压缩表示，下一层自编码器则在此基础上进一步提取特征。这种结构特别适用于处理具有复杂结构的通信信号数据。

SAE 网络是一个由多层去噪自编码器（Denoising Auto Encoder，DAE）构成的神经网络，单个 DAE 网络只能进行一层特征提取，而包含多个隐藏层的 SAE 网络可以提取到信号的深度特征。由于 SAE 网络仅包含输入层和若干隐藏层，因此 SAE 网络不能完成分类或其他任务。为了使 SAE 网络具有特征分类功能，一般会在 SAE 网络最后一个隐藏层的后面添加一个 Softmax 分类器作为输出层。隐藏层是 SAE 网络的核心模块，其作用是将输入数据进行高维度的非线性转换，从而学习出更具有代表性的特征表示，它可以看作 SAE 网络的中间层，负责对输入数据进行压缩和提取，将高维的输入数据转换为具有较低维度的特征表示，以更好地捕捉数据的潜在结构和关键信息。隐藏层通过使用一系列非线性函数（如 Sigmoid 函数）和权重参数，将输入数据进行编码和解码。通过多个隐藏层的堆叠，SAE 可以逐渐学习到更抽象和高级的特征表示，每个隐藏层都可以捕捉到不同层次的数据特征，将前一层学到的特征作为输入，进一步提取特征，这种层层叠加的结构可以帮助自编码器学习更复杂的数据结构和信号特征，并提高特征提取的能力。

基于 SAE 的调制解调系统框图如图 4-19 所示，该系统主要由三个模块组成，即调制、信道和解调模块，其中解调模块由 SAE 网络和 Softmax 分类器构成，接收信号首先经混频和下变频处理后变为基带信号，然后将基带信号的采样序列送入 SAE 网络中进行信号特征提取，并由 Softmax 分类器输出解调后的基带信息。

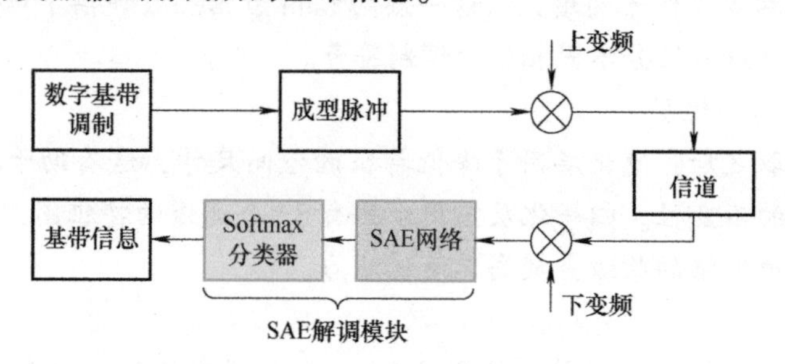

图 4-19　基于 SAE 的调制解调系统框图

例 4-3：试设计基于 SAE 的数字调制信号解调器。

解：答案不唯一。

基于 SAE 的解调器如图 4-20 所示，SAE 网络包括一个输入层、一个自编码器层、一个自解码器层和一个输出层。

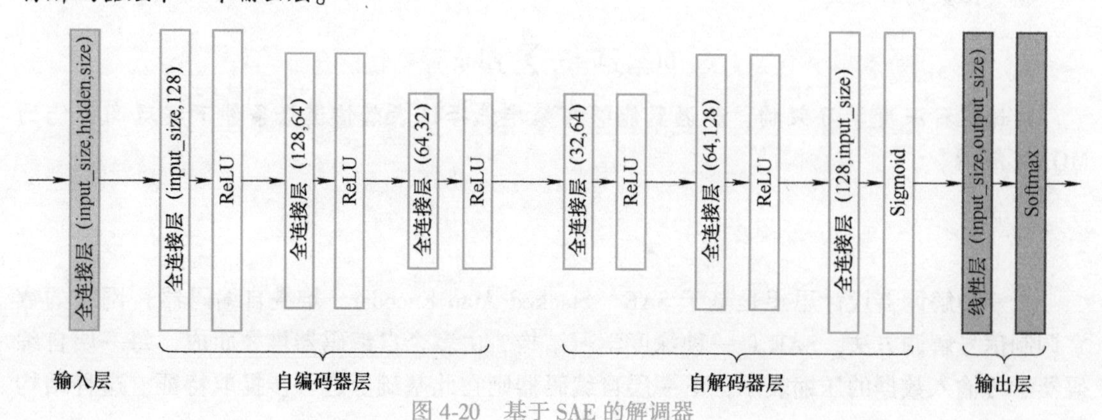

图 4-20　基于 SAE 的解调器

（1）输入层

输入层设计用于接收经过预处理的 MQAM 信号，这些信号被转换成适合网络处理的格式，以便于进行特征提取和解调。

（2）自编码器层

自编码器层是网络的核心，它由三个全连接层组成，每层后接一个 ReLU 激活函数。第一个全连接层包含 128 个神经元，用于从输入数据中提取初步特征；第二个全连接层减少到 64 个神经元，进一步抽象和细化特征；第三个全连接层将特征压缩到 32 个神经元，以形成输入信号的紧凑表示。这种结构的设计允许网络自动学习到信号中的关键特征，同时 ReLU 激活函数因具有处理稀疏数据时的高效性而被选用，有助于增强网络的非线性表达能力。

（3）自解码器层

自解码器层是自编码器层的逆过程，同样包含三个全连接层，但在神经元数量上逐渐增加，从 32 个增加到 64 个，最后恢复到与输入层尺寸（input_size）相同的神经元数。这种设计使得网络能够从压缩的特征表示中重建原始信号的特征，有助于网络学习到更加鲁棒的特征表示。在自解码器层的最后，一个 Sigmoid 激活函数用来将输出值控制在 0~1 之间，这通常用于规范化数据，尤其是在输出层之前。

（4）输出层

输出层由一个线性层和一个 Softmax 激活函数组成，用于执行分类任务。线性层将自解码器层的输出转换为与星座点数量相等的节点，Softmax 激活函数将这些节点的输出转换为概率分布。这种设计允许网络为每个可能的调制符号分配一个概率值，其中最高概率值对应的星座点即为最终的解调结果。Softmax 激活函数的使用是为了确保分类输出的合理性和准确性，使得网络能够以概率形式表达对每个类别的置信度。

通过这样的设计，SAE 解调器能够准确识别出信号对应的调制符号，实现高效的数字调制信号解调。

4.3.4　深度学习解调仿真示例

1. 仿真流程

仿真环境为 Python 3.8、PyTorch 2.0.1，仿真相关源代码可扫描下方二维码获得，仿真流程如下。

仿真程序

基于MLP、CNN、SAE的智能解调代码

1）导入仿真所需的库。

2）配置仿真条件，进行调制方式设定（如 QPSK 或 16QAM）。

3）定义调制解调的映射表，规定比特和符号之间的映射规则。

4）定义加性高斯白噪声信道（或频率选择性衰落信道等）模拟器。

5）定义比特流到符号索引标签的映射和反映射（以 16QAM 为例，比特 0111 对应索引 7）。

6）定义误符号率、误码率计算函数，比较实际的索引标签和 MLP 网络预测出的索引标签。

7）利用映射表进行数字调制。

8）定义 MLP/CNN/SAE 网络。

9）定义 MLP/CNN/SAE 的训练和测试。

根据上述流程进行仿真，得到基于 MLP/CNN/SAE 的解调器在不同信道环境、不同信噪比下的误符号率（SER）和误码率（BER）。

2. 仿真结果

对于 16QAM，传统方式解调和 MLP/CNN/SAE 解调在不同信噪比下的误符号率和误码率曲线如图 4-21 所示。

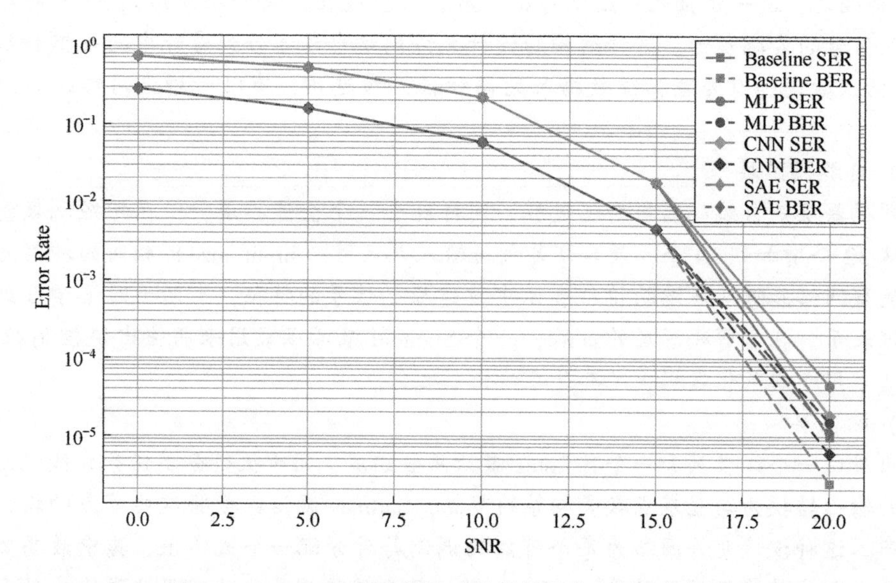

图 4-21 16QAM 三种解调方式的误符号率和误码率曲线

对于 QPSK，传统方式解调和 MLP/CNN/SAE 解调在不同信噪比下的误符号率和误码率曲线如图 4-22 所示。

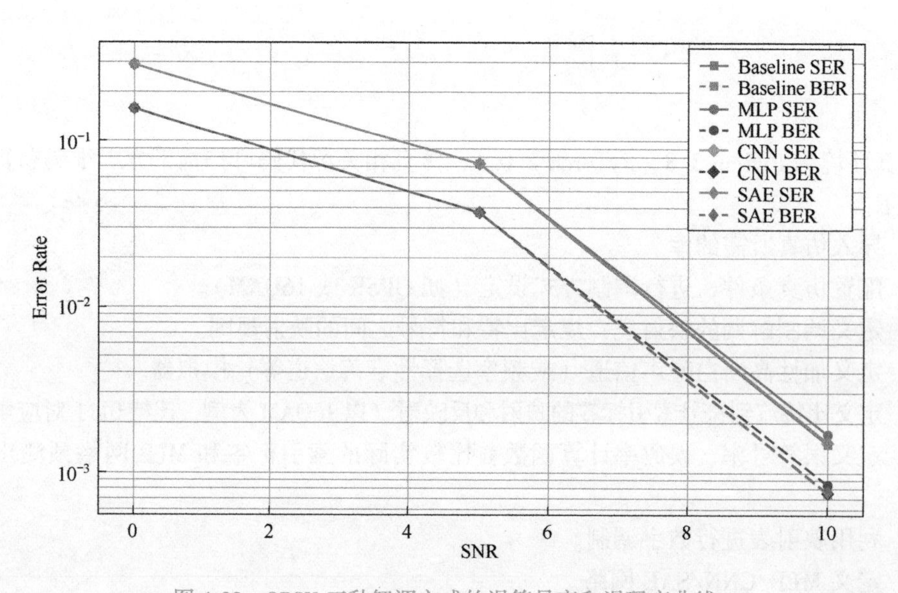

图 4-22 QPSK 三种解调方式的误符号率和误码率曲线

16QAM 三种解调方式的误符号率和误码率值见表 4-2。

表 4-2　16QAM 三种解调方式的误符号率和误码率值

误符号率和误码率	信噪比/dB				
	0	5	10	15	20
Baseline SER	0.741400	0.536384	0.220362	0.017596	0.00001
MLP SER	0.741290	0.538743	0.221924	0.018147	0.000046
CNN SER	0.741737	0.538722	0.223034	0.018148	0.000018
SAE SER	0.741907	0.536522	0.223542	0.018982	0.000044
Baseline BER	0.2874755	0.163756	0.0585845	0.004414	0.000002
MLP BER	0.287535	0.164854	0.059007	0.0045585	0.000015
CNN BER	0.288414	0.164790	0.05932	0.0045594	0.000006
SAE BER	0.288554	0.163846	0.059399	0.0047655	0.000011

QPSK 三种解调方式的误符号率和误码率值见表 4-3。

表 4-3　QPSK 三种解调方式的误符号率和误码率值

误符号率和误码率	信噪比/dB		
	0	5	10
Baseline SER	0.292522	0.073264	0.001504
MLP SER	0.29277	0.074056	0.001702
CNN SER	0.292548	0.073928	0.001528
SAE SER	0.292236	0.074198	0.001534
Baseline BER	0.158807	0.037343	0.000752
MLP BER	0.158950	0.037714	0.000851
CNN BER	0.158943	0.037702	0.000765
SAE BER	0.15873	0.037785	0.000767

习　题

1. 在基于机器学习的 QPSK 信号解调仿真中，SVM 使用的是什么核函数？应该如何更换核函数？

2. 概述基于 SVM 的调制解调仿真流程与基于随机森林的符号及调制解调仿真流程的差异。

3. 基于 CNN 的解调器和基于 SAE 的解调器各有什么特点与优势？

4. 在基于深度学习的数字调制信号解调仿真中，为什么在隐藏层使用 ReLU 激活函数，而在输出层使用 Softmax 激活函数？

5. 智能解调算法需要具备良好的泛化能力，请说明泛化能力在智能解调中的意义，并讨论提高泛化能力的方法。

本章参考文献

[1] O'SHEA T, HOYDIS J. An introduction to deep learning for the physical layer [J]. IEEE Transactions on cognitive communications and networking, 2017, 3(4):563-575.

[2] 黄媛媛，张剑，周兴建，等．应用深度学习的信号解调 [J]. 电讯技术，2017，57(07):741-744.

[3] 张佩云．基于 SAE 深度学习网络的 MPPSK 调制解调研究 [D]. 南京：东南大学，2017.

[4] WANG X, HUA H, XU Y. Pilot-assisted channel estimation and signal detection in uplink multi-user MIMO systems with deep learning [J]. IEEE Access, 2020, 8:44936-44946.

[5] GRUBER T, CAMMERER S, HOYDIS J, et al. On deep learning-based channel decoding [C]//51st Annual Conference on Information Sciences and Systems (CISS), 2017.

[6] CAMMERER S, GRUBER T, HOYDIS J, et al. Scaling deep learning-based decoding of polar codes via partitioning [C]//IEEE Global Communications Conference, 2017.

[7] NACHMANI E, BE'ERY Y, BURSHTEIN D. Learning to decode linear codes using deep learning [C]//54th Annual Allerton Conference on Communication, Control and Computing (Allerton), 2016.

[8] LIANG F, SHEN C, WU F. An iterative BP-CNN architecture for channel decoding [J]. IEEE Journal of selected topics in signal processing, 2018, 12(1):144-159.

[9] NACHMANI E, MARCIANO E, LUGOSCH L, et al. Deep learning methods for improved decoding of linear codes [J]. IEEE Journal of selected topics in signal processing, 2018, 12(1):119-131.

[10] ZHANG J, H H T, WEN C K, et al. Deep learning based on orthogonal approximate message passing for CP-Free OFDM [C]//IEEE International Conference on Acoustics, Speech and Signal Processing (ICASSP), 2019.

第 5 章

基于人工智能的信道译码

与调制解调不同，信道编译码主要用于保证通信系统传输的可靠性。航天通信系统是功率和带宽受限系统，无线信道中存在各种噪声甚至干扰，为保证信息的正确传输，有效提升系统的传输可靠性，常采用信道编码。信道编码也称为差错控制编码，其基本原理是在发射端对原数据添加与之相关的冗余信息，接收端根据冗余信息的相关性是否被破坏来检测和纠正传输过程产生的差错，从而消除传输过程中无线信道带来的失真。

传统的信道译码方法包括大数逻辑译码、比特翻转译码等硬判决译码算法，加权比特翻转译码、后验概率译码等软判决译码算法，以及最小距离译码准则和 Viterbi 译码算法等。随着通信技术的不断发展，新的译码方法也不断涌现，如置信传播（Belief Propagation，BP）迭代译码算法等，在提高译码准确性、降低译码复杂度等方面具有显著优势。但是，传统的信道译码算法存在译码自适应能力不足的问题。由于信道编码可生成大量的训练样本和标签，且信道噪声将码字随机分配到不同的样本中，人们提出了多种基于深度学习的自适应信道译码方法。与第 3 章的智能信道估计方法一样，基于深度学习的信道译码方法也有两个思路：一是采用数据驱动的神经网络，这种方法不依赖于外部定义的规则或先验知识，而是让网络通过大量的数据和训练过程完成神经网络的“黑匣子”网络结构的优化，实现网络自身学习译码过程，这种方法依靠大量的数据对神经网络进行训练，因此可能带来较大的训练开销；二是采用模型驱动的 DNN，即将传统算法与深度学习相结合，通过引入先验知识，减少深度学习模型的搜索空间，提高模型的训练效率和性能。

通过本章学习，应熟悉航天通信常用的 LDPC 码（低密度奇偶校验码）、卷积码、Turbo 码等信道编码方式的基本原理，掌握基于神经网络的线性分组码通用译码方法，理解基于 DNN 的 LDPC 码、卷积码、Turbo 码译码方法，理解基于深度学习的信道译码方法的优缺点。

5.1 基于神经网络的线性分组码译码

分组码中有一类编码方式叫线性分组码，它在分组码基础上对编码过程增加了线性约束，即增加的冗余码元可由信息码元线性运算得到。严格来说，分组码是将信息序列

每 k 位分为一组，作为信息组码元，再增加 $n-k$ 个多余的码元，称为校验元，校验元只由每组 k 个信息元按一定规律产生，而与其他组的信息元无关。把这个分组码标记为(n,k)，n 是每组码的长度，k 是信息组码元的长度。线性分组码是指校验元与信息组码元具有线性约束关系的分组码，即可以用一个线性方程组来描述编码码字与信息码组之间的关系。

5.1.1 基本概念

线性分组码是信道编码中最为基础的一种编码方式，涉及的许多概念在其他编码方式中仍然适用。

1）码字：编码器将每组 k 个信息元按一定规律编码，形成长度为 n 的序列，称这个编码输出长度为码字。

2）编码效率（码率）：信息位长度与编码输出长度的比值，即 $R=\frac{k}{n}$。它表示信息位数据在编码码字中所占的比例，也表示编码输出码字中每位码元所携带的信息量。

3）许用码字：任意输入信息码组经编码器编码后输出的码字。对于(n,k)线性分组码，许用码字个数为 2^k 个。

4）禁用码字：长度为 n 的码组中，除去许用码字，剩余码字即为禁用码字。

5）码重：在信道编码中，非零码元的数目称为汉明重量（Hamming Weight），也称为码重，记为 w。

6）码距：两个等长码组之间对应位取值不同的数目称为这两个码组的汉明距离（Hamming Distance），简称码距，记为 $d(c_1,c_2)$，可得 $d(c_1,c_2)=w(c_1-c_2)$。

7）最小距离：码组集中任意两个码字之间距离的最小值称为最小码距 d_0，它关系着这种编码的检错和纠错能力。

① 检测 e 个随机错误，要求最小码距 $d_0 \geqslant e+1$。

② 纠正 t 个随机错误，要求最小码距 $d_0 \geqslant 2t+1$。

③ 纠正 t 个随机错误，同时检测 e 个随机错误，要求最小码距 $d_0 \geqslant e+t+1$。

5.1.2 编码原理

以（7,3）线性分组码为例，设其信息元 $\boldsymbol{A}=[a_2a_1a_0]$，码字 $\boldsymbol{c}=[c_6c_5c_4c_3c_2c_1c_0]$，其编码规则可以以下列线性方程组描述：

$$\begin{cases} c_6 = a_2 \\ c_5 = a_1 \\ c_4 = a_0 \\ c_3 = a_2 + a_0 \\ c_2 = a_2 + a_1 + a_0 \\ c_1 = a_2 + a_1 \\ c_0 = a_1 + a_0 \end{cases} \tag{5-1}$$

进一步变化为

$$[c_6c_5c_4c_3c_2c_1c_0]=[a_2a_1a_0]\begin{bmatrix}1&0&0&1&1&1&0\\0&1&0&0&1&1&1\\0&0&1&1&1&0&1\end{bmatrix}\tag{5-2}$$

令式（5-2）中矩阵为

$$\boldsymbol{G}_1=\begin{bmatrix}1&0&0&1&1&1&0\\0&1&0&0&1&1&1\\0&0&1&1&1&0&1\end{bmatrix}\tag{5-3}$$

称 $\boldsymbol{G}_1$ 是上述（7,3）线性分组码的生成矩阵。

一般情况下，有

$$\boldsymbol{c}=[c_{n-1}c_{n-2}c_{n-3}\cdots c_0]=[a_{k-1}a_{k-2}a_{k-3}\cdots a_0]\begin{bmatrix}g_{1,n-1}&g_{1,n-2}&\cdots&g_{1,0}\\g_{2,n-1}&g_{2,n-2}&\cdots&g_{2,0}\\\vdots&\vdots&&\vdots\\g_{k,n-1}&g_{k,n-2}&\cdots&g_{k,0}\end{bmatrix}\tag{5-4}$$

$$\boldsymbol{c}=\boldsymbol{AG}\tag{5-5}$$

式中，$\boldsymbol{G}$ 为生成矩阵，是 $k\times n$ 的矩阵。

生成矩阵用来生成码字，它的 k 个行向量必须是线性无关的，并且每个行向量都是一个码字，可以通过初等变换简化成系统形式：

$$\boldsymbol{G}=[\boldsymbol{I}_k\ \vdots\ \boldsymbol{P}]\tag{5-6}$$

5.1.3　经典译码方法

线性分组码一般依赖于 $\boldsymbol{S}$ 矩阵进行信道译码。仍然以（7,3）线性分组码为例，将式（5-1）改写为

$$\begin{cases}c_6+c_4+c_3=0\\c_6+c_5+c_4+c_2=0\\c_6+c_5+c_1=0\\c_5+c_4+c_0=0\end{cases}\tag{5-7}$$

用矩阵可表示为

$$\begin{bmatrix}1&0&1&1&0&0&0\\1&1&1&0&1&0&0\\1&1&0&0&0&1&0\\0&1&1&0&0&0&1\end{bmatrix}\begin{bmatrix}c_6\\c_5\\c_4\\c_3\\c_2\\c_1\\c_0\end{bmatrix}=\begin{bmatrix}0\\0\\0\\0\\0\end{bmatrix}=\boldsymbol{0}^{\mathrm{T}}\tag{5-8}$$

式（5-7）和式（5-8）称为一致校验方程。令式（5-8）中矩阵为

$$
\boldsymbol{H}_1=\begin{bmatrix}1&0&1&1&0&0&0\\1&1&1&0&1&0&0\\1&1&0&0&0&1&0\\0&1&1&0&0&0&1\end{bmatrix} \tag{5-9}
$$

称矩阵 $\boldsymbol{H}_1$ 为上述（7,3）线性分组码的一致校验矩阵。线性分组码的校验矩阵大小为 $r\times n$，且

$$
\begin{cases}\boldsymbol{H}\cdot\boldsymbol{c}^{\mathrm{T}}=\boldsymbol{0}^{\mathrm{T}}\\ \boldsymbol{c}\cdot\boldsymbol{H}^{\mathrm{T}}=\boldsymbol{0}\end{cases} \tag{5-10}
$$

对于系统码形式的线性分组码，其生成矩阵和校验矩阵具有如下形式：

$$
\begin{cases}\boldsymbol{G}=[\boldsymbol{I}_k\ \vdots\ \boldsymbol{P}]\\ \boldsymbol{H}=[\boldsymbol{Q}\ \vdots\ \boldsymbol{I}_r]\end{cases} \tag{5-11}
$$

式中，$\boldsymbol{P}=\boldsymbol{Q}^{\mathrm{T}}$。

当已知一个矩阵时，可以快速求取另一个矩阵。校验矩阵反映校验元和信息元之间的校验关系，它不能生成码字，但在接收端可以用它检测或纠正接收码字中的错误。

码组在传输过程中可能由于干扰而出错，例如发送码组为 $\boldsymbol{A}$，接收到的码组却是 $\boldsymbol{B}$，它们都是 n 位码的行向量，定义 $\boldsymbol{E}=\boldsymbol{B}-\boldsymbol{A}$ 为错误图样，则有

$$
\boldsymbol{E}=[e_{n-1}e_{n-2}e_{n-3}\cdots e_0] \tag{5-12}
$$

式中，$e_i=\begin{cases}0, & b_i=a_i\\1, & b_i\neq a_i\end{cases}$。

定义 $\boldsymbol{S}=\boldsymbol{B}\boldsymbol{H}^{\mathrm{T}}$ 为伴随式，则有

$$
\boldsymbol{S}=(\boldsymbol{A}+\boldsymbol{E})\boldsymbol{H}^{\mathrm{T}}=\boldsymbol{E}\boldsymbol{H}^{\mathrm{T}} \tag{5-13}
$$

因此，若传输无错，则 $\boldsymbol{S}$ 为零向量；若有错误，则 $\boldsymbol{S}$ 为非零向量，就能从伴随式确定错误图样，然后从接收到的码字中减去错误图样，注意这里的加减都是模二加法运算，即 $\boldsymbol{A}=\boldsymbol{B}-\boldsymbol{E}$，由此可以得到正确的码组。

应该注意的是，式（5-13）的解不是唯一的。$\boldsymbol{B}$ 是一个 $1\times n$ 的矩阵，$\boldsymbol{H}^{\mathrm{T}}$ 是一个 $n\times r$ 的矩阵，所以 $\boldsymbol{S}$ 是一个 $1\times r$ 的矩阵，因此它有 2^r 种可能。而错误图样 $\boldsymbol{E}$ 的个数远大于 2^r，因此，必然有多个错误图样对应同一个伴随式 $\boldsymbol{S}$。而错误图样等于 $\boldsymbol{B}-\boldsymbol{A}$，即与接收到的码组是一一对应的，为了选择正确的结果，要使用最大似然比准则，选择与 $\boldsymbol{B}$ 最相似的 $\boldsymbol{A}$。从几何意义上来说，就是选择与 $\boldsymbol{B}$ 距离最小的码组，也就是错误图样 $\boldsymbol{E}$ 中“1”码最少的向量。

5.1.4 基于 RBF 的通用译码方法

传统的线性分组码译码算法依赖于 $\boldsymbol{S}$ 矩阵，还涉及码组的生成矩阵、监督矩阵、错误图样等参数，无法实现对任何码型、任意码元长度的线性分组码的自适应译码。针对码长较短的线性分组码，一般采用数据驱动的神经网络进行自学习译码，目前较常用的是基于 RBF 神经网络的通用译码网络。在 RBF 通用译码网络中，高斯函数作为基函数，选定线性分组码的许用码组作为中心，采用监督学习方法，训练后形成适用于某一码型的译码网络。译码时，对于凡在纠错范围内的码字都能正确译码输出。在形成某一特定的码型译码网络

后，如果输入码组的长度或结构发生改变，或者输入的码型发生改变，只需重新训练，无须改变整个网络的结构仍然能正确译码。例如，网络开始是对（7,3）循环码进行译码，当输入码组变为（7,4）汉明码，甚至（15,5）循环码时，只需重新训练，改变网络内部的权值，就可以对新的输入码型进行正确译码。因此 RBF 通用译码网络非常灵活有效，且结构简单。

RBF 通用译码网络算法主要由训练部分、译码部分两部分组成，其流程图分别如图 5-1 和图 5-2 所示。

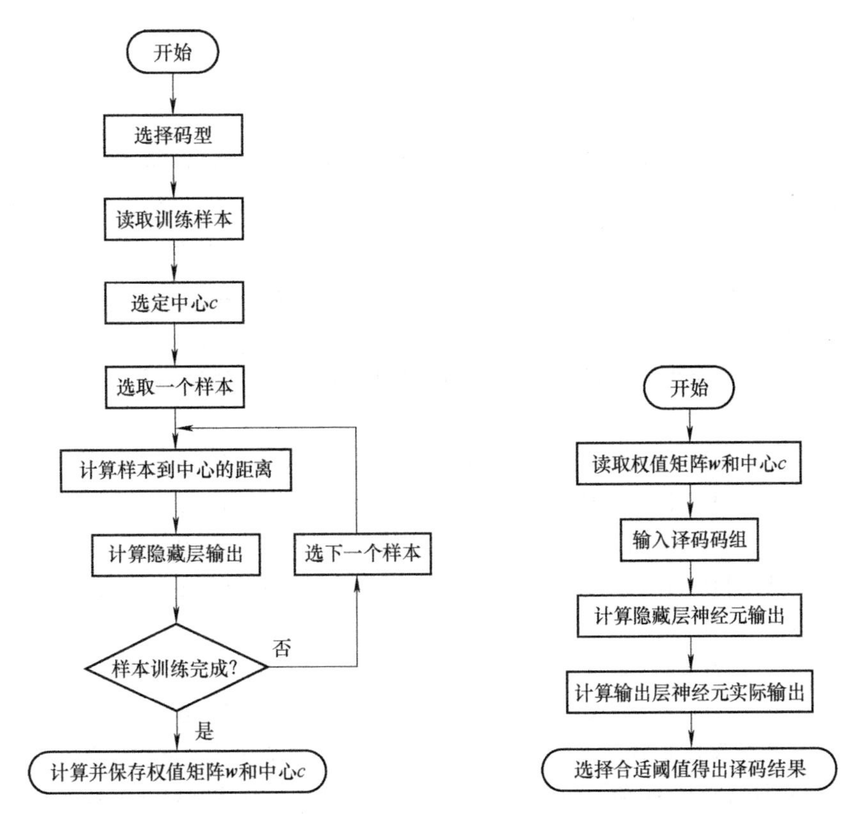

图 5-1　RBF 通用译码网络训练流程图　　图 5-2　RBF 通用译码网络译码流程图

例 5-1：概述基于 RBF 神经网络的（7,3）循环码译码过程。（7,3）循环码的全部码字 $\boldsymbol{A}$ 为

$$\boldsymbol{A}=\begin{bmatrix}0&0&0&0&1&1&1&1\\0&0&1&1&0&0&1&1\\0&1&0&1&0&1&0&1\\0&1&0&1&1&0&1&0\\0&1&1&0&1&0&0&1\\0&0&1&1&1&1&0&0\\0&1&1&0&0&1&1&0\end{bmatrix}$$

解：

1）选择高斯函数作为隐藏层的基函数，即

$$\varphi(x) = \mathrm{e}^{(-\|x_i - c_i\|^2)}$$

2）将 $\boldsymbol{A}$ 中的每一个行向量作为一个基函数的中心，即 $c_i = a_i$。

3）采用汉明距离作为任意码字到中心的距离。

4）将信息码元的所有可能形式 $\boldsymbol{D}$ 作为输出目标集合，对网络进行有监督的训练，得到权值矩阵 $\boldsymbol{W}$，从而训练好译码网络，其中

$$\boldsymbol{D} = \begin{bmatrix} 0 & 0 & 0 & 0 & 1 & 1 & 1 & 1 \\ 0 & 0 & 1 & 1 & 0 & 0 & 1 & 1 \\ 0 & 1 & 0 & 1 & 0 & 1 & 0 & 1 \end{bmatrix}$$

5）输入需译码的码字到上述译码网络中。

对前述（7,3）循环码训练完后，该网络不仅能对无误码的码字进行准确无误的译码，而且能对在纠错范围内的误码自动进行纠正。例如，若输入需译码的码字为 [1 0 1 0 0 1 1]，接收到的码字没有误码，则网络能正确译出原信息码为 [1 0 1]；若输入需译码的码字为 [1 0 1 0 0 1 0]，则接收到的码字最有可能就是由 [1 0 1 0 0 1 1] 错了最后一位变为 [1 0 1 0 0 1 0]，网络依然能正确译出原信息码为 [1 0 1]。当然，由于（7,3）循环码只能纠正一位误码，因此当误码位数超过两位时，网络就不能正确译码了。

例 5-2：概述基于 RBF 神经网络的（7,4）循环码的译码过程。（7,4）循环码的全部码字 $\boldsymbol{A}$ 为

$$\boldsymbol{A} = \begin{bmatrix} 0 & 0 & 0 & 0 & 0 & 0 & 0 & 0 & 1 & 1 & 1 & 1 & 1 & 1 & 1 & 1 \\ 0 & 0 & 0 & 0 & 1 & 1 & 1 & 1 & 0 & 0 & 0 & 0 & 1 & 1 & 1 & 1 \\ 0 & 0 & 1 & 1 & 0 & 0 & 1 & 1 & 0 & 0 & 1 & 1 & 0 & 0 & 1 & 1 \\ 0 & 1 & 0 & 1 & 0 & 1 & 0 & 1 & 0 & 1 & 0 & 1 & 0 & 1 & 0 & 1 \\ 0 & 0 & 1 & 1 & 1 & 1 & 0 & 0 & 1 & 1 & 0 & 0 & 0 & 0 & 1 & 1 \\ 0 & 1 & 0 & 1 & 1 & 0 & 1 & 0 & 1 & 0 & 1 & 0 & 0 & 1 & 0 & 1 \\ 0 & 1 & 1 & 0 & 0 & 1 & 1 & 0 & 1 & 0 & 0 & 1 & 1 & 0 & 0 & 1 \end{bmatrix}$$

解：当码长或码型改变时，只需用其许用码组 $\boldsymbol{A}$、$\boldsymbol{D}$ 重新训练，即重复例 5-1 中的步骤 2) 到 5)，得到新的权值矩阵 $\boldsymbol{W}$ 后，就可以构成新的译码网络，仍然可以正确译码，其中

$$\boldsymbol{D} = \begin{bmatrix} 0 & 0 & 0 & 0 & 0 & 0 & 0 & 0 & 1 & 1 & 1 & 1 & 1 & 1 & 1 & 1 \\ 0 & 0 & 0 & 0 & 1 & 1 & 1 & 1 & 0 & 0 & 0 & 0 & 1 & 1 & 1 & 1 \\ 0 & 0 & 1 & 1 & 0 & 0 & 1 & 1 & 0 & 0 & 1 & 1 & 0 & 0 & 1 & 1 \\ 0 & 1 & 0 & 1 & 0 & 1 & 0 & 1 & 0 & 1 & 0 & 1 & 0 & 1 & 0 & 1 \end{bmatrix}$$

此时，若输入（7,4）汉明码中的一个码字 [1 0 1 0 0 1 0]，码字中没有错误，则译码输出 [1 0 1 0]；若输入 [1 0 1 0 0 1 1]，可类似地判断码字最有可能是由 [1 0 1 0 0 1 0] 错为 [1 0 1 0 0 1 1]，则译码输出仍为 [1 0 1 0]，纠正了信息码在传输过程中的错误。

5.2 基于深度学习的 LDPC 码译码

LDPC 码是一种特殊的线性分组码，其校验矩阵是稀疏矩阵，即矩阵中“1”的个数很少，密度很低，任两行（列）之间位置相同的“1”的个数不大于 1。若校验矩阵中每一行

含有 q 个“1”，每一列含有 p 个“1”，则称为规则 LDPC 码；若各行（列）重量不同，则称为非规则 LDPC 码。理论上，非规则 LDPC 码的极限性能与香农极限相差 0.0045dB，是目前性能最优的一种信道编码方式。它可以在不太高的译码复杂度下达到与 Turbo 码接近的性能，同时不会存在 Turbo 码所具有的误码率平层。因此，LDPC 码非常适用于高速信息传输系统，现已成为卫星通信系统信道编码的首选方案。

5.2.1　编码原理

1. 码的矩阵表示

LDPC 码是一种线性分组码，所以可由校验矩阵 $\boldsymbol{H}$ 唯一确定。根据校验矩阵中元素值域的不同，还可以将 LDPC 码分为二元域 LDPC 码和多元域 LDPC 码，并且多元域 LDPC 码的性能要优于二元域 LDPC 码。为便于分析，这里只考虑二元域 LDPC 码。假设校验矩阵 $\boldsymbol{H}$ 有 r 行 n 列，$r=n-k$。校验矩阵行中“1”的个数为该行的行重 w_{r}，列中“1”的个数为该列的列重 w_{c}。规则 LDPC 码的所有行重相同，所有列重也相同，因此有编码效率 $R=1-\dfrac{w_{\mathrm{c}}}{w_{\mathrm{r}}}$。

一个校验矩阵为 $\boldsymbol{H}$ 的 (n,k) LDPC 码，其码率可表示为

$$\begin{cases} R=\dfrac{k}{n}=1-\dfrac{r}{n},\ \boldsymbol{H}\text{ 满秩，秩为 } r \\ R=\dfrac{k}{n}>1-\dfrac{r}{n},\ \boldsymbol{H}\text{ 不满秩，秩 } r>m \end{cases} \tag{5-14}$$

当 $\boldsymbol{H}$ 满秩时，经高斯消元，可以转换为 $\boldsymbol{H}=[\boldsymbol{P}_{r\times k}\quad \boldsymbol{I}_{r\times r}]$，对应生成矩阵为 $\boldsymbol{G}=[\boldsymbol{I}_{k\times k}\quad \boldsymbol{P}_{r\times k}^{\mathrm{T}}]$。

当 $\boldsymbol{H}$ 不满秩时，经高斯消元，可以转换为

$$\boldsymbol{H}=\begin{bmatrix} \boldsymbol{P}_{m\times k} & \boldsymbol{I}_{m\times m} \\ \boldsymbol{0} & \boldsymbol{0} \end{bmatrix} \tag{5-15}$$

式中，$\boldsymbol{P}$ 为编码校验位，$\boldsymbol{0}$ 为全“0”矩阵。从而可得其生成矩阵为 $\boldsymbol{G}=[\boldsymbol{I}_{k\times k}\quad \boldsymbol{P}_{r\times k}^{\mathrm{T}}]$。

假设某校验矩阵为

$$\boldsymbol{H}=\begin{bmatrix} 1&1&1&1&0&0&0&0&0&0 \\ 1&0&0&0&1&1&1&0&0&0 \\ 0&1&0&0&1&0&0&1&1&0 \\ 0&0&1&0&0&1&0&1&0&1 \\ 0&0&0&1&0&0&1&0&1&1 \end{bmatrix} \tag{5-16}$$

其任意两行（列）间最多只有一个相同位置为“1”，且校验矩阵中“1”所占的比重相对较小，为 0.4。

式（5-16）所表示的校验矩阵中所有行相加是一个全零向量，因此该校验矩阵不满秩，其码率 $R>1-\dfrac{5}{10}$。容易看出，第一行是其他几行的和，矩阵的秩为 4，$R=1-\dfrac{4}{10}=\dfrac{3}{5}$。

2. 码的图形表示

LDPC 码除了可以用传统的矩阵表示法进行表示外，还可以用图形表示，一般用 Tanner

图表示 LDPC 码。首先定义如下三个关于图的概念。

1）图：图定义为一个三维向量（$\boldsymbol{V},\boldsymbol{E},\boldsymbol{\Phi}$），$\boldsymbol{V}$ 是非空节点集，$\boldsymbol{E}$ 是边集，$\boldsymbol{\Phi}$ 是与一条边相连的两个端点关系集。若节点 $v \in \boldsymbol{V}$ 是边 $e \in \boldsymbol{E}$ 的端点，则 v 和 e 是相连的。与节点 $v \in \boldsymbol{V}$ 相连的边的个数称为度，记作 $d(v)$。

2）二部图：若图的节点 $\boldsymbol{V}$ 可以划分为两个子集 $\boldsymbol{V}_1$ 和 $\boldsymbol{V}_2$，且 $\boldsymbol{V}_1 \cup \boldsymbol{V}_2 = \boldsymbol{V}$、$\boldsymbol{V}_1 \cap \boldsymbol{V}_2 = \boldsymbol{\phi}$，任意边 $e \in \boldsymbol{E}$ 的一个端点属于 $\boldsymbol{V}_1$，另一个端点属于 $\boldsymbol{V}_2$，则称该图为二部图。若节点集 $\boldsymbol{V}_1$ 中所有节点的度数都相同并且节点集 $\boldsymbol{V}_2$ 的度数也都相同，则称该图为正则二部图，否则为非正则二部图。

3）Tanner 图：是一个二部图，子集 $\boldsymbol{V}_1$ 表示符号变量$\{\boldsymbol{X}_i\}$的集合，子集 $\boldsymbol{V}_2$ 表示局部约束关系$\{\boldsymbol{C}_k\}$的集合，当且仅当符号变量 $x_i \in \boldsymbol{X}_i$ 参与局部约束 $c_k \in \boldsymbol{C}_k$ 的运算时，与变量 x_i 对应的节点与局部约束关系 c_k 的节点之间有边相连。

在 LDPC 码的 Tanner 图表示中，两种节点分别称为变量节点和校验节点，每个变量节点和一个编码位对应，每个校验节点和一个校验方程对应。图上的边按照校验关系连接不同类型的节点，相同类型的节点不能用边相连。一个 LDPC 码的 Tanner 图可以按如下规则得到：当校验矩阵 $\boldsymbol{H}$ 中的 h_{ij} 为 1 时，第 i 个变量节点 x_i 和第 j 个校验节点 c_j 相连。根据这种规则，Tanner 图上共有 n 个变量节点和 m 个校验节点。此外，校验矩阵 $\boldsymbol{H}$ 中的 m 行指定了 m 个校验节点的连接，而 $\boldsymbol{H}$ 中的 n 列定义了 n 个变量节点的连接。相应地，由 n 个变量节点所表示的许用 n 位序列正好对应该码的码字。

式（5-16）对应的 Tanner 图如图 5-3 所示。变量节点 x_1、x_2、x_3、x_4 与校验节点 c_1 相连接，这是因为 $\boldsymbol{H}$ 中第 1 行元素 $h_{11}=h_{12}=h_{13}=h_{14}=1$，其他元素都等于 0。校验节点 c_2、c_3、c_4、c_5 也类似，分别与 $\boldsymbol{H}$ 中的 2、3、4、5 行相对应。同样也可以从校验矩阵 $\boldsymbol{H}$ 的列出发构建 Tanner 图。因为每个变量节点的度数都是 2，每个校验节点的度数都是 4，所以图 5-3 给出的是正则 Tanner 图。

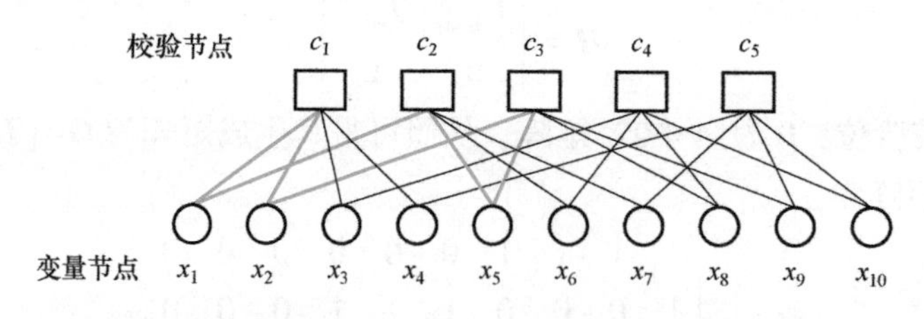

图 5-3 式（5-16）对应的 Tanner 图

图 5-3 中有 6 条粗线，变量节点 x_1、x_2、x_5 和校验节点 c_1、c_2、c_3 构成了一条封闭路径，称为环。环的长度等于该环中边的个数，因此图 5-3 中环的长度是 6。

Tanner 图为 LDPC 码迭代译码提供了框架。Tanner 图上每一节点相当于一个局部操作处理器，每条边相当于一条总线，其作用是把信息从一个给定的节点传递到每个与它相连的节点，基本过程如下：在每次迭代的前半段，将信道及与它相连的校验节点的信息输入每个变量节点处理器，并根据这些输入计算结果，再将结果作为输入传递给所有相邻校验节点处理器；在每次迭代的后半段，将与它相邻的变量节点的信息输入每个校验节点处理器，并根据这些输入计算结果，再将结果作为输入传递给所有相邻变量节点处理器。变量节点和校验节点之间的迭代，一直持续到成功译出码字或者达到一个预先设定的最大迭代次数为止。

在 LDPC 码的迭代译码方法中，环使得译码器一直在 Tanner 图上的部分位置进行局部操作，即持续不断地围绕着某个短环，短环使得变量节点在迭代译码过程中频繁给自己传递正反馈信息，因此不可能有一个全局的优化解决方案，所以短环会降低迭代译码算法的性能。对于没有短环的 Tanner 图，信息传递算法会实现最优译码，而环的存在使得信息传递算法成为一种次优的迭代译码算法，最短环长度越长，信息传递算法越接近最优算法。对 Tanner 图引入状态变量可得到一种广义 Tanner 图模型，称为因子图，它归纳了目前所有的图模型定义，提供了关于迭代译码的一般性框架，在此不多做赘述。

3. 码的构造方法

对于 LDPC 码来说，校验矩阵的结构是影响其性能的重要因素，反映在二部图上，对编码性能有重要影响的就是图中环的长度分布，为获得性能好的码字，需要采用一定的方法构造校验矩阵。目前 LDPC 码的构造方法主要可以分为两类：随机或伪随机构造方法和代数构造方法。随机或伪随机构造方法主要考虑码的性能，当码长比较长时其性能非常接近香农极限，如 Gallager 构造方法、比特填充构造法和 PEG（渐进边增长）构造法；代数构造法通常考虑的是降低编译码复杂度，当码长比较短时更有优势，如准循环构造法。准循环 LDPC（Quasi-Cyclic LDPC，QC-LDPC）码是 LDPC 码的重要分支，引用最为广泛，下面重点介绍 QC-LDPC 码的构造方法。

QC-LDPC 码也称为确定性结构 LDPC 码。相对于随机构造方法，构造确定性结构的校验矩阵相对容易一些，可以通过更少的参数定义 LDPC 码。QC-LDPC 具有严谨的数学结构，使其在 LDPC 码的构造和性能分析方面具有明显优势，其优点主要有：采用循环或准循环的码结构，具有线性编码复杂度；由于行列的循环移位，QC-LDPC 码可由单位矩阵和循环移位系数矩阵表示，矩阵的构造和存储简单；根据给定环长的充分必要条件，能构造出具有较大环长的 QC-LDPC 码。QC-LDPC 码现已用到 DVB-S2 标准（第二代数字卫星视频广播标准）等多种标准中。

QC-LDPC 码的构造是基于阵列的，基本结构为

$$\boldsymbol{H}=\begin{bmatrix} \boldsymbol{H}_{a_{11}} & \boldsymbol{H}_{a_{12}} & \cdots & \boldsymbol{H}_{a_{1p}} \\ \boldsymbol{H}_{a_{21}} & \boldsymbol{H}_{a_{22}} & \cdots & \boldsymbol{H}_{a_{2p}} \\ \vdots & \vdots & & \vdots \\ \boldsymbol{H}_{a_{q1}} & \boldsymbol{H}_{a_{q2}} & \cdots & \boldsymbol{H}_{a_{jp}} \end{bmatrix} \tag{5-17}$$

QC-LDPC 码的校验矩阵由一系列循环子矩阵 $\boldsymbol{H}_{a_{ij}}$ 构成，$\boldsymbol{H}_{a_{ij}}$ 由一个大小为 $l\times l$ 的单位阵经向右循环移位 a_{ij} 次得到。当 $a_{ij}=0$ 时，矩阵 $\boldsymbol{H}_{a_{ij}}$ 的循环移位次数为 0，仍为单位阵；当 $a_{ij}=-1$ 时，矩阵 $\boldsymbol{H}_{a_{ij}}$ 为 $l\times l$ 的零矩阵。大小为 $lq\times lp$ 的校验矩阵 $\boldsymbol{H}$ 被分割成 $q\times p$ 个循环子矩阵。

下标值 a_{ij} 构成的矩阵称为基矩阵 $\boldsymbol{H}_{\mathrm{b}}$，基矩阵记录了循环子矩阵的位置信息和移位因子，因此只需要知道基矩阵 $\boldsymbol{H}_{\mathrm{b}}$ 和子矩阵维度 l，即可得到校验矩阵的全部信息，这使得 QC-LDPC 码仅需要占用较少的存储空间，便能够存储很大的校验矩阵。

例如，式（5-18）为某 QC-LDPC 码的校验矩阵，由 6 个循环子矩阵组成，每个循环子

矩阵都是一个 4×4 的方阵，基矩阵为式（5-19）。

$$
\boldsymbol{H}=\begin{bmatrix}\begin{bmatrix}0&1&0&0\\0&0&1&0\\0&0&0&1\\1&0&0&0\end{bmatrix}&\begin{bmatrix}1&0&0&0\\0&1&0&0\\0&0&1&0\\0&0&0&1\end{bmatrix}&\begin{bmatrix}0&0&0&0\\0&0&0&0\\0&0&0&0\\0&0&0&0\end{bmatrix}\\\begin{bmatrix}0&0&1&0\\0&0&0&1\\1&0&0&0\\0&1&0&0\end{bmatrix}&\begin{bmatrix}0&0&0&0\\0&0&0&0\\0&0&0&0\\0&0&0&0\end{bmatrix}&\begin{bmatrix}0&0&0&1\\1&0&0&0\\0&1&0&0\\0&0&1&0\end{bmatrix}\end{bmatrix} \tag{5-18}
$$

$$
\boldsymbol{H}_{\mathrm{b}}=\begin{bmatrix}1&0&-1\\2&-1&3\end{bmatrix} \tag{5-19}
$$

5.2.2 经典译码算法

LDPC 码可采用多种方式译码，如大数逻辑译码、比特翻转译码等硬判决译码算法，加权比特翻转译码、后验概率译码等软判决译码算法，以及置信传播迭代译码算法。其中，应用较广泛的是置信传播迭代译码算法，本小节重点对其进行介绍。

1. 置信传播迭代译码算法

置信传播迭代译码算法是一种基于最大后验概率估计的逐符号、软输入、软输出的迭代译码算法。可基于 Tanner 图对置信传播迭代译码算法进行理解。在每次迭代过程中，变量节点 x_i 将 $f_{ij}^{(l)}(a)$ 作为软信息传递给与之相连的校验节点 c_j。$f_{ij}^{(l)}(a)$ 是用除校验节点 c_j 外其他与变量节点 x_i 相连的校验节点提供的信息，求出的变量节点 x_i 进行第 l 次迭代时在状态 a 的概率，a 为 0 或 1。c_j 将 $\gamma_{ji}^{(l)}(a)$ 作为软信息传递给与之相连的变量节点 x_i。$\gamma_{ji}^{(l)}(a)$ 是综合除 x_i 外其他与 c_j 相连的变量节点提供的信息。每次迭代结束，计算出变量节点的伪后验概率，并用其进行译码判决，得到译码结果 $\hat{\boldsymbol{C}}$。若译码结果满足校验约束 $\boldsymbol{H}\hat{\boldsymbol{C}}=0$，则译码成功，退出译码；若不满足校验约束，则继续迭代，直至满足校验约束。如果迭代次数达到预设的最大迭代次数，那么译码失败，强制退出译码。

2. 对数似然比置信传播译码算法

在置信传播迭代译码算法的基础上，将信息用概率的对数形式进行传递，将乘法运算降解为加法运算，这种方法称为对数似然比置信传播译码算法。相比于标准置信传播迭代译码算法，对数似然比置信传播译码算法有效降低了译码过程的运算复杂度。译码实现步骤如下。

1）初始化。计算变量节点的信道初始信息 $L(P_i)=\ln\dfrac{P_i(0)}{P_i(1)}$，$i=1,2,3,\cdots,n$，$P_i(0)$ 和 $P_i(1)$ 分别是变量节点 i 取值为 0 和 1 的边缘概率，然后用 $L(P_i)$ 对 $L^{(0)}(f_{ij})$ 进行初始化：

$$
L^{(0)}(f_{ij})=L(P_i) \tag{5-20}
$$

式中，f_{ij} 表示从变量节点 i 到校验节点 j 的消息。

2）校验节点更新。计算第 l 次迭代时的 $L^{(l)}(\gamma_{ij})$，为

$$L^{(l)}(y_{ij}) = 2\tanh^{-1}\left(\prod_{i' \in R(j) \setminus i} \tanh\left(\frac{1}{2}L^{(l-1)}(f_{i'j})\right)\right) \tag{5-21}$$

式中，$R(j)$是与第j个校验节点相连的所有变量节点的集合，$R(j) \setminus i$是从集合$R(j)$中除去第i个变量节点后的集合。

3）变量节点更新。计算第l次迭代时的$L^{(l)}(f_{ij})$，为

$$L^{(l)}(f_{ij}) = L(P_i) + \sum_{j' \in C(i) \setminus j} L^{(l)}(y_{ij'}^{l}) \tag{5-22}$$

式中，$C(i)$是与第i个变量节点相连的所有校验节点的集合，$C(i) \setminus j$是从集合$C(i)$中除去第j个校验节点后的集合。

4）计算伪后验概率。对所有变量节点计算伪后验概率信息，为

$$L^{(l)}(f_i) = L(P_i) + \sum_{j \in C(i)} L^{(l)}(y_{ij}^{l}) \tag{5-23}$$

5）译码判决。若$L^{(l)}(f_i)>0$，则$\hat{x}_i=1$，否则$\hat{x}_i=0$。

3. 最小和置信传播译码算法

最小和置信传播译码算法在校验节点更新环节用符号运算和比较运算替换了复杂的 tanh 和 $\tanh^{-1}$ 运算，相比于对数似然比置信传播译码算法，大大降低了运算复杂度；迭代中使用的信息由对数似然比信息简化为接收信息x_i，大大降低了迭代信息的获取难度，提高了最小和算法的适应性。译码实现步骤如下。

1）初始化。将初始信道初始信息设置为

$$L^{(0)}(f_{ij}) = x_i \tag{5-24}$$

2）校验节点更新。表达式为

$$L^{(l)}(y_{ij}) = \prod_{i' \in R(j) \setminus i} \operatorname{sign}(L^{(l-1)}(f_{i'j})) \times \min_{i' \in R(j) \setminus i}(|L^{(l-1)}(f_{i'j})|) \tag{5-25}$$

3）变量节点更新。表达式为

$$L^{(l)}(f_{ij}) = x_i + \sum_{j' \in C(i) \setminus j} L^{(l)}(y_{ij'}^{l}) \tag{5-26}$$

4）计算伪后验概率。表达式为

$$L^{(l)}(f_i) = x_i + \sum_{j \in C(i)} L^{(l)}(y_{ij}^{l}) \tag{5-27}$$

5）译码判决。若$L^{(l)}(f_i)>0$，则$\hat{x}_i=1$，否则$\hat{x}_i=0$。

5.2.3 基于置信传播-深度学习网络的 LDPC 码译码算法

实验视频
项目11：基于置信传播-深度学习网络的LDPC码译码算法

置信传播迭代译码及其改进算法仍然存在译码自适应能力不足的问题，而且其实现复杂，需要大量计算和存储空间。采用数据驱动的神经网络进行自学习译码的方法，如多项式神经网络译码、MLP 神经网络译码等，同样存在复杂度大、计算量大、训练时间长等问题。相比较而言，采用模型驱动的 DNN 可以减少深度学习模型的搜索空间，提高模型的训练效率和性能，更适用于 LDPC 码译码。本小节介绍一种将神经最小和网络与置信传播最小和译码器级联的 LDPC 码译码算法，其网络架构如图 5-4 所示。其中，神经最小和网络是描述置信传播最小和算法一次完整迭代的图形表示，由一个输入层、多个隐藏层和一个输出层构成。

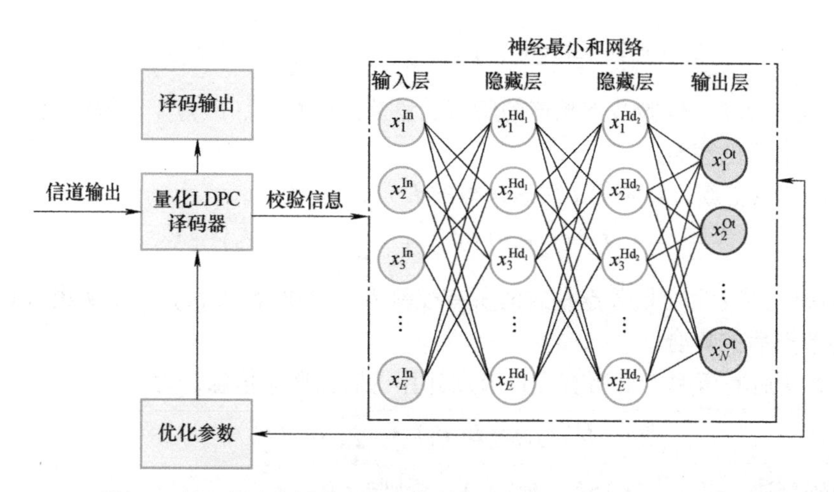

图 5-4 神经最小和网络与置信传播最小和译码器级联网络架构

1. 输入层

设 Tanner 图中变量节点的数量（即码长）为 N，边的数量为 E，则神经最小和网络的输入层维度为 N，层内神经元信息为对数似然消息向量。对应变量节点 $v(v=1,2,\cdots,N)$ 的输入层 x_v^{In} 表示为

$$x_v^{\mathrm{In}} = \log \frac{\Pr(c_v = 1 \mid y_v)}{\Pr(c_v = 0 \mid y_v)} \tag{5-28}$$

式中，y_v 为信道输出向量的第 v 个元素；c_v 为编码码字向量的第 v 个元素。

2. 隐藏层

在关于 Tanner 图的神经网络迭代过程中，对于第 I 次迭代，该网络结构包含 $2I$ 个隐藏层。所有隐藏层的维度均设定为 E，以确保数据处理的一致性。针对每一个隐藏层，神经元的处理信号直接对应于 Tanner 图中每条边上传递的置信消息，即每个神经元均映射至特定的边 $e_{v,c}$。第一个隐藏层的神经元对应边 $e_{v,c}$，并与输入层对应变量节点 v 的神经元相连；对于层序数为奇数的隐藏层，层内每个神经元的输出信号对应解码器由变量节点传向校验节点的置信消息。这些神经元与上一层所有对应边的神经元相连，同时还与输入层对应第 v 个变量节点的神经元相连；对于层序数为偶数的隐藏层，层内神经元的输出信号对应解码器由校验节点传向变量节点的置信消息。

每个神经元与上一层所有对应边 $e_{v',c'}$、$v' \in N(c)/v$ 的神经元相连。定义第 i 个隐藏层对应边 $e_{v,c}$ 的神经元输出为 $x_{e_{v,c}}^{\mathrm{Hd}_i}$，则有

$$x_{e_{v,c}}^{\mathrm{Hd}_i} = I_v + \sum_{c' \in M(v)/c} x_{e_{v,c'}}^{\mathrm{Hd}_{i-1}},\ i \text{ 为奇数} \tag{5-29}$$

$$x_{e_{v,c}}^{\mathrm{Hd}_i} = \prod_{v' \in N(c)/v} \operatorname{sgn} \left| x_{e_{v',c}}^{\mathrm{Hd}_{i-1}} \right| \min_{v' \in N(c)/v} \left| x_{e_{v',c}}^{\mathrm{Hd}_{i-1}} \right|,\ i \text{ 为偶数} \tag{5-30}$$

当 i 为奇数时，第 i 个隐藏层神经元的输出等同于第 $(i-1)/2$ 次迭代的置信传播最小和译码器的变量节点输出，其中 $i=1$ 表示对于第一个隐藏层默认神经元输入中的消息为 0；当 i 为偶数时，第 i 个隐藏层神经元的输出等同于第 $(i-1)/2$ 次迭代的置信传播最小和译码器的校验节点输出。

在神经最小和网络中，隐藏层并非全局可微，即梯度的定义并非普遍适用。然而，这

些函数仅在特定低维曲线上的区域存在不可微性，而在空间的其余广泛区域内仍然保持可微。因此，依然能够有效采用标准的随机梯度下降法进行优化。

3. 输出层

当输出层维度为 N 时，该层输出最终码字。层内神经元与上一层所有对应 $e_{v,c}$、$c \in M(v)$ 的神经元相连，同时还与输入层对应第 v 个变量节点的神经元相连，则输出可以表示为

$$x_c^{\mathrm{Ot}} = l_v + \sum_{c \in M(v)/c} x_{e_{v,c}}^i \tag{5-31}$$

在最小和译码中，最终要经过硬判决步骤才输出译码码字。在神经最小和网络中，网络输出的是第 v 个码字的置信估计值 o_v。在计算误差函数之前要做预处理：

$$o_v = \frac{1}{M}\sum_{m=1}^{M} \mathrm{Sigmoid}(x_c^{\mathrm{Ot}}) \tag{5-32}$$

式中，M 为训练批次的样本数，表示在一个训练批次内取均值。对于二分类问题，误差函数可以使用交叉熵函数：

$$\mathrm{Loss} = \frac{1}{N}\sum_{v=1}^{N}[c_v \log o_v + (1 - c_v)\log(1 - o_v)] \tag{5-33}$$

例 5-3：试参考图 5-4 设计实现一个四层的神经最小和网络。

解：第一层为输入层，层内的 E 个神经元接收置信传播最小和译码器中的第 i 次迭代的校验节点消息：

$$x_{e_{v,c}}^{\mathrm{In}} = L_{c,v}^i$$

输入层之后是第一隐藏层，层内的 E 个神经元接收来自输入层的消息，并在此层优化所有参数：

$$x_{e_{v,c}}^{\mathrm{Hd}_1} = Qn_{e_{v\to c}}^i \left(l_v + \prod_{c' \in M(c)/v} \mathrm{sgn}(L_{v',c}^{\mathrm{In}}) \cdot \max(\alpha_{e_{v\to c}}^i \cdot L_{c',v}^{\mathrm{In}} + \beta_{e_{v\to c}}^i,\ 0) \right)$$

第二隐藏层的 E 个神经元接收来自第一隐藏层的消息：

$$x_{e_{v,c}}^{\mathrm{Hd}_2} = Qn_{e_{v\to c}}^{i+1} \left(\prod_{v' \in N(c)/v} \mathrm{sgn}\left(\left| x_{e_{c,v'}}^{\mathrm{Hd}_1} \right| \right) \cdot \max(\alpha_{e_{v\to c}}^{i+1} \cdot \min_{v' \in N(c)/v} \left(\left| x_{e_{v',c}}^{\mathrm{Hd}_1} \right| \right) + \beta_{e_{v\to c}}^{i+1},\ 0) \right)$$

这里的第二隐藏层操作仅包含最小值和取符号操作，所以该层输出与第一隐藏层的输出取值同属于一个离散空间。

第四层为输出层，层内的 v 个神经元接收来自第二隐藏层的消息和信道的初始消息：

$$x_v^{\mathrm{Ot}} = l_v + \sum_{c \in M(v)} x_{e_{v,c}}^{\mathrm{Hd}_2}$$

存储通过神经网络学习优化所得的参数，并用于优化下一次迭代参数的置信传播最小和译码器。四层最小和网络也会被初始化。按新的参数优化的置信传播最小和译码器输出消息，供初始化后的网络重新训练以得出新的优化参数。

本节相关源代码可扫描右侧二维码下载。

仿真程序

信道译码文档说明及代码

5.3 基于深度学习的卷积码译码

5.3.1 编码原理

卷积码一般表示为(n,k,m)的形式，即将 k 个信息比特编码为 n 个比特的码组，m

为编码约束长度，表明编码过程中相互约束的码段个数。卷积码编码后的 n 个码元不仅与当前组的 k 个信息比特有关，还与前 $m-1$ 个输入组的信息比特有关。编码过程中相互关联的码元有 mn 个。$R=k/n$ 是编码效率。编码效率和约束长度是衡量卷积码的两个重要参数。典型的卷积码一般 n、k 值较小，但 m 值可取较大，以获得简单而高性能的卷积码。

卷积码的生成多项式是一种时延算子多项式，表示了编码器中移位寄存器与模二加法器的连接关系。若某级寄存器与某个模二加法器相连接，则生成多项式对应项的系数取 1，无连接时取 0。(2,1,3) 卷积码编码器如图 5-5 所示，其生成多项式为

$$\begin{cases} g_1(D) = 1 + D + D^2 \\ g_2(D) = 1 + D^2 \end{cases} \tag{5-34}$$

式中，D 为时延算子。生成多项式也可以用生成多项式矩阵来表示：

$$G(D) = [1 + D + D^2 \quad 1 + D^2] \tag{5-35}$$

由于卷积码编码器在下一时刻的输出取决于编码器当前状态和下一时刻的输入，而编码器当前状态取决于编码器当前各移位寄存器的存储内容。编码器当前各移位寄存器的存储内容（“0”或“1”）称为编码器在该时刻的状态（此状态代表记忆以前的输入信息）。随着信息序列的不断输入，编码器不断从一个状态转移到另外一个状态，并且输出相应的编码序列。编码器的总可能状态数为 $2^{(m-1)k}$ 个。对于 (2,1,3) 卷积码的编码器来说，$n=2$、$k=1$、$m=3$，共有四个可能状态，其状态图如图 5-6 所示。

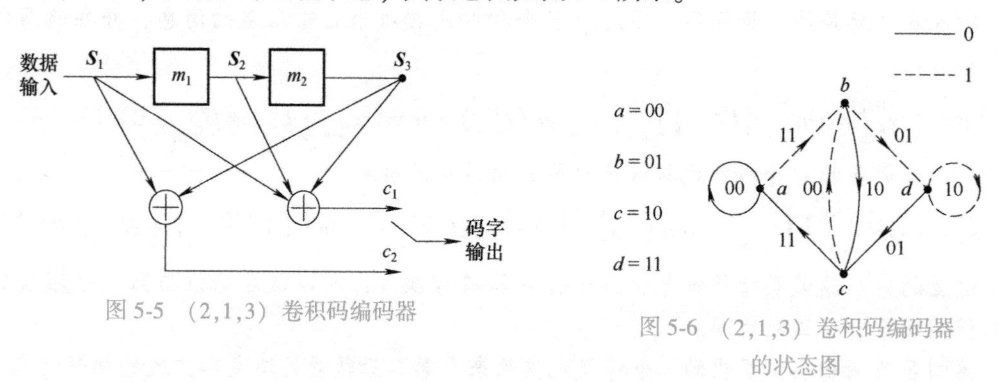

图 5-5 (2,1,3) 卷积码编码器

图 5-6 (2,1,3) 卷积码编码器的状态图

图 5-6 中的四个点表示状态，状态间的连线与箭头表示转移方向，连线上的数字表示是状态发生转移时的输出码字，虚线表述输入数据为“1”，实线表示输入数据为“0”。如当前状态为“11”，若输入信息为“0”，则转移到“10”状态并输出“01”码字；若输入信息为“1”，则依然为“11”状态，并输出“10”码字。

篱笆图可以描述卷积码的状态随时间推移而转移的情况，该图纵坐标表示所有状态，横坐标表示时间。篱笆图在卷积码的概率译码，特别是 Viterbi 译码中非常重要，它综合了状态图法直观简单和树图法时序关系清晰的特点。

(2,1,3) 卷积码编码器的篱笆图如图 5-7 所示，图中实线表示输入“0”时所走分支，虚线表示输入“1”时所走分支，编码时只需从起始状态开始依次选择路线并读出输出即可。设从状态 a 开始，输入为 [1 1 0 1 0 0]，则可由图 5-7 读出输出为 [11 01 01 00 10 11]。

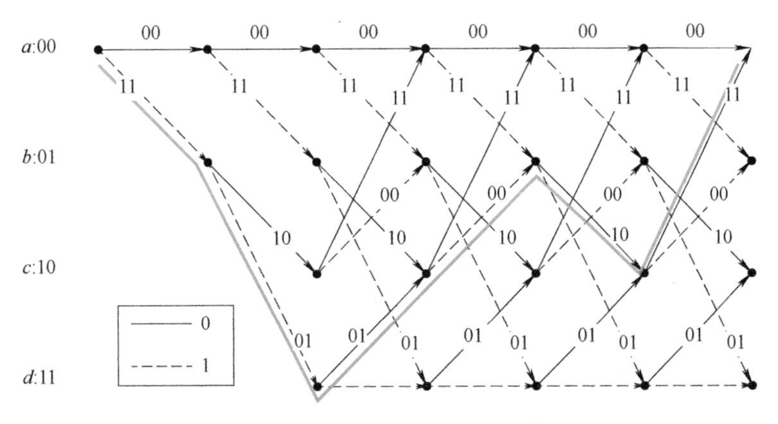

图 5-7　(2,1,3) 卷积码编码器的篱笆图

5.3.2　经典译码算法

卷积码编码过程的实质是在输入信息序列的控制下，编码器沿码树通过某一特定路径的过程。译码过程就是根据接收序列和信道干扰的统计特性，译码器在原码树上力图恢复原来编码器所走的路径，即寻找正确路径的过程。卷积码译码有代数译码、序贯译码、Viterbi 译码等多种译码方法，其中 Viterbi 译码是应用较为广泛的译码方法。

Viterbi 译码是根据接收序列在码的格图上找出一条与接收序列距离（或其他量度）最小的路径的算法。设接收序列为 $\boldsymbol{R}$=[010111001001]，译码器从某个状态，如状态 a 出发，每次向右延伸一个分支，并与接收序列相应分支进行比较，计算它们之间的距离，然后将计算所得距离加到被延伸路径的累积距离值中。对到达每个状态的各条路径（有两条）的累积距离值进行比较，保留距离值最小的一条路径，称为幸存路径（当有两条以上距离值最小的路径时，可任取其中之一），译码过程如图 5-8 所示。图 5-8 中标出到达各级节点的幸存路径的累积距离值，得出对给定 $\boldsymbol{R}$ 的估值序列为 $\boldsymbol{R}$=[11010X]。这种算法所保留的路径与接收序列之间的似然概率为最大，所以又称为最大似然译码。

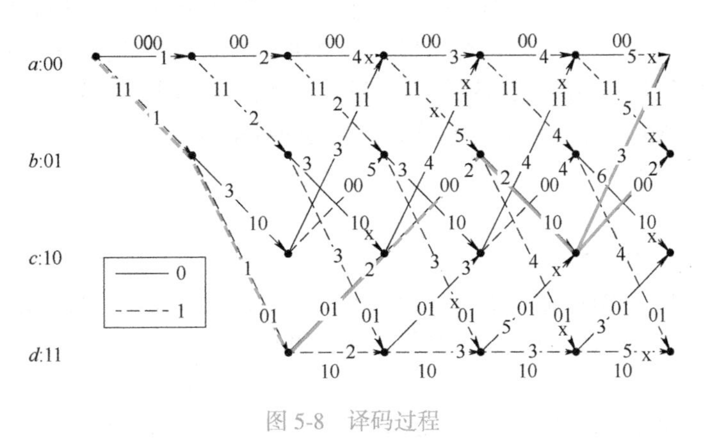

图 5-8　译码过程

Viterbi 译码器的复杂性随 m 呈指数增大，实际使用中 $m \leqslant 10$。Viterbi 译码器在卫星和深空通信中有广泛的应用。

5.3.3 基于 CNN 的卷积码译码方法

Viterbi 算法在处理复杂信道条件和大规模数据时可能面临计算复杂度和译码性能瓶颈的问题，因此人们探索了基于 CNN 的卷积码译码方法，以利用其强大的特征提取和模式识别能力来提高译码性能。基于 CNN 的卷积码译码系统模型如图 5-9 所示，在信号传输过程中，发射端保持传统数字通信系统的方式，接收端中针对不同译码方式的信道译码模块用 CNN 译码器代替。接收端接收到的信号直接被送入 CNN 中进行特征识别，经过全连接层计算后，输出译码后的信息序列。

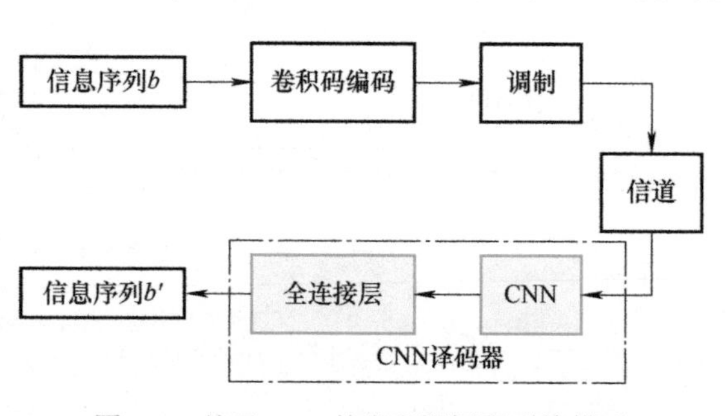

图 5-9 基于 CNN 的卷积码译码系统模型

译码器的设计是整个系统中最重要的部分，构建并训练一个 CNN 译码器的重点就是如何获得一个性能较好的译码网络，而译码网络是否能准确高效地译出信息序列取决于以下三点。

1）编码算法的选择。编码后的码字明确固定了信息位信息与校验位信息的关系，神经网络学习译码规律的难易度在很大程度上取决于编码算法的选择。

2）译码网络的搭建。网络层的深度和卷积核的数量决定了 CNN 译码器的性能，设置卷积核数量时既需要考虑数据量大小，又要兼顾网络层的深度。此外，CNN 译码器输入层和输出层的维度大小应该根据卷积码码字的编码效率和长度进行合理设置。

3）译码网络的训练。训练过程中各项超参数，如学习率、权重初始化方法、优化方法和迭代训练次数等的设置都会对网络的收敛速度产生影响，继而影响到网络参数的最优解，最终影响译码性能。

基于 CNN 的卷积码译码流程共分为数据预处理、网络训练、网络测试、硬判决、计算误码率五个阶段，具体流程图如图 5-10 所示。数据预处理是指根据编码方式生成训练集和测试集。网络训练是指通过对数据集的学习生成相应编码方式的译码网络参数，其中最关键的是训练数据特征提取。网络训练完成后，直接在测试集上进行泛化性测试，计算每个信噪比处的误码率结果并分析其抗噪性能，进一步优化译码网络参数。

下面对基于 CNN 的卷积码译码流程中最关键的数据集提取、特征选择、译码器搭建等三个环节分别进行介绍。

1. 数据集提取

在经典卷积码译码方法中，对于任意两种不同的码字，都需要重新设计具体的译码算法步骤。而对于神经网络模型而言，当卷积码的约束长度不变时，可以通过改变训练集重新训练一个神经网络进行译码。而当卷积码的约束长度变大时，则需要使用更加庞大的神经网络模型进行训练。

对于长度为 p 的信息序列 $\boldsymbol{U}$ 而言，经过卷积码生成多项式编码后变成长度为 q 的序列 $\boldsymbol{L}$。编码后的序列 $\boldsymbol{L}$ 经过调制后映射为序列 $\boldsymbol{X}$，随后在信道传输过程中受到噪声 $\boldsymbol{N}$ 的干扰，变成最终用于模型输入的带噪声序列 $\boldsymbol{Y}$。

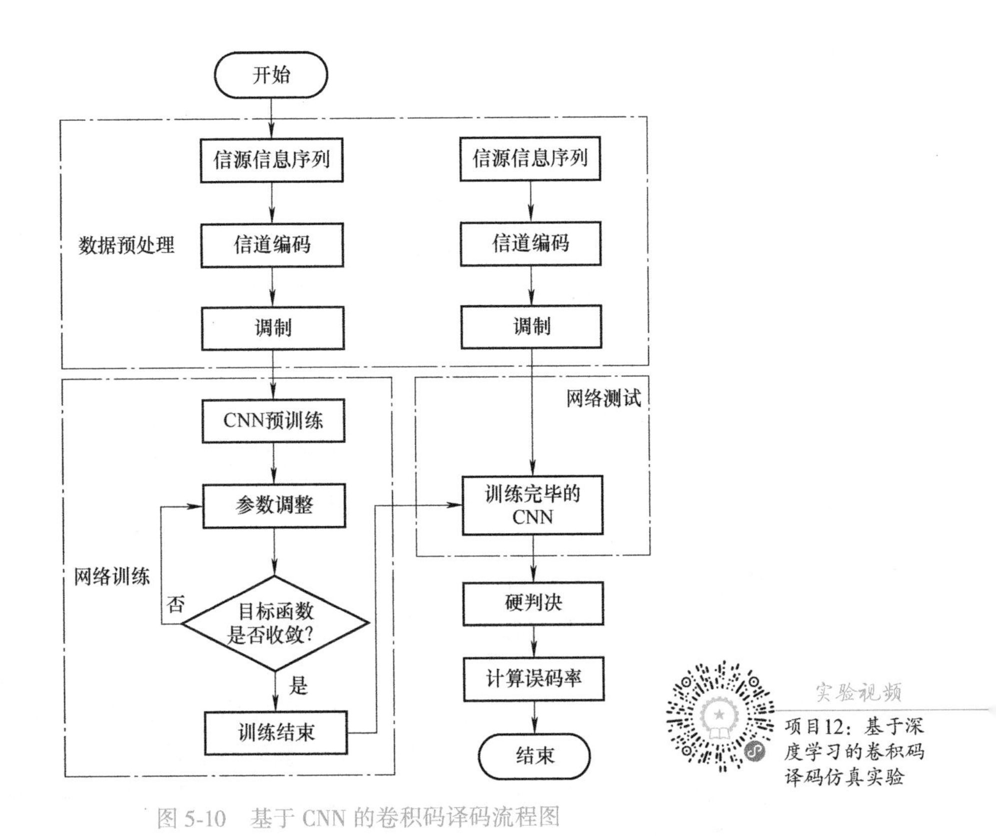

图 5-10　基于 CNN 的卷积码译码流程图

对于特定的（n,k,m）卷积码，当指定一帧码字的长度后，通过随机种子初始化随机序列，将序列上的每一位根据阈值判决为“1”“0”后，经过编码调制加噪，便可成为一帧用于训练的数据。重复以上步骤，便可产生大量的数据。

例 5-4：试分析信息序列长度为 p，编码后码字长度为 q 的（n,k,m）归零卷积码的数据集提取过程。

解：设初始的信息序列为 $\boldsymbol{U}=[u_1,u_2,\cdots,u_p]$，其中 $u_i\in\{0,1\}$，经过卷积码编码器编码后得到序列 $\boldsymbol{L}=[l_1,l_2,\cdots,l_q]$，其长度 q 满足 $q=(n/k)\times(p+m)$，若为咬尾卷积码，则长度 q 满足 $q=(n/k)\times p$。随后将序列 $\boldsymbol{L}$ 经过调制后变成序列 $\boldsymbol{X}=[x_1,x_2,\cdots,x_q]$，若为 BPSK 调制，则 $x_i\in\{+1,-1\}$。调制后的序列 $\boldsymbol{L}$ 经过高斯白噪声信道后，受到噪声 $\boldsymbol{N}$ 的干扰，最终在接收端得到带噪声序列 $\boldsymbol{Y}$。

对于一帧固定长度的卷积码而言，如果将长度为 q 的带噪声序列 $\boldsymbol{Y}$ 全部作为特征输入到模型中，期望输出长度为 p 的信息序列，这其实是训练一个多标签的分类任务模型。多标签是指对于一组数据而言，它可以同时属于多个类别，而对于长码的卷积码而言，其巨大的标签数量会带来计算问题和样本数量分布不均的问题，而且当前多标签训练出来的模型效果并不是很好。通常的解决方法是把多个标签的分类任务，转化为多个二分类任务，为每一个标签单独训练一个二分类的模型。例如，对于信息序列长度为 q 的卷积码而言，需要训练 q 个二分类模型，这 q 个二分类模型的输出结果即为输出的原信息序列。但这种方式的缺点显而易见，因为当标签很多时，需要训练与标签数量相同多的模型。然后，可以将多个标签的二分类任务转化为一个多分类任务，具体方法为：将多个标签构成的［u_1，

$u_2, \cdots, u_n$] 序列转化为一个十进制的整数，再将其转化为 One-Hot 编码（独热编码）形式的序列。例如，对于标签为［1 0 1］的多标签任务而言，可以将其转化标签为 One-Hot 编码形式的［0 0 0 1 0 0 0 0］多分类任务。这样的方法可以减少模型的个数，但对于四位数长度的长码甚至半无限长的码字而言，依然无法解决要训练多个模型的问题。

鉴于此，可以采取基于滑动窗口的方式使用单一神经网络模型进行译码，即采用一个固定长度的窗口取一帧码字的一部分出来进行译码，以约束长度 m 为间隔取值。对于归零卷积码而言，需要对滑动窗口外的缺失值进行补零操作；对于咬尾卷积码而言，需要将首尾的码字进行拼凑。

2. 特征选择

神经网络模型通过样本的特征来预测样本所对应的值。如果样本的特征少，通常会考虑增加特征；如果样本的特征过多，就需要根据实际情况去掉不重要的特征。更为常见的情况是，根据训练任务的实际情况选择合适的特征。特征主要分为以下三类。

1）相关特征：对当前学习任务有用的属性。

2）无关特征：对当前学习任务无用的属性。

3）冗余特征：其包含的信息可由其他特征推演出来。

由上一小节的分析可知，(n,k,m) 卷积码信息位的输出存在前后相关性，当前位的编码输出与前后 m 位有关，而前后 m 位信息位的编码输出又与其自身的前后 m 位信息位相关，如此反复，理论上滑动窗口的大小应该为这一帧码字的长度。对于当前位的信息而言，离自身较远的信息其重要程度不大，所以滑动窗口的大小应根据实际对模型大小、性能、实时性的要求进行选择。

由卷积码的编码特性可知，当前码字与相邻码字的相关性随着距离增长而递减。对于一维特征而言，只能通过大量的数据训练模型，期望模型能从数据中学到相邻码字的相关性。卷积二维码特征构造图如图 5-11 所示。若对码字进行二维构建，其包含数量最多的当前位的输出，则相邻码字的数量就随着距离增大而减少，不同位码字的数量在图 5-11 上表示为斜对角线的长度。

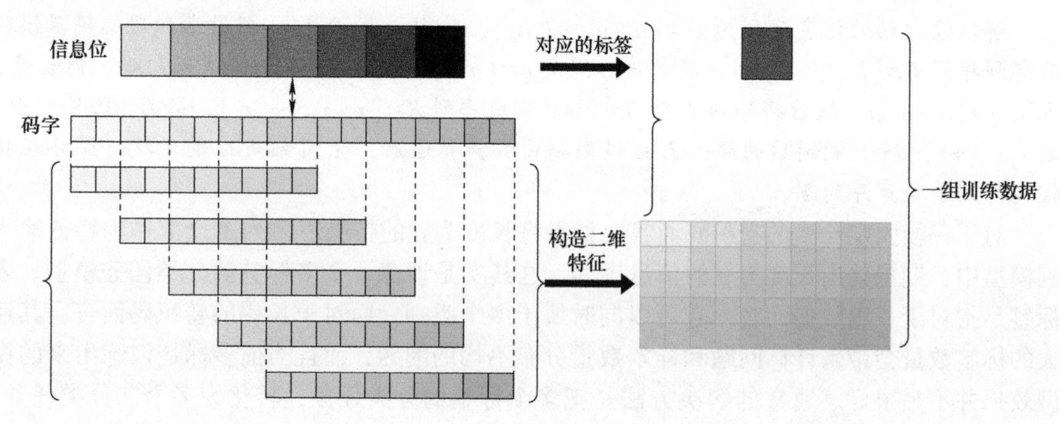

图 5-11　卷积码二维特征构造图

3. 译码器搭建

CNN 被称为“特征提取器”，通过对神经网络的输入做进一步的特征提取，利用反向传播算法学习输入到输出的函数映射关系。在二分类的译码网络模型中，将构造好的数据通过神经网络输出“0”或者“1”的类别标签，取数值较大者为最终输出结果；对于多分类的译码网络模型而言，其输入和二分类模型一致，而输出则是多个类别的值，取其中数值最大者，根据其所在输出中的相对位置再转换成相对应的二进制序列作为最终输出结果。

例 5-5：试设计一个 CNN 卷积码译码器。

解：答案不唯一。本小节构建的 CNN 译码器结构图如图 5-12 所示。卷积层使用 3×3 的卷积核，激活函数选择 ReLU 函数。为了适应不同约束长度的卷积码，通过一直增加卷积层和批量归一化层的组合来增加网络的深度。当网络足够深时，感受野能覆盖整个滑动窗口大小。

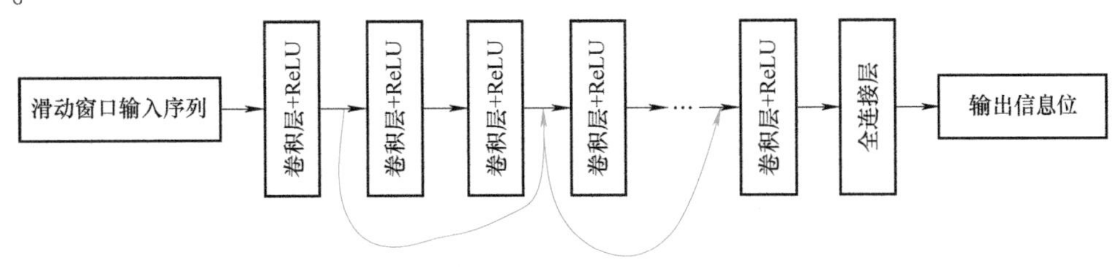

图 5-12 CNN 译码器结构图

本节相关源代码可扫描右侧二维码下载。

5.4 基于深度学习的 Turbo 码译码

5.4.1 编码原理

Turbo 码又称为并行级联卷积码（Parallel Concatenated Convolutional Code，PCCC），它是一种特殊的级联卷积码，性能接近香农极限，在二进制调制时采用 1/2 编码率的 Turbo 码，计算机仿真性能距香农极限仅差 0.7dB。

典型的 Turbo 码编码器为两级级联的卷积码，其结构图如图 5-13 所示。它由两个分量卷积码通过一个交织器并行级联而成。分量卷积码为递归系统卷积码（Recursive Systematic Conventional Code，RSC 码）。输入的信息序列 $\boldsymbol{d}$ 直接进入信道和 RSC 编码器 RSC0，分别得到信息位 x_k 和第一个校验位 y_{0k}。同时，将信息序列经交织器处理后送入 RSC 编码器 RSC1，得到第二个校验位 y_{1k}。一般来说，两个 RSC 编码器结构相同。两路校验位经删除截短矩阵处理，得到编码输出的校验位 y_k。y_k 与 x_k 复用得到最终的 Turbo 码编码输出。

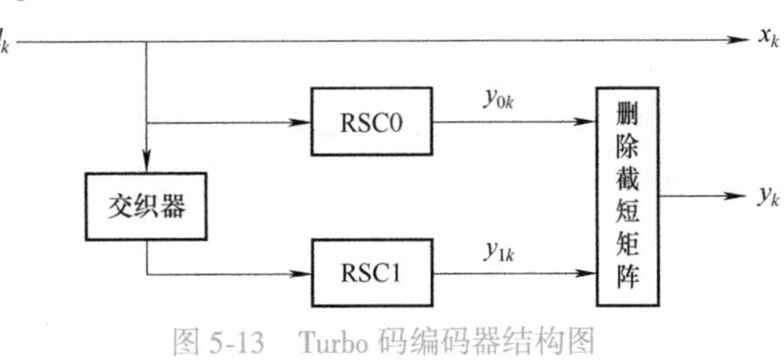

图 5-13 Turbo 码编码器结构图

1. RSC 编码器

RSC 编码器和普通卷积码编码器的区别在于，移位寄存器的输出端是否存在到信息位输入端的反馈路径。普通卷积码编码器不存在此路径，RSC 编码器存在此路径。RSC 编码器的结构如图 5-14 所示。

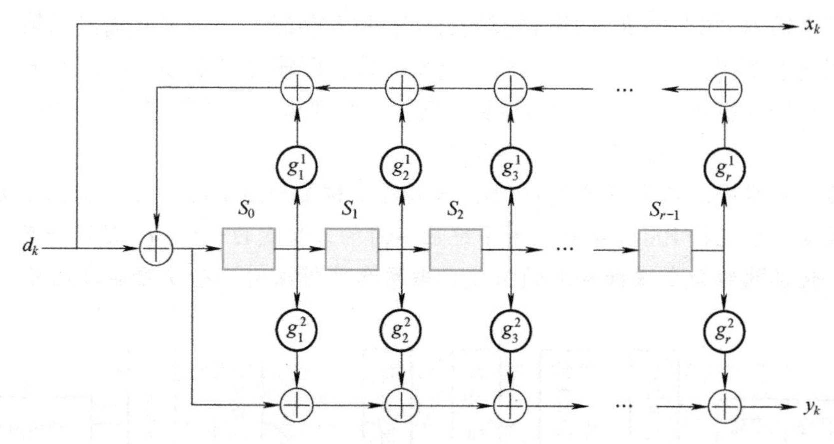

图 5-14 RSC 编码器的结构

2. 交织器

在通信系统中，交织器的作用一般是与信道编码结合对抗信道突发错误。在 Turbo 码中，交织器除了具备上述功能外，还具有随机化输入信息序列的作用，使得编码输出的码字尽可能随机，以满足香农信道编码定理中对信道编码随机性的要求，进而提升 Turbo 码的性能。由于 Turbo 码译码器采用迭代译码方法，在译码过程中要不断地解交织和交织，这将导致较大的译码时延，选择交织器时要考虑这一因素。常见的交织器有矩阵交织器、卷积交织器。

3. 删除截短矩阵

删除截短矩阵的作用是周期性地删除一些校验元以提高编码效率。删除截短矩阵功能不同，得到的 Turbo 码的编码效率不同，可以通过调整删除截短矩阵获得期望编码效率的 Turbo 码。例如，当两个分量卷积码为 1/2 编码效率时，要想获得 1/2 编码效率的 Turbo 码，可以交替删除两个分量卷积码输出的校验元，相应的删除截短矩阵为［10，01］。若要获得 1/3 编码效率的 Turbo 码，则不对两个分量卷积码输出的校验元做处理，直接输出，相应的删除截短矩阵为［1,1］。

通常，Turbo 码的分量卷积码可以选择多个，通过多个交织器并行级联构成高位 Turbo 码。Turbo 码编码器的一般结构如图 5-15 所示。

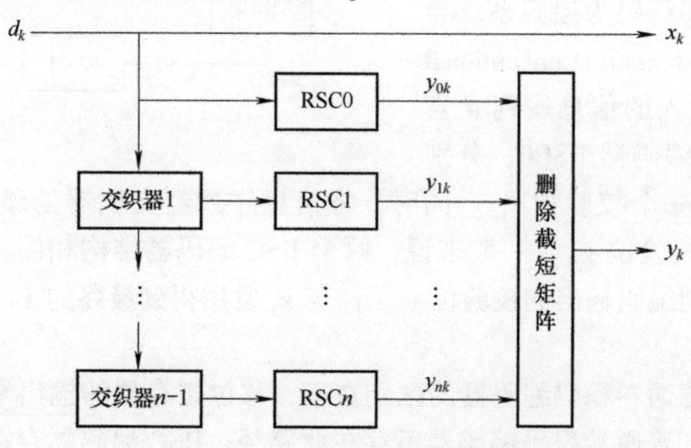

图 5-15 Turbo 码编码器的一般结构

5.4.2 经典译码算法

Turbo 码的迭代译码方法与其并行级联编码方案相配合，无论从编码结构还是译码思路上都将 Turbo 码看作一个整体的长随机码，因此明显提高了译码性能。二分量 Turbo 码译码器结构图如图 5-16 所示，输入为三路发送序列通过信道以后得到的对应接收序列，分别是信息位、第一路校验位和第二路校验位。

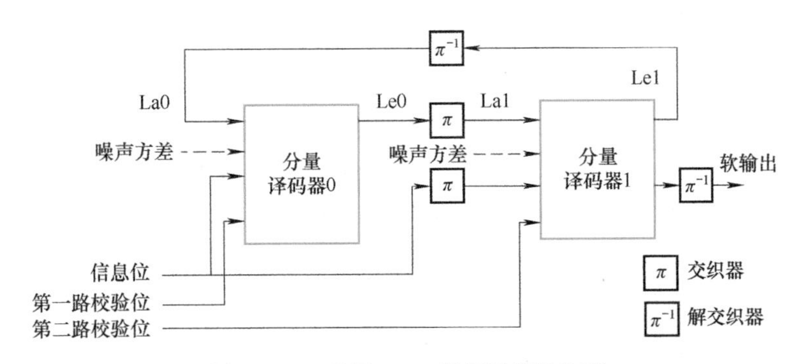

图 5-16 二分量 Turbo 码译码器结构图

图 5-16 中，π 表示交织器，分量译码器 0 的输入为信息位、第一路校验位，以及经过解交织的分量译码器 1 输出的外附信息 $\mathrm{La0}=\pi^{-1}(\mathrm{Le1})$，L$ei$ 为第 i 个分量译码器输出的外附信息；分量译码器 1 的输入为经过交织的信息位、第二路校验位，以及经过交织的分量译码器 0 输出的外附信息 La1。外附信息即分量译码器输出的信息位的对数似然比估计值。两个分量译码器都会将对方得出的似然比估计值作为先验信息进行译码，然后得出自己的似然比估计值。Turbo 迭代译码从分量译码器 0 开始，此时初始化 La0 为全零向量。迭代不断进行，直至达到最大迭代次数或达到提前终止条件。

Turbo 码分量译码器就是一个带有先验信息输入的卷积码译码器。Turbo 码的信息位与第一路校验位、第二路校验位分别组成了两个卷积码。Turbo 码分量译码器的常用译码算法有两种，分别是 BCJR 算法和软输出维特比算法（Soft Output Viterbi Algorithm，SOVA）。这两种译码算法的性能和复杂度相当，实际系统中主要使用 BCJR 算法，因此下面主要介绍 BCJR 算法。

假设 $\boldsymbol{R}_k=[\boldsymbol{r}_k^0,\boldsymbol{r}_k^1]$ 表示接收端接收到的一组序列，其中 $[\boldsymbol{r}_k^0,\boldsymbol{r}_k^1]$ 为发送数据经过加性高斯白噪声信道后的接收向量；$\boldsymbol{R}_\mathrm{a}^\mathrm{b}=(\boldsymbol{R}_\mathrm{a},\boldsymbol{R}_{\mathrm{a}+1},\cdots,\boldsymbol{R}_{\mathrm{b}-1},\boldsymbol{R}_\mathrm{b})$ 表示包含从 $\boldsymbol{R}_\mathrm{a}$ 到 $\boldsymbol{R}_\mathrm{b}$ 所有序列的矢量，如 $\boldsymbol{R}_1^N=[\boldsymbol{R}_1,\boldsymbol{R}_2,\cdots,\boldsymbol{R}_N]$。$x_k$、$z_k$ 分别为第 k 个信息比特和校验比特。s_k 表示输出第 k 个比特时寄存器组的状态。调制方式设为 BPSK 调制，“1”位被映射为“-1”，“0”位被映射为“1”，μ_{x_k} 表示 x_k 的调制符号，μ_{z_k} 表示 z_k 的调制符号。

第 k 位的对数似然比可表示为

$$L(x_k)=\log\frac{\Pr(x_k=0\mid \boldsymbol{R}_1^N)}{\Pr(x_k=1\mid \boldsymbol{R}_1^N)} \tag{5-36}$$

不同于线性分组码通过校验式对信息位进行校验约束，卷积码通过状态转移对信息位进行校验约束。因此，式（5-36）可等价表示为

$$L(x_k)=\log\frac{\sum_{(m',m)\in\Sigma_k^+}\Pr(S_{k-1}=m',S_k=m\mid \boldsymbol{R}_1^N)}{\sum_{(m',m)\in\Sigma_k^-}\Pr(S_{k-1}=m',S_k=m\mid \boldsymbol{R}_1^N)} \tag{5-37}$$

式中，$\boldsymbol{\Sigma}_k^+$ 是第 k 个时刻，信息位输入 $x_k=0(\mu_{x_k}=1)$ 时所有状态对 $S_{k-1}=m'$、$S_k=m$ 对应的集合；$\boldsymbol{\Sigma}_k^-$ 是第 k 个时刻，信息位输入 $x_k=1(\mu_{x_k}=-1)$ 时所有状态对 $S_{k-1}=m'$、$S_k=m$ 对应的集合。

通过贝叶斯公式可得

$$\begin{aligned}
&\Pr(S_{k-1}=m',S_k=m\mid \boldsymbol{R}_1^N)\\
&=\Pr(S_{k-1}=m',S_k=m,\boldsymbol{R}_1^{k-1},\boldsymbol{R}_k,\boldsymbol{R}_{k+1}^N)\\
&=\Pr(\boldsymbol{R}_{k+1}^N\mid S_{k-1}=m',S_k=m,\boldsymbol{R}_1^{k-1})\Pr(S_{k-1}=m',S_k=m,\boldsymbol{R}_1^{k-1},\boldsymbol{R}_1^N)\\
&=\Pr(\boldsymbol{R}_{k+1}^N\mid S_k=m)\Pr(\boldsymbol{R}_k,S_k=m\mid S_{k-1}=m',\boldsymbol{R}_1^{k-1})\Pr(S_{k-1}=m',\boldsymbol{R}_1^{k-1})
\end{aligned} \tag{5-38}$$

式（5-38）将第 k 位的对数似然比拆分成了如下三个部分。

1）前向转播因子：$\alpha_{k-1}(m')=\Pr(S_{k-1}=m',\boldsymbol{R}_1^{k-1})$。

2）反向转播因子：$\beta_{k-1}(m)=\Pr(\boldsymbol{R}_{k+1}^N\mid S_k=m)$。

3）路径度量因子：$\gamma_k(\boldsymbol{R}_k,m,m')=\Pr(\boldsymbol{R}_k,S_k=m\mid S_{k-1}=m',\boldsymbol{R}_1^{k-1})$。

由此，可将式（5-37）重新表示为

$$L(x_k)=\log\frac{\sum_{(m',m)\in\Sigma_k^+}\alpha_{k-1}(m')\beta_{k-1}(m)\gamma_k(\boldsymbol{R}_k,m,m')}{\sum_{(m',m)\in\Sigma_k^-}\alpha_{k-1}(m')\beta_{k-1}(m)\gamma_k(\boldsymbol{R}_k,m,m')} \tag{5-39}$$

前向传播因子可以进一步通过边际概率公式、贝叶斯公式进行递推，得到

$$\begin{aligned}
\alpha_k(m)&=\sum_{m'\in\sigma_l}\Pr(S_{k-1}=m',\boldsymbol{R}_1^k,S_k=m)\\
&=\sum_{m'\in\sigma_l}\Pr(\boldsymbol{R}_k,S_k=m\mid S_{k-1}=m',\boldsymbol{R}_1^{k-1})\Pr(S_{k-1}=m',\boldsymbol{R}_1^{k-1})\\
&=\sum_{m'\in\sigma_l}\gamma_k(\boldsymbol{R}_k,m,m')\alpha_{k-1}(m')
\end{aligned} \tag{5-40}$$

同样，反向传播因子通过递推可以得到

$$\beta_k(m)=\sum_{m'\in\sigma_l}\gamma_k(\boldsymbol{R}_k,m,m')\beta_{k+1}(m') \tag{5-41}$$

对于路径度量因子的计算同样可以使用贝叶斯公式将其转化为两部分，即

$$\begin{aligned}
\gamma_k(\boldsymbol{R}_k,m,m')&=\Pr(\boldsymbol{R}_k,S_k=m\mid S_{k-1}=m',\boldsymbol{R}_1^{k-1})\\
&=\Pr(\boldsymbol{R}_k\mid S_{k-1}=m',S_k=m)\Pr(S_k=m\mid S_{k-1}=m')\\
&=\Pr(\boldsymbol{R}_k\mid x_k,z_k)\Pr(x_k)
\end{aligned} \tag{5-42}$$

由于通过的信道为加性高斯白噪声信道，因此在已知 z_k 和 x_k 的情况下，$\Pr(\boldsymbol{R}_k\mid x_k,z_k)$为二维高斯密度函数，且 z_k 和 x_k 的加噪过程独立，所以有

$$\Pr(\boldsymbol{R}_k\mid x_k,\ z_k)\propto \exp\frac{x_k\mu_{x_k}+z_k\mu_{z_k}}{\sigma^2} \tag{5-43}$$

$\Pr(x_k)$在已知先验概率 $La(x_k)$的情况下可以表示成

$$\Pr(x_k=0,\ 1)=\Pr(\mu_{x_k}=\pm 1)$$

$$= \frac{\left[\frac{\Pr(\mu_{x_k} = +1)}{\Pr(\mu_{x_k} = -1)}\right]^{\pm 1}}{1 + \left[\frac{\Pr(\mu_{x_k} = +1)}{\Pr(\mu_{x_k} = -1)}\right]^{\pm 1}} \tag{5-44}$$

$$= \frac{\mathrm{e}^{-La(x_k)}}{1 + \mathrm{e}^{-La(x_k)}} \mathrm{e}^{x_k La(x_k)} \propto \mathrm{e}^{x_k La(x_k)}$$

将式（5-43）和式（5-44）代入式（5-42），得到

$$\gamma_k(\boldsymbol{R}_k, m, m') \propto \exp\left\{-\mu_{x_k}\left[\frac{1}{2}La(x_k) - \frac{x_k}{\sigma^2}\right]\right\} \exp \frac{x_k\mu_{x_k} + z_k\mu_{z_k}}{\sigma^2} \tag{5-45}$$

通过式（5-40）、式（5-41）和式（5-45），即可递推出式（5-39）中每一个时刻的似然比估计值。

5.4.3　基于 RNN 的 Turbo 码译码方法

根据深度展开理论，任何迭代算法都可以通过深度展开的方式转化为相应的网络形式。为此，本小节介绍一种基于 RNN 的 Turbo 码译码方法。该方法是一种模型驱动的智能信道译码方法，即用先验知识参数化传统译码算法，可在一定程度上减少码长对信道译码性能的限制。

1. RNN-Turbo 码译码器结构

RNN-Turbo 码译码器结构如图 5-17 所示，该译码器仅保留了 Turbo 迭代的逻辑，但摒弃了传统分量译码器中 BCJR 算法的结构。图 5-17 展示了两次迭代过程，每次 Turbo 码的迭

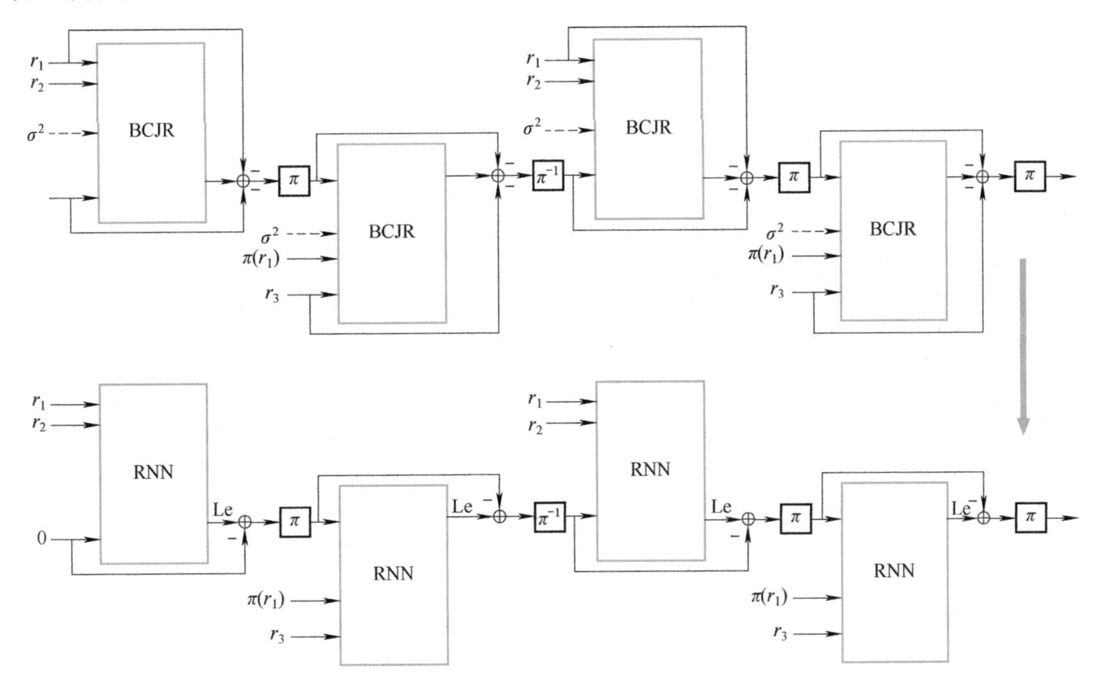

图 5-17　RNN-Turbo 码译码器结构

代被细化为两层网络结构。其中，r_1 负责接收信息位数据，r_2 和 r_3 分别接收第一路和第二路校验位数据，Le 表示网络输出的外附信息，r_1、r_2、r_3 和 Le 的长度均为 K。由于尾位对 RNN 译码性能的影响微不足道，因此可以忽略不计。

RNN 内部结构如图 5-18 所示，RNN 的输入为 r，具体尺寸由编码块数、K、特征维度组成。这里的特征维度为 3，分别是信息位、第一路校验位和先验信息。r_i 的具体尺寸由编码块数、特征维度组成。RNN 的输出被标记为 Le，尺寸由编码块数、K、1 组成。RNN 输出层采用了基于时间分布的全连接层，确保输出的 Le 同样具备时间切片特性。

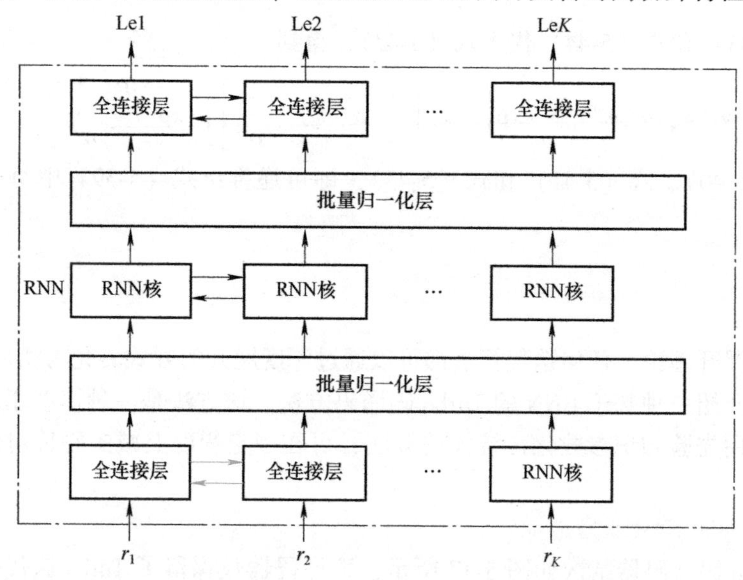

图 5-18 RNN 内部结构

2. RNN-Turbo 码译码网络的训练方法

由第 2 章可知，在 RNN 中，每个时间步的单元不仅接收来自损失函数的反向传播梯度，还会受到相邻时间步单元传递的梯度影响。这些传递的梯度与时间步之间的间隔呈现指数关系，导致在较长的时间序列中，相隔较远的时间步之间的梯度传递会出现所谓的长程依赖问题。

为了有效地处理长程依赖问题，要选择合适的译码网络训练方法。

（1）基于数据发送概率分布改变的训练

有研究表明，过大的信息熵可能增加网络训练的难度。为了使网络逐步收敛，在此需选择适当的数据集进行训练。初步思路是，首先使用熵值较低的全零码字或全一码字对网络进行训练，待网络收敛后再逐步增加数据集中数据的熵值。具体来说，调整数据集的熵值可以通过改变数据集中“0”位和“1”位的发送概率实现。假设数据集中发送“0”位的概率为 p，发送“1”位的概率为 $1-p$，则当 $p=0$ 或 $p=1$ 时，熵值达到最小；而当发送“0”位和“1”位等概率（即 $p=0.5$）时，数据集的熵值达到最大。训练得到的译码网络可作为最终的训练结果。这种训练方法实质上是逐步增加数据集复杂度的继续训练方法。

（2）基于批大小调整的训练

即通过调整批大小直接控制数据集的总熵值，而不是改变发送“0”“1”位的概率分布。在训练过程中，首先设置较小的批大小，使每次用于梯度下降的批的信息熵较小。同时，在初始训练阶段适当提高学习率，以促进网络的初步收敛。这一步骤称为粗训练。在后续的继续训练过程中，逐步增加批大小并降低学习率，以优化网络收敛后的译码性能。这一方法的具体操作步骤如下。

1）设置第一轮训练的超参数，一般批大小小于50，学习率 α 约为0.001，训练轮数（Epoch）小于50。

2）训练网络直至其收敛。若出现梯度爆炸现象，则适当降低学习率 α。

3）若网络损失函数值先降后升，则适当降低 α 值。

4）若网络损失函数值始终处于较高水平，或训练过程中出现明显的梯度消失现象，则适当增加 α 值并减小批大小。

5）训练结束后，使用本次训练得到的参数重新初始化网络，并调整批大小增加50，α 减少0.0001，训练轮数保持不变。

6）重复步骤2)~5)，直至网络收敛。网络收敛的标志为出现轻微过拟合现象，即网络在训练集上的译码误码率略优于测试集，此时可提前停止训练以防止严重过拟合。

上述六个步骤是可确保RNN收敛的有效方法。实际上这借鉴了持续学习（Continuous Learning）的策略，即不断固化参数后进行继续训练。由于已知训练的网络在后续复杂数据集上收敛后，必然能解决简单数据集的译码问题，因此无须考虑灾难性遗忘（Catastrophic Forgetting）问题。

总体来说，上述两种训练方法均借鉴了神经网络训练中的预训练和继续训练策略，它们从一个与最终目标相似度高且特征较简单的任务开始，逐渐提高训练任务的难度，使网络能够逐渐适应特征维度较高的复杂任务训练。此外还应注意，每次训练的轮数不宜设置过大，否则可能导致过拟合或梯度爆炸问题。

习 题

1. 简述基于神经网络的线性分组码通用译码方法。
2. 设计一个基于神经网络的（7,4）线性分组码译码器。
3. 简述基于深度学习的LDPC码译码方法。
4. 仿真实现LDPC码最小和译码算法。
5. 已知一个（3,1,4）卷积码编码器的输出和输入的关系为

$$c_1 = b_1$$
$$c_2 = b_1 \oplus b_2 \oplus b_3 \oplus b_4$$
$$c_3 = b_1 \oplus b_3 \oplus b_4$$

请画出该编码器的结构图和树图。当输入信息序列为［10110］时，试求出其输出序列。

6. 已知一个（2,1,3）卷积码编码器的输出和输入的关系为

$$c_1 = b_1 \oplus b_2$$
$$c_2 = b_1 \oplus b_2 \oplus b_3$$

当接收序列为［1000100000］时，试用Viterbi译码算法求出发送信息序列。

7. 简述基于神经网络的卷积码译码方法。
8. 设一个Turbo码的分量卷积码的生成多项式矩阵为 $G(D)=\left[1 \ \frac{1+D^4}{1+D+D^2+D^3+D^4}\right]$，请

画出对应的 Turbo 码的编码器结构图。

9. 简述基于神经网络的卷积码译码方法。

本章参考文献

[1] SHLEZINGER N, FARSAD N, ELDAR Y C, et al. ViterbiNet: a deep learning based Viterbi algorithm for symbol detection [J]. IEEE Transactions on wireless communications, 2020, 19(5):3319-3331.

[2] HE Y F, ZHANG J, WEN C K, et al. TurboNet: a model-driven DNN decoder based on max-log-MAP algorithm for turbo code [C]//IEEE VTS Asia Pacific Wireless Communications Symposium (APWCS), 2019.

[3] JIANG Y H, KIM H, ASNANI H, et al. Turbo autoencoder: deep learning based channel codes for point-to-point communication channels [EB/OL]. (2019:11-08) [2024-08-04]. http://arxiv.org/abs/1911.03038.

[4] JIANG Y H, KIM H, ASNANI H, et al. Joint Channel Coding and Modulation via Deep Learning [C]//IEEE 21st International Workshop on Signal Processing Advances in Wireless Communications (SPAWC), 2020.

[5] KIM H, JIANG Y H, KANNAN S, et al. Deepcode: feedback codes via deep learning [J]. IEEE Journal on selected areas in information theory, 2020, 1(1):194-204.

[6] JIANG Y H, KIM H, ASNANI H, et al. Feedback turbo autoencoder [C]//IEEE International Conference on Acoustics, Speech and Signal Processing (ICASSP), 2020.

[7] WU N, WANG X D, LIN B, et al. A CNN-Based end-to-end learning framework toward intelligent communication systems [J]. IEEE Access, 2019,7:110197-110204.

[8] 王旭东，吴楠，王旭．基于卷积神经网络自编码器结构的空时分组传输方案 [J]. 电讯技术，2020，60 (07): 746-752.

[9] NACHMANI E, BE'ERY Y, BURSHTEIN D. Learning to decode linear codes using deep learning [C]//54th Annual Allerton Conference on Communication, Control, and Computing (Allerton), 2016.

[10] NACHMANI E, MARCIANO E, BURSHTEIN D, et al. RNN Decoding of linear block codes [EB/OL]. (2017-2-24) [2021-03-12]. https://arxiv.org/abs/1702.07560.

[11] HAMALAINEN A, HENRIKSSON J. A recurrent neural decoder for convolutional codes [C]//IEEE International Conference on Communications (Cat. No. 99CH36311), 1999.

[12] KIM H, JIANG Y. Communication algorithms via deep learning [EB/OL]. (2018-03-23) [2024-08-04]. http://arxiv.org/abs/1805.09317.

[13] JIANG Y H, KANNAN S, KIM H. DEEPTURBO: Deep turbo decoder [C]//IEEE 20th International Workshop on Signal Processing Advances in Wireless Communications (SPAWC), 2019.

[14] TSAI W C, TENG C F. Neural network-aided BCJR algorithm for joint symbol detection and channel decoding [C]//IEEE Workshop on Signal Processing Systems (SiPS), 2020.

[15] YE H, LIANG L, LI G Y. Circular convolutional auto-encoder for channel coding [C]//IEEE 20th International Workshop on Signal Processing Advances in Wireless Communications (SPAWC), 2019.

[16] TANDLER D, DÖRNER S, CAMMERER S, et al. On recurrent neural networks for sequence-based processing in communications [C]//53rd Asilomar Conference on Signals, Systems and Computers, 2019.

[17] 黄启圣．基于深度学习的信道译码算法研究 [D]. 南京：东南大学，2021.

[18] 邓家风．卷积码的神经网络模型译码研究 [D]. 广州：华南理工大学，2021.

[19] 袁俊刚，韩慧鹏．高通量卫星通信技术 [M]. 北京：北京邮电大学出版社，2021.

[20] 彭燕妮，曹长修，周世纪．一种基于 RBF 神经网络的线性分组码的通用译码网络 [J]. 计算机应用，2003，23(10):114-116.

第6章

基于人工智能的卫星资源调度

卫星资源是指在卫星通信系统中用于传输数据和支持通信服务的各种可分配资源，包括但不限于频率、功率、时间、空间等传统通信资源。随着边缘计算的兴起，卫星也逐步具备了计算和缓存能力，其上还会部署一定的计算资源和存储资源。合理利用这些资源对于提升卫星通信系统的覆盖范围、容量和效率起着至关重要的作用。

资源调度是指根据用户需求和网络条件，合理分配和利用有限的通信源以及计算和存储资源，以最大限度提高资源利用率和改善用户体验的技术。合理有效的资源调度方法能够提高频谱利用率、降低能耗、减少干扰，从而提升整体网络效率，同时减少延迟、避免拥塞，提供更流畅的用户体验。

传统的卫星资源调度方法有静态调度、循环调度、按需调度、优先级调度、队列管理、流量控制和优化算法等。这些传统资源调度方法在通信网络中发挥着重要作用，然而，随着无线通信技术的快速发展，现代通信网络对资源调度的需求和挑战也在不断变化，需要更加灵活和智能的调度算法和方法。此外，由于卫星通信网络尤其是低轨卫星网络具有多元异构、动态时变、资源受限的特征，卫星网络的资源调度除了要应对用户需求增长和频谱稀缺等问题外，还要适应节点的动态性和需求的实时性等更高要求。因此，在卫星资源调度中引入人工智能技术，可以帮助系统适应动态环境和需求，在满足网络链路容量约束和用户服务质量要求的同时，最大化动态卫星网络中的总数据速率或接入用户数量等指标，提高资源分配的灵活性和效率。

通过本章的学习，应掌握卫星网络资源调度问题建模的一般方法，熟悉基于强化学习的星地多维资源调度模型设计与算法实现，理解资源分配对网络性能和效用的作用机理，了解多任务联邦学习在星地融合网络中的应用。

6.1 资源调度基本原理

6.1.1 资源的概念

1. 频谱资源

频谱资源是指用于传输无线电信号的可用频率范围，是卫星通信系统中最宝贵的资源之一。在目前的卫星通信中，常用的频段包括 UHF（特高频，0.5~1GHz）、L（1~2GHz）、S（2~4GHz）、C（4~8GHz）、Ku（12~18GHz）和 Ka（26.5~40GHz）。在未来的计划中，毫米波频段如 V（40~75GHz）和 W（75~110GHz），也将被使用。频率带宽与数据传输速率之间存在紧密的关系。带宽越宽，系统在单位时间内传输的数据量就越大，从而可实现更高的数据传输速率。利用多路复用、调制解调、信号编码和压缩等技术，可以最大限度地利用有限的频谱资源传输更多数据。随着用户需求的增长和频谱稀缺问题的越发突出，如何合理规划、管理和分配频谱资源已成为推动卫星通信发展的重要课题。

2. 功率资源

功率资源是指在卫星网络中用于传输信号的发射功率。它是实现可靠通信和提供良好服务质量的关键要素之一。由于受卫星重量及太空环境等因素的影响，卫星载荷的功率资源是受限的。通过综合考虑如信道状态、干扰和噪声、载荷能耗限制等因素，优化发射功率，可以最大化信号的覆盖范围、提高抗干扰能力。

3. 时间资源

时间资源是指在一定时间间隔内进行数据传输的时间片段。在卫星通信系统中，通常将时间划分为不同的时隙或时间片段，用于发送和接收数据。这种划分可以确保多个用户在不同时间段内共享通信资源，以实现多用户接入和数据传输。

4. 空间资源

空间资源是指信号由于电磁辐射的方向性在空间中所占据的有效区域。空间资源与无线信道和天线的相关性有关，它涉及信号在空间中的传播、天线配置和信号处理等因素，可以通过定向天线设计或波束成形、波束分割、波束跳变等方式对其进行调度。例如，波束成形通过控制每个天线元件的相位、幅度、指向和辐射模式等共同决定信号如何在空间中传播和接收。

5. 计算资源

计算资源指的是嵌入在卫星通信系统中的处理器及相关的计算设备。这些计算资源负责处理和管理卫星接收到的指令、数据，以及执行导航、通信和其他计算任务。具体来讲，计算资源可以用于执行指令，控制卫星的运行状态、姿态调整和信息采集，并负责对接收到的数据进行解码、解析和存储。计算资源还可以执行导航算法，处理 GPS（全球定位系统）等卫星导航系统的信号，计算位置、速度和时间信息，并向用户终端提供定位服务。另外，计算资源也需要支持软件的更新、配置管理和远程维护，以及时应对系统需求变化和安全漏洞。

6. 缓存资源

缓存资源是指卫星通信系统中各类节点的缓存设备，用于存储卫星通信中的数据和信息。缓存资源可以缓存经常使用的数据，当用户请求数据时，可以从本地快速响应，减少通信延迟和网络拥塞，提高通信质量和效率。缓存资源的设计和优化需要考虑多个因素，如存储容量、响应速度、数据安全和可靠性等。同时，由于卫星通信系统的特殊性，缓存资源还要解决卫星信道延迟、信号干扰、天气影响等技术挑战。随着卫星通信技术和互联网技术的不断发展，缓存资源的应用和发展也在不断扩展和深化。例如，通过结合人工智能和大数据技术，缓存资源可以更加智能地预测和响应用户需求，提高卫星通信的效率和质量。

6.1.2　传统资源调度方法

通信资源调度方法如图 6-1 所示。目前存在多种通信资源调度算法，可以将其按照是否使用人工智能算法分为传统资源调度方法与智能资源调度方法两类。其中卫星网络中的传统资源调度方法与地面有线和无线通信网络类似，包括静态调度、按需调度、循环调度、比例公平调度、优先级调度、队列管理、流量控制和优化算法等。

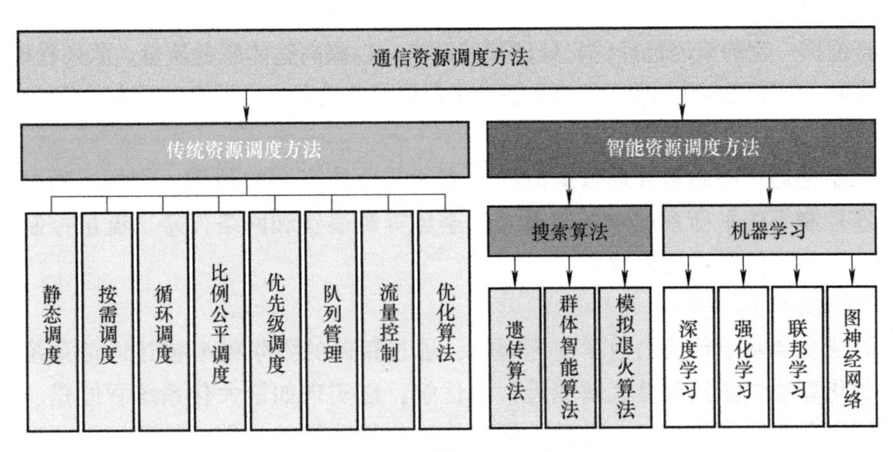

图 6-1　通信资源调度方法

1. 静态调度

静态调度是一种最简单的通信资源调度方法，它将通信资源（如带宽、频率等）提前分配给不同的用户或应用。这种方法适用于固定的通信需求和资源利用率较低的情况。静态调度的优点是实现简单、管理成本低。然而，静态调度会导致资源利用率低，难以应对动态变化的通信需求。

2. 按需调度

按需调度是根据实际通信需求动态地分配通信资源。系统根据用户的请求和网络状况判断资源分配的优先级和数量，并根据需要进行动态调整。按需调度可以提高资源利用率并且满足用户需求，但需要复杂的算法和实时决策，增加了系统的复杂性。

3. 循环调度

循环调度是一种周期性地为不同用户分配通信资源的方法。例如，按照时间切片的方式，将通信资源依次分配给用户，每个用户在特定的时间段内使用通信资源。由于操作简单性，循环调度在需要保证最基本公平性的场景下仍然有应用价值，但在性能要求更高的场景下，通常会被更复杂的算法所取代。

4. 比例公平调度

比例公平调度在提高系统吞吐量和保证用户公平性之间寻求平衡，通过考虑用户的历史吞吐量与当前信道质量来分配资源。它是一种广泛应用的调度方法，特别是在 LTE（长期演进）和 5G 等移动通信系统中获得了使用。尽管比例公平调度在提供比较好的系统性能的同时，也较好地保证了用户的相对公平性，但也存在一定的问题。例如，当用户服务需求差异或用户信道质量差异大、用户的数量过多时，仍可能产生不公平的情况。对此，人们提出了许多改进的算法，如加权比例公平调度、延时保障的比例公平调度等，以适应更多的应用场景。

5. 优先级调度

优先级调度是根据用户或应用的重要性和服务质量需求安排通信资源。高优先级用户或应用可以获得更多的通信资源，以保证其通信质量。优先级调度能够保证重要用户或应用的通信质量，但可能会导致低优先级用户的服务质量下降。

6. 队列管理

队列管理是通过对通信请求进行缓存和调度，以平衡资源的供需关系。当通信资源不足时，系统将根据一定的策略选择优先处理某些请求，以提高整体服务质量。队列管理能够平衡资源供需关系，但需要合理的调度策略和算法来保证服务质量，且可能出现队列堵塞的问题。

7. 流量控制

流量控制是通过限制和管理数据流的速率调节通信资源的使用。例如，通过设置发送速率或拥塞控制算法平衡系统中的流量，以避免资源浪费和网络拥塞。流量控制需要实时监测和调整，且可能影响通信效率。

8. 优化算法

优化算法主要基于传统的数学优化理论，通过精确的数学模型描述通信系统的资源调度问题。优化算法试图找到最优解或近似最优解，以实现如最大化系统吞吐量、最小化能耗、平衡用户服务质量等目标。常见的优化算法包括非线性规划、整数规划、混合整数线性规划、组合优化、凸优化等。这些方法往往需要准确的系统模型，并且当问题规模较大或模型较为复杂时可能涉及复杂的计算过程。

6.1.3 智能资源调度方法

不同于传统地面通信网络，卫星通信网络具有以下典型特征。

(1) 网络组成多元异构

网络中包括多个卫星与地面节点，卫星网络中不同轨道的卫星对地移动速度、覆盖范围、发射成本不同，地面网络也包含信关站、区域中心站、车载站、用户终端等不同类型的设备，其天线口径和发射功率也有所不同。这种多元异构特性使得网络能够灵活组网，以适应不同的应用需求与环境，网络的可靠性与可用性得以提升，但同时资源调度和网络管理的难度也大为增加。

(2) 网络拓扑动态变化

卫星轨道高度与轨道倾角的不同，直接影响卫星的运动轨迹与对地覆盖范围。由于地球的自转与卫星的运动，中低轨卫星相对于地面的位置会周期性地改变。对于固定地面区域而言，网络拓扑状态就会随卫星进入或离开地面通信设备的可视范围而不断发生变化，因此网络在终端接入、路由设计等方面都会面临更大的挑战。

(3) 星上载荷资源受限

由于卫星的质量与尺寸限制，卫星节点可承载的通信、计算和存储资源都非常有限。面对数据流量急剧增长的挑战，地面通信网络可通过部署更多的设备来扩大通信资源总量；然而由于卫星载荷的限制，此方法在星地融合网络中无法得到有效应用。

显然，传统资源调度方法已不满足多元异构、动态时变、资源受限的卫星网络需求，难以有效支撑未来爆发式增长的多元化业务。

因此，在卫星资源调度中引入机器学习等技术，将时、频、空、能和计算缓存资源进行联合调度，可以帮助系统智能感知、预测和适应动态环境和需求，在满足网络链路容量约束和用户服务质量要求的同时，最大化动态卫星网络中的总数据速率或接入用户数量等指标，提高资源分配的灵活性和效率。例如，通过波束成形向量的优化设计，可以实现空域与功率域资源的联合调度；考虑节点位置或信道相关性信息，可以优化时域和频域资源的分配；以降低通信成本、提高网络传输效率为目标，还能进一步优化计算和缓存资源调度，提升系统全局性能。

基于人工智能的算法已经被广泛应用于通信系统的资源调度问题。与传统优化算法相比，人工智能算法更加灵活，能够处理更复杂的问题，尤其是在系统模型不完全已知或难以精确建模的情况下。这些算法主要有：

1）借鉴自然选择的原理，通过选择、交叉和变异等操作在候选解的种群中进行搜索，以找到近似最优解，适用于解决复杂优化问题的遗传算法。

2）模拟自然界中的群体行为，利用个体简单规则的集体智慧寻找最优解，适用于动态或不确定环境的群体智能算法。

3）模仿金属加热后慢慢冷却的退火过程，通过控制“温度”参数逐步逼近全局最优解，适用于具有多个局部最大/最小值的模拟退火算法。

4）通过构建多层神经网络学习复杂的数据表示，在预测网络流量和用户行为的资源分配中展现出处理复杂模型和大规模数据能力的深度学习。

5）通过与环境的交互学习到在给定状态下做出最优决策以适应环境变化的强化学习。

6）允许多个设备在不直接交换数据的情况下共同训练一个模型的联邦学习。

7）通过处理图结构数据的神经网络，捕捉节点间复杂关系的图神经网络。

通过学习历史数据和不断迭代，人工智能算法能够适应环境变化，寻找有效的资源分配策略。尽管人工智能算法可能无法保证找到数学意义上的最优解，但它们在实际应用中展现出对于动态网络环境较好的适应性。

总之，传统和智能资源调度方法在通信系统资源分配中各有优势。选择哪一类方法，取决于具体的应用场景、问题的复杂度、所需的计算资源以及对解的精确度的要求。实际应用中有时也会将两者结合起来，以发挥各自的优势，实现更高效、更智能的资源调度。

6.2　基于 DRL 的跳波束系统资源调度

在卫星通信系统中，传统的多波束技术均分带宽资源和功率资源，星载资源损耗大，资源利用率低，容易导致资源分配策略无法满足特定小区通信的需求。利用卫星跳波束实现按需服务是当前卫星通信网络研究的热点，但同时也面临业务差异性、服务均衡性、频谱分配灵活性等主要技术挑战。

6.2.1　跳波束系统概述

本小节介绍卫星前向链路跳波束系统的资源调度问题。卫星前向链路跳波束系统模型如图 6-2 所示，其中卫星一个时隙可支持的并行点波束数量 K 通常小于可以覆盖的地理小区数量 N，即该系统能够利用较少的点波束资源分时指向预定小区，以满足分布广但疏密不均匀的用户业务需求。点波束指向的中心可以是地面确定的地理位置，也可以是用户。在满足时延等用户服务质量要求的情况下，可以借助星载天线波束可快速切转的特点，按照用户位置进行轮询式覆盖，达到类似无小区的服务效果。在每个时隙中，卫星同时有多个波束被激活，从而将卫星功率和带宽投放到需要的地方。跳波束时隙越小，资源调度的粒度越细，可调配的自由度越高。

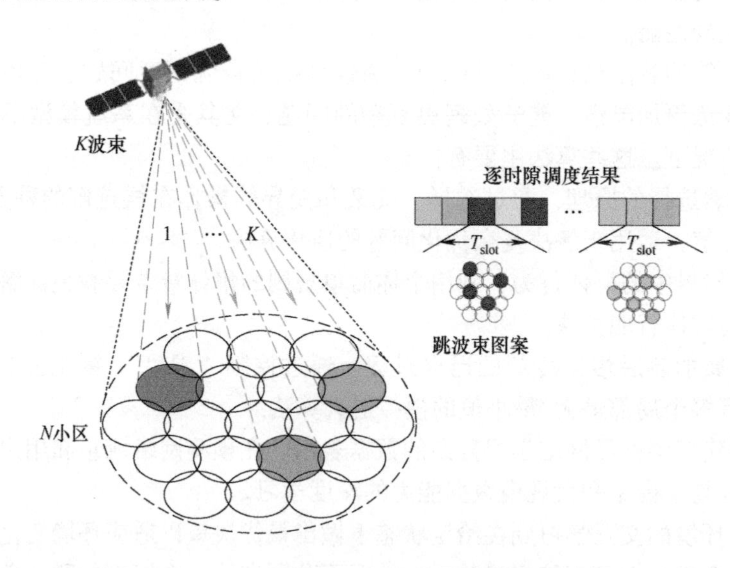

图 6-2　卫星前向链路跳波束系统模型

跳波束卫星通信系统中的主要术语如下。

1）时隙：特定跳波束图案保持的最小时间，也是波束在一个小区的最短驻留时间。

2）跳波束图案：一个时隙内的所有波束指向。

3）跳波束时隙计划：由若干个时隙的跳波束图案构成，最小时隙计划为单个时隙的跳波束图案。

4）小区业务需求：可以是实时到达信关站或卫星的业务队列信息，也可以是长时间的业务统计信息。

卫星的前向链路如图 6-3 所示，根据跳波束时隙计划，卫星以时分复用方式使用 K 个并行波束服务 N 个小区，通过跳波束下行链路将业务传送给地面用户。假设卫星或者地面运控中心拥有 N 个业务队列，每个队列存有一个小区最近 T_{ttl} 个时隙到达的业务量。定义在第 t 个时隙，到达小区 n 的业务量为 $\boldsymbol{\Lambda}_t=\{\rho_t^n \mid n\in 1,2,\cdots,N\}$，且服从到达率为 λ_t^n 的泊松分布。第 t 个时隙队列中存有的业务量可以表示为 $\boldsymbol{d}_t=\{d_t^1,d_t^2,\cdots,d_t^n,\cdots,d_t^N\}$，其中 d_t^n 为第 t 个时隙缓存在队列 n 中的总业务量。进一步根据业务在队列里缓存的时间，可将 d_t^n 分解成 $\{\phi_{t,1}^n,\phi_{t,2}^n,\cdots,\phi_{t,l}^n,\cdots,\phi_{t,T_{ttl}}^n\}$，其中 $\phi_{t,l}^n$ 为在队列 n 中已经等待了 l 个时隙的业务数据量。由此可得第 t 个时隙的总业务量矩阵为

$$
\boldsymbol{D}_t = \begin{bmatrix} \phi_{t,1}^1 & \phi_{t,2}^1 & \cdots & \phi_{t,T_{\text{ttl}}}^1 \\ \phi_{t,1}^2 & \phi_{t,2}^2 & \cdots & \phi_{t,T_{\text{ttl}}}^2 \\ \vdots & \vdots & & \vdots \\ \phi_{t,1}^N & \phi_{t,2}^N & \cdots & \phi_{t,T_{\text{ttl}}}^N \end{bmatrix} \tag{6-1}
$$

为满足每个小区的业务需求，卫星需要决策每个时隙内 K 个波束的照射位置。定义在 t 时隙，每个小区的波束调度向量为 $\boldsymbol{X}_t = \left\{(x_t^1, x_t^2, \cdots, x_t^n, \cdots, x_t^N) \mid x_t^n = 0，1 \text{且} \sum_{n=1}^{N} x_t^n = K\right\}$，其中 $x_t^n = 1$ 表示第 t 个时隙小区 n 被 K 个跳波束中的一个波束服务。

此外，通过为一个时隙内的每个跳波束分配合适的带宽与功率，还可以进一步提升系统吞吐量。假设整个卫星通信系统的带宽为 B_{tot}，将整个带宽划分为 M 个宽度相等的频率块。为了提高卫星的功率效率，假设只能为每个波束分配连续的频率块。图 6-4 所示为 4 个频率块的带宽分配方式，为一个波束分配 1～4 个连续频率块的方式分别有 4、3、2、1 种可能，所以共有 4+3+2+1 种可能的组合。因此，M 个频率块对应了 $M+(M-1)+(M-2)+\cdots+1=\dfrac{M(M+1)}{2}$ 种带宽分配方式。定义 t 时隙每个小区的带宽分配向量为 $\boldsymbol{BW}_t = \left\{(B_t^1, B_t^2, \cdots, B_t^k, \cdots, B_t^K) \mid B_t^k = 1, 2, \cdots, \dfrac{M(M+1)}{2}\right\}$，其中 B_t^k 为第 t 个时隙波束 k 的带宽分配方式。

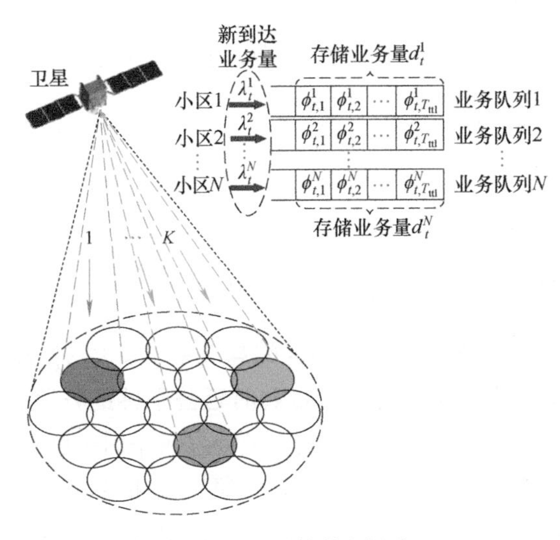

图 6-3　卫星的前向链路

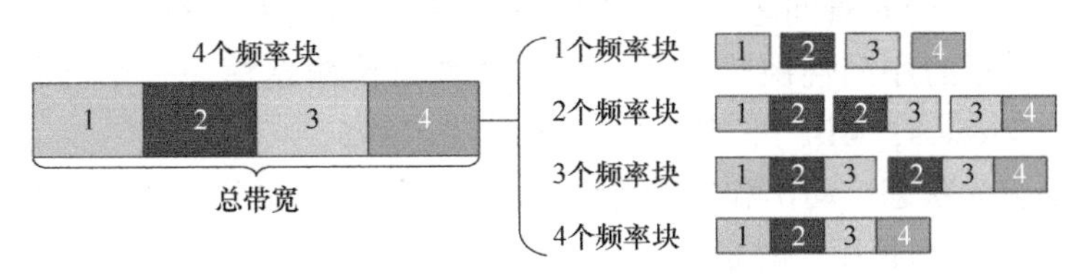

图 6-4　4 个频率块的带宽分配方式

进一步假设整个卫星通信系统的总功率为 P_{tot}，分配给每个波束的最大功率为 $P_{\max}$。在 t 时隙，每个小区的功率分配向量 $\boldsymbol{P}_t=\left\{(P_t^1,P_t^2,\cdots,P_t^k,\cdots,P_t^K)\mid\sum_{k=1}^{K}P_t^k<P_{\text{tot}}\text{ 且 }P_t^k<P_{\max}\right\}$，其中 P_t^k 为第 t 个时隙的波束 k 选择的发射功率。

若小区 n 被波束 k 照射，则波束 k 到小区 n 的信道增益可以定义为 $h_{n,k}$，小区 n 的信噪比为 $\text{SINR}_t^n=\dfrac{P_t^k h_{n,k}}{N_0|B_t^k|B_{\text{ch}}+I}$，其中 N_0 为单边噪声功率谱密度，P_t^k 为波束发射功率，$|B_t^k|$为分配给波束 k 的频率块个数，B_{ch} 为一个频率块的带宽，I 为占据相同频率块的其他跳波束所产生的干扰。根据香农公式，可以计算小区 n 的信道容量 $C_t^n=x_t^n\mid B_t^k\mid B_{\text{ch}}\log_2(1+\text{SINR}_t^n)$。数据流量 d_t^n 取决于上一个时隙的数据流量 d_{t-1}^n、上一个时隙的决策变量 x_{t-1}^n 和新到达的流量 ρ_t^n，即 $d_t^n=d_{t-1}^n-x_{t-1}^n\text{Th}_t^n+\rho_t^n$。因此，第 t 个时隙小区 n 的吞吐量 $\text{Th}_t^n=\min(C_t^n,d_{t-1}^n+\rho_t^n)$。

基于上述分析可知，跳波束系统中的资源调度涉及每个时隙中跳波束图案的选择以及带宽和功率的分配。以平衡长期系统吞吐量和小区间时延公平性为目标对其进行优化，该问题可定义为

$$
\begin{aligned}
&\text{opt. }\max\mathcal{P}=\beta\frac{\text{Th}_{\text{total}}}{\text{Th}_{\max}}-(1-\beta)\frac{F}{F_{\max}},\ \beta\in[0,1]\\
&\text{s. t. C1: }\sum_{t=1}^{K}P_t^k<P_{\text{tot}},\ \forall k\in 1,2,\cdots,K\\
&\qquad\text{C2: }P_t^k<P_{\max},\ \forall k\in 1,2,\cdots,K\\
&\qquad\text{C3: }|B_t^k|B_{\text{ch}}\leqslant B_{\text{tot}},\ \forall k\in 1,2,\cdots,K\\
&\qquad\text{C4: }B_t^k=1,2,\cdots,\frac{M(M+1)}{2},\ \forall k\in 1,2,\cdots,K\\
&\qquad\text{C5: }\sum_{n=1}^{N}x_t^n=K,\ x_t^n=0,1
\end{aligned}
$$

式中，$\text{Th}_{\text{total}}=\sum_{t=1}^{T}\sum_{n=1}^{N}\text{Th}_t^n$ 为长期吞吐量；时延公平性 $F=\sum_{t=1}^{T}\left[\max_{n\in 1,2,\cdots,N}(\tau_t^n)-\min_{n\in 1,2,\cdots,N}(\tau_t^n)\right]$ 为各小区队列时延之差，其值越小，说明小区间越公平，其中 τ_t^n 为第 t 个时隙小区 n 的业务平均排队时延；$\mathcal{P}$ 为优化目标；β 为吞吐量和时延公平性的权重；$\text{Th}_{\max}$ 和 $F_{\max}$ 为两个归一化常数；x_t^n、B_t^k 和 P_t^k 为待优化变量，定义为波束在每个时隙的照射位置、带宽和功率分配。约束 C1 为卫星总功率约束，约束 C2 限制了每个波束的功率不超过各波束最大功率，约束 C3 限制了每个波束的带宽不超过系统总带宽，约束 C4 和约束 C5 依次限制了波束调度和带宽分配的具体策略。

上述优化问题属于 NP 难问题，直接求解较为困难。鉴于所要优化的目标可以看作一个最大化长时累计回报的序列性决策过程，可将跳波束传输建模为一个马尔可夫决策过程（Markov Decision Process，MDP），并采用 DRL 算法求解。

MDP 中主要包含状态、动作和奖励等要素。在跳波束资源分配中，三者的定义如下。

1）状态：业务队列长度、时延等。

2）动作：波束的指向、带宽、功率等。

3）奖励：各类优化目标函数。

针对上述具有高维状态空间和动作空间的 MDP 问题，DRL 结合强化学习和深度学习，通过智能体和环境的交互学习最优的资源分配策略。以下将结合特定场景，按照单智能体和多智能体两类分别讨论具体的 DRL 资源调度模型和学习算法。

实验视频
项目13：基于DDQN的单智能体DRL资源调度仿真

6.2.2　基于 DDQN 的单智能体 DRL 资源调度

在强化学习中，智能体是进行决策的实体，它通过与环境的交互学习并优化决策。为简化设计，假设在卫星或者地面运控中心部署一个智能体，用于完成跳波束系统的所有资源调度任务。下面就以波束调度和带宽分配为例，介绍一种基于 DDQN（Double DQN，双 DQN）的单智能体 DRL 资源调度模型。

在基于 DDQN 的资源调度模型中，将跳波束图案选择和带宽分配的联合优化问题转化为 MDP 问题，并采用 DRL 算法求解，通过离线学习、在线部署的方式，最大化系统吞吐量和时延公平性。

1. MDP 模型

（1）状态

状态能抽象地表征环境，也是智能体进行决策的重要依据。在多波束卫星通信系统环境下，状态通常被定义为每个小区队列中的业务量，即状态向量 $\boldsymbol{s}_t=\boldsymbol{D}_t$。

（2）动作

智能体在观察环境后获得相应的状态 $\boldsymbol{s}_t$，进一步确定在该状态下应执行的动作 $\boldsymbol{a}_t$。根据具体目标，动作通常被定义为波束调度、带宽分配或功率分配。本小节的模型以波束调度和带宽分配为跳波束的决策内容，因此将动作定义为波束调度向量和带宽分配向量，即

$$\boldsymbol{a}_t=(\boldsymbol{X}_t,\boldsymbol{B}_t) \tag{6-2}$$

（3）奖励

智能体在分配动作后立即获得奖励。为了评估状态 $\boldsymbol{s}_t$ 下动作 $\boldsymbol{a}_t$ 的有效性，通常将优化目标作为奖励函数。本模型以最大化业务吞吐量和时延公平性为目标，即

$$r_t(\boldsymbol{s}_t,\boldsymbol{a}_t)=\beta\frac{\sum_{n=1}^{N}\mathrm{Th}_t^n}{\mathrm{Th}_{\max}}-(1-\beta)\frac{\max\limits_{n\in1,2,\cdots,N}(\tau_t^n)-\min\limits_{n\in1,2,\cdots,N}(\tau_t^n)}{F_{\max}} \tag{6-3}$$

2. DDQN 结构

单智能体跳波束资源调度架构如图 6-5 所示。为了避免智能体陷入局部最优，Q 网络接收全局状态 $\boldsymbol{s}_t$ 后，采用 ε 贪婪策略决策动作 $\boldsymbol{a}_t$，即智能体以概率 $1-\varepsilon$ 执行 Q 值最大的动作，以概率 ε 在动作空间中随机执行动作。在每个状态执行动作之后，对第 t 个时隙所照射小区进行业务传输，并更新第 $t+1$ 个时隙每个小区的业务量，得到状态变量 $\boldsymbol{s}_{t+1}$。同时，根据第 t 个时隙的数据传输情况计算奖励函数 r_t，并将该时隙的经验（$\boldsymbol{s}_t,\boldsymbol{a}_t,r_t,\boldsymbol{s}_{t+1}$）存入经验池。每经过一定时隙后，智能体从经验池中随机抽取部分经验，计算均方误差，然后利用 Adam 算法对 Q 网络参数进行训练。

由于用户的非均匀分布特性和时变特性，不同小区的业务需求具有差异性和时变性，同时考虑到难以对动态的信道环境进行确定性建模，此处引入无模型（Model-Free）的 DRL

方法，即智能体采用 DDQN 方式进行训练学习。具体而言，引入一个结构与 Q 网络完全相同的 Target-Q 网络（目标 Q 网络），每隔一段时间将 Q 网络的参数拷贝到 Target-Q 网络中，实现 Target-Q 网络的更新。这种“滞后”更新是为了保证 Q 网络训练时的稳定性，可使网络更好地收敛至最佳价值函数。

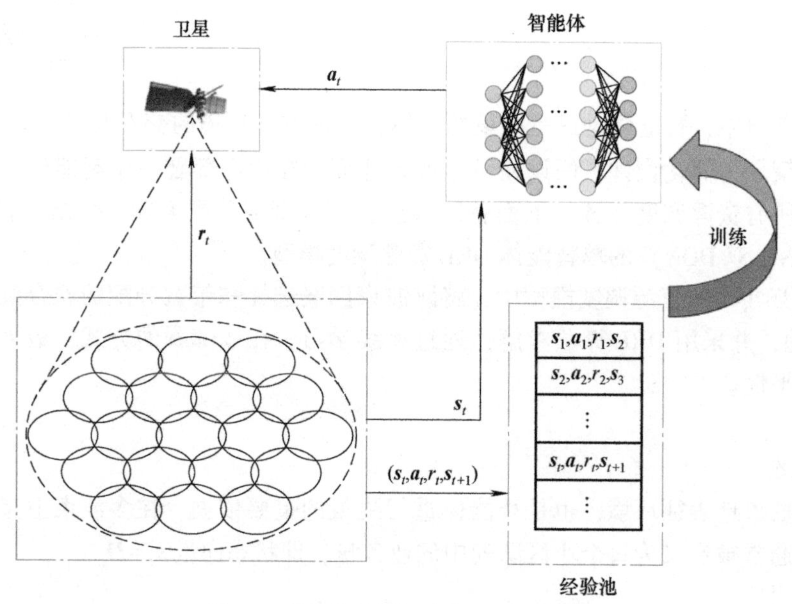

图 6-5 单智能体跳波束资源调度架构

3. 仿真示例

(1) 系统参数设置

本小节基于 Ka 波段的 GSO（地球同步轨道）多波束卫星通信系统进行仿真，相关源代码可从前言末尾的二维码中下载。为降低算法复杂度，设置卫星服务可视范围内的 7 个小区，用户站接收天线增益依次为 32dBi、33dBi、33. 5dBi、34dBi、34. 5dBi、35dBi、35. 5dBi，具体仿真参数见表 6-1。

表 6-1 仿真参数

系统参数	参数值
小区数	7
波束数	2
系统带宽/MHz	500
频率复用系数	2
路径损耗	波束 1 为 213. 1dB，波束 2 为 214. 2dB
发射天线增益	波束 1 为 39. 2 dBi，波束 2 为 38. 4 dBi
噪声功率谱密度/(dB/Hz)	-171. 6
业务到达率	服从（100kbit，300kbit）均匀分布
业务更新周期	1 个时隙（训练）/200 个时隙（测试）
单个时隙持续时间	2ms（参考 DVB-S2X 标准）

（续）

系统参数	参数值
队列最大存活时间	40 个时隙
奖励权重因子	0.5

DDQN 算法的训练轮数为 1000，每轮时隙数为 200，学习率为 10^{-4}，经验池大小为 100000，当缓冲区中至少有 1000 条经验时开始训练，每次训练从缓冲区中抽取 128 条经验，Q 网络每 20 个时隙更新一次，Target-Q 网络每 200 个时隙更新一次，折扣因子为 0.95，初始探索率为 0.95，最终探索率为 0.1。

使用两种对比算法，第一种对比算法为周期性跳波束（Periodic Beam Hopping，P-BH），波束在小区间进行轮询服务，每个波束的带宽为 250MHz，采用频率二色复用；第二种对比算法为随机跳波束（Random Beam Hopping，R-BH），波束随机选择部分小区进行服务，每个波束的带宽为 250MHz，采用频率二色复用。

（2）模型收敛性

图 6-6 与图 6-7 所示分别为 DDQN 算法吞吐量与时延的迭代趋势，可以看出经过 1000 次迭代后，系统的吞吐量最终收敛至 680Mbit/s 左右，时延公平性收敛至 2ms。DDQN 算法在该场景有着较快的收敛速度，能够快速找到最优资源调度策略。

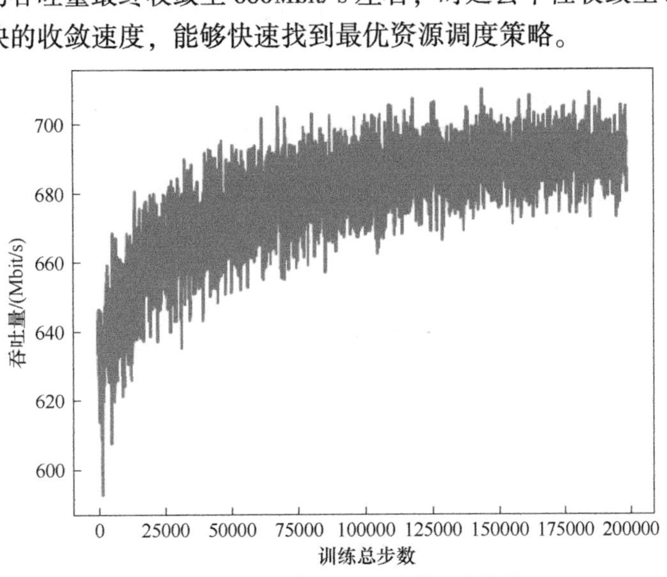

图 6-6　DDQN 算法吞吐量的迭代趋势

（3）系统吞吐量

为了验证 DDQN 算法的有效性，在 500 个业务场景下进行测试，每个业务场景中的小区业务需求在（40Mbit/s，300Mbit/s）内变化。将 500 次测试结果的统计平均值作为最终性能评价指标。

图 6-8 所示为系统吞吐量随总业务需求变化的关系，其中总业务需求为所有小区的业务需求之和。由图 6-8 可见，DDQN 算法在性能上优于其他算法。当总业务需求小于 600Mbit/s 时，所有的算法几乎具有相同的吞吐量，这是因为此时单个波束的通信容量远远大于每个小区的业务需求。随着总业务需求的上升，DDQN 算法能够更加灵活有效地将有限的波束

资源与业务需求相匹配，因此在系统吞吐量上有 8.1% ~ 27.3%的提升。当总业务需求大于 1300Mbit/s 时，DDQN 的吞吐量将趋于平坦，此时受限于卫星自身的通信容量，用户的大业务需求已无法得到完全满足。

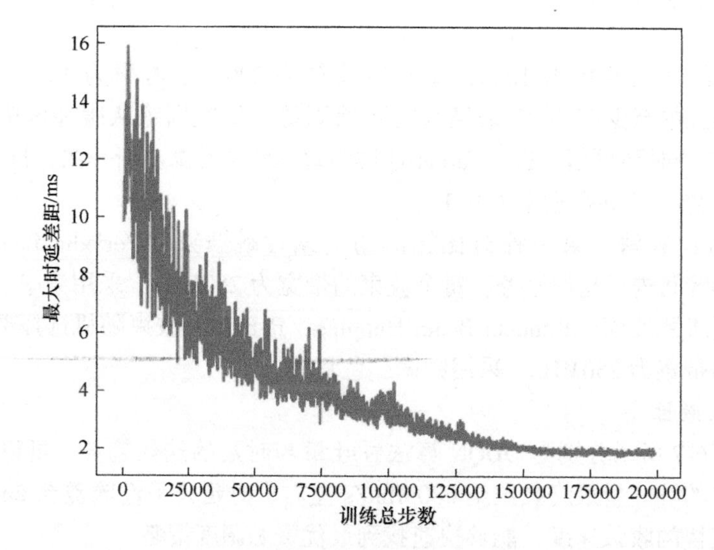

图 6-7 DDQN 算法时延的迭代趋势

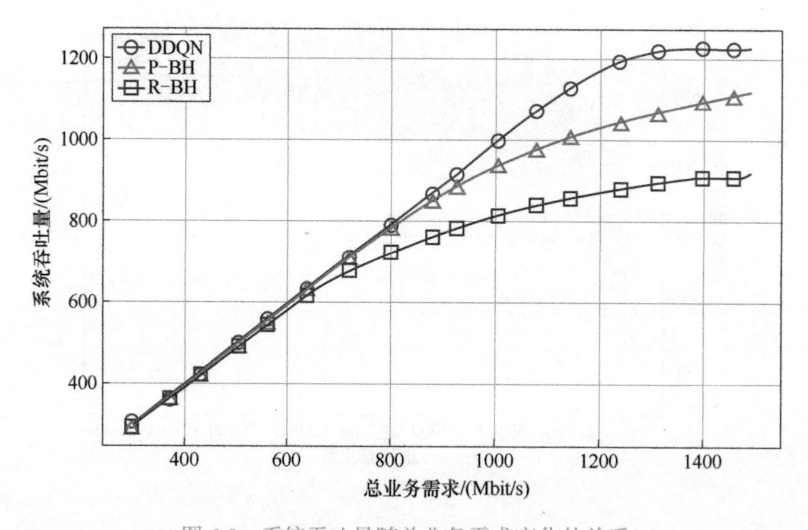

图 6-8 系统吞吐量随总业务需求变化的关系

（4）时延公平性

为了验证算法的时延公平性，同样在 500 个不同的业务场景下对算法进行测试，每个场景下的小区业务需求在（40Mbit/s，300Mbit/s）内变化。图 6-9 所示为某场景下不同小区的业务需求，可见小区间的业务需求差距达到了 200Mbit/s。因此，很有必要设计一个合适的算法以确保小区间的时延公平性，即业务需求大的小区需要在更多时隙被服务，以减少小区间的时延差距。

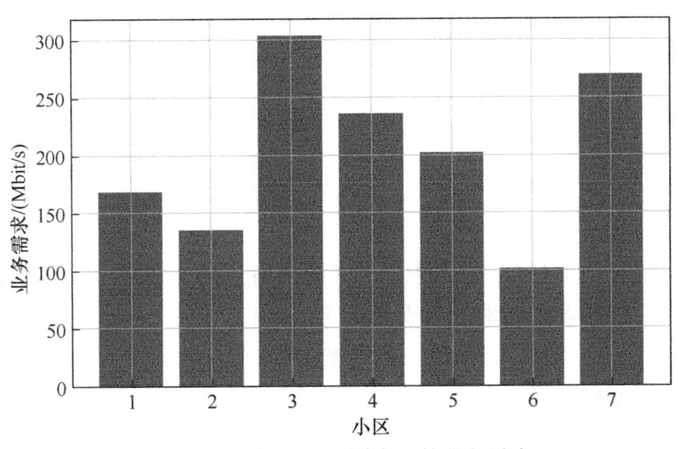

图 6-9　某场景下不同小区的业务需求

图 6-10 所示为不同算法下时延随总业务需求变化的关系。随着总业务需求的增加，所有算法下小区间的最大时延差距都在增加，这是由于有限的波束资源难以满足过多的业务需求，从而导致队列拥塞，业务排队时延增加。当总业务需求为 1500Mbit/s 时，DDQN 算法下各小区的最大业务时延差距保持在 5ms 左右，这对于卫星通信系统来说是可以接受的。

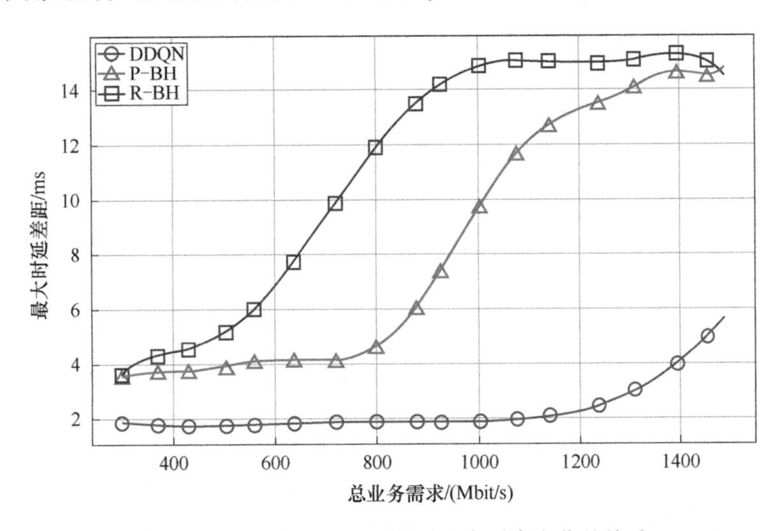

图 6-10　不同算法下时延随总业务需求变化的关系

本节相关源代码可扫描右侧二维码下载。

6.2.3　基于迁移学习的单智能体 DRL 资源调度

基于 DDQN 的资源调度模型关注于给不同业务需求的用户分配不同带宽，以满足各小区的通信需求。从资源调度的角度来看，合理的功率分配策略也可以适应非均匀业务需求的场景。此外，如果考虑在低轨卫星通信的场景中，卫星处于高度运动之中，网络拓扑会不断发生变化，如何使新接入的卫星快速完成训练，也是智能资源调度中面临的一大挑战。为此，本小节介绍一种基于迁移学习的资源调度模型。该模型在将跳波束资源调度问题转化为 MDP 问题并采用 DRL 算法求解的基础上，进一步引入迁移学习，使新接入网络的卫星在训练初期拥有少量样本的条件下，也能尽快取得最优资源分配方案，提高算法的收敛速度。

1. MDP 模型

（1）状态

与 6.2.2 节类似，状态定义为每个小区队列中的业务量，即 $\boldsymbol{s}_t=\boldsymbol{D}_t$。

（2）动作

模型以波束调度和功率分配为智能体的决策内容，假设所有波束使用相同的频段 B_{tot}，因此将动作定义为波束调度向量和功率分配向量，即

$$\boldsymbol{a}_t=(\boldsymbol{X}_t,\boldsymbol{P}_t) \tag{6-4}$$

当小区未获得波束调度权限时，分配到的功率为 0。

（3）奖励

与 6.2.2 节类似，以最大化业务吞吐量和时延公平性为优化目标，奖励 $r_t(\boldsymbol{s}_t,\boldsymbol{a}_t)$ 的定义同式（6-3）。

2. DQN 结构

DQN 模型如图 6-11 所示。首先使用由两个卷积层和三个全连接层构成的 DNN 提取像素矩阵 $\boldsymbol{s}_t$ 的特征，进一步将输出特征与当前时刻的功率分配向量 $\boldsymbol{P}_t$ 作为 DQN 的两个输入，DQN 的输出为下一时刻的波束调度向量 $\boldsymbol{X}_{t+1}$ 和功率分配向量 $\boldsymbol{P}_{t+1}$。

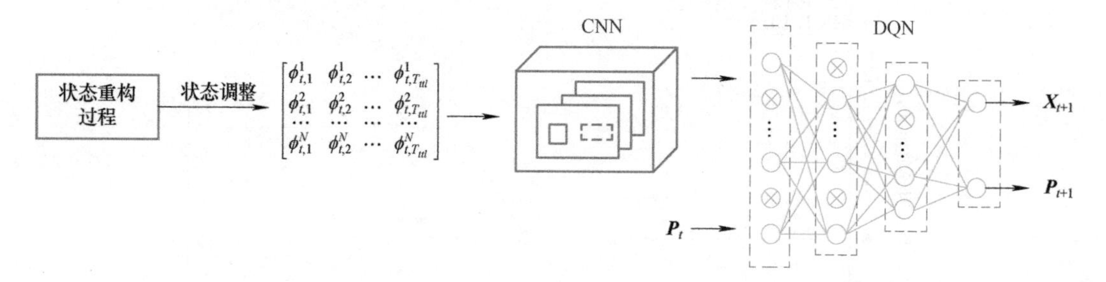

图 6-11 DNN 的单智能体资源调度模型

3. 迁移学习策略

对于新接入网络的卫星来说，虽然与其他卫星覆盖同一片区域，但仍然需要重新与网络环境交互以获取新的样本，并重新训练 DQN 模型，以此得到当前卫星的最优波束调度和功率分配策略。但是由于低轨卫星对地移动速度过快，较长的训练过程必定减少系统的有效服务时间，降低资源优化性能，且若每一个新接入网络的卫星都独立重新训练模型，会大大增加系统的训练成本。引入迁移学习策略可以解决新接入卫星训练样本不足和收敛速度慢的问题。

在网络训练初期，引入源卫星网络策略引导智能体迅速做出满意决策，即较快地收敛，而非从零开始学习。通过源卫星网络得到的策略 $\pi_t^{\text{s}}(\boldsymbol{s}_t,\boldsymbol{a}_t)$ 与目标卫星网络的策略 $\pi_t^{\text{tg}}(\boldsymbol{s}_t,\boldsymbol{a}_t)$ 结合，作为目标卫星网络整体策略 $\pi_t^{\text{o}}(\boldsymbol{s}_t,\boldsymbol{a}_t)$，整体策略的更新方式为 $\pi_t^{\text{o}}(\boldsymbol{s}_t,\boldsymbol{a}_t)=(1-\zeta_t)\pi_t^{\text{s}}(\boldsymbol{s}_t,\boldsymbol{a}_t)+\zeta_t\pi_t^{\text{tg}}(\boldsymbol{s}_t,\boldsymbol{a}_t)$，其中 $\zeta_t=\eta^t$ 为迁移率，$\eta\in(0,1)$ 为迁移率因子，随着时间的推移和训练次数的增加，迁移率会越来越小。在学习刚开始的阶段，源卫星策略 $\pi_t^{\text{s}}(\boldsymbol{s}(t_i),\boldsymbol{a}_t)$ 在整体策略中占主导地位，源卫星策略的存在有较大概率促使系统选择源任务中状态 $\boldsymbol{s}_t$ 的

最优动作。然而，随着学习时间的推移，源卫星策略对整体策略的影响逐渐变小。主要原因是，尽管源任务与目标任务相似，但仍然存在差异，例如在不同的时刻源卫星网络观测到的状态与目标卫星网络观测到的状态一致，但由于卫星所处位置不同，信道条件和各小区需求量也不同，目标卫星应更侧重于根据当前网络环境寻求更匹配的资源分配策略。

6.2.4　合作式多智能体 DRL 资源调度

6.2.2 和 6.2.3 介绍的两种单智能体 DRL 模型，均使用单个智能体决策所有的波束调度、带宽或功率分配方式，这意味着随着波束数量的增加，智能体的决策空间将会呈现指数级扩大的趋势。对于资源受限的卫星而言，巨大的模型复杂度和训练的开销是难以承受的。为了缩小智能体的决策空间，本节在基于 DDQN 的资源调度模型的任务描述和网络结构基础上，进一步介绍一种合作式多智能体 DRL 资源调度体系结构。

1. MDP 模型

（1）全局状态

假设每个智能体都可以获得全部小区的业务状态，即 $\boldsymbol{s}_t=\boldsymbol{D}_t$。

（2）动作

在所述多智能体架构中，每个波束对应两个智能体，因此一颗卫星需要 $2K$ 个智能体分别对 K 个波束的波束调度和带宽分配做出决策。将所有智能体分为两组，其中 $G_1=\{1,2,\cdots,K\}$ 负责波束调度决策，$G_2=\{K+1,K+2,\cdots,2K\}$ 负责带宽分配决策。$2K$ 个智能体的动作向量定义为 $\boldsymbol{a}_t=(a_t^1,a_t^2,\cdots,a_t^i,\cdots,a_t^{2K})$，其中包含以下两部分。

1）$a_t^i,i\in G_1$：负责波束调度决策的智能体，决定哪个小区会被服务，相应的动作定义为

$$a_t^i\mid_{i\in G_1}=n,n\in\{1,2,\cdots,N\} \tag{6-5}$$

上式表示时隙 t 第 i 个波束为小区 n 服务。

2）$a_t^j,j\in G_2$：负责带宽分配决策的智能体，决定采用的带宽分配方式，相应的动作定义为

$$a_t^j\mid_{j\in G_2}=m,\ m\in\left\{1,2,\cdots,\frac{M(M+1)}{2}\right\} \tag{6-6}$$

式中，M 为总频率块数，m 表示选用第 m 种带宽分配方式。

G_1 包含智能体的动作空间大小为 N，G_2 包含智能体的动作空间大小为$\frac{M(M+1)}{2}$。根据 6.2.2 节和 6.2.3 节可知，单智能体框架的动作空间大小为 $C_N^K\frac{M(M+1)}{2}$。相比于单智能体，多智能体框架大幅减小了动作空间，更适用于部署在具有星载处理能力的卫星上进行动态波束策略设计。

（3）全局奖励

为了加强各智能体间的合作，所有智能体共享全局奖励，即

$$r_t = \beta \frac{\sum_{n=1}^{N} \mathrm{Th}_t^n}{\mathrm{Th}_{\max}} - (1-\beta) \frac{\max_{n \in 1,2,\cdots,N} (\tau_t^n) - \min_{n \in 1,2,\cdots,N} (\tau_t^n)}{F_{\max}} \tag{6-7}$$

2. 合作式多智能体 DRL 框架

合作式多智能体 DRL 框架如图 6-12 所示。在该框架中，每个波束对应两个智能体，一个智能体负责每个时隙内的波束调度，另一个智能体负责波束的带宽分配，因此每个智能体都有一个较小的决策空间，且决策空间的大小仅与波束数量呈线性关系。每个智能体都拥有独立的经验池，通过随机抽取各自经验池中的经验进行 Q 网络参数的训练，从而实现独立的经验学习过程。虽然每个智能体以分布式的方式做出决策，但由于多智能体同时部署在同一颗卫星上，它们可以观察全局状态，模型通过共享全局状态和奖励，激励智能体间的合作，以做出更准确高效的决策。

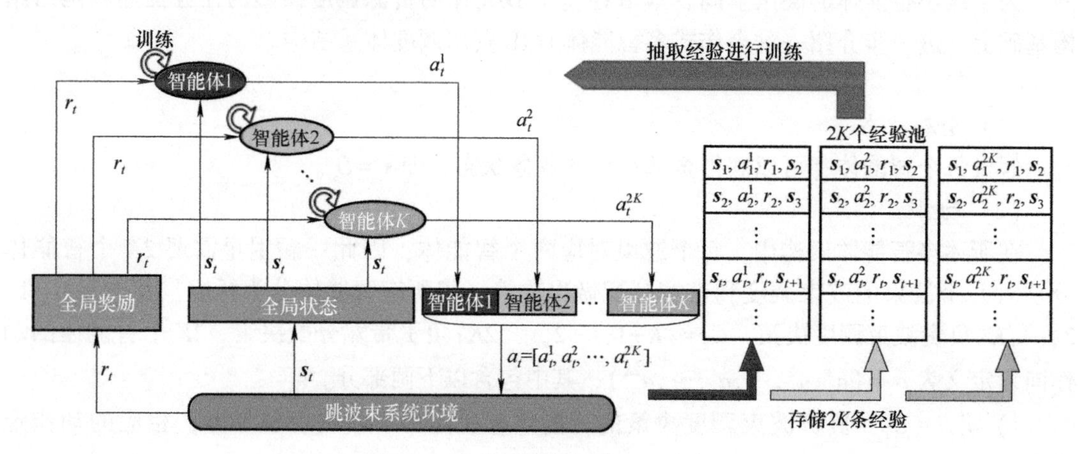

图 6-12 合作式多智能体 DRL 框架

在多智能体的训练过程中，首先初始化 2K 个 Q 网络参数、2K 个经验池、全部小区的业务到达率、全局状态 $\boldsymbol{s}_1$ 以及贪婪系数 ε。随后进入学习回合，每个回合包含多个时隙。一个时隙的智能体训练流程图如图 6-13 所示。首先智能体观测全局状态 $\boldsymbol{s}_t$，并将其输入各自的 Q 网络，第 k 个智能体根据 ε 贪婪策略决策动作 a_t^k。根据智能体的动作 $\boldsymbol{a}_t=(a_t^1, a_t^2, \cdots, a_t^{2K})$ 及链路预算计算每个波束的传输容量，对第 t 个时隙所服务的小区进行业务传输，并更新第 $t+1$ 个时隙每个小区的业务量，然后跳转到下一状态 $\boldsymbol{s}_{t+1}$。根据第 t 个时隙的数据传输情况计算得到的奖励 $\boldsymbol{r}_t$，每个智能体将该时隙的经验（$\boldsymbol{s}_t, a_t^k, r_t, \boldsymbol{s}_{t+1}$）存入经验池。当缓冲区中经验数目大于 1000 条时，智能体 k 从第 k 个经验池中随机抽取 64 条（$\boldsymbol{s}_j, a_j^k, r_j, \boldsymbol{s}_{j+1}$）经验，计算均方误差，并利用 Adam 算法进行各自 Q 网络参数的训练。每经过 200 个学习回合，智能体将各自的 Q 网络参数复制给 Target-Q 网络。最后，减小贪婪系数 ε 并继续下一回合，直至所有回合完成。

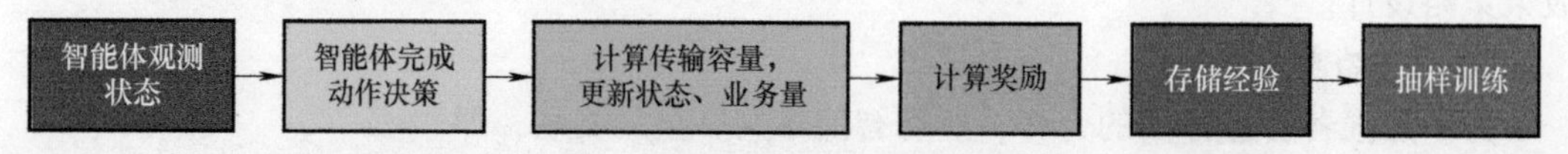

图 6-13 智能体训练流程图

6.3　基于联邦学习的卫星物联网系统资源调度

卫星物联网系统是以卫星通信为主要信息传输方式，实现大量物与物、人与物、人与人之间的连接和信息交换，以实现智能化识别、定位、跟踪、监控和管理物体或环境的互联互通操作信息网络。具备计算能力的大规模物联网终端的出现和人们对用户隐私安全的关注，催生了卫星物联网系统与联邦学习的融合。在这种融合场景下，地面卫星通信终端可作为客户端负责本地训练和梯度参数上传，卫星可作为中心服务器负责全局更新和参数下发。通过服务器与客户端之间的多轮迭代，最后可得到一个趋近于集中式机器学习效果的全局计算模型。在这种工作模式下，一方面，联邦学习以其分布式的机器学习范式，可以在计算侧打破数据源之间的壁垒，在保护客户端隐私安全的前提下提升训练效果；另一方面，卫星网络可以在通信侧为分布式机器学习提供广域覆盖、低延迟、高带宽的数据交互服务。此时，网络资源调度的目标将不再是单纯优化数据传输的性能，还应面向联邦学习框架下计算任务性能的提升。

值得注意的是，在实际的卫星物联网场景中，同一卫星覆盖区域内可能存在遥感图像分类、偏远地区农业收入预测、环境信息拟合等多类应用需求。当卫星网络需要同时支撑多种不同类型的计算任务时，环境波动和任务的多元化特征将会使网络资源调度变得更为复杂。

6.3.1　支持多任务联邦学习的卫星物联网系统概述

支持多任务联邦学习的卫星物联网系统如图 6-14 所示，其中包含一颗具有一定计算能力的低轨卫星和 M 个位于地面且具有计算能力的远程客户端，客户端集合可表示为$\mathcal{M}=\{1,2,\cdots,M\}$。各客户端设备根据不同的任务需求分别采集信息，形成本地数据集。考虑到数据隐私性和训练时间等因素，原始数据不在客户端之间共享，也不上传到卫星进行集中训练，而是采用联邦学习架构进行分布式训练。低轨卫星作为中心聚合服务器，基于客户端上传的本地梯度参数进行全局模型更新。在系统中存在 J 个类别的待学习训练任务，可表示为集合$\mathcal{J}=\{1,2,\cdots,J\}$，且每个任务都具有最小时延约束。每个客户端可能同时执行一项或多项训练任务，但在时延约束、能耗限制和计算能力等方面存在差异。

在图 6-14 所示的场景中，联邦学习的具体流程为：

1）客户端进行本地训练获得本地梯度参数。

2）作为中心聚合服务器的低轨卫星选择参与模型聚合的客户端。

3）被选中的客户端将本地梯度参数上传至低轨卫星。

4）低轨卫星进行全局模型更新。

5）低轨卫星将全局模型参数下发至客户端。

6）迭代此过程，直到全局模型收敛。

对于每个特定的任务而言，虽然增加参与学习的客户端数量可以提升训练精度，有助于改善联邦学习中全局模型的性能，但是增加客户端也会增大本地梯度参数上传时延，从而降低全局模型更新速度，可能导致无法满足计算任务的时延约束。此外，客户端的传输能耗也会随之增加，从而超出其能耗限制。因此，为确保任务执行效率，需要制定合理的客户端选择方案，同时面向多个任务筛选符合时延约束与能耗限制条件的客户端参与学习，以尽量提升全局模型的性能。

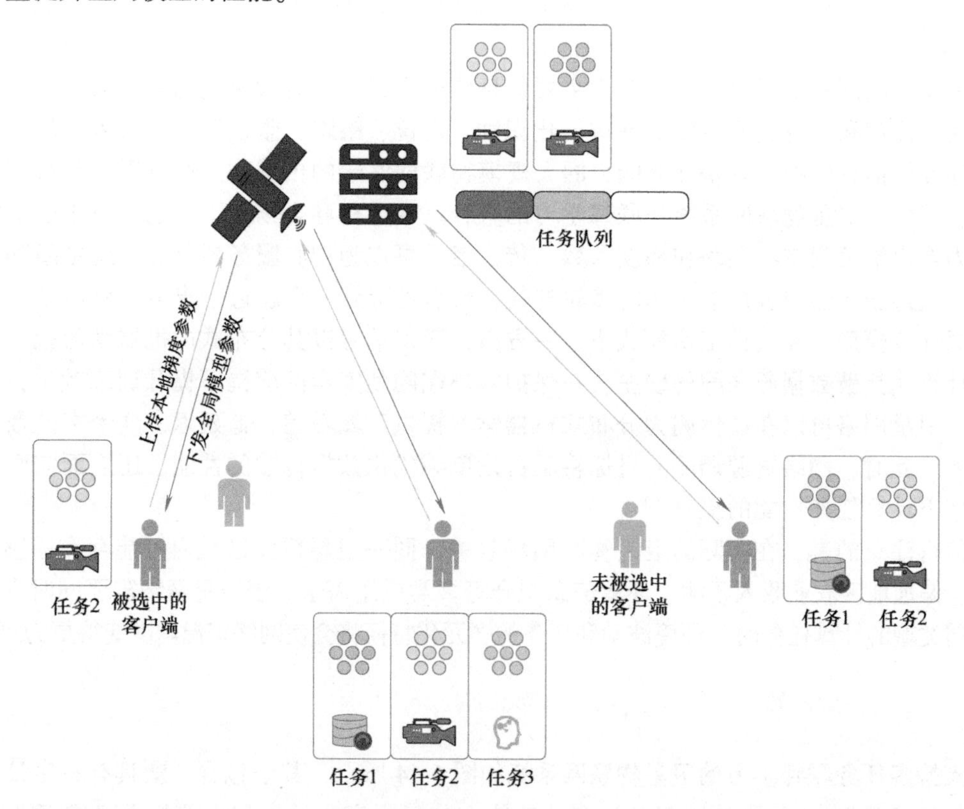

图 6-14　支持多任务联邦学习的卫星物联网系统

进一步地，假设在本地梯度参数上传期间，所有客户端采用频分复用的方式共享卫星信道的上行传输带宽，因此有必要确定合理的带宽分配方式，以优化全局模型的收敛速度。此外，当某个客户端同时被选中上传多个任务的本地梯度参数时，还需要考虑如何在多个任务之间分配有限的发射功率。

综合以上分析可知，在多任务联邦学习场景下，卫星网络的资源调度涉及在每个轮次中选择参与学习的客户端和任务，以及在被选中的客户端和任务之间分配上行传输带宽和功率资源的问题。

1. 通信模型

针对联邦学习的每一轮次，假设客户端 m 向卫星传输任务 j 的梯度参数，根据香农公式，传输速率可近似表达为

$$c_{mj}^{\mathrm{U}}(\boldsymbol{r}_{mj},P_{mj})=\sum_{n=1}^{R} r_{mj,n}B^{\mathrm{U}}\log_2\left(1+\frac{P_{mj}h_{mn}}{B^{\mathrm{U}}N_0}\right) \tag{6-8}$$

式中，$\boldsymbol{r}_{mj}=[r_{mj,1},\cdots,r_{mj,R}]$为资源块（Resource Block，RB）分配矩阵，$r_{mj,n}$ 是一个二进制变量，表示第 n 个资源块分配给客户端 m 用于执行任务 j，即

$$r_{mj,n}\in\{0,1\},\ \forall m\in\mathcal{M},\forall j\in\mathcal{J},n=1,\cdots,R \tag{6-9}$$

式中，R 为卫星上行信道的可用资源块总数，假设每次迭代时，每个资源块只能分配给一

个客户端执行一个任务，即 $\sum_{n=1}^{R} r_{mj,n}=1$；$h_{mn}$ 为客户端 m 在第 n 个资源块上的信道增益；B^{U} 为每个资源块的带宽；N_0 为噪声功率谱密度；P_{mj} 为客户端 m 传输任务 j 参数时的发射功率。对于每一个客户端，有最大功率限制 $P_m^{\max}$，即

$$0 \leqslant \sum_{j=1}^{J} P_{mj} \leqslant P_m^{\max}, \forall m \in \mathcal{M}, \forall j \in \mathcal{J} \tag{6-10}$$

对于全局模型参数的下行传输，客户端接收任务 j 全局模型参数的下行传输速率表示为

$$c_{mj}^{\mathrm{D}} = B^{\mathrm{D}} \log_2\left(1 + \frac{P_{\mathrm{S}} h_m}{B^{\mathrm{D}} N_0}\right) \tag{6-11}$$

式中，B^{D} 为下行传输带宽；P_{S} 为卫星的发射功率；N_0 为噪声单边功率谱密度；h_m 为平均信道增益。

上行与下行的传输时延分别表示为

$$l_{mj}^{\mathrm{U}}(\boldsymbol{r}_{mj}, P_{mj}) = \frac{Z(w_{mj})}{c_{mj}^{\mathrm{U}}(\boldsymbol{r}_{mj}, P_{mj})} + t_{sm} \tag{6-12}$$

$$l_{mj}^{\mathrm{D}} = \frac{Z(g_j)}{c_{mj}^{\mathrm{D}}} + t_{sm}, \forall j \in \mathcal{J} \tag{6-13}$$

式中，$Z(g_j)$ 为任务 j 全局模型参数的数据量大小；$Z(w_{mj})$ 为本地任务 j 在客户端 m 上的数据量大小；t_{sm} 为卫星 s 到客户端 m 的信号传输时延。

客户端 m 执行任务 j 的过程中，本地能耗为

$$e_{mj}(\boldsymbol{r}_{mj}, P_{mj}) = \xi \omega_{mj} \vartheta^2 Z(w_{mj}) + P_{mj} l_{mj}^{\mathrm{U}}(\boldsymbol{r}_{mj}, P_{mj}) \tag{6-14}$$

式中，ξ 为每个客户端芯片的能耗系数；ϑ 为客户端的 CPU 频率；w_{mj} 为客户端 m 执行任务 j 时每比特所需要的 CPU 周期数；$\xi \omega_{mj} \vartheta^2 Z(w_{mj})$ 表示客户端 m 执行本地任务 j 时产生的能耗；$P_{mj} l_{mj}^{\mathrm{U}}(\boldsymbol{r}_{mj}, P_{mj})$ 表示客户端 m 传输本地任务 j 时所产生的能耗。

定义 γ_{T} 为每个任务的时延阈值，γ_{E} 为每个客户端参与联邦学习聚合的能耗阈值，则参与学习的客户端需满足以下条件：

$$l_{mj}^{\mathrm{U}}(\boldsymbol{r}_{mj}, P_{mj}) + l_{mj}^{\mathrm{D}} \leqslant \gamma_{\mathrm{T}}, \quad \forall m \in \mathcal{M}, \quad \forall j \in \mathcal{J} \tag{6-15}$$

$$\sum_{j=1}^{J} e_{mj}(\boldsymbol{r}_{mj}, P_{mj}) \leqslant \gamma_{\mathrm{E}}, \quad \forall m \in \mathcal{M} \tag{6-16}$$

2. 联邦学习模型

传统联邦学习通常将全局模型参数更新为所有本地梯度参数的均值。考虑到卫星无线链路的不稳定性，此处只对参与联邦学习并且可以满足时延条件的任务进行参数平均，以提高数据处理效率与准确度，即

$$g_j(\boldsymbol{a}, \boldsymbol{P}, \boldsymbol{R}) = \frac{\sum_{m=1}^{M} K_{mj} a_{mj} w_{mj}}{\sum_{m=1}^{M} K_{mj} a_{mj}} \tag{6-17}$$

式中，K_{mj} 为客户端 m 上任务 j 的样本数量；w_{mj} 为客户端 m 上任务 j 的本地训练梯度参数取值；$\boldsymbol{P}$ 和 $\boldsymbol{R}$ 分别为由所有客户端和任务的 $\boldsymbol{r}_{mj}$ 与 P_{mj} 组成的功率分配矩阵和资源块分配矩阵；$\boldsymbol{a}$ 为客户端选择矩阵，其中的每个元素 a_{mj} 是一个二进制变量，表示此客户端的任务是否被

选择。考虑到资源块与任务的原子性，a_{mj} 与 r_{mj} 具有如下关系：

$$\sum_{n=1}^{R} r_{mj,n} = a_{mj}, \ \forall m \in \mathcal{M}, \ \forall j \in \mathcal{J} \tag{6-18}$$

分析全局模型的聚合过程可知，选中参与聚合的客户端及其上传本地梯度参数时所用的功率与资源块，直接决定了多任务联邦学习的整体性能。为了提升全局模型的收敛速度和准确率，可以损失函数加权和最小化为目标，建立如下优化问题：

$$\min_{\boldsymbol{a},\boldsymbol{P},\boldsymbol{R}} \sum_{j=1}^{J} \sum_{m=1}^{M} \frac{\rho_{mj}}{K_{mj}} f_{mj}(g_{mj}(\boldsymbol{a},\boldsymbol{P},\boldsymbol{R}))$$

$$\text{s. t. C1}: 0 \leqslant \sum_{j=1}^{J} P_{mj} \leqslant P_m^{\max}, \ \forall m \in \mathcal{M}, \ \forall j \in \mathcal{J}$$

$$\text{C2}: l_{mj}^{\mathrm{U}}(r_{mj}, P_{mj}) + l_{mj}^{\mathrm{D}} \leqslant \gamma_{\mathrm{T}}, \ \forall m \in \mathcal{M}, \ \forall j \in \mathcal{J}$$

$$\text{C3}: \sum_{j=1}^{J} e_{mj}(r_{mj}, P_{mj}) \leqslant \gamma_E, \ \forall m \in \mathcal{M}, \ \forall j \in \mathcal{J}$$

$$\text{C4}: \sum_{n=1}^{R} r_{mj,n} = a_{mj}, \ \forall m \in \mathcal{M}, \ \forall j \in \mathcal{J}$$

式中，$f_{mj}(\cdot)$ 与 ρ_{mj} 分别为客户端 m 处任务 j 的损失函数及其权值。由于各类损失函数的精度范围有所不同并且量级差别较大，因此需将每类损失函数都进行归一化处理，并按照实际任务的信道条件和自身数据质量进行权重分配。约束 C1 限制每个客户端的最大功率，约束 C2 和 C3 分别限制参与联邦学习聚合的时延和能耗，约束 C4 代表客户端的某一任务是否使用资源块进行任务的上行数据传输。

上述优化问题的目标函数经过简化后可等价为 $\sum_{j=1}^{J} \sum_{m=1}^{M} \rho_{mj} K_{mj}(1 - a_{mj})$，其优化的变量包括客户端选择、功率分配和带宽分配，可以分步骤对其进行求解。6. 3. 2 节介绍基于信道条件与本地训练效果的客户端选择方法，6. 3. 3 节介绍基于 KM 算法（Kuhn-Munkres）算法的功率和带宽分配方法。

6. 3. 2 基于信道条件与本地训练效果的客户端选择

选择参与各任务每一轮模型聚合的客户端时，应同时考虑各客户端的信道条件与本地训练效果两个方面，以尽可能改善全局模型的聚合质量。

首先，根据 6. 3. 1 节优化问题的限制条件 C2 和 C3 可知，客户端选择将受限于时延与能耗约束，以此初筛客户端可以保证每一轮次获得相对集中的计算任务，以使全局模型快速收敛。

其次，本地训练效果会对全局收敛速度与全局训练模型准确度产生较大影响，对于高质量的客户端任务，需要提升其参与聚合的概率；对于存在恶意数据或者极端样本的任务，需要降低其被选概率以加速全局收敛。具体地，假设对于客户端 m 存在的任务 j，它在第 t 轮次被选择的概率为 p_{mj}^t；在经过本轮次全局聚合之后，可根据全局梯度与节点本地梯度的内积以及任务量大小的权重，定义其下一轮次被选择概率的增量：

$$\Delta p_{mj}^t = p_{mj}^t \min$$

$$\left(\left(\frac{<\nabla F_{mj}(w^t),\nabla F(w)>}{\underset{m\in M,\ j\in\mathcal{J}}{max}(<\nabla F_{mj}(w^t),\nabla F(w^t)>)-\underset{m\in M,\ j\in\mathcal{J}}{\min}(<\nabla F_{mj}(w^t),\nabla F(w^t)>)}+\beta\frac{k_{mj}}{\sum\limits_{m\in M,j\in\mathcal{J}}k_{mj}}\right)^{\partial},1\right) \tag{6-19}$$

式中，$<\nabla F_{mj}(w^t),\nabla F(w^t)>$为本地节点梯度与全局梯度的内积，它代表了本地训练结果对全局收敛的正负向影响；β 为数据量大小的影响大小因子；$\sum\limits_{m\in M,\ j\in\mathcal{J}}k_{mj}$ 为总数据量大小。下一轮次节点选择的概率可表示为

$$p_{mj}^{t+1}=p_{mj}^{t}+\Delta p_{mj}^{t} \tag{6-20}$$

即加入本轮聚合带来的概率增量，以此增加正向影响节点带来的收益，减少负向影响甚至恶意干扰数据带来的负向影响。

客户端选择算法训练首先初始化时延阈值 γ_{T}、能耗阈值 γ_{E}、本地客户端节点选择概率 p_{mj}^{t}、参与节点集合 $\mathcal{S}$，再进入训练轮次循环，每个轮次包含多个客户端任务。单轮次的客户端选择训练流程如图 6-15 所示，在每个客户端任务中，检查是否满足时延和能耗阈值条件，即约束 C2 和 C3；进一步进行资源分配检查，未分配到资源的客户端进入等待，分配到资源的客户端上传本地梯度参数；然后全局模型参数按照 $g_j(\boldsymbol{a},\boldsymbol{P},\boldsymbol{R})=\dfrac{\sum\limits_{m=1}^{M}K_{mj}a_{mj}w_{mj}}{\sum\limits_{m=1}^{M}K_{mj}a_{mj}}$ 进行更新，并在参数更新循环中计算本地参数与全局参数的内积，计算概率增量 Δp_{mj}^{t}，确定下一轮次被选择的概率 p_{mj}^{t+1}；如此循环直到所有训练轮次结束。

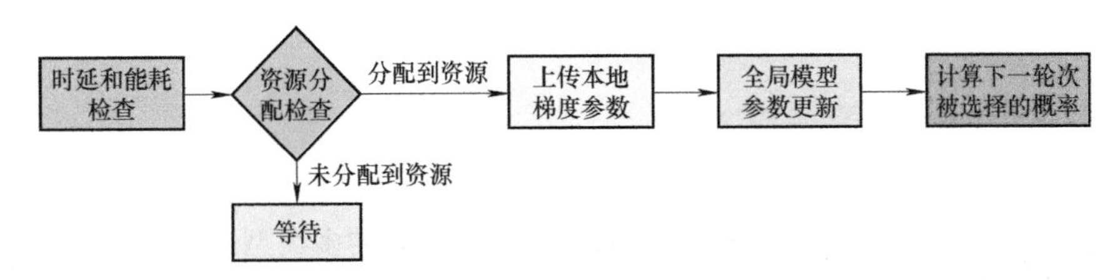

图 6-15　单轮次的客户端选择训练流程

6.3.3　基于 KM 算法的功率和带宽分配

在确定参与聚合的客户端之后，要进一步为其分配用于上传本地梯度参数的功率和资源块。首先需要说明的一点是，6.3.1 小节中优化问题目标函数的损失函数权值 ρ_{mj} 直接影响全局准确率，它与本地数据的标准偏差、任务类别权值、时延、能耗、本地算力和数据量大小等参数密切相关，虽然难以获得其闭式关系，但在实际应用中可通过大量的仿真训练，使用一次线性回归进行函数拟合。因此，在多任务联邦学习中，代入该环境下本地数据的标准偏差、任务类别权值、时延、能耗、本地算力和数据量大小等参数，即可确定全局聚合的权重 ρ_{mj}。

每一个客户端的传输功率需要满足如下公式：

$$P_m^*(\boldsymbol{r}_i)=\min(P_{\max},P_{mj,\gamma_{\mathrm{E}}})\tag{6-21}$$

式中，$P_{mj,\gamma_{\mathrm{E}}}$ 为满足 γ_{E} 的最大发射功率。

进一步基于 $\sum_{n=1}^{R} r_{mj,n}=a_{mj}(\forall m\in\mathcal{M},\ \forall j=\mathcal{J})$，原优化问题可以简化为

$$\min_{R}\sum_{m=1}^{M}\sum_{j=1}^{J}\rho_{mj}K_{mj}\left(1-\sum_{n=1}^{R}r_{mj,n}\right)\tag{6-22}$$

简化后的优化问题为线性函数，约束为非线性，可以使用常规 KM 最优匹配算法进行问题求解。首先根据本地训练准确度与影响因素确定权值 ρ_{mj}，随后进入训练轮次循环，资源分配流程如图 6-16 所示。建立邻接矩阵二分图 $\mathcal{G}=(V\times R,\ \rho_{mj})$，其中 V 是客户端对应的所有任务集合，R 是资源块集合。对点 V_i 和点 R_i 添加标杆 C_{v} 与 C_{r}，并满足 $C_{\mathrm{v}}+C_{\mathrm{r}}\geqslant\rho_{mj}$；初始化空匹配 O，由二分图的一部 V 顶点 V_i 寻找与之关联的 R 顶点 R_i；寻找相等子图的完备匹配，检查是否存在未被查找的点 V_i，若存在则清空 R 中的全部标记，对 R_i 进行标记；寻找 R_i 在 O 中的对应顶点关联的 R_j 并将点加入匹配；若 R_j 已被标记，则寻找下一处 R_j，直至匹配遍历完成，如果未找到增广路，则修改可行顶标的值，直至训练轮次循环结束。

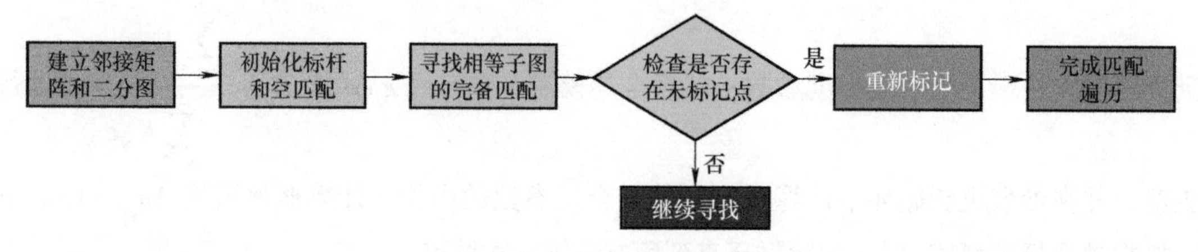

图 6-16 资源分配流程

6.4 基于 DRL 的星地缓存资源调度

在数据流量爆发式增长的今日，星地融合网络所承载的多类型通信业务早已渗透到人类日常生活、生产的各领域。在可预见的未来，数据流量将继续保持增长趋势。通信业务呈现出差异化、流量聚集、大量重复请求等鲜明特征。通过在星地融合网络边缘侧的卫星和地面节点上引入缓存资源，在更靠近终端的位置为用户提供内容服务，可有效缓解网络负载过大、时延高、效率低等问题。不过，如果单纯将已有地面网络缓存策略集成到星地融合网络，将难以适应其网络组成多元异构、网络拓扑动态变化等特征。

6.4.1 星地两级异构缓存网络概述

为了充分利用卫星和地面站的存储资源，有效降低业务的端到端时延，构建如图 6-17 所示带有两级缓存的星地融合网络。假定在地面站覆盖范围内均匀分布 X 个用户并持续产生业务请求。该网络中包含 S 颗低轨卫星，每颗低轨卫星的缓存容量均为 Cap_s；B 个为用户提供无线接入的地面站，每个地面站的缓存容量均为 Cap_b。用 $\mathbb{S}$，$\mathbb{B}$ 分别代表卫星与地面站的集合，其中 $\mathbb{S}=\{s_i\mid i=1,2,3,\cdots,s,\cdots,S\}$，$\mathbb{B}=\{b_i\mid i=1,2,3,\cdots,b,\cdots,B\}$。为适应

卫星分布密集的巨型低轨卫星星座并降低算法计算复杂度，设定单一地面站的观测范围(Visual Range) V，即同一时刻地面站 b 仅考虑从观测范围内的 V 颗卫星提取缓存内容。远端核心网（Core Network）处包含所有用户请求内容。

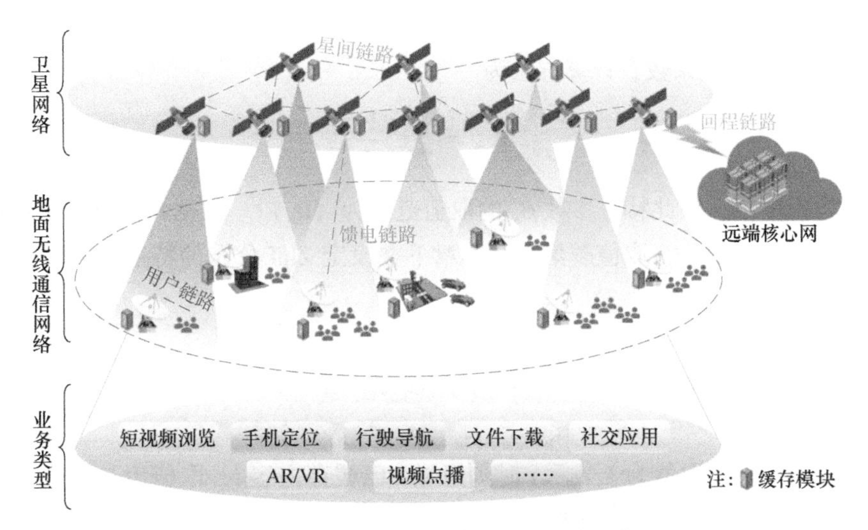

图 6-17 带有两级缓存的星地融合网络

在图 6-17 所示的网络中，通信链路包含用户与地面站之间的用户链路、地面站与低轨卫星间的馈电链路、低轨卫星之间的星间链路以及低轨卫星到远端核心网之间的回程链路。用户发出的请求首先到达所属地面站，并检索服务器中已缓存的内容。若地面站缓存有相应内容，则由地面站向用户提供请求内容，否则由地面站发送至相连卫星 s_1 进行下一级节点的内容搜索。若与地面站相连的卫星 s_1 也未缓存相应内容，则将请求转发至该卫星的相邻卫星 s_2。若该请求内容未被上述节点缓存，则请求将通过回程链路传递至远端核心网。显然，从远端核心网获取内容的时延远大于其他两种方式，因此应尽量提高缓存命中率，减少因传输相同数据内容而重复消耗回程链路所产生的时延与网络开销。缓存资源调度的任务就是确定在每个决策周期中每个地面站和卫星节点上需要缓存的内容，通常被称为缓存决策。为了对该问题进行建模，本小节将先定义所用的业务请求模型、缓存状态模型和星地连接模型。

1. 业务请求模型

具有缓存需求的内容重复类请求业务种类繁多，包括短视频浏览、手机定位、行驶导航、文件下载、社交应用、AR/VR（增强现实/虚拟现实）和视频点播等。依据业务的时延敏感度，可将内容重复类请求业务大致分为流媒体（Streaming Media）型业务、交互(Interactive）型业务和背景（Background）型业务，并将其依次标记为 1、2、3，用符号 a 表示，例如当 a 取值为 1 时，代表当前业务类型为流媒体型业务。

假设不同类型业务请求的内容大小为 $m_a, a\in\{1,2,3\}$，同时每类业务均有 C 个不同的内容，则用户请求内容集合为 $\mathbb{C}=\{c_r^a \mid a\in\{1,2,3\}, r\in\{1,2,3,\cdots,c,\cdots,C\}\}$，其中 a 为业务类型，c_r^a 为被请求的概率。内容流行度定义为 p_r^a，对于任意的 $1\leqslant r_1<r_2\leqslant C$，满足 $p_{r_1}^a\geqslant p_{r_2}^a$。使用 p_r^a 的集合 $\mathbb{P}=\{p_r^a \mid a\in\{1,2,3\}, r\in\{1,2,3,\cdots,c,\cdots,C\}\}$ 表示用户请求状态。

假定内容流行度服从 Zipf（齐普夫）分布，则有

$$p_r^a(\beta_a, C) = \frac{1/r^{\beta_a}}{\mathbb{N}_{C,\beta_a}} \tag{6-23}$$

式中，a 为业务类型；C 为请求业务内容总数；r 为业务内容的流行次序；β_a 为 Zipf 特征参数；$\mathbb{N}_{C,\beta_a}$ 为 C 阶归一化系数，计算方法为

$$\mathbb{N}_{C,\beta_a} = \sum_{c=1}^{C} \frac{1}{C^{\beta_a}} \tag{6-24}$$

式中，设 C 为有限值，因此特征参数 β_a 的取值范围为 $(0,1]$。根据黎曼 zeta 函数性质分析可知，β_a 值越大，$p_r^a(\beta_a, C)$ 取值越集中。本章下文设定 Zipf 分布的特征参数与业务类型无关，统一用 β 表示。

2. 缓存状态模型

对于缓存容量为 Cap_s 的低轨卫星而言，其缓存状态可表示为

$$\mathcal{S}_s^t = \{s_{s,1}^t, s_{s,2}^t, s_{s,3}^t, \cdots, s_{s,c}^t, \cdots, s_{s,C}^t\} \tag{6-25}$$

式中，$s_{s,i}^t \in \{0,1\}$。$s_{s,i}^t$ 取值为 1 表示 t 时刻卫星 s 已缓存内容 i，取值为 0 则表示未缓存该内容。由此可得低轨卫星的缓存内容集合为

$$\mathbb{C}_s^t = \{c_i^a s_{s,i}^t, i \in \mathbb{C}, a \in \{1,2,3\}, s \in \mathbb{S}\} \tag{6-26}$$

对于地面站，缓存状态可使用相同的方法表示，即

$$\mathcal{S}_b^t = \{s_{b,1}^t, s_{b,2}^t, s_{b,3}^t, \cdots, s_{b,c}^t, \cdots, s_{b,C}^t\} \tag{6-27}$$

式中，$s_{b,i}^t \in \{0,1\}$，取值为 1 表示 t 时刻内容 i 缓存在地面站 b 处，取值为 0 则表示未缓存该内容。

3. 星地连接模型

对于包含 S 颗低轨卫星、B 个地面站的星地融合网络，假定每颗卫星有多条星间链路与相邻卫星相连，则可使用如下 $S\times(S+B)$ 的二进制矩阵表征节点间连接状态：

$$\boldsymbol{G}^t = \begin{bmatrix} \mathcal{G}_{1,1}^t & \mathcal{G}_{1,2}^t & \cdots & \mathcal{G}_{1,S+1}^t & \cdots & \mathcal{G}_{1,S+B}^t \\ \mathcal{G}_{2,1}^t & \mathcal{G}_{2,2}^t & \cdots & \mathcal{G}_{2,S+1}^t & \cdots & \mathcal{G}_{2,S+B}^t \\ \mathcal{G}_{3,1}^t & \mathcal{G}_{3,2}^t & \cdots & \mathcal{G}_{3,S+1}^t & \cdots & \mathcal{G}_{3,S+B}^t \\ \vdots & \vdots & & \vdots & & \vdots \\ \mathcal{G}_{S,1}^t & \mathcal{G}_{S,2}^t & \cdots & \mathcal{G}_{S,S+1}^t & \cdots & \mathcal{G}_{S,S+B}^t \end{bmatrix} \tag{6-28}$$

式中，$\mathcal{G}_{s,i}^t$ 表示 t 时刻卫星 s 与星地融合网络中包含其他卫星与所有地面站在内的节点 i 的连接状态，$s \in \mathbb{S}$，$i \in \{\mathbb{S}, \mathbb{B}\}$。$\mathcal{G}_{s,i}^t$ 取值为 0 表示卫星 s 与网络节点 i 未连接，取值为 1 则表示两者已连接。

4. 不同缓存状态下的时延组成

在上述带有两级缓存的星地融合网络中，用户终端获取请求内容的过程如图 6-18 所示，包含以下四种可能。

（1）从地面站获取请求内容

若地面站缓存有用户终端请求的内容，用户可直接从地面站获取请求内容，此时获取请求内容的时延主要为地面无线传输时延 $\mathcal{T}_1$。假定所有用户终端共享地面站用户链路传输资源，设地面站的链路容量为 R_b，则每个用户请求可分配到的用户链路传输速率为

$$R_{\mathrm{ul}} = \frac{R_b}{XZ} \tag{6-29}$$

式中，X 为单一地面站覆盖的小区数；Z 为小区平均用户数，即地面站信道资源平分给覆盖范围内所有的用户。由此可得用户链路时延 $\mathcal{T}_1$，即从地面站获取请求内容的时延为

$$\mathcal{D}_1 = \mathcal{T}_1 = \frac{m_a}{R_{\mathrm{ul}}} \tag{6-30}$$

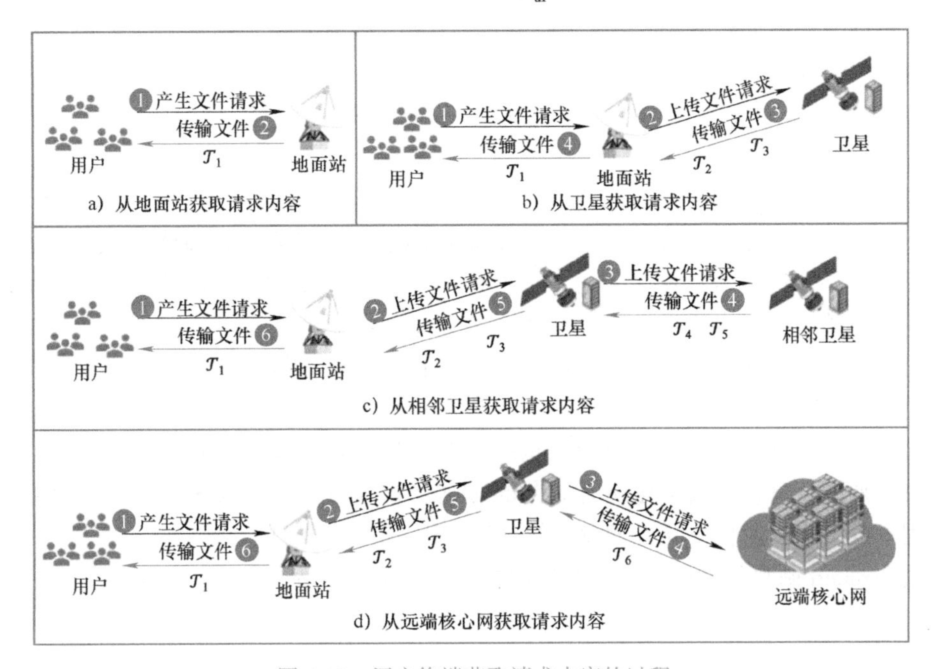

图 6-18　用户终端获取请求内容的过程

（2）从卫星获取请求内容

用户发出业务请求后，若地面站未缓存请求内容，则该请求经地面站传至卫星。当卫星缓存有该请求内容时，则经由馈电链路与地面站将内容转发至用户。此时用户获取请求内容的时延主要包含用户链路时延 $\mathcal{D}_1$、馈电链路传输时延 $\mathcal{T}_2$、馈电链路传播时延 $\mathcal{T}_3$。从卫星获取请求内容的总时延为

$$\mathcal{D}_2 = \mathcal{D}_1 + \mathcal{T}_2 + \mathcal{T}_3 = \frac{m_a}{R_{\mathrm{ul}}} + \frac{m_{s,b}^t}{R_{\mathrm{fl}}} + \frac{D_{s,b}^t}{c} \tag{6-31}$$

式中，R_{fl} 为馈电链路传输速率；$m_{s,b}^t$ 为 t 时刻卫星 s 向地面站 b 发送请求内容的大小；$D_{s,b}^t$ 为 t 时刻卫星 s 与地面站 b 间的直线距离，取卫星轨道高度 H 近似计算；c 为光速。

（3）从相邻卫星获取请求内容

此时用户获取请求内容的时延，相较于第二种情况将增加星间链路传输时延 $\mathcal{T}_4$ 和星间链路传播时延 $\mathcal{T}_5$ 两部分。星间链路的信道模型可使用自由空间传播模型。由此可得，星间链路时延

$$\mathcal{T}_{\mathrm{isl}} = \mathcal{T}_4 + \mathcal{T}_5 = \frac{m_{s_1,s_2}^t}{R_{\mathrm{isl}}} + \frac{D_{s_1,s_2}^t}{c} \tag{6-32}$$

式中，m_{s_1,s_2}^t 为在 t 时刻 s_1 与 s_2 星间链路传递的数据大小；R_{isl} 为星间链路传输速率；D_{s_1,s_2}^t

为 t 时刻卫星 s_1 与卫星 s_2 间的距离。

综上，从相邻卫星获取请求内容的总时延为

$$\mathcal{D}_3 = \mathcal{D}_2 + \mathcal{T}_4 + \mathcal{T}_5 = \frac{m_a}{R_{\mathrm{ul}}} + \frac{m_{s,b}^t}{R_{\mathrm{fl}}} + \frac{D_{s,b}^t}{c} + \frac{m_{s_1,s_2}^t}{R_{\mathrm{isl}}} + \frac{D_{s_1,s_2}^t}{c} \tag{6-33}$$

(4) 从远端核心网获取请求内容

若地面站、卫星及相邻卫星均未缓存用户请求内容，则该请求将经地面站与卫星上传至远端核心网，经由回程链路、馈电链路与用户链路将内容转发至用户。从远端核心网获取请求内容的总时延为

$$\mathcal{D}_4 = \mathcal{D}_2 + \mathcal{T}(s,c) = \frac{m_a}{R_{\mathrm{ul}}} + \frac{m_{s,b}^t}{R_{\mathrm{fl}}} + \frac{D_{s,b}^t}{c} + \mathcal{T}(s,c) \tag{6-34}$$

5. 基于业务和效用的缓存决策问题

以用户为中心的体验质量（Quality of Experience，QoE）可直观地体现用户对通信服务的满意程度，是衡量通信服务优劣的一项重要评价指标。其中，时延既是反映通信网络体验质量的一项关键因素，又是体现各类业务差异化的主要性能指标。因此，缓存决策中通常以时延最小化作为优化目标。但是对于同样具有重复请求特征的流媒体型、交互型与背景型三类业务而言，用户在时延方面的感受存在较大差异，即不同类型业务获取请求内容的时延即使相同，该时延对体验质量的贡献也有明显区别。因此，对于多业务共存环境下的缓存决策来说，直接以最小化所有业务的时延之和为目标并不合理。此时有必要先定义一个效用函数，用于量化不同类型业务的时延对用户体验质量的影响程度。

采用 Sigmoid 函数作为业务效用的通用数学表达形式，为

$$U(x) = \pm\left(\frac{1}{1 + \mathrm{e}^{\rho(x-A)}} + B\right) \tag{6-35}$$

式中，A、B、ρ 为 Sigmoid 函数的调节参数，可影响函数在输入空间中的增长速度和曲率。已有学者基于用户在不同业务场景下的真实体验数据，使用 Sigmoid 函数对各参数进行拟合，得到三类典型业务的效用函数如下。

1）流媒体型业务的效用函数为

$$U_1(d) = 1 - \frac{1}{1 + \mathrm{e}^{-0.2(d-50)}} \tag{6-36}$$

式中，d 为业务的端到端时延，单位为 ms。

2）交互型业务的效用函数为

$$U_2(d) = \max\left(0,\ 0.85 - \frac{1}{1 + \mathrm{e}^{-0.1(d-100)}}\right) \tag{6-37}$$

3）背景型业务的效用函数为

$$U_3(d) = 0.4 - \frac{1}{1 + \mathrm{e}^{-1/65(d-325)}} \tag{6-38}$$

综上，在多业务共存的星地两级缓存网络中，可以以业务和效用最大化为目标，构建如下缓存决策优化问题：

$$\max_{S_s^t,\ S_b^t} \sum_{t \in T} \sum_{a=1,2,3} \sum_{i \in \mathcal{C}} p_i^a U_i^t$$

$$
\text{s.t.}\quad s_{j,i}^{t} \in \{0,1\},\ \forall j \in \{\mathbb{S},\mathbb{B}\},\ \forall i \in \mathbb{C}
$$

$$
\sum_{a \in \{1,2,3\}} m_a s_{j,i}^{t} \leqslant \mathrm{Cap}_j,\ \forall j \in \{\mathbb{S},\mathbb{B}\},\ \forall i \in \mathbb{C},\ \forall a \in \{1,2,3\}
$$

式中，U_i^t 为 t 时刻内容 i 的效用值，与内容 i 所属的业务类型有关；Cap_j 为节点缓存容量。目标函数中引入内容流行度作为效用权重，以提高请求概率高的内容被缓存的概率。约束条件包括如下两个：

1）对于任一请求内容，其同一时刻被缓存的次数不大于 1，即同一时刻一个内容仅可被缓存于一个节点中，或不被任何节点缓存。

2）当前节点已缓存的各类型内容数量与该类型请求内容平均大小的乘积不大于该节点缓存容量。

6.4.2　基于 DRL 的缓存决策

基于 6.4.1 节所述系统模型与优化问题，本小节采用多智能体 DRL 算法对缓存决策问题进行求解。星地两级缓存网络中每一个地面站与每一颗卫星都被认为是一个智能体，每个智能体包括行动者网络与评论者网络。行动者网络根据智能体观测到的状态选择要执行的动作，评论者网络对行动者网络选择的动作进行评估，以提高其性能。使用经验回放池存储一定数量的训练经验，当神经网络更新时随机抽取部分经验，以打破训练数据的关联性，使训练过程更加稳定。

DRL 网络中的状态空间、动作空间与奖励函数分别定义如下。

1）状态空间 $S_t=\{\mathrm{Req}_t,\ \mathcal{S}_s^t,\ \mathcal{S}_b^t,\ G^t\},t\in T,s\in\mathbb{S},b\in\mathbb{B}$，其中，$\mathrm{Req}_t$ 为 t 时刻的内容请示状态，即 t 时刻部署在地面站上的智能体接收到的请求状态；$\mathcal{S}_s^t$ 为卫星缓存状态，表示与该地面站相连的低轨卫星已缓存哪些内容；$\mathcal{S}_b^t$ 为地面站缓存状态，表示 t 时刻地面站已缓存哪些内容；G^t 为网络连接状态；T 为仿真总时隙。网络拓扑状态通过一个二进制矩阵表示，即当前星地融合网络中各节点间的连接状态。

2）动作空间 $a_t=\{0,1,2,\cdots,S+V\}$，$t\in T$。DRL 的决策为当智能体在 t 时刻收到用户请求时，将其请求内容更新存储在哪一个网络节点（即完成基于用户请求状态的被动缓存决策）。当 $a_t=0$ 时，智能体所在地面站 b 缓存内容 i；当 $a_t=1$ 时，与地面站 b 相连的卫星 s_1 缓存内容 i；以此类推，直至 $a_t=S+V-1$；当 $a_t=S+V$ 时，智能体所在地面站 b 与其所连接的卫星均不缓存内容 i，此时用户需要从远端核心网获取请求内容。

3）奖励函数为

$$
r(t)=\sum_{a=1,2,3}\sum_{i\in\mathbb{C}} p_i^a U_i^t \tag{6-39}
$$

即 t 时刻智能体采取某一动作后获得的效用值。

1. PPO 算法

在 DRL 算法的选择上，考虑近端策略优化（Proximal Policy Optimization，PPO）算法。该算法是一种行动者-评论者类型的 DRL 算法，兼具策略梯度算法和值函数逼近算法的优点。一方面，在离散动作空间中策略的改变可能会导致动作的选择发生剧变，而 PPO 算法在更新策略时对策略的改变程度进行限定；另一方面，离散动作空间通常会有多个可能的动作，PPO 算法使用一种基于小批量的更新方法，可有效利用计算资源，进而提高 DRL 算法的学习效率。因此，PPO 算法凭借其稳定、高效的优势，适用于解决离散动作空间问题。

PPO 算法的具体流程如下。

1）初始化。初始化环境设置并定义相关状态空间，初始化策略参数和值函数参数。

2）数据收集。对于每个训练步，智能体从环境中观察星地融合网络的状态，并选择一个缓存决策的动作，环境根据此动作进行状态转移，并计算奖励。使用当前策略在环境中执行一定数量的动作，收集状态、动作和奖励等数据。

3）优势估计。使用收集到的数据和当前的值函数，计算每个步骤的优势函数。优势函数表示在给定状态下，选择某个动作比按照当前策略选择动作更好的程度，表达式为

$$\hat{A}_t = \sum_{t'>t} \gamma^{t'-t} r_{t'} - V_{\phi}(s_t) \tag{6-40}$$

4）策略更新。使用收集到的数据和计算出的优势函数，更新策略参数。更新的方式是尽可能地改进策略，以获得更高的奖励，同时又要保证新策略不会偏离旧策略太远。这是通过引入如下剪裁函数实现的，该函数限制了策略更新的步长：

$$L_{\mathrm{BL}}(\phi) = -\sum_{t=1}^{T} \left[\sum_{t'>t} \gamma^{t'-t} r_{t'} - V_{\phi}(s_t) \right]^2 \tag{6-41}$$

5）值函数更新。使用收集到的数据更新值函数参数，更新的方式是使得值函数更接近实际的未来奖励。

6）重复步骤 2)～5)，直到满足停止条件，例如达到预设的训练步数或者性能达到预设的阈值。

PPO 算法架构如图 6-19 所示。通过比较行动者网络与评论者网络的输出，PPO 算法可计算出每个智能体的动作优劣，从而使得智能体选择最优的动作来最大化其预期回报，即最大化系统的总效用值。

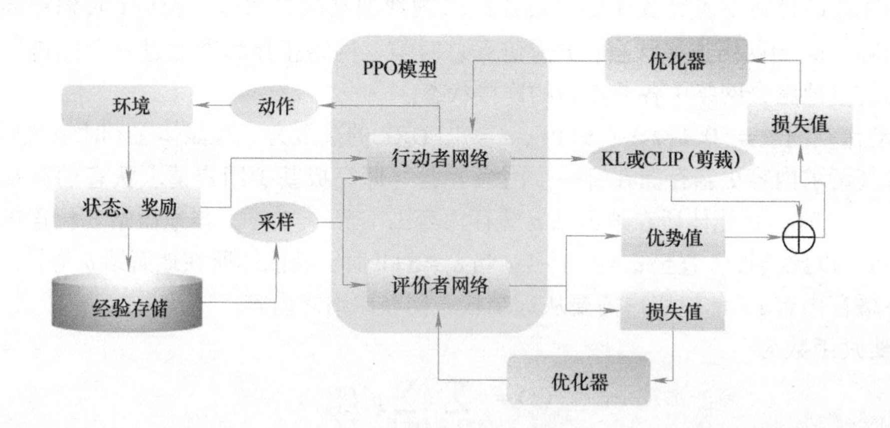

图 6-19　PPO 算法架构图

2. 仿真示例

(1) 星地融合网络参数设置

卫星网络的卫星轨道及移动模型主要参考现有成型星座，在具体仿真中选取两个相邻轨道面。为适应巨型低轨卫星的星座特性，进一步降低算法复杂度，设置单一地面站可视范围内有 4 颗低轨卫星。对于地面通信网络，用户链路传输速率为 1Gbit/s，以 OFDMA 技术为地面用户终端动态分配带宽资源。星地融合网络链路相关参数设置见表 6-2。

表 6-2　星地融合网络链路相关参数设置

参　数	含　义	值
R_{f1}	馈电链路传输速率	500Mbit/s
R_{ul}	用户链路传输速率	1Gbit/s
H	卫星轨道高度	500km
σ	卫星轨道倾角	86.4°
Orbital plane	卫星轨道面数	2
S	卫星数	100
B	地面站数	1
V	单一地面站可视卫星数	4
Cap_s	卫星缓存容量	10MB
Cap_b	地面站缓存容量	30MB
C	请求内容数	300
$m_{a\in\{1,2,3\}}$	请求内容大小	1MB
$\mathcal{T}_{isl}$	星间链路时延	50ms
$\mathcal{T}(s,c)$	回程链路时延	200ms
β	Zipf 分布参数	[0.5 : 0.1 : 1]

（2）DRL 参数设置

PPO 算法的训练步数为 100000，回看检查频次为 1000，策略类型为 MlpPolicy（多层感知机策略），剪裁参数为 0.2，学习率为 0.0003，未来奖励的折扣因子为 0.99，每次迭代中用于更新策略和值函数的批大小为 64。

（3）对比算法设置

将第一种对比算法设置为同在星地融合网络场景中采取连续动作空间的 DDPG（深度确定性策略梯度）算法，将第二种对比算法设置为考虑请求内容流行度且应用较广的 MPC（Most Popular Content，最受欢迎内容）算法。

图 6-20 与图 6-21 所示分别为 PPO 算法系统总效用与时延的迭代趋势，从中可以看出 PPO 算法有着较快的收敛速度，能够快速找到优化策略。

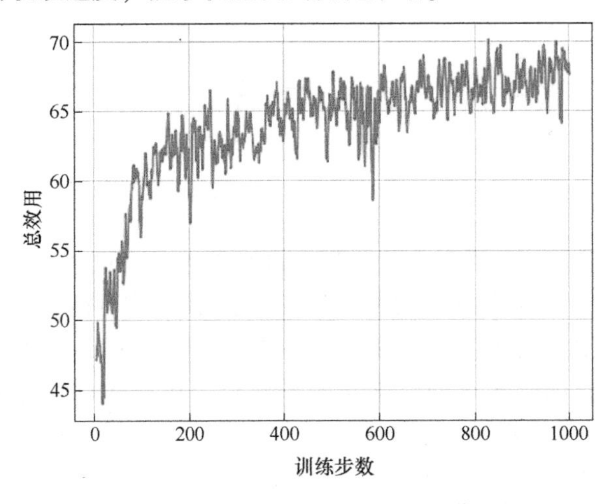

图 6-20　PPO 算法系统总效用的迭代趋势

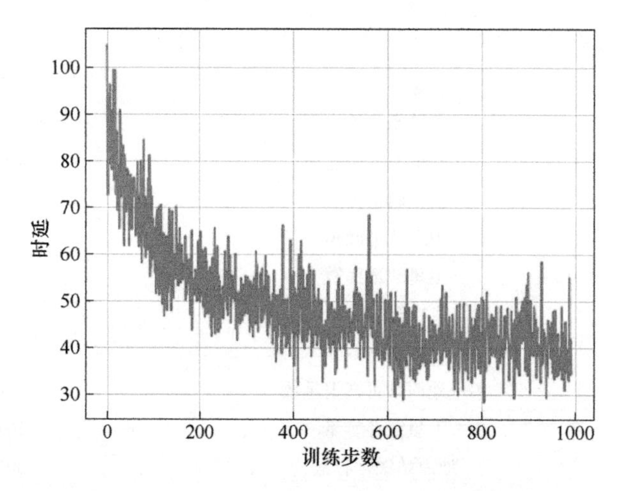

图 6-21 PPO 算法时延的迭代趋势

图 6-22 所示为系统总效用随 Zipf 分布参数 β 的变化曲线。PPO 算法在考虑不同类型业务的效用的情况下，兼顾星地两级缓存资源的协作。用户请求已被缓存的内容，无论是通过用户链路、馈电链路还是星间链路，其时延均低于通过回程链路获取请求内容。三类业务的时间效用函数均呈现单调递减的特性，获取请求内容的时延降低，其对应的效用值就会升高。因此 PPO 算法相较于对比算法可获得更高的系统总效用。

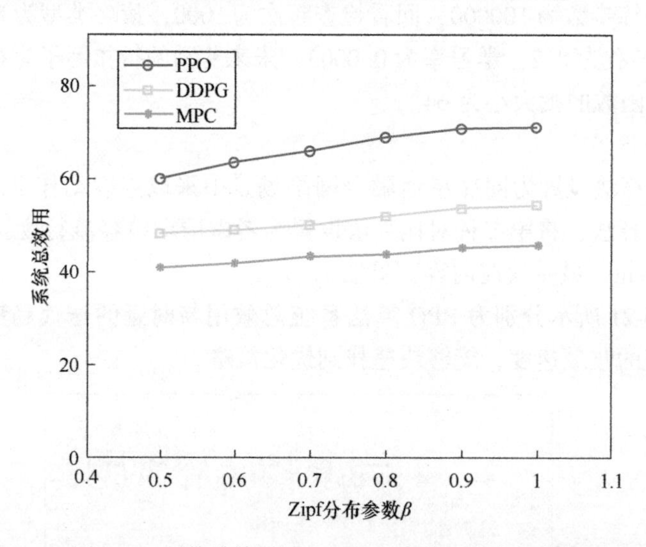

图 6-22 系统总效用随 Zipf 分布参数 β 的变化曲线

此外，随着内容流行度越来越集中，即 Zipf 分布参数 β 取值逐渐增大至 1，系统总效用整体呈上升的趋势，PPO 算法与 DDPG 算法的性能均有不同程度的提升。对于 MPC 算法，由于在地面站与卫星均缓存有最受欢迎的请求内容，两级缓存之间没有协作，造成缓存资源的重复占用，因此获取的系统总效用较低。由曲线趋势可知，内容流行度越集中，缓存内容被请求的概率越高，缓存策略产生的效用也越高。相较于对比算法，PPO 算法在内容流行度集中程度不同的情况中均能获得更高的系统总效用，相较于 MPC 算法可达到约 40%~56%的效用提升。

习　题

1. 试分析利用人工智能技术进行卫星资源调度的优势和面临的挑战。

2. 描述三种传统资源调度方法的基本原理，并与智能资源调度方法进行比较，讨论两类方法在资源利用率、灵活性和自适应性方面的优劣。

3. 试给出卫星通信网络的吞吐量、公平性两大性能指标的定义，并比较比例公平、循环调度、最大吞吐量三种算法在这两方面的性能表现。

4. 讨论当面对动态变化的通信需求和环境条件时，智能资源调度方法如何提供比传统方法更优的解决方案。

5. 试描述跳波束资源分配的基本工作流程及其在无线通信中的应用场景，并分析实现时可能遇到的技术挑战和解决方案。

6. 分析不同的跳波束资源分配方法对系统吞吐量和用户公平性的影响。

7. 试设计并编程实现如下单智能体跳波束资源调度模型：系统配置两个波束，小区数为 5，系统的总带宽和设定为 300MHz，卫星最大发射功率和单波束的最大发射功率分别为 20dBw 和 18dBw，每个波束单时隙只能服务一个小区。试根据小区实时需求调整各波束的照射方向、带宽和功率资源分配，以最大化吞吐量和时延公平性。在仿真过程中，总结不同资源分配策略对系统性能的影响，特别关注在变化流量负载下的系统吞吐量、时延以及资源分配的公平性。

8. 讨论联邦学习如何在保护隐私的同时，通过卫星网络优化数据处理和分析。

9. 试设计并编程实现一个面向多任务联邦学习的星地通信资源调度模型，用于动态分配星地通信中的功率资源。系统中存在识别和样本预测两个类别的待学习任务，其中，识别任务采用 MINIST 数据集，预测任务采用波士顿房价数据集。仿真设置四个客户端，中心聚合服务器为两颗低轨卫星，以减少传输时延为目的进行模型建立与算法设计。

10. 选择一个具体的应用场景（如气象预测、地理信息采集、深空通信等），探讨多任务联邦学习结合星地通信资源调度在该场景下的实际应用和潜在价值。

11. 解释星地融合网络中缓存的作用及其对应对数据流量增长的重要性。

12. 分析星地融合网络缓存节点协作的重要性，并讨论引入 DRL 对缓存策略优化的影响。

13. 试构建一个包含 10 颗低轨卫星和 1 个地面站的星地融合网络。假定在地面站覆盖范围内均匀分布 50 个用户并持续产生流媒体型业务请求，可请求的内容共有 100 种，长度均为 1MB，且内容流行度服从特征参数为 0.5 的 Zipf 分布。每颗低轨卫星的缓存容量均为 5MB，地面站的缓存容量均为 15MB，同一时刻单一地面站的可视卫星数为 3。试以最小化所有用户的业务总时延为目标，构建并编程实现一个用于被动缓存决策的 DRL 模型。

14. 除了缓存决策之外，试分析 DRL 还能在星地融合网络中解决哪些资源调度问题。

15. 试讨论如何结合其他智能技术进一步优化星地融合网络的资源调度策略。

本章参考文献

[1] LIN Z, NI Z, KUANG L, et al. Dynamic beam pattern and bandwidth allocation based on multi-agent deep reinforcement learning for beam hopping satellite systems [J]. IEEE Transactions on vehicular technology, 2022, 4(71):3917-3930.

[2] 陈前斌，麻世庆，段瑞吉，等．基于迁移深度强化学习的低轨卫星跳波束资源分配方案 [J]. 电子与信息学报，2023，45(02):407-417.

[3] ZHANG M Y, WU X Y, ZHANG Z L, et al. User selection and resource allocation for satellite-based multi-task federated learning system [C]//4th International Conference on Artificial Intelligence, 2022.

[4] 闫晓瞳．面向星地融合网络的缓存优化策略研究 [D]. 北京：北京邮电大学，2023.

第7章

基于人工智能的频谱感知

电磁频谱是航天通信的基础和关键资源，随着OneWeb、星链和Kuiper等低轨卫星星座的不断涌现，以及空天地海一体化进程的不断加速，电磁频谱空间正面临着日益突出的挑战。一方面，系统内各类用频需求的急剧增加导致频谱资源的短缺，带来严重的同频干扰问题；另一方面，已分配的部分授权频谱的实际利用率过低，存在资源“假性枯竭”的问题。及时发现并利用闲置的频谱资源，有助于优化频谱分配，避免频谱浪费和冲突，从而提高整体的频谱利用效率和卫星通信系统间的互操作性。

频谱感知的基本出发点是灵活利用频谱空洞，实现动态频谱接入和频谱共享，从而实现有限频谱资源的高效利用。人工智能技术的新兴和发展为提升频谱感知性能和效果提供了新的发展机遇，将人工智能和频谱感知相结合，可以有效处理海量数据，提前预测未来的频谱占用状态，并实现对频谱资源的智能利用，从而克服频谱感知面临的许多问题，推动航天通信系统的发展。

通过本章的学习，应掌握单用户频谱感知方法和协作频谱感知方法的基本概念，熟悉无线频谱分配方式，理解基于深度学习的单用户频谱感知方法的基本过程，了解基于深度学习的协作频谱感知方法的设计方案。

7.1 基本概念

7.1.1 无线频谱分配

目前世界各国的频谱主要由政府部门进行管理和分配。在不同无线业务使用频段的分配上，各国无线电管理机构根据法定无线电业务的技术特点、业务能力、带宽需求等因素，以固定频段进行指配。我国无线频谱分配如图7-1所示，美国无线频谱分配如图7-2所示。从频谱分配图中可以发现，不同频段分给不同用户和业务，用户对所分得的频段具有独享的使用权，可用的无线频谱资源几乎已经被分配殆尽。

随着用户数量和业务带宽需求的不断增加，固定频段指配的方式逐渐显示出其固有的弊端，导致“频谱匮乏”的问题越来越紧迫。某些热点业务的频段（如蜂窝移动通信频段）内变得相当拥挤，频谱资源供不应求；而其他一些频段（如广播电视频段），则存在时间和空间上大量频谱闲置的现象。统计表明，授权频段的利用率在 15% ~85%之间波动，部分地区一些频段的利用率不足 5%。这种不平衡性激发了人们在工程、经济和管理领域寻找更好的频谱管理政策。如“开放频谱”的概念，其目的是使用新的技术和标准，动态地管理频谱接入，实现频谱共享，以代替当前政府“指令式”的静态频谱分配方式。

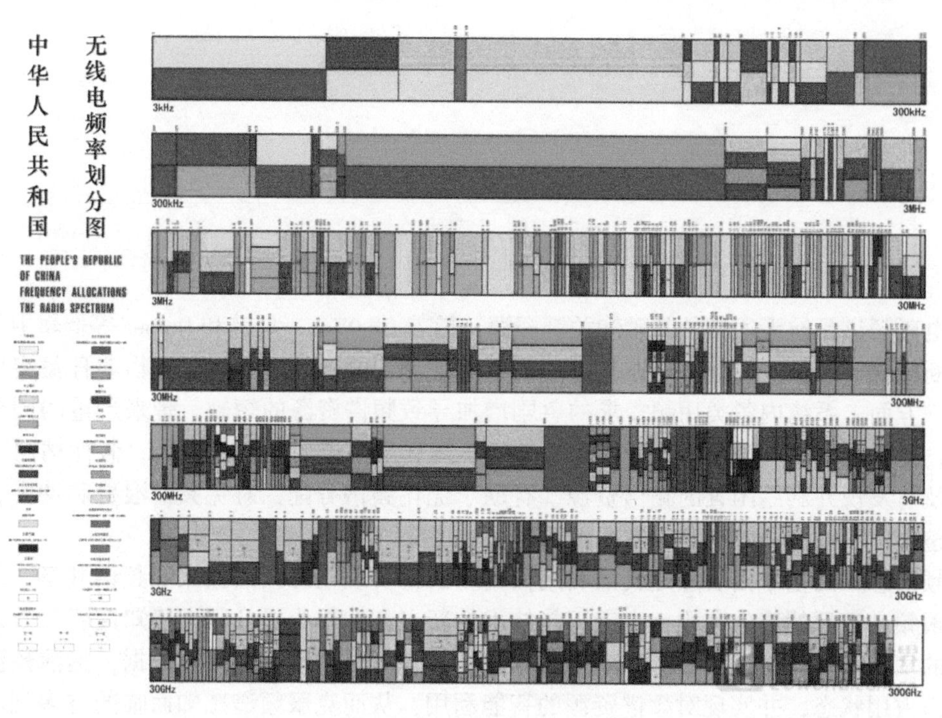

图 7-1 我国无线频谱分配

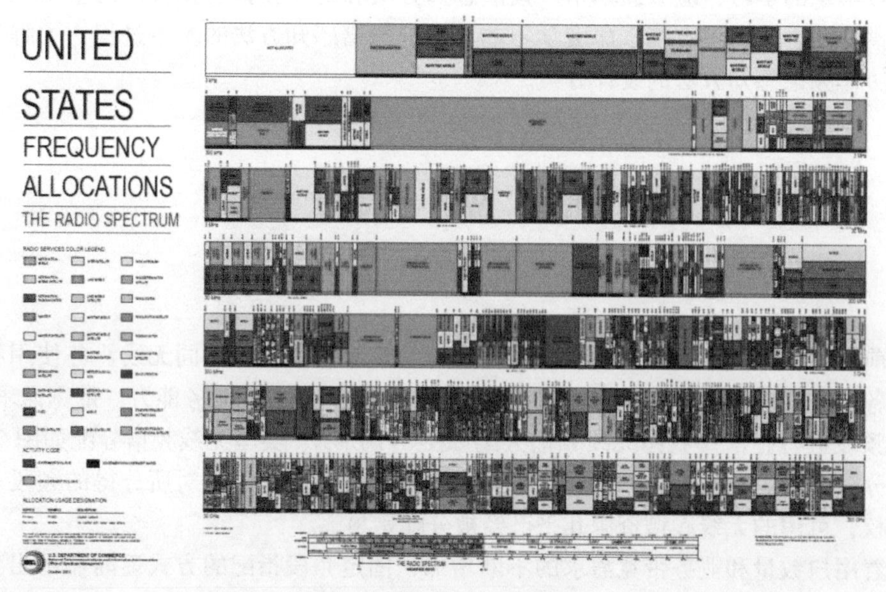

图 7-2 美国无线频谱分配

7.1.2　电磁频谱感知

频谱感知发源于无线频谱资源的管理与监测，用于保证用户“独占”其授权频段。但随着认知无线电技术的提出与发展，频谱感知技术也得到了迅猛发展。

认知无线电的概念由 Joseph Mitola 博士于 1999 年首次提出，2003 年美国联邦通信委员会 FCC 和 2005 年 Simon Haykin 教授对其进行了扩展和详细阐述。认知无线电的核心思想是通过频谱感知和系统的智能学习能力，实现动态频谱接入和频谱共享，从而支撑有限频谱资源的高效利用。

认知无线电主要包含频谱感知、信道状态确认、功率控制与频谱决策等三个环环相扣的功能模块，可实现对无线电环境的智能认知，如图 7-3 所示。频谱感知是认知无线电的核心技术，是信道状态确认模块和功率控制与频谱决策模块的基本前提和先决条件，为动态频谱接入和有序的频谱管理奠定基础。具体来说，频谱感知是指次级用户（非授权用户，无固定授权频段，也称为认知用户、次用户）检测主用户（授权用户，拥有固定授权频段）的活动状态并确定频谱空洞的过程，其功能有：动态感知外界的频谱环境，找出频谱空洞，实现频谱的机会接入；在发掘频谱空洞的同时检测主用户是否出现，避免机会接入用户对其造成干扰。这里的频谱空洞是分配给授权用户，但在特定时间和地域内未被使用的频段，或者虽然被使用但功率很低，可以被次用户动态接入的频段。如图 7-4 所示。

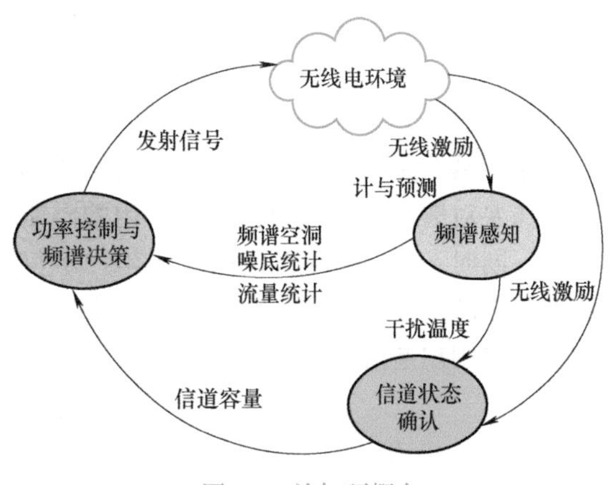

图 7-3　认知环概念

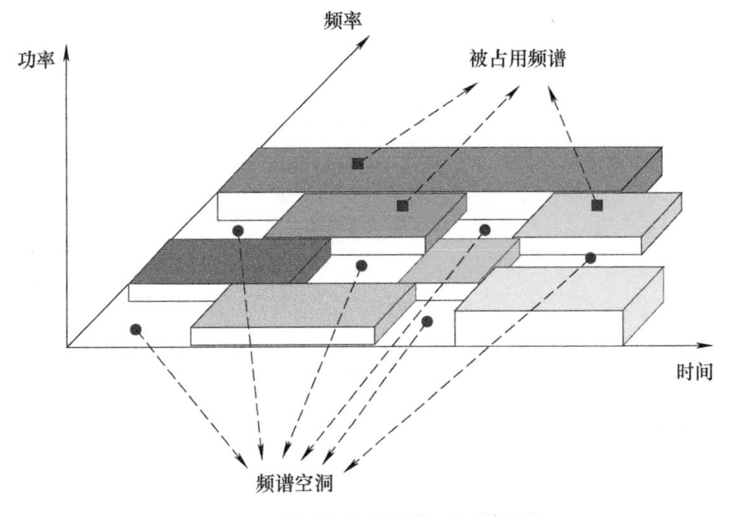

图 7-4　时间域范畴的典型频谱空洞

识别和接入频谱空洞的过程如图 7-5 所示，图中 x 轴表示频谱状态随时间的变化情况，y 轴表示频谱功率大小，z 轴表示不同信道上的频率，灰色矩形表示正在使用的频谱，空白位置表示频谱空洞。

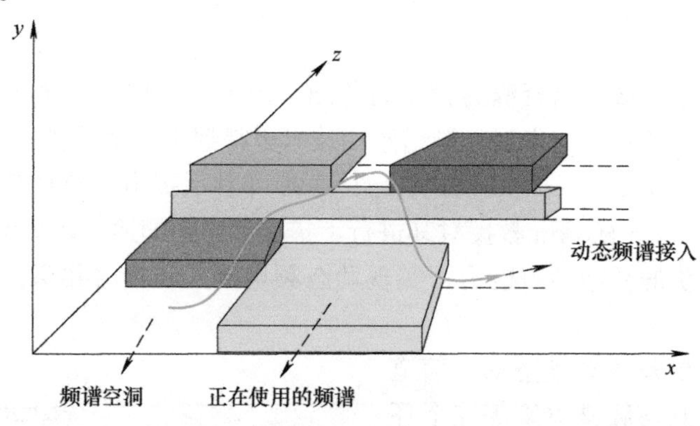

图 7-5 识别和接入频谱空洞的过程

主用户具有频谱优先使用权，次级用户不能在主用户的工作频段进行接入。因此，次级用户需要对频谱进行检测，选择可用的空闲频谱，并调整工作方式，以机会性地进行频谱接入。同时，正在使用频谱的次级用户不仅需要检测下一时刻的可用频谱，还需要持续感知主用户的工作状态。一旦检测到主用户需要接入，次级用户就需要主动退出该频谱，以防止对主用户造成干扰。

7.2 传统电磁频谱感知方法

根据参与节点数目的多少，频谱感知技术可以分为单用户频谱感知和协作频谱感知两大类。进一步，根据主用户检测的位置，单用户频谱感知又可以分为主用户发射端频谱感知和主用户接收端频谱感知；根据有无融合中心，协作频谱感知技术又可以分为集中式协作频谱感知和分布式协作频谱感知。频谱感知技术分类见表 7-1。

表 7-1 电磁频谱感知技术分类

<table>
<tr><td rowspan="13">频谱感知技术</td><td rowspan="5">单用户频谱感知</td><td rowspan="3">主用户发射端频谱感知</td><td>能量检测</td></tr>
<tr><td>匹配滤波器检测</td></tr>
<tr><td>循环平衡特征检测</td></tr>
<tr><td rowspan="2">主用户接收端频谱感知</td><td>干扰温度检测</td></tr>
<tr><td>本振泄漏功率检测</td></tr>
<tr><td rowspan="8">协作频谱感知</td><td rowspan="5">集中式协作频谱感知</td><td>AND 准则</td></tr>
<tr><td>OR 准则</td></tr>
<tr><td>K/N 准则</td></tr>
<tr><td>等增益合并准则</td></tr>
<tr><td>最大比合并准则</td></tr>
<tr><td rowspan="3">分布式协作频谱感知</td><td>一致性融合算法</td></tr>
<tr><td>置信传播算法</td></tr>
<tr><td>扩散算法</td></tr>
</table>

7.2.1　单用户频谱感知

单用户频谱感知是指认知网络系统中只存在一个次级用户进行频谱感知。目前频谱感知技术大多是基于信号的统计特征，利用信号与噪声统计特征上的差异性判定频谱是否被占用。在认知无线电中，单个次级用户感知目标频段是否有主用户存在的过程，可以建模为一个二元假设检验问题，表示为

$$x(n)=\begin{cases}\omega(n):\ H_0\\ h(n)s(n)+\omega(n):\ H_1\end{cases}\tag{7-1}$$

式中，$n\in(1,2,\cdots,N)$，N 表示总的采样点；$x(n)$ 是次级用户接收到的信号；$s(n)$ 是主用户的发送信号；$h(n)$ 是信道增益；$\omega(n)$ 是目标频段的噪声，与 $x(n)$ 相互独立。假设 H_0 表示接收信号只包含噪声，假设 H_1 表示接收信号中包含主用户的发送信号，因此主用户的存在与否可以表示为接收信号的二元假设检验问题。频谱感知算法的检测性能一般采用信号检测领域常用的检测概率和虚警概率进行衡量，可以表示为

$$P_{\mathrm{d}}=P\{H_1\mid H_1\}\tag{7-2}$$

$$P_{\mathrm{f}}=P\{H_1\mid H_0\}\tag{7-3}$$

式中，P_{d} 是主用户存在且被成功检测的概率；P_{f} 是主用户不存在但被误检为存在的概率。

1. 主用户发射端频谱感知方法

在单用户频谱感知中，主用户发射端频谱感知方法是最常用且最基础的方法，主要包括三种方法：能量检测、匹配滤波器检测和循环平稳特征检测。

（1）能量检测

能量检测是利用采集到的信号样本的能量特征进行频谱感知的方法。为测量信号样本能量，需对带通信号进行平方运算，然后在观测时间段内进行积分，并将积分器输出值与预设的判决门限进行比较。其工作原理如图 7-6 所示。若积分器输出值 Y 大于门限，则认为频谱正在被占用，即假设 H_1 成立，否则判定 H_0 成立。

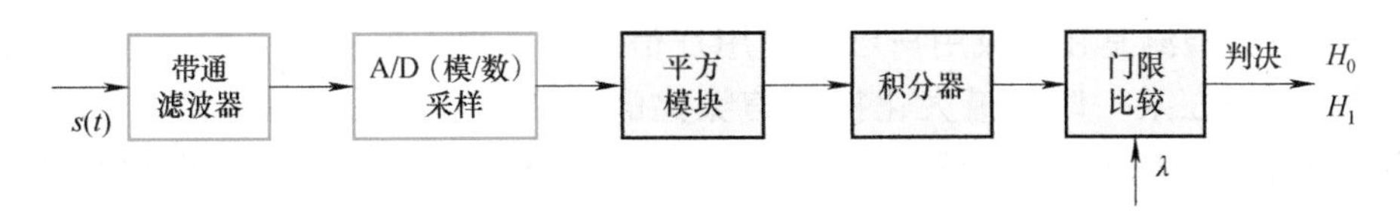

图 7-6　能量检测的工作原理

例 7-1： 假设噪声方差 $\sigma^2=1$，信道增益 $h=2$，主用户信号功率为 $P_{\mathrm{s}}=4$，次级用户在时间间隔 T 内对接收信号进行采样，采样点数 $N=20$，接收到的样本值为 $r=[1.2,-0.5,2.3,0.8,-1.1,1.5,2.0,-0.7,1.3,0.6,1.8,-1.0,0.9,1.7,-0.8,1.6,0.7,1.4,-0.9,2.1]$，虚警概率 $P_{\mathrm{f}}=0.1$，问次级用户能否判定主用户存在。

解：根据虚警概率可以计算出检测门限，检测门限设为 λ，能量检测的检验统计量设为 Y，则

$$P_{\mathrm{f}}=P(Y>\lambda\mid H_0)=P\left(\frac{1}{N}\sum_{i=1}^{N}|r_i|^2>\lambda\mid H_0\right)=0.1$$

由于在假设 H_0 下，接收信号只有噪声，且噪声为高斯分布，所以 $\frac{1}{N}\sum_{i=1}^{N}|r_i|^2$ 服从自由度为 N 的中心卡方分布。

通过查找中心卡方分布表或使用相应的函数计算，可得 $\lambda=1.64$。

计算检验统计量 Y 为

$$Y=\frac{1}{20}\sum_{i=1}^{20}(1.2^2+(-0.5)^2+\cdots+2.1^2)\approx 1.82$$

由于1.82>1.64，所以判定主用户存在。

例 7-2： 设定感知信号和噪声均为高斯分布，感知信号的平均功率是 σ_s^2，噪声功率用 σ_0^2 表示，检测统计量 Y 在假设 H_0 和 H_1 中分别服从中心卡方分布和自由度为 $2N$ 的非中心卡方分布，N 为感知样点数。在此条件下，求 N 较大时 Y 的分布，以及检测概率 P_{d} 和虚警概率 P_{f} 的闭式表达。

解：根据中心极限定理，检测统计量 Y 近似服从如下高斯分布：

$$\begin{cases}H_0:\mathcal{N}(N\sigma_0^2,2N\sigma_0^4)\\H_1:\mathcal{N}(N(\sigma_0^2+\sigma_s^2),\ 2N(\sigma_0^2+\sigma_s^2)^2)\end{cases}\tag{7-4}$$

基于式（7-2）~式（7-4）可得检测概率 P_{d} 和虚警概率 P_{f} 的闭式表达分别为

$$\begin{cases}P_{\mathrm{d}}=Q\left(\dfrac{\lambda-N(\sigma_0^2+\sigma_s^2)}{\sqrt{2N(\sigma_0^2+\sigma_s^2)^2}}\right)\\P_{\mathrm{f}}=Q\left(\dfrac{\lambda-N\sigma_0^2}{\sqrt{2N\sigma_0^4}}\right)\end{cases}\tag{7-5}$$

由于计算复杂度低，能量检测方法在不同频谱感知场景下具有广泛的应用。但是，这种方法使用静态阈值，在背景噪声非平稳条件下性能下降明显，需要对噪声功率进行准确估计才能获得可靠性能，因此在信噪比较低的环境中性能较差。

（2）匹配滤波器检测

匹配滤波器检测是在次级用户已知主用户信息的前提下，根据匹配滤波器的特性进行信号处理，以在某一时刻最大化接收信噪比的检测方法。其检测原理如图 7-7 所示，输入信号经过带通滤波器、混频器、A/D 转换、乘法器、抽样求和，得出最终的判决结果。

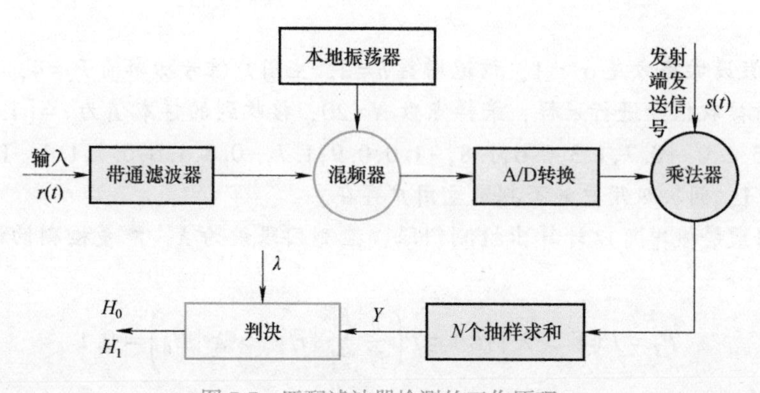

图 7-7 匹配滤波器检测的工作原理

将匹配滤波器检测的输入信号定义为

$$r(t)=s(t)+n(t) \tag{7-6}$$

式中，$s(t)$为检测系统接收到的有用信号，$n(t)$为加性高斯白噪声信道中的固有噪声。经过抽样求和后得到次级用户统计量 Y 的表达式为

$$Y=\sum_{n=0}^{N-1}r(n)s(n) \tag{7-7}$$

式中，N 为抽样数；$r(n)$为接收信号经过抽样后得到的离散序列；$s(n)$为发送信号经过抽样后得到的离散序列。$s(n)$服从高斯分布，统计量 Y 根据式（7-7）进行计算，因此 Y 也服从高斯分布。匹配滤波器检测的检测概率 P_{d} 和虚警概率 P_{f} 表达式分别为

$$P_{\mathrm{d}}=P(Y>\gamma\mid H_1)=Q\left(\frac{\lambda-\varepsilon}{\sqrt{\varepsilon\sigma^2}}\right) \tag{7-8}$$

$$P_{\mathrm{f}}=P(Y>\gamma\mid H_0)=Q\left(\frac{\lambda}{\sqrt{\varepsilon\sigma^2}}\right) \tag{7-9}$$

式中，$\varepsilon=\sum r^2(n)$为次级用户接收信号的能量；σ^2 为噪声方差。在实际应用中，假设判决门限为 γ，判决方法是对比 γ 与统计量 Y，若 $Y>\gamma$，则认为主用户信号存在，反之则主用户不存在。

由于相干性的存在，匹配滤波器检测获得较高增益只需要较短的时间和较少的接收样本。因此，匹配滤波器检测主要用于已知信号参数的通信场景。匹配滤波器检测与下文介绍的循环平稳特征检测相结合，可以解决噪声不确定性对检测结果的影响，从而获得更好的性能。然而，由于匹配滤波器检测的使用前提是已知主用户信号的相关信息，因此如果主用户的信息不准确，会直接导致匹配滤波器检测出现错误的结果。

（3）循环平稳特征检测

循环平稳特征检测利用随机过程的统计特性在时间和位置上保持不变的原理，通过连续变化将信号和噪声分离，实现频谱检测的目标。循环平衡特征检测的工作原理如图 7-8 所示。

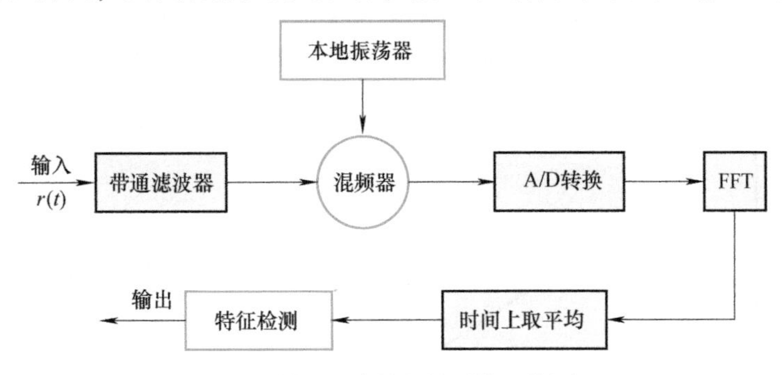

图 7-8　循环平稳特征检测的工作原理

输入带通滤波器的信号为 $r(t)$，其均值和自相关函数表达式分别为

$$\mu=E\{r(t)\} \tag{7-10}$$

$$R(t_1,t_2)=E\{r(t_1)r^*(t_2)\} \tag{7-11}$$

循环自相关函数表达式为

$$R_{\mathrm{r}}^{a}(m)=E\{r(t)r^*(t+m)\mathrm{e}^{-\mathrm{j}2\pi\alpha t}\} \tag{7-12}$$

式中，$E\{\cdot\}$为数学期望；$*$为共轭运算；α为循环频率。图 7-8 中使用快速傅里叶变换（FFT）计算循环功率谱密度，可表示为

$$S_{\mathrm{r}}^{\alpha}(\mathrm{e}^{\mathrm{j}\omega}) = \sum_{m=-\infty}^{\infty} R_{\mathrm{r}}^{\alpha}(m)\mathrm{e}^{-\mathrm{j}\omega m} \tag{7-13}$$

当循环频率$\alpha=0$时，将其代入式（7-13）得到功率谱密度，因为噪声信号和主用户信号独立不相关，从而得到

$$S_{\mathrm{r}}^{\alpha}(\mathrm{e}^{\mathrm{j}\omega}) = S_{\mathrm{s}}^{\alpha}(\mathrm{e}^{\mathrm{j}\omega}) + S_{\mathrm{n}}^{\alpha}(\mathrm{e}^{\mathrm{j}\omega}) \tag{7-14}$$

由式（7-14）可以看出功率谱密度是主用户信号和噪声信号的叠加。在二元检测模型中，对于两种假设（H_0和H_1），根据α取值的不同，有以下四种情况的功率谱密度计算方法：

$$S_{\mathrm{r}}^{\alpha}(\mathrm{e}^{\mathrm{j}\omega}) = \begin{cases} S_{\mathrm{n}}^{0}(\mathrm{e}^{\mathrm{j}\omega}), & \alpha=0,\ H_0 \\ S_{\mathrm{s}}^{0}(\mathrm{e}^{\mathrm{j}\omega}) + S_{\mathrm{n}}^{0}(\mathrm{e}^{\mathrm{j}\omega}), & \alpha=0,\ H_1 \\ 0, & \alpha\neq 0,\ H_0 \\ S_{\mathrm{s}}^{\alpha}(\mathrm{e}^{\mathrm{j}\omega}), & \alpha\neq 0,\ H_1 \end{cases} \tag{7-15}$$

循环平稳特征检测利用采样和调制信号的循环冗余特性区分噪声信号和主用户信号。相比于能量检测，循环平稳特征检测在低信噪比条件下可以提供更好的检测性能；相比于匹配滤波器检测，循环平稳特征检测不需要提前获取主用户信息。然而，由于循环平稳特征检测的复杂度较高，且需要更长的感知时间，因此没有得到广泛推广和应用。

2. 主用户接收端频谱感知方法

上述主用户发射端频谱感知方法主要通过次级用户检测主用户信号是否存在，其存在的弊端是，当次级用户的接收机距离主用户发射机的发射天线太远，超出了有效功率覆盖范围时，次级用户无法检测到主用户信号，可能干扰主用户的正常通信。在这种情况下，可以在接收端进行频谱感知。主用户接收端频谱感知方法主要包括干扰温度检测和本振泄漏功率检测。

（1）干扰温度检测

干扰温度检测主要是将干扰温度门限设置为噪声环境和次级用户干扰两部分之和，进而通过干扰温度模型实现主用户信号的检测，干扰温度模型如图 7-9 所示。

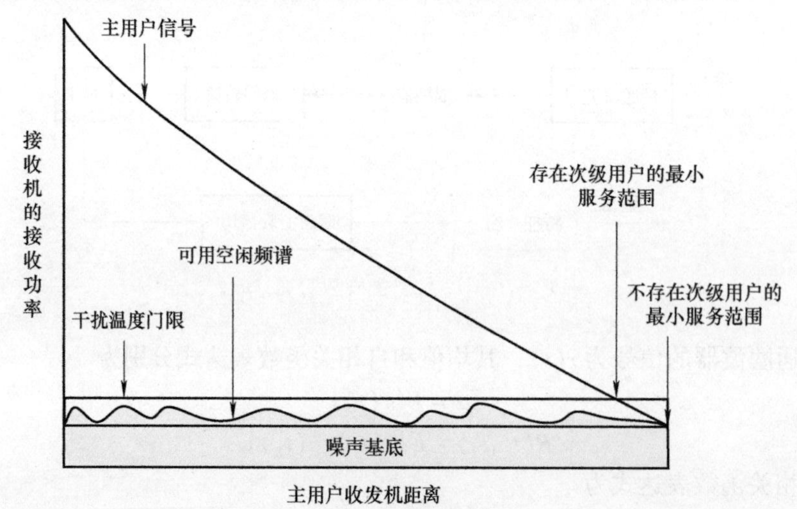

图 7-9　干扰温度模型

干扰温度模型的主要原理是通过比较干扰温度和干扰温度门限判断是否会对主用户造成干扰。当干扰温度低于干扰温度门限时，就可以认为次级用户不会对主用户造成干扰，从而可以实现频谱资源的共享，最大限度地利用频谱资源。干扰温度由式（7-16）确定：

$$T(f,B)=\frac{P(f,B)}{kB} \tag{7-16}$$

式中，B 为接收端工作的带宽；f 为接收端工作时的频率；$P(f,B)$ 为平均干扰功率；k 为玻尔兹曼常数。

（2）本振泄漏功率检测

超外差接收机是一种常见的本振泄漏功率检测机，其工作原理如图 7-10 所示。它主要通过将本振信号与接收到的射频放大信号混频，然后经过滤波和中频放大，最后进入数据处理模块，完成对接收信号的检测。该方法最大的优势是适用于在远程通信中对高频率、弱信号的检测。

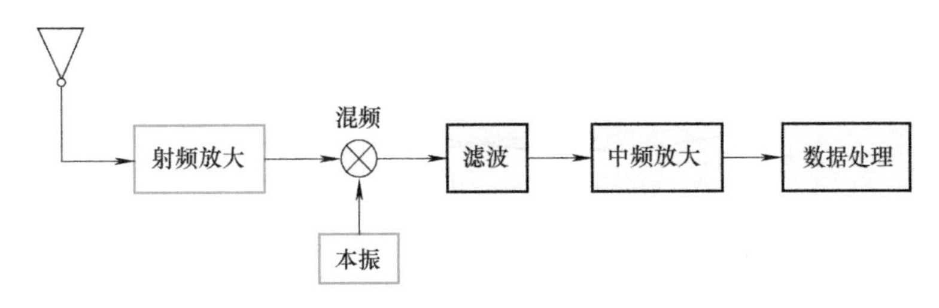

图 7-10　本振泄漏功率检测的工作原理

7.2.2　协作频谱感知

在实际卫星通信环境中，电磁波在空间传播时会面临多径衰落和阴影效应等问题，这些问题导致单个用户在低信噪比环境下感知频谱时具有不确定性。协作频谱感知通过利用多感知节点的空间多样性增益，减弱由多径效应和阴影衰落带来的检测性能下降的影响。协作频谱感知场景如图 7-11 所示，次级用户 2 受到多径效应和阴影衰落影响，次级用户 3 受到干扰影响，次级用户 1 具有良好的电磁环境，次级用户之间通过相互合作，可以将多个感知结果融合，获得比单个用户感知结果更可靠的结果。目前，协作频谱感知根据有无融合中心，分为集中式协作频谱感知和分布式协作频谱感知。

1. 集中式协作频谱感知

集中式协作频谱感知包括一个融合中心和多个次级用户，感知过程包括两个阶段。第一阶段，次级用户完成本地感知，并上报本地感知结果至融合中心；第二阶段，融合中心根据融合准则生成最终判决，并下发至每个次级用户。集中式协作频谱感知结构简单、实时性好，因此得到广泛应用。

集中式协作频谱感知的性能会受本地感知性能和融合准则选择的影响。如果本地感知不可靠，就很难融合出可靠的结果。而选择不同的融合准则会导致最终感知结果的偏向不同。融合准则通常分为硬判决和软判决两种。硬判决融合准则具有数据传输量小、占用带宽资源少、实时性较高的优点，但融合性能受本地感知影响较大；而软判决融合准则具有更好的融合性能，能够克服本地感知的限制，但数据传输量大，占用带宽资源多，感知实时性较差。

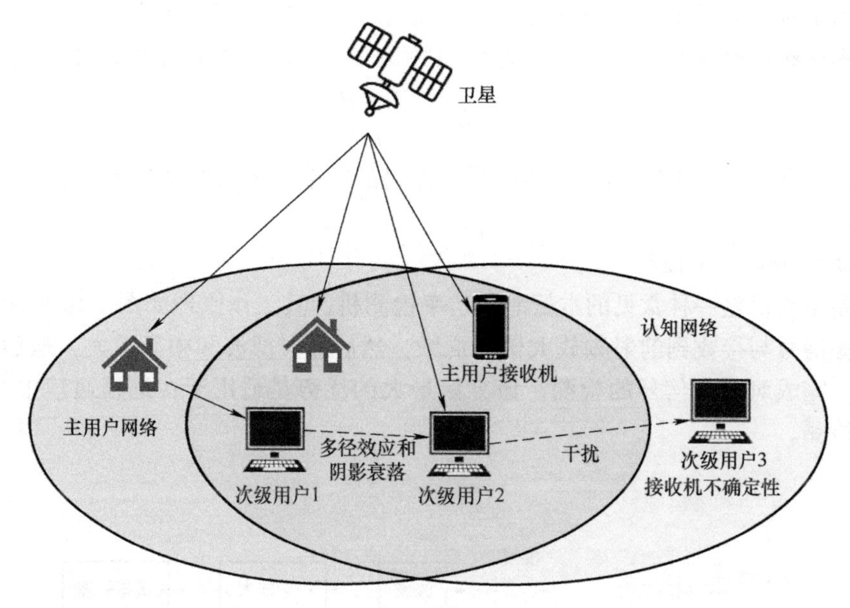

图 7-11 协作频谱感知场景

（1）硬判决融合准则

在硬判决感知融合中，每个次级用户首先完成本地感知，得到二进制形式的感知结果，其中“1”表示主用户存在，“0”表示主用户不存在。在融合阶段，所有感知结果进行逻辑运算，得到全局决策。硬判决融合准则主要包括 AND 准则、OR 准则和 K/N 准则。

1）AND 准则。AND 准则是对所有感知结果进行与运算，若所有次级用户判定主用户存在，则融合结果为主用户存在；若存在一个次级用户判定主用户不存在，则融合结果为主用户不存在。AND 准则能够有效降低感知模型的虚警概率，但也存在检测概率低的问题。虚警概率低能够减少对主用户不存在的误判，提高频谱利用率，但是检测概率低说明模型发现主用户存在的能力弱，这会对主用户通信造成一定干扰。M 个次级用户采用 AND 准则的协作频谱感知模型的检测概率和虚警概率计算方式为

$$P_{\mathrm{d}} = \prod_{i=1}^{M} P_{\mathrm{d}i} \tag{7-17}$$

$$P_{\mathrm{f}} = \prod_{i=1}^{M} P_{\mathrm{f}i} \tag{7-18}$$

式中，$P_{\mathrm{d}i}$ 和 $P_{\mathrm{f}i}$ 分别为第 i 个次级用户本地感知的检测概率和虚警概率。

2）OR 准则。OR 准则是对所有感知结果进行或运算，若有一个次级用户判定主用户存在，则融合结果为主用户存在；若所有次级用户都判定主用户不存在，则融合结果为主用户不存在。OR 准则能够显著提高感知模型的检测概率，但也会使虚警概率升高，此时通信系统的频谱利用率低，对主用户通信干扰小。M 个次级用户采用 OR 准则的协作频谱感知模型的检测概率和虚警概率计算方式为

$$P_{\mathrm{d}} = 1 - \prod_{i=1}^{M} (1 - P_{\mathrm{d}i}) \tag{7-19}$$

$$P_{\mathrm{f}} = 1 - \prod_{i=1}^{M}(1 - P_{\mathrm{f}i}) \tag{7-20}$$

3）K/N 准则。在协作频谱感知中，K/N 准则认为在 N 个次级用户中，只要至少有 K 个判定主用户存在，就将融合结果标记为主用户存在，否则标记为主用户不存在。相比于 AND 准则和 OR 准则，K/N 准则能够缓解检测概率和虚警概率的偏向性。M 个次级用户采用 K/N 准则的协作频谱感知模型的检测概率和虚警概率计算方式为

$$P_{\mathrm{d}} = \sum_{j=k}^{M} \mathrm{C}_M^j P_{\mathrm{d}i}^j (1 - P_{\mathrm{d}i})^{M-j} \tag{7-21}$$

$$P_{\mathrm{f}} = \sum_{j=k}^{M} \mathrm{C}_M^j P_{\mathrm{f}i}^j (1 - P_{\mathrm{f}i})^{M-j} \tag{7-22}$$

例 7-3：假设有 10 个次级用户对主用户频段进行频谱感知，即 $N=10$，设定 $K=6$，即只要有 6 个或更多的次级用户检测到主用户信号存在，就判定主用户存在。每个次级用户独立地进行能量检测，检测门限为 λ。假设次级用户的检测概率为 $P_{\mathrm{d}i}=0.8$，虚警概率为 $P_{\mathrm{f}i}=0.1$。请计算在主用户确实存在的情况下，使用 K/N 准则判定主用户存在的概率。

解：这是一个二项分布问题，使用如下二项分布的概率质量函数：

$$P(X=k) = \mathrm{C}_n^k p^k (1-p)^{n-k}$$

式中，C_n^k 是组合数，n 是试验次数，k 是成功次数，p 是每次试验成功的概率。

判定主用户存在的概率为至少有 6 个次级用户检测到主用户存在的概率之和：

$$P(\text{判定主用户存在}) = \sum_{k=6}^{10} \mathrm{C}_{10}^k \times 0.8^k \times (1-0.8)^{10-k} \approx 0.97$$

所以在这种设置下，当主用户存在时，使用 K/N 准则判定主用户存在的概率约为 0.97。

（2）软判决融合准则

当本地感知结果不可靠时，硬判决融合准则无法消除其对感知融合的负面影响。可将每个次级用户的采样信号直接或稍加处理后发送至融合中心，融合中心根据每个次级用户的状态分配不同的权重，以此实现软判决。常见的软判决融合准则包括等增益合并准则、最大比合并准则等。

1）等增益合并准则。等增益合并准则是指融合中心将每个次级用户的感知结果进行集中汇聚，然后对每个感知结果给予相等的权值并进行融合。最终的融合结果将与预先设定的判决门限进行比较，若大于该门限，则表示存在主用户，否则表示不存在主用户。在等增益合并情况下，检测概率和虚警概率可表示为

$$P_{\mathrm{d}} = Q\left(\frac{Q^{-1}(P_{\mathrm{f}}) - \sqrt{\dfrac{N}{2L}}\displaystyle\sum_{i=1}^{L}\gamma_i}{\sqrt{1 + \dfrac{2}{L}\displaystyle\sum_{i=1}^{L}\gamma_i}}\right) \tag{7-23}$$

$$P_{\mathrm{f}} = Q\left(\sqrt{1 + \frac{2}{L}\sum_{i=1}^{L}\gamma_i}\, Q^{-1}(P_{\mathrm{d}}) + \sqrt{\frac{N}{2L}}\sum_{i=1}^{L}\gamma_i\right) \tag{7-24}$$

式中，γ_i 为次级用户 i 的本地信噪比；L、N 表示次级用户的个数；$Q^{-1}(\cdot)$是 Q 函数的逆函数。

2）最大比合并准则。在最大比合并中，每个次级用户的权重系数取决于其接收信号的信噪比，信噪比越大，次级用户的感知结果在最终融合结果中贡献越大。对信号进行融合后，将最终的融合结果与预先设置的判决门限进行比较，若大于该门限则表示存在主用户，否则表示不存在主用户。此时检测概率和虚警概率可表示为

$$P_d = Q\left(\frac{Q^{-1}P_f - \sqrt{\frac{N}{2}}\sum_{i=1}^{L}\frac{\gamma_i^2}{\sqrt{\sum_{i=1}^{L}\gamma_i^2}}}{\sqrt{1+\sum_{i=1}^{L}\frac{2\gamma_i^3}{\sum_{i=1}^{L}\gamma_i^2}}}\right) \tag{7-25}$$

$$P_f = Q\left(\sqrt{1+\sum_{i=1}^{L}\frac{2\gamma_i^2}{\sum_{i=1}^{L}\gamma_i^2}}Q^{-1}P_d + \sqrt{\frac{N}{2}}\sum_{i=1}^{L}\frac{\gamma_i^2}{\sqrt{\sum_{i=1}^{L}\gamma_i^2}}\right) \tag{7-26}$$

为更好地适应复杂的感知场景并提升感知融合的性能，可采用神经网络模型进行软判决。这种方法以非线性加权的方式融合每个次级用户的感知结果，从而提高每个感知用户有效部分对最终融合结果的贡献。然而，相比于硬判决融合准则，软判决融合准则需要传输大量的采样信号至融合中心，会消耗更多的传输带宽和传输时间；同时融合中心需要承担更多的计算负载，从而影响了感知的实时性。

2. 分布式协作频谱感知

与集中式协作频谱感知不同，分布式协作频谱感知没有融合中心，而是每个次级用户通过与其一跳可达的邻居用户进行数据融合，并经过有限次的迭代得到最终结果。在集中式协作频谱感知中，融合准则是重点，而在分布式协作频谱感知中，融合算法是重点。常用的融合算法有一致性融合算法、置信传播算法和扩散算法。

（1）一致性融合算法

在一致性融合算法中，首先每个次级用户进行本地频谱感知，得到一个本地的感知值。然后与其一跳可达的邻居用户进行数据交互，并进行迭代。在每次迭代中，用户将自己的感知值与邻居用户的值协作，并更新自己的感知结果。经过有限次迭代后，每个用户将得到最终的共识值，将这个共识值与预先设置的判决门限进行比较，最终达到一致性融合。该融合算法的更新迭代公式为

$$x_i(k+1) = x_i(k) + \varepsilon\sum_{j\in N_{C_i}}\left[x_j(k) - x_i(k)\right] \tag{7-27}$$

式中，ε 为融合因子；$x_i(k)$ 为次级用户 i 在第 k 次迭代时的感知值；N_{C_i} 为次级用户 i 的一跳可达邻居用户集合。

（2）置信传播算法

该算法将整个认知网络转换成一个马尔可夫随机场，每个次级用户将自己的边缘概率分布传递给邻居用户，从而影响邻居用户的边缘概率分布。在这个算法中，每个节点的边缘概率分布可以视为每个次级用户的置信值。通过有限次迭代，整个认知网络中的每个节点的边缘概率分布将逐渐趋向于稳态，直至最终收敛。

(3) *扩散算法*

扩散算法的核心思想是扩散过程，而扩散过程依赖于扩散网络的结构。当一个次级用户 i 扩散到次级用户 j 时，如果次级用户 i 的状态发生改变，那么次级用户 j 的状态也会相应地发生改变。在扩散算法中，首先需要定义一个扩散矩阵，用于在扩散过程中为每个次级用户的邻居用户分配权重。通过查询扩散矩阵，对相应邻居用户进行扩散加权，从而影响其感知值的更新。在扩散过程中，每个次级用户将自己的感知值通过其邻居用户的权重加权传递给相邻的用户。通过多次迭代和扩散，整个认知网络中用户的感知值逐渐趋于一致，达到全网共识。扩散矩阵可以定义为 $\boldsymbol{A}=[q_j^i]$，i 和 j 均为次级用户序号，q_j^i 为次级用户 i 的邻居用户 j 在扩散过程中的权重，定义为

$$q_j^i=\begin{cases}\dfrac{1}{d_i}*\ |N_{C_j}|\ ,\ j\in N_{C_i}\\ 0\end{cases} \tag{7-28}$$

式中，$\sum\limits_{j=1}^{L}q_j^i=1$；$d_i$ 为次级用户 i 的邻居用户数；N_{C_j} 为次级用户 j 的一跳可达邻居用户集合。

常用频谱感知技术总结见表 7-2。

表 7-2 常用频谱感知技术总结

频谱感知技术	优 点	缺 点
能量检测	易于实现，不需要主用户信号的先验信息	受噪声影响大
匹配滤波器检测	感知精度高，可实现理论最优性能	需要先验信息，不同信号的滤波器不同
循环平稳特征检测	感知精度高	复杂度高，感知时间长
干扰温度检测	频谱共享灵活，适合大规模感知网络	干扰温度易波动，干扰温度门限难确定
本振泄漏功率检测	对高频率，弱信号检测效果好	主用户周围需要有大量传感器
集中式协作频谱感知	结构简单，实现复杂度低	可靠性低，需要同步
分布式协作频谱感知	结构灵活，不需要融合中心	数据交互过程复杂，易受恶意用户攻击

7.3 基于深度学习的单用户频谱感知

随着无线电磁环境越发复杂，传统频谱感知方法的局限性进一步突出，如能量检测无法克服噪声不确定性的影响，匹配滤波器检测在实际应用中难以获得先验知识等。深度学习技术常用于解决各种特征分类问题，而频谱感知的本质就是一个二元假设检验问题，因此运用深度学习技术辅助频谱感知，实现目标检测频段占用状态的判断，是一个非常合理的选择。

目前绝大多数的深度学习频谱感知算法均基于预处理→训练学习→实时监测的思路设计，即先对待检测信号进行预处理，再交给深度学习模型进行训练学习，最后利用训练好的模型进行实时检测。下面介绍一种基于样本协方差矩阵的深度学习频谱感知算法，该方法首先将次级用户的接收信号处理成样本协方差矩阵，然后将样本协方差矩阵输入到 CNN

中进行分类，最后得到频谱感知结果。

基于样本协方差矩阵的深度学习频谱感知流程如图 7-12 所示，包括数据预处理、模型训练与感知两个阶段。

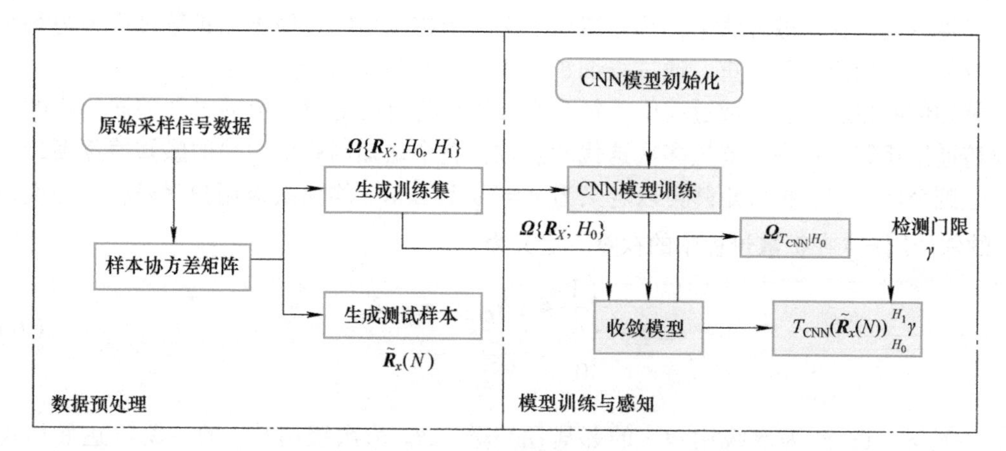

图 7-12 基于样本协方差矩阵的深度学习频谱感知流程

（1）数据预处理

一个具有 M 根接收天线的单用户在第 n 个采样时刻的接收信号可以表示为

$$\boldsymbol{x}(n) = [x_1(n), x_2(n), \cdots, x_M(n)]^{\mathrm{T}} \tag{7-29}$$

则 N 个采样时刻构成的接收矩阵可以表示为

$$\boldsymbol{X} = \begin{bmatrix} \boldsymbol{x}(1) \\ \boldsymbol{x}(2) \\ \vdots \\ \boldsymbol{x}(N) \end{bmatrix}^{\mathrm{T}} = \begin{bmatrix} x_1(1) & x_1(2) & \cdots & x_1(N) \\ x_2(1) & x_2(2) & \cdots & x_2(N) \\ \vdots & \vdots & & \vdots \\ x_M(1) & x_M(2) & \cdots & x_M(N) \end{bmatrix}_{M\times N} \tag{7-30}$$

可以进一步获得由接收信号组成的样本协方差矩阵，在训练阶段，该矩阵可以生成训练样本 $\boldsymbol{R}_x(N)$，由该训练样本可进一步生成训练集 $\boldsymbol{\Omega}\{\boldsymbol{R}_X;\ H_0, H_1\}$；在测试阶段，可以生成测试样本 $\tilde{\boldsymbol{R}}_x(N)$。以训练样本 $\boldsymbol{R}_x(N)$ 为例，其可以表示为

$$\boldsymbol{R}_x(N) = \frac{1}{N}\sum_{n=1}^{N} \boldsymbol{x}(n)\boldsymbol{x}^{\mathrm{H}}(n) = \frac{1}{N}\boldsymbol{X}\boldsymbol{X}^{\mathrm{H}} \tag{7-31}$$

此方法构建的样本协方差矩阵在假设 H_0 和 H_1 条件下具有很明显的图像特征，样本协方差矩阵的灰度图如图 7-13 所示。

（2）模型训练与感知

图 7-13 所示为不同假设条件下样本协方差矩阵的灰度图，可以看出，H_0 和 H_1 条件下的样本协方差矩阵具有较大差异，运用 CNN 即可对这样的样本协方差矩阵进行分类，完成频谱感知。

因此，在模型训练与感知阶段，首先构建 CNN 模型，初始化所构建的模型，并利用所生成的训练集对模型进行训练，以获得收敛（训练好）的模型。

对于样本 $\boldsymbol{R}_x(N)$，纽曼-皮尔逊准则已经证明了最佳检测值是似然比，所以如图 7-13 所示的检测值同样采用似然比表征，则 $T_{\mathrm{CNN}}(\boldsymbol{R}_x(N))$ 可以表示为

$$
\begin{aligned}
T_{\text{CNN}}(\boldsymbol{R}_x(N)) &= \frac{P(\boldsymbol{R}_x(N) \mid H_1)}{P(\boldsymbol{R}_x(N) \mid H_0)} = \frac{P(H_1 \mid \boldsymbol{R}_x(N))}{P(H_0 \mid \boldsymbol{R}_x(N))} \cdot \frac{P(H_0)}{P(H_1)} \\
&= \frac{h^*_{\theta \mid H_1}(\boldsymbol{R}_x(N))}{h^*_{\theta \mid H_0}(\boldsymbol{R}_x(N))} \cdot \frac{P(H_0)}{P(H_1)} = \frac{h^*_{\theta \mid H_1}(\boldsymbol{R}_x(N))}{h^*_{\theta \mid H_0}(\boldsymbol{R}_x(N))}
\end{aligned} \tag{7-32}
$$

式中，$P(\boldsymbol{R}_x(N) \mid H_i)$为 H_i（$i=0,1$）条件下的条件概率；$h^*_{\theta \mid H_i}(\boldsymbol{R}_x(N))$为训练好的 CNN 模型判断输入样本 $\boldsymbol{R}_x(N)$为 H_i 的概率，即 $P(H_i \mid \boldsymbol{R}_x(N))$；$P(H_i)$为 H_i 的先验概率。为简化计算，在训练集中可取 $P(H_1)=P(H_0)=0.5$。

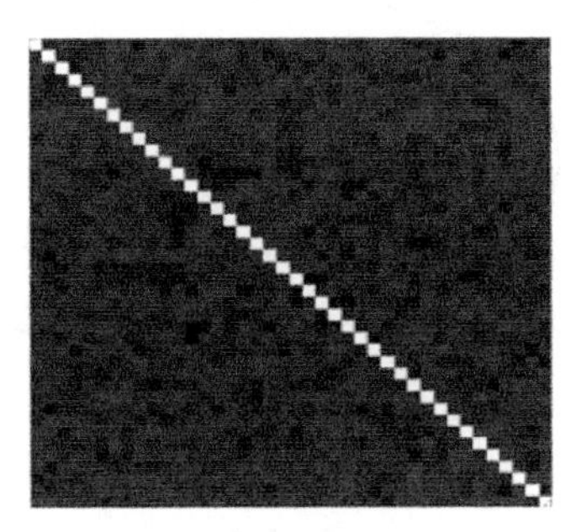

a）H_0条件下的$\boldsymbol{R}_x(N)$

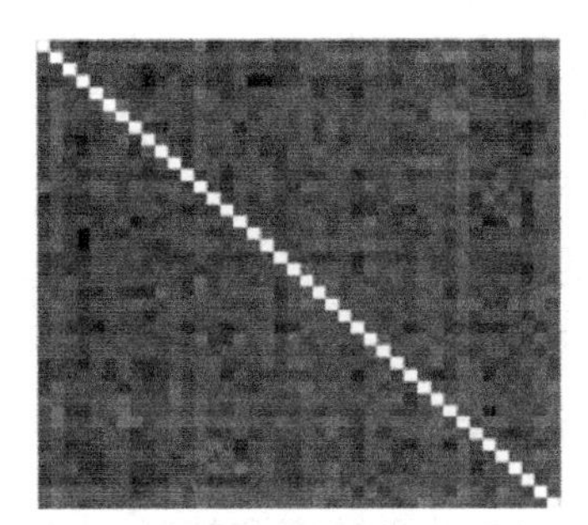

b）H_1条件下的$\boldsymbol{R}_x(N)$

图 7-13 样本协方差矩阵的灰度图

此外，对于如图 7-13 所示 $\boldsymbol{R}_x(N)$的检测门限 γ，可通过下面的步骤确定。

1）借鉴蒙特卡罗方法，将 H_0 条件下的噪声样本集 $\boldsymbol{\Omega}\{\boldsymbol{R}_X;\ H_0\}$ 送入训练完毕的 CNN 中，得到对应的检测值集合 $\boldsymbol{\Omega}_{T_{\text{CNN}} \mid H_0}$。

2）对 $\boldsymbol{\Omega}_{T_{\text{CNN}} \mid H_0}$ 进行降序排列，并根据预设虚警概率 φ 得到对应的检测门限 γ：

$$
\gamma = \boldsymbol{\Omega}_{T_{\text{CNN}} \mid H_0}(\lfloor \varphi L \rfloor) \tag{7-33}
$$

式中，$\lfloor \cdot \rfloor$为向下取整；L 为噪声样本集 $\boldsymbol{\Omega}_{R_u}$ 中样本数量；$\boldsymbol{\Omega}_{T_{\text{CNN}} \mid H_0}(l)$为噪声样本检测值集合 $\boldsymbol{\Omega}_{T_{\text{CNN}} \mid H_0}$ 中的第 l 个元素。

3）将样本协方差矩阵$\tilde{\boldsymbol{R}}_x(N)$送入到训练好的模型中，计算出对应的检测值，将检测值与检测门限对比，即可知道主用户的状态。当检测值大于检测门限时，判定主用户处于繁忙状态；当检测值小于检测门限时，判定主用户处于空闲状态。

这类基于深度学习的频谱感知方法都可以统一概括为：将接收信号处理成具有区分度的图像（矩阵），送入 CNN 中完成两种假设的分类。这一流程是通用的，具有较好的泛化性。

实验视频

项目14：基于深度学习的协作频谱感知

7.4 基于深度学习的协作频谱感知

基于深度学习的集中式协作频谱感知融合系统模型如图 7-14 所示，卫星用于采集用频设备的频谱占用状态数据，并通过 CNN 和 LSTM 提取数据样本的空间特征和时间特征，假定参与协作的卫星数量为 M，这些卫星会将采集的数据转发到融合中心。融合中心可以部署在地面信关站，如果星上算力允许时，融合中心也可以部署在某一颗参与协作的卫星上。

在实际训练和测试过程中，融合中心需要将接收到的信号进行预处理，组成适合 CNN 和 LSTM 输入的数据。

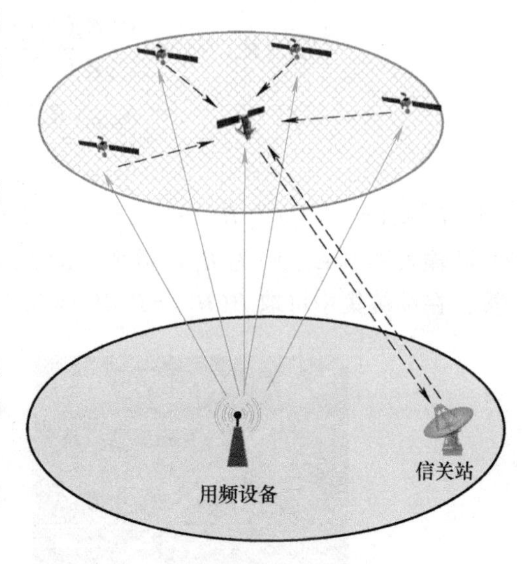

图 7-14 基于深度学习的集中式协作频谱感知融合系统模型

（1）数据预处理

融合中心在第 k 个感知时隙接收到第 m 颗卫星转发的信号，可以表示为

$$\boldsymbol{x}_m^{(k)} = [x_m^{(k)}(1), x_m^{(k)}(2), \cdots, x_m^{(k)}(N)]^{\mathrm{T}},\quad k=1,\cdots,K; m=1,\cdots,M \tag{7-34}$$

式中，复向量 $\boldsymbol{x}_m^{(k)}$ 为第 k 个感知时隙第 m 颗卫星转发的离散复信号；$x_m^{(k)}(n)$ 为复向量 $\boldsymbol{x}_m^{(k)}$ 的第 n 个离散时间抽样值；K 为总时隙数；M 为参与协作的卫星总数；N 为信号长度。能量 $e_m^{(k)}$ 可以表示为

$$e_m^{(k)} = \sum_{n=1}^{N} |x_m^{(k)}(n)|^2 \tag{7-35}$$

为了提高模型的收敛速度和精度，对接收信号进行能量归一化。能量归一化后拼接组合成适合 CNN 处理的样本，以第 k 个感知时隙为例，M 颗卫星转发的信号可以组成 CNN 训练集$(X,Y)_{\mathrm{CNN}}$中的训练样本 $\boldsymbol{X}_{\mathrm{cnn}}^{(k)}$ 为

$$\begin{cases} \boldsymbol{X}_{\mathrm{cnn}}^{(k)}(n,m,1) = \mathrm{Re}\left(\begin{bmatrix} x_1^{(k)}(1)/e_1^{(k)} & x_2^{(k)}(1)/e_2^{(k)} & \cdots & x_M^{(k)}(1)/e_I^{(k)} \\ x_1^{(k)}(2)/e_1^{(k)} & x_2^{(k)}(2)/e_2^{(k)} & \cdots & x_M^{(k)}(2)/e_I^{(k)} \\ \vdots & \vdots & & \vdots \\ x_1^{(k)}(N)/e_1^{(k)} & x_2^{(k)}(N)/e_2^{(k)} & \cdots & x_M^{(k)}(N)/e_I^{(k)} \end{bmatrix}\right)_{N\times M} \\ \boldsymbol{X}_{\mathrm{cnn}}^{(k)}(n,m,2) = \mathrm{Im}\left(\begin{bmatrix} x_1^{(k)}(1)/e_1^{(k)} & x_2^{(k)}(1)/e_2^{(k)} & \cdots & x_M^{(k)}(1)/e_I^{(k)} \\ x_1^{(k)}(2)/e_1^{(k)} & x_2^{(k)}(2)/e_2^{(k)} & \cdots & x_M^{(k)}(2)/e_I^{(k)} \\ \vdots & \vdots & & \vdots \\ x_1^{(k)}(N)/e_1^{(k)} & x_2^{(k)}(N)/e_2^{(k)} & \cdots & x_M^{(k)}(N)/e_I^{(k)} \end{bmatrix}\right)_{N\times M} \end{cases} \tag{7-36}$$

式中，训练样本 $\boldsymbol{X}_{\mathrm{cnn}}^{(k)}$ 是大小为 $N\times M\times 2$ 的矩阵；$\boldsymbol{X}_{\mathrm{cnn}}^{(k)}(n,m,1)$ 为 $\boldsymbol{X}_{\mathrm{cnn}}^{(k)}$ 的第一通道矩阵；$\boldsymbol{X}_{\mathrm{cnn}}^{(k)}(n,m,2)$ 为 $\boldsymbol{X}_{\mathrm{cnn}}^{(k)}$ 的第二通道矩阵。训练样本 $\boldsymbol{X}_{\mathrm{cnn}}^{(k)}$ 对应的标签 $\boldsymbol{y}_{\mathrm{cnn}}^{(k)}$，即第 k 个感知时隙的目标检测频段占用状态，可表示为

$$y_{\mathrm{cnn}}^{(k)} = \begin{cases} [1,0]^{\mathrm{T}}, & H_0 \\ [0,1]^{\mathrm{T}}, & H_1 \end{cases} \tag{7-37}$$

接下来，将每个感知时隙中的卫星转发信号进行拼接，形成符合 LSTM 输入要求的训练集。LSTM 常用于预测，其利用历史时刻的信号数据预测当前时刻的状态，例如第 k 个感知时隙的目标检测频段占用状态是由第 $k-1,\cdots,k-s$ 个时隙的能量值序列经 LSTM 神经网络预测得到的。因此训练集 $(\boldsymbol{X},\boldsymbol{Y})_{\mathrm{LSTM}}$ 中第 k 个感知时隙的训练样本 $\boldsymbol{X}_{\mathrm{lstm}}^{(k)}$ 可以表示为

$$X_{\mathrm{lstm}}^{(k)}=\begin{bmatrix} e_1^{(k-s)} & e_2^{(k-s)} & \cdots & e_M^{(k-s)} \\ e_1^{(k-s+1)} & e_2^{(k-s+1)} & \cdots & e_M^{(k-s+1)} \\ \vdots & \vdots & & \vdots \\ e_1^{(k-1)} & e_2^{(k-1)} & \cdots & e_M^{(k-1)} \end{bmatrix}_{s\times M} \tag{7-38}$$

式中，训练样本 $X_{\mathrm{lstm}}^{(k)}$ 由前 s 个时隙的能量值构成，s 为回溯窗长。训练样本 $X_{\mathrm{lstm}}^{(k)}$ 对应的标签 $y_{\mathrm{lstm}}^{(k)}$ 为

$$y_{\mathrm{lstm}}^{(k)}=\begin{cases}[1,0]^{\mathrm{T}}, & H_0\\ [0,1]^{\mathrm{T}}, & H_1\end{cases} \tag{7-39}$$

式中，$y_{\mathrm{lstm}}^{(k)}$ 为在第 k 个感知时隙的目标检测频段占用状态。

(2) 离线训练方案

基于 CNN 和 LSTM 结合（C-CNN-LSTM）的模型进行训练，其中 CNN 能够提取矩阵的空间特征，LSTM 能够提取序列的时间特征。C-CNN-LSTM 模型结构如图 7-15 所示。

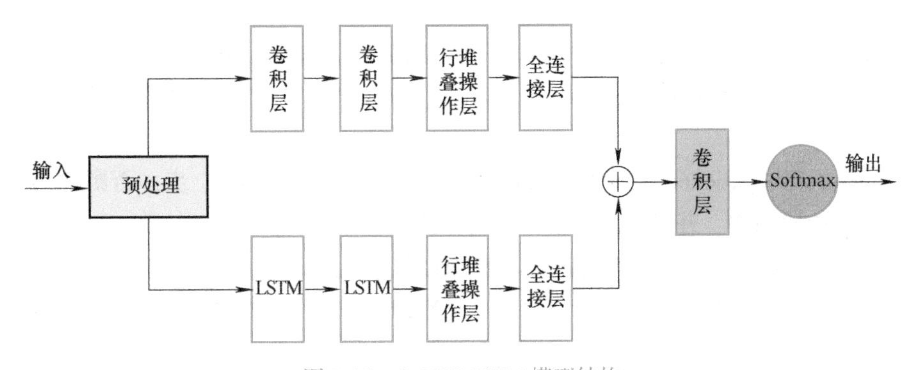

图 7-15 C-CNN-LSTM 模型结构

在图 7-15 中，CNN 和 LSTM 是并行的结构，其输出相加后经过卷积层和 Softmax 激活函数，最终得到不同类别的概率。

假设融合中心在第 k 个时隙接收到 M 颗卫星的信号为 $X^{(k)}=[x_1^{(k)},x_2^{(k)},\cdots,x_M^{(k)}]$，经过预处理后得到样本 $X_{\mathrm{cnn}}^{(k)}$ 和 $X_{\mathrm{lstm}}^{(k)}$，经过 C-CNN-LSTM 模型后输出可以表示为

$$h_\theta(X^{(k)})=\begin{bmatrix} h_{\theta\mid H_1}(X^{(k)})\\ h_{\theta\mid H_0}(X^{(k)})\end{bmatrix} \tag{7-40}$$

式中，$h_{\theta\mid H_1}(X^{(k)})+h_{\theta\mid H_0}(X^{(k)})=1$，$h_\theta(\cdot)$ 为模型权重为 θ 的 C-CNN-LSTM 模型，$h_{\theta\mid H_i}(X^{(k)})$ 为输入样本 $X_{\mathrm{cnn}}^{(k)}$ 和 $X_{\mathrm{lstm}}^{(k)}$ 被判断为 $H_i(i=0,1)$ 的概率。

因为频谱感知可以被视为一个二元假设检验问题，所以可使用二元交叉熵作为损失函数：

$$\mathrm{Loss}(\theta)=-\frac{1}{K}\sum_{k=1}^{K}\{y^{(k)}\log\ h_{\theta\mid H_1}(X^{(k)})+[1-y^{(k)}]\log[1-h_{\theta\mid H_1}(X^{(k)})]\} \tag{7-41}$$

式中，$y^{(k)}\in\{0,1\}$ 为第 k 个时隙的目标检测频段实际占用情况，即 $y^{(k)}=\mathrm{argmax}[y_{\mathrm{cnn}}^{(k)}]$ 或 $y^{(k)}=\mathrm{argmax}[y_{\mathrm{lstm}}^{(k)}]$。

根据纽曼−皮尔逊准则，第 k 个时隙的样本 $X_{\mathrm{cnn}}^{(k)}$ 和 $X_{\mathrm{lstm}}^{(k)}$ 对应的检测值 $T_{\text{C-CNN-LSTM}}(X^{(k)})$

可以表示为

$$
\begin{aligned}
& T_{\text{C-CNN-LSTM}}(\boldsymbol{X}^{(k)}) \\
& =\frac{P(\boldsymbol{X}^{(k)} \mid H_1)}{P(\boldsymbol{X}^{(k)} \mid H_0)}=\frac{P(H_1 \mid \boldsymbol{X}^{(k)})}{P(H_0 \mid \boldsymbol{X}^{(k)})} \cdot \frac{P(H_0)}{P(H_1)} \\
& =\frac{h_{\theta \mid H_1}^{*}(\boldsymbol{X}^{(k)})}{h_{\theta \mid H_0}^{*}(\boldsymbol{X}^{(k)})} \cdot \frac{P(H_0)}{P(H_1)}
\end{aligned} \tag{7-42}
$$

式中，$P(\boldsymbol{X}^{(k)} \mid H_i)$为$H_i(i=0,1)$对应的条件概率；$h_{\theta \mid H_i}^{*}(\boldsymbol{X}^{(k)})$为训练好的 C-CNN-LSTM 模型判断输入样本$\boldsymbol{X}_{\text{cnn}}^{(k)}$和$\boldsymbol{X}_{\text{lstm}}^{(k)}$为$H_i$的概率，即$P(H_i \mid \boldsymbol{X}^{(k)})$；$P(H_i)$为条件$H_i$下的先验概率。

同样，从训练集中分离部分样本作为验证集，用以验证模型训练后的泛化性，使用回调函数监视验证集上的损失值，以避免模型的过拟合现象。整个训练流程如下。

1）输入：训练集$(\boldsymbol{X},\boldsymbol{Y})_{\text{CNN}}$和$(\boldsymbol{X},\boldsymbol{Y})_{\text{LSTM}}$、分割比例$R$、标志 patience、训练迭代次数$E$、模型权重$\theta$。

2）初始化：根据分割比例R，从训练集$(\boldsymbol{X},\boldsymbol{Y})_{\text{CNN}}$和$(\boldsymbol{X},\boldsymbol{Y})_{\text{LSTM}}$中分离验证集$(\boldsymbol{X}',\boldsymbol{Y}')_{\text{CNN}}$和$(\boldsymbol{X}',\boldsymbol{Y}')_{\text{LSTM}}$，初始损失值$\text{loss}_{\text{optimal}}=\text{inf}$，$\text{count}=0$，$e=0$；给定超参数，具有初始权重$\theta$的模型$M_\theta$。

3）判断$\text{count} \leqslant \text{patience}$且$e \leqslant E$是否成立，若成立则进入第4）步，否则输出训练完毕的 C-CNN-LSTM 模型M_{θ^*}并结束训练，得到最优模型权重θ^*。

4）使用训练集$(\boldsymbol{X},\boldsymbol{Y})_{\text{CNN}}$、$(\boldsymbol{X},\boldsymbol{Y})_{\text{LSTM}}$和验证集$(\boldsymbol{X}',\boldsymbol{Y}')_{\text{CNN}}$、$(\boldsymbol{X}',\boldsymbol{Y}')_{\text{LSTM}}$训练模型$M_\theta$，同时监测每轮训练结束时验证集$(\boldsymbol{X}',\boldsymbol{Y}')_{\text{CNN}}$、$(\boldsymbol{X}',\boldsymbol{Y}')_{\text{LSTM}}$上的损失值 loss。

5）判断$\text{loss} \geqslant \text{loss}_{\text{optimal}}$是否成立，若成立则令$\text{count}+=1$，否则令$\text{count}=0$，$\text{loss}_{\text{optimal}}=\text{loss}$，即最小化式（7-41）中的损失函数。

6）令$e+=1$，并返回第3）步。

（3）在线检测方案

将噪声样本集$\boldsymbol{W}=\{\boldsymbol{w}^{(1)},\boldsymbol{w}^{(2)},\cdots,\boldsymbol{w}^{(L)}\}$预处理后得到$\boldsymbol{W}_{\text{cnn}}=\{\boldsymbol{w}_{\text{cnn}}^{(1)},\boldsymbol{w}_{\text{cnn}}^{(2)},\cdots,\boldsymbol{w}_{\text{cnn}}^{(L)}\}$和$\boldsymbol{W}_{\text{lstm}}=\{\boldsymbol{w}_{\text{lstm}}^{(1)},\boldsymbol{w}_{\text{lstm}}^{(2)},\cdots,\boldsymbol{w}_{\text{lstm}}^{(L)}\}$，再从噪声样本的检测值集合中求出预设虚警概率对应的检测门限γ：

$$\gamma=\boldsymbol{\Omega}_{T_{\text{C-CNN-LSTM}} \mid H_0}(\lfloor \varphi L \rfloor) \tag{7-43}$$

式中，$\lfloor\cdot\rfloor$为向下取整，L为噪声样本检测值集合的长度，$\boldsymbol{\Omega}_{T_{\text{C-CNN-LSTM}} \mid H_0}(\lfloor \varphi L \rfloor)$为噪声样本检测值集合$\boldsymbol{\Omega}_{T_{\text{C-CNN-LSTM}} \mid H_0}$中第$\lfloor \varphi L \rfloor$个元素。

在检测阶段，将待检测信号$\tilde{\boldsymbol{X}}=\{\tilde{\boldsymbol{x}}_1,\tilde{\boldsymbol{x}}_2,\cdots,\tilde{\boldsymbol{x}}_M\}$预处理后得到检测样本$\tilde{\boldsymbol{X}}_{\text{cnn}}$和$\tilde{\boldsymbol{X}}_{\text{lstm}}$，然后送入训练好的 C-CNN-LSTM 模型$M_{\theta^*}$。根据式（7-42）得到对应的检测值$T_{\text{C-CNN-LSTM}}(\tilde{\boldsymbol{X}})$。若$T_{\text{C-CNN-LSTM}}(\tilde{\boldsymbol{X}})>\gamma$，则表示目标检测频段被占用，即为状态$H_1$；反之，则目标检测频段没有被占用，即为状态$H_0$。整个检测流程如下。

1）输入：噪声样本数量L、在线接收的样本、训练完毕的 C-CNN-LSTM 模型M_{θ^*}和预置虚警概率φ。

2）初始化：检测值集合$\boldsymbol{\Omega}_{T_{\text{C-CNN-LSTM}} \mid H_0}[\ ]_{L\times 1}$，噪声样本集$\boldsymbol{W}_{\text{cnn}}=\{\boldsymbol{w}_{\text{cnn}}^{(1)},\boldsymbol{w}_{\text{cnn}}^{(2)},\cdots,\boldsymbol{w}_{\text{cnn}}^{(L)}\}$

和 $\boldsymbol{W}_{\mathrm{lstm}}=\{\boldsymbol{w}_{\mathrm{lstm}}^{(1)},\boldsymbol{w}_{\mathrm{lstm}}^{(2)},\cdots,\boldsymbol{w}_{\mathrm{lstm}}^{(L)}\}$，预处理 $\tilde{\boldsymbol{X}}$ 得到的测试样本 $\tilde{\boldsymbol{X}}_{\mathrm{cnn}}$ 和 $\tilde{\boldsymbol{X}}_{\mathrm{lstm}}$。

3）判断 $l\leqslant L$ 是否成立，若成立则进入第 4）步，否则进入第 5）步。

4）将 $\boldsymbol{w}_{\mathrm{cnn}}^{(l)}$ 和 $\boldsymbol{w}_{\mathrm{lstm}}^{(l)}$ 送入 M_{θ^*} 得到 $T_{\text{C-CNN-LSTM}\mid H_0}^{l}$，并加入到集合 $\Omega_{T_{\text{C-CNN-LSTM}\mid H_0}}[\ ]_{L\times 1}$ 中，再回到第 3）步。

5）将 $\boldsymbol{\Omega}_{T_{\text{C-CNN-LSTM}\mid H_0}}[\ ]_{L\times 1}$ 倒序排序，计算检测门限 $\gamma=\Omega_{T_{\text{C-CNN-LSTM}\mid H_0}}(\lfloor\varphi L\rfloor)$。

6）将 $\tilde{\boldsymbol{X}}_{\mathrm{cnn}}$ 和 $\tilde{\boldsymbol{X}}_{\mathrm{lstm}}$ 送入 M_{θ^*} 获得检测值 $T_{\text{C-CNN-LSTM}}(\tilde{\boldsymbol{X}})$。

7）判断 $T_{\text{C-CNN-LSTM}}(\tilde{\boldsymbol{X}})>\gamma$ 是否成立，若成立则令 State $=H_1$，否则令 State $=H_0$。

8）输出目标检测频段的占用状态 State。

（4）仿真示例

仿真程序
频谱感知

借助 GNU Radio 参考 S 波段卫星下行链路的信号占空比序列，生成样本集（相关源代码可扫描右侧二维码获取），样本集参数设置见表 7-3。

表 7-3　样本集参数设置

参　数	设　置
调制样式	16QAM
每符号采样点数	8
样本长度	64
信噪比范围	−20～19dB（在 1dB 增量下）
训练集样本数	7306
测试集样本数	1796

C-CNN-LSTM 模型的超参数设置见表 7-4。

表 7-4　C-CNN-LSTM 模型的超参数设置

层	设　置
Conv1+ReLU	60@ 10×10
Conv2+ReLU	30@ 10×10
FC1	16
LSTM1	64
LSTM2	64
FC2	16
Add（FC1+FC2）	NULL
FC3+Softmax	2

下面分别对系统中卫星数的影响和不同模型的性能展开论述。

由式（7-43）可知，可以通过改变预设虚警概率改变检测门限。当目标信噪比 SNR = −15dB 时，在 1 颗卫星和 2 颗卫星场景下，C-CNN-LSTM 模型对应的 ROC 曲线如图 7-16 所示。从图 7-16 中可以看出，随着虚警概率降低，对应的正确检测概率也相应增加。从图 7-16 中还可以看出，当协作卫星数目由 1 增加到 2 时，C-CNN-LSTM 模型的检测效果也会相应增加。当给定虚警概率时，可以看出 2 颗卫星对应的正确检测概率优于 1 颗卫星对应的正确检测概率。同样地，当给定正确检测概率时，C-CNN-LSTM 模型在 2 颗卫星时的虚警概率要低于 1 颗卫星时的虚警概率。

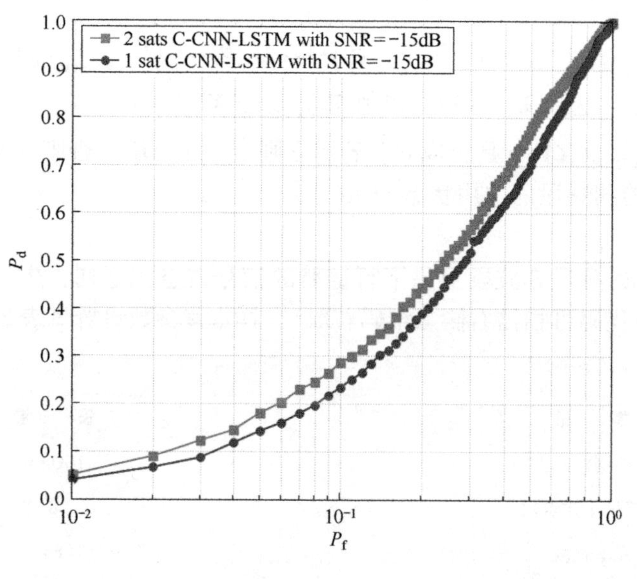

图 7-16　ROC 曲线

为了进一步评价检测性能，尤其是不同信噪比下的检测性能，图 7-17 所示为在 1 颗卫星场景下，虚警概率分别为 0.1 和 0.01 时，检测概率随信噪比的变化曲线。从图 7-17 中可以看出，无论虚警概率为 0.1 还是 0.01，随着信噪比的增加，C-CNN-LSTM 模型的正确检测概率都相应提升。另一方面，当虚警概率由 0.01 增加到 0.1 时，C-CNN-LSTM 模型的检测概率也相应增加。

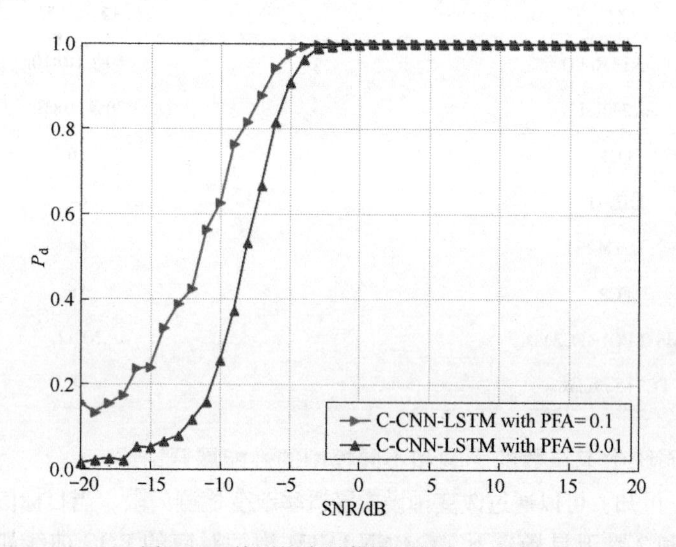

图 7-17　检测概率随信噪比的变化曲线

图 7-18 所示为 C-CNN-LSTM 模型在不同协作卫星数目下的性能对比，可以看出，随着协作卫星数目的增多，模型的检测性能也得到了相应提升。

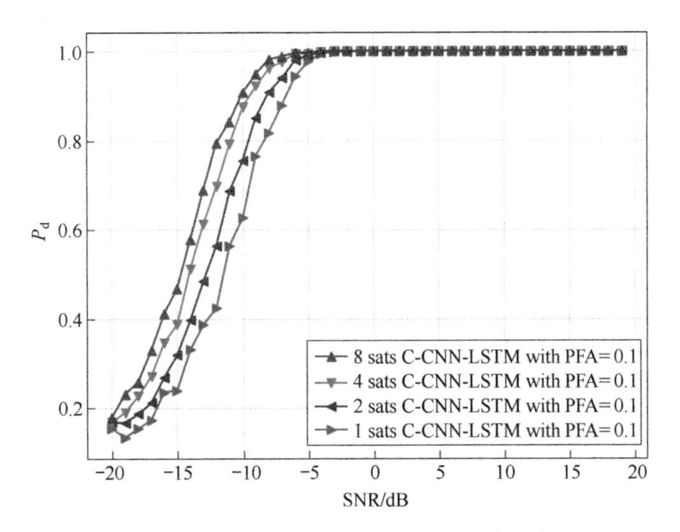

图 7-18　C-CNN-LSTM 模型在不同协作卫星数目下的性能对比

综上可以发现，基于 CNN 和 LSTM 协作频谱感知方法能够充分结合 CNN 和 LSTM 的特征提取优势，从空间、时间和能量三个维度挖掘接收信号的内在联系，克服传统集中式协作频谱感知无法利用感知节点隐式信息的不足。

拓展阅读
中国贡献（第7章）

习　题

1. 认知无线电的核心思想是什么？认知环包括哪几个方面？
2. 单用户频谱感知技术包括哪几种？其中能量检测的优缺点是什么？
3. 与集中式协作频谱感知相比，分布式协作频谱感知有什么特点？
4. 在一个 32×32×3 的输入特征图上，使用大小为 5×5 的卷积核进行卷积操作，填充为 2，步长为 1，则输出特征图的尺寸是多少？
5. 为什么可以用深度学习技术辅助频谱感知？
6. ROC 曲线指什么？

本章参考文献

[1] MITOLA J I，MAGUIRE G Q. Cognitive radio：Making software radios more personal [J]. IEEE Personal communications，1999，6(4)：13-18.
[2] HAYKIN S. Cognitive radio：Brain-empowered wireless communications [J]. IEEE Journal on selected areas in communications，2005，23(2)：201-220.
[3] 王运峰．面向低轨卫星的协同频谱感知与共享技术研究 [D]．南京：南京邮电大学，2023.
[4] WILD B，RAMCHANDRAN K. Detecting primary receivers for cognitive radio applications [C]// First IEEE International Symposium on New Frontiers in Dynamic Spectrum Access Networks，2005.

[5] YUCEK T, ARSLAN H. A survey of spectrum sensing algorithms for cognitive radio applications [J]. IEEE Communications surveys & tutorials, 2009,11(1):116-130.

[6] AKYILDIZ I F, LO B F, BALAKRISHNAN R. Cooperative spectrum sensing in cognitive radio networks: a survey [J]. Physical communication, 2011,4(1):40-62.

[7] SHEN B, KWAK K S. Soft combination schemes for cooperative spectrum sensing in cognitive radio networks [J]. ETRI Journal, 2009,31(3):263-270.

[8] 陈蕾，姚远程，秦明伟. 自适应抗干扰通信系统中频谱感知技术研究 [J]. 电视技术，2014,38(5): 101-104.

[9] 万英杰，胡赟鹏，沈智翔. 基于等增益合成的多天线信号盲检测算法 [J]. 太赫兹科学与电子信息学报，2018,16(4):709-714.

[10] YU F R, TANG H, HUANG M, et al. Distributed cooperative spectrum sensing in mobile ad hoc networks with cognitive radios [J]. Mathematics, 2011,24(3):2-30.

[11] 张孟伯，王伦文，冯彦卿. 基于强化学习和共识融合的分布式协作频谱感知方法 [J]. 系统工程与电子技术，2019,41(3):486-492.

[12] 王运峰，丁晓进，张更新. GEO 与 LEO 双层网络协同频谱感知研究 [J]. 无线电通信技术，2019,45(6):627-632.

[13] LECUN Y, BENGIO Y, HINTON G. Deep learning [J]. Nature, 2015,521(7553):436-444.

[14] GOODFELLOW I, BENGIO Y, COURVILLE A. Deep learning [M]. MIT Press, 2016.

[15] YOUNG T, HAZARIKA D, PORIA S, et al. Recent trends in deep learning based natural language processing [J]. IEEE Computational intelligence magazine, 2018,13(3):55-75.

[16] HUANG G, LIU Z, LAURENS V D M, et al. Densely connected convolutional networks [C]//Proceedings of the IEEE conference on computer vision and pattern recognition, 2017: 4700-4708.

[17] 程欣. 基于深度学习的图像目标定位识别研究 [D]. 成都：电子科技大学，2016.

[18] RUDER S. An overview of gradient descent optimization algorithms [EB/OL]. (2017-06-15) [2024-08-04]. http://arxiv.org/abs/1609.04747.

[19] LIU C, WANG J, LIU X, et al. Deep CM-CNN for spectrum sensing in cognitive radio [J]. IEEE Journal on selected areas in communications, 2019,37(10):2306-2321.

[20] KAY S M. Fundamentals of statistical signal processing [J]. Printice Hall PTR, 1998, 1545.

[21] GAO J, YI X, ZHONG C, et al. Deep learning for spectrum sensing [J]. IEEE Wireless communications letters, 2019,8(6):1727-1730.

[22] 倪韬. 基于深度学习的卫星频谱认知关键技术研究 [D]. 南京：南京邮电大学，2022.

[23] DING X J, NI T, ZOU Y L, et al. Deep learning for satellites based spectrum sensing systems: A low computational complexity perspective [J]. IEEE Transactions on vehicular technology, 2023,72(1):1366-1371.

第 8 章

基于人工智能的卫星抗干扰通信

前面几章介绍的内容没有过多考虑航天通信系统中的干扰问题，实际上，航天通信，尤其是卫星通信，面临着大量的干扰威胁。卫星通信系统面对的威胁根据需求、标准的不同，可以有很多种分类方式。按照干扰信号有无目的性或有无恶意性进行划分，可以将干扰划分为无意干扰和恶意干扰两大类。无意干扰是指由通信系统设计结构不完善引发的或自然界中大量存在且随机出现的由自然现象引发的干扰。这类干扰在系统设计之初就已经被考虑在内了，可通过经验数据针对性设计相关通信保护措施。恶意干扰是指利用电磁信号发射设备人为地发射电磁信号，对无线通信信号进行扰乱或欺骗，从而削弱、破坏通信设备的使用效能。这类干扰往往难预防、难处理，对通信卫星危害极大。同时，卫星通信信号暴露在自由空间且信道状态不稳定的特点决定了卫星通信面临严峻的考验。通信卫星作为中继站点，负责不同地球站之间的信号转发，是一个开放式的中继通信系统。通信卫星的转发器以广播的方式工作，这使其位置易暴露。尤其是对于静止轨道卫星，其在空间的位置相对地面固定，干扰机较容易瞄准卫星，从而针对卫星或其通信链路实施恶意干扰。所以，恶意干扰是卫星抗干扰通信的重点。

随着电子进攻技术的发展，形式多样、灵活多变的智能干扰样式对无线通信系统构成严重威胁。通信方需要具备感知、学习、推理、决策能力，根据电磁干扰环境的变化，自主智能地产生最佳抗干扰方式，以有效应对恶意干扰，保障可靠、有效的信息传输，本章重点介绍卫星智能抗干扰相关的基本内容。

通过本章学习，应了解卫星通信面临的干扰威胁，掌握抗干扰通信和智能抗干扰的基本原理，理解智能抗干扰通信环各组成部分的基本原理及作用。

内容示范课

基于人工智能的卫星通信抗干扰

8.1 抗干扰原理与方法

8.1.1 干扰与抗干扰

干扰卫星通信的主要形式有两方面：干扰上行链路（卫星）和干扰下行链路（地球

站）。由于卫星暴露在空中，位置或轨迹相对固定，并且上行转发器载荷若受干扰，则与之相连的用户都将受到影响，因此对上行链路的干扰一般是干扰方的优先选择。

依据搭载平台和运用方式的不同，卫星通信干扰装备主要包括地基、天基、空基等多种卫星通信干扰系统。

1）地基干扰：地面固定、车载和舰载等大型的干扰站。一般比较隐蔽，干扰功率大，常用来干扰卫星转发器，造成阻塞干扰。

2）天基干扰：以航天器和低轨卫星为主，干扰时间受限，干扰功率较小。有距离优势，可以干扰上行或下行链路，干扰下行链路时作用范围大。

3）空基干扰：以电子战飞机和升空平台为主，机动灵活，易于实施突发性干扰，干扰功率较大，主要干扰上行或下行链路，干扰下行链路时作用范围较大。

根据干扰信号样式，干扰方式可分为压制式干扰、瞄准式干扰和欺骗式干扰。压制式干扰通过发射大功率干扰信号，压制卫星通信信号的功率，使得接收机接收到的扰信比（也称干信比）急剧变化，卫星信号淹没在干扰信号中，导致接收机无法正常工作，达到干扰正常卫星通信的目的。瞄准式干扰将干扰信号频率对准接收机的载波频率，使用相同的调制方式和相同的码型及信号结构对接收机进行干扰，攻击性、破坏性相较于压制式干扰更强。欺骗式干扰可分为转发式欺骗干扰和生成式欺骗干扰。转发式欺骗干扰是对接收信号附加一定的时延，再重新转发到系统中进行攻击，它总是滞后于真实的信号，可以很容易被干扰检测器检测出来。生成式欺骗干扰的构造需要大量先验信息，干扰方需要已知通信方的通信体制和加密信息才能产生欺骗干扰效果。这些先验信息对于非合作方来说获取难度较大。从干扰方式上看，压制式干扰侧重于在信号层面实施干扰，欺骗式干扰侧重信在信息层面实施干扰。从抗干扰技术上看，压制式干扰更具有代表性，下文重点介绍压制式干扰。

根据干扰信号频谱宽度与被干扰的通信接收机带宽的比值关系，干扰方式分为窄带瞄准式干扰和宽带阻塞式干扰。窄带瞄准式干扰信号与通信信号的频带重合，通过集中干扰发射机功率实现对目标信号的功率压制。干扰方在释放窄带瞄准式干扰时，需要已知通信方的工作频带。若通信频点动态变化，则干扰信号频点也要跟着变化，此时又称为跟踪式干扰。跟踪式干扰也称为跳频跟踪干扰，适合对跳频信号进行检测、处理与引导。为了保证跳频跟踪干扰有效，跳频跟踪必须足够快，也就是说对跳频信号的检测（包括搜索和截获）、处理与引导都必须足够快，为此目前已研制并生产出了各种基于不同技术方案的快速搜索接收机，如信道化接收机、压缩接收机和数字信道化接收机等。宽带阻塞式干扰则是利用高功率的干扰信号，压制前端的有用信号，使得接收机不能对卫星信号进行捕获或者很快失锁。其干扰频谱宽度远大于信号频谱宽度，一个干扰信号可覆盖多个通信信道，干扰存在时间远大于信号存在时间，也就是说在频谱上和时间上都可以覆盖多个无线通信信道的干扰为宽带阻塞式干扰，又称为拦阻式干扰。拦阻式干扰依其频谱形式可分为连续拦阻式干扰和离散拦阻式干扰（梳状干扰）。

根据信号传播理论，可很容易地推出目标通信接收机的输入扰信比为

$$\frac{P_{\mathrm{ji}}}{P_{\mathrm{si}}}=\frac{P_{\mathrm{Tj}}}{P_{\mathrm{Ts}}}\frac{G_{\mathrm{Tj}}}{G_{\mathrm{Ts}}}\frac{G_{\mathrm{Rj}}}{G_{\mathrm{Rs}}}\frac{L_{\mathrm{s}}}{L_{\mathrm{j}}}\frac{1}{L_{\mathrm{f}}L_{\mathrm{t}}L_{\mathrm{p}}} \tag{8-1}$$

式中，P_{ji}、P_{si} 分别为干扰和信号的输入功率；P_{Tj}、P_{Ts} 分别为干扰和信号的发射功率；

G_{Tj}、G_{Ts} 分别为干扰和信号的发射天线增益；G_{Rj}、G_{Rs} 分别为干扰和信号的接收天线增益；L_j、L_s 分别为干扰和信号的传输路径损耗；L_f 为干扰与信号的频域重合损耗（滤波损耗）；L_t 为干扰与信号的时域重合损耗；L_p 为极化损耗。

设 K 为通信接收机能够正常工作所能允许的最大扰信比，又称为干扰容限，则当式（8-2）成立时，通信被压制，所以通信干扰方希望保证该式成立：

$$\frac{P_{ji}}{P_{si}}=\frac{P_{Tj}}{P_{Ts}}\frac{G_{Tj}}{G_{Ts}}\frac{G_{Rj}}{G_{Rs}}\frac{L_s}{L_j}\frac{1}{L_f L_t L_p}\geqslant K \tag{8-2}$$

也就是说，干扰信号功率要足够大，才能实现有效干扰。此外，干扰信号在时间上要与通信时间一致，只有通信系统工作时干扰才有意义；干扰信号频率也要与通信信号频率重合，只有这样干扰信号才能进入通信接收机并影响通信；同时还要保证干扰信号在空间方向上能够进入通信接收机的有效接收方向。

通信抗干扰则是与通信干扰对立的过程，其目标是使式（8-2）不成立。由此可知，可通过降低接收机的输入扰信比 P_{ji}/P_{si} 和提高系统的干扰容限两方面措施来提高通信系统的抗干扰能力。

（1）降低接收机的输入扰信比

由式（8-1）可知：提高信号的发射功率 P_{Ts}、发射和接收天线增益 G_{Ts} 和 G_{Rs}、干扰的传输路径损耗 L_j、干扰与信号的时域和频域重合损耗 L_t 和 L_f、极化损耗 L_p，减小信号的传输路径损耗 L_s，都可以降低接收机的输入扰信比，减小系统受干扰影响的程度，提高信息传输的可靠性。P_{Tj}、G_{Tj}、G_{Rj} 参数往往由干扰方控制，被干扰的通信方无法随意改变它们。

（2）提高系统的干扰容限

系统的干扰容限是指在保证一定系统误码率的条件下，系统接收机输入端最大的干扰功率与信号功率之比。可通过采用先进的抗干扰通信体制降低解调门限，或加入干扰抑制信号处理模块提高解调器输入信号质量提升系统干扰容限。

8.1.2 传统抗干扰方法

针对卫星通信来说，卫星通信转发器根据工作模型不同可分为透明转发器和处理转发器。透明转发器只对信号进行滤波、变频、功率放大。在透明转发模式下，即便干扰信号不与通信信号频谱重合，只要干扰信号功率足够大，也可将转发器推向饱和，产生功率掠夺现象，严重影响通信质量。处理转发器包括再生式处理转发器和非再生式处理转发器两种。再生式处理转发器在时域、频域对上行信号进行处理后，进行解调处理，再生成数字信息流，转发器对再生的信息重新调制、放大后，送入下行链路。非再生式处理转发器不对信号进行解调处理，只在时域或频域对信号进行处理，处理过程一般在中频和基带实现。卫星抗干扰通信系统的有效载荷一般采用抗干扰能力较强的再生式处理转发器。

常用的抗干扰技术包括直接序列扩频、跳频、变换域干扰抑制技术和空域干扰抑制技术等。

传统干扰抑制技术具有很好的抗干扰能力，但它们的应用场合都有一定的局限性。例如，扩频系统抗宽带脉冲干扰能力弱、直接序列扩频系统有多址干扰问题、跳频通信抗瞄准式干扰的能力较差、陷波方法抑制干扰的同时会损伤通信信号等。针对不同的干扰条件，通信系统如何能够根据干扰环境的变化自主调整抗干扰策略，选择最佳的干扰抑制技术，实现智能化的抗干扰，是未来的发展趋势。

8.1.3 智能抗干扰方法

随着信号处理技术和芯片技术的发展，现有干扰设备的干扰能力越来越强。例如，美国的 EA-18G“咆哮者”电子战飞机有全新的通信对抗系统、干扰装置和干扰对消设备，在对敌方实施干扰的同时，又具有监听能力和通信能力。日益增强的侦察干扰设备使目前的抗干扰通信面对空前挑战。

抗干扰通信技术一方面向提高传统抗干扰技术方向发展，例如高速跳频、变速跳频和自适应跳频等；另一方面向综合化、智能化和宽带化方向发展。例如，美国国防部高级研究计划局（DARPA）于 2003 年提出的下一代通信（XG）计划，可根据环境频谱的变化自适应地改变发射波形。XG 计划充分体现了智能通信的思想——认知环境频谱，根据电磁环境智能产生最佳的发射波形。智能抗干扰技术便是智能通信思想在抗干扰通信领域的应用，即根据电磁干扰环境智能地产生最佳抗干扰方式，大大提高系统的抗干扰能力和频谱的利用率，实现高效可靠的抗干扰通信。智能抗干扰通信技术既体现在通信设备上，也体现在整个通信网络中，本章重点讨论链路级智能抗干扰通信的技术。

根据智能抗干扰的思想，其通信设备应具有以下功能。

① 实时进行干扰的检测和识别。

② 针对干扰，通过智能实时决策，重构产生最佳抗干扰传输波形。

③ 收发双方有可靠的信令传输机制，同时基于重构的波形，能完成快速适变的信息鲁棒传输。

图 8-1 所示为智能抗干扰通信环，描述了智能抗干扰通信技术的基本原理。在智能抗干扰通信中，干扰认知是前提，实时决策是核心，波形重构和快速适变的可靠传输是手段。

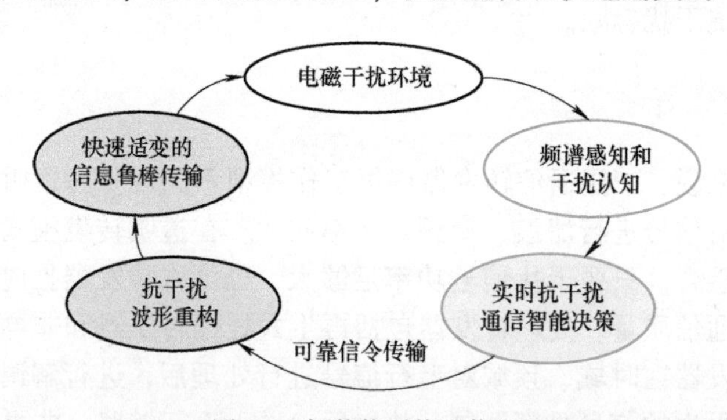

图 8-1 智能抗干扰通信环

在此基础上，智能抗干扰通信底层协议栈结构如图 8-2 所示。底层协议栈分为三个层面：干扰认知层面、信令传输层面和数据传输层面。

其中，实时抗干扰通信智能决策模块根据本地干扰检测的结果、来自信令传输层面的其他节点的干扰检测结果以及链路性能等指标，实时智能决策当前应该采用的最佳抗干扰传输方式和相应的参数配置（如频率、功率和调制编码方式等），通过信令传输通道发送给相应的接收节点，各节点重构产生抗干扰波形，并采用可靠的波形传输机制完成收发双方的信息传输。

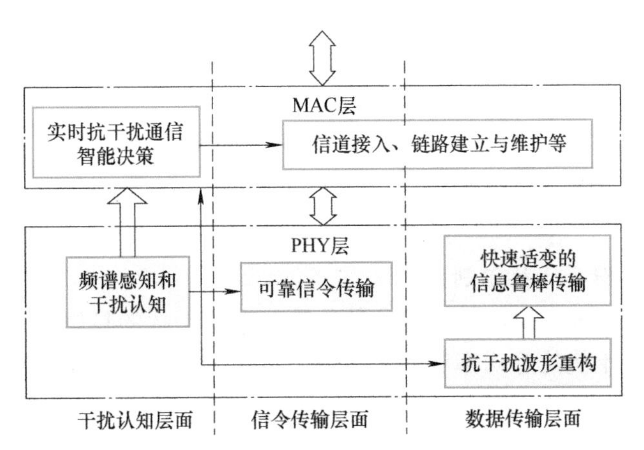

图 8-2　智能抗干扰通信底层协议栈结构

MAC—介质访问控制　PHY—物理

智能抗干扰通信的关键技术主要包括干扰认知技术、抗干扰波形重构技术、可靠信令传输技术、快速适变的波形传输技术、实时抗干扰通信智能决策技术等。干扰认知是前提，信令传输是关键，波形重构是目标，智能决策是核心。

8.2　干扰认知技术

对干扰的认知是智能抗干扰系统的前提和基础，干扰认知包括干扰的实时检测与快速识别。干扰检测与识别过程如图 8-3 所示。

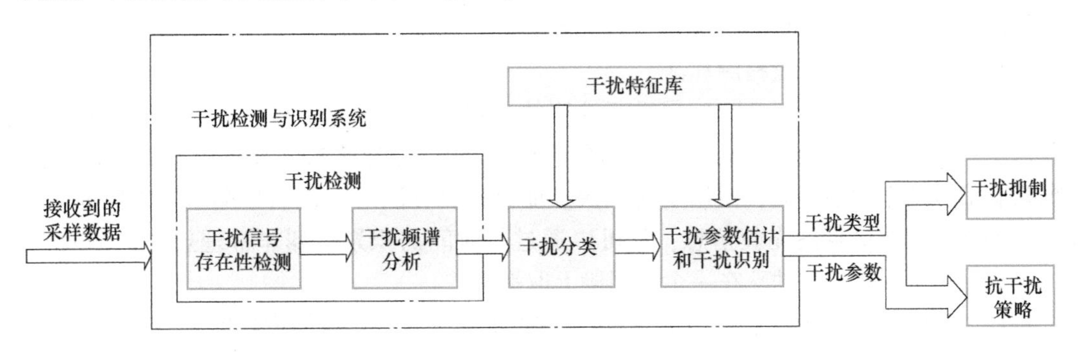

图 8-3　干扰检测与识别过程

干扰检测与识别主要经过干扰信号存在性检测、干扰频谱分析、干扰分类、干扰参数估计和干扰识别等阶段。

（1）干扰信号存在性检测

干扰信号存在性检测主要对接收信号进行分析，检测干扰是否存在。若干扰存在，则进入后续的干扰频谱分析模块进行处理，否则继续进行干扰信号存在性检测。干扰检测与

第7章的频谱感知技术在本质上是一致的，但对象和侧重点不同。为保证内容的连贯性，8.2.1节对干扰检测技术进行了阐述。

（2）干扰频谱分析

根据干扰信号存在性检测结果，利用信号处理方法，分析干扰频谱的分布情况，常用经典谱或现代谱估计方法进行接收信号的功率谱分析。

（3）干扰分类

根据不同干扰样式的频谱分布特征，对所遭受到的干扰进行初步分类，区分出干扰的大致样式。

（4）干扰参数估计和干扰识别

完成干扰分类后，还需要进行干扰参数估计，得到干扰的具体工作参数，如单音干扰的频率和功率，多音干扰的总功率和各个频率，窄带干扰的起、止频率和功率，宽带干扰的带宽和功率谱密度。

（5）干扰策略决策

将识别的干扰类型和估计的干扰参数提交给抗干扰策略决策系统，为系统能迅速选择有效的抗干扰措施提供科学依据，以提高系统的抗干扰能力；同时将干扰类型和干扰参数送至干扰抑制模块，为干扰的有效抑制处理提供理论基础，从而进一步提高系统的抗干扰能力。

8.2.1 干扰检测技术

干扰检测的主要目的是对接收到的信号做出是否有干扰信号的判断，若判定干扰信号存在，则测定其特征参数，反馈给发射机或者指挥中心，为整个通信系统选择高效的通信模式提供及时、准确、有效的帮助。

目前，应用在信号检测方面的算法很多，主要有能量检测算法、时频分析法、循环平稳分析法、高阶统计量分析法、极化分析法及其他数字信号处理方法。对于无干扰先验信息的盲检测，主要应用能量检测算法。

能量检测算法是一种对未知信号进行检测的有效检测算法，常在没有任何干扰信号的先验信息、干扰功率明显高于噪声功率谱的情况下采用。能量检测算法在有无干扰情况下，根据接收信号功率大小不同，做出干扰判决。能量检测算法对干扰信号类型不做限制，因此不需要接收干扰信号的先验信息，且可以通过长时间的积累达到非常理想的检测效果。其主要思想是将干扰信号功率在一个时间段上取平均。

将经过滤波后的干扰信号 $x(t)$ 的 N_s 个采样点的功率在一个时间段内取平均

$$P(N_s)=\frac{1}{N}\sum_{n=0}^{N_s-1}|x(n)|^2 \tag{8-3}$$

式中，N_s 为检测时间段内干扰信号的采样点数；$P(N_s)$ 为检测到的干扰功率。将 $P(N_s)$ 与预设门限值进行比较，判定该频段带宽内是否存在干扰信号。与图7-6相似，整个算法的时域框图如图8-4所示。

能量检测算法也可以在频域上实现，具体实现与谱分析仪类似。能量检测算法的频域框图如图8-5所示。

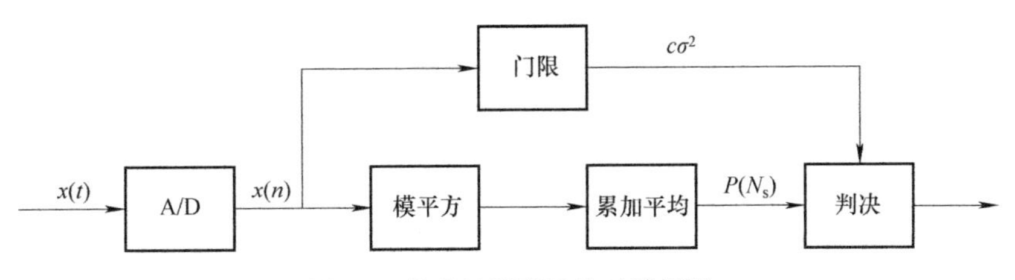

图 8-4　能量检测算法的时域框图

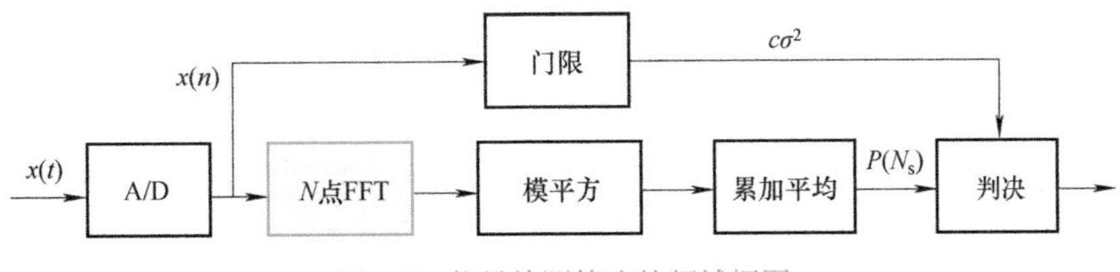

图 8-5　能量检测算法的频域框图

进行快速傅里叶（FFT）运算后，可以在若干频点上进行平均，以获得系统感兴趣的频率范围内的干扰功率 $P(N_s)$，频域的能量检测算法常应用于检测具体的干扰频点位置。

时域和频域上的计算完全等效，N_s 与检测时间有关，N_s 越大，能量检测精度越高，但检测时间也越长；判决门限为 $c\sigma^2$，其中 c 是常数因子，σ^2 是接收机输入端的噪声功率。

在高斯白噪声信道下对干扰信号 $J(t)$ 的检测，是指按照一定的门限值对某特定频段数据进行统计分析比较，做出该检测频段上是否有干扰信号存在的判断，这种检测方法可以归纳为概率统计中的如下二元假设问题：

$$\begin{cases} H_0: \ x(t)=n(t) \\ H_1: \ x(t)=h(t)\otimes J(t)+n(t) \end{cases} \tag{8-4}$$

式中，$n(t)$为加性高斯白噪声，$J(t)$为干扰信号，$h(t)$为乘性信道，$\otimes$为卷积，H_0、H_1 分别为干扰信号 $J(t)$不存在、存在两种状态。

在高斯白噪声信道下，对特定频段做二元检测时，式（8-4）中的二元检测模型可以改写为

$$\begin{cases} H_0: \ x(t)=n(t) \\ H_1: \ x(t)=J(t)+n(t) \end{cases} \tag{8-5}$$

式中，$n(t)$的双边功率谱密度为$\dfrac{N_0}{2}$，带宽为 W。由香农采样定理得到

$$n(t)=\sum_{i=-\infty}^{\infty} a_i \sin c(2wt-i) \tag{8-6}$$

式中，$a_i=n\left(\dfrac{i}{2w}\right)$，$\mathrm{sinc}(x)=\dfrac{\sin\pi x}{\pi x}$。在（0,$T$）上，$n(t)$可以用 $2TW$ 个采样来近似表示为

$$n(t)=\sum_{i=1}^{2TW} a_i \sin c(2wt-i),\ 0<t<T \tag{8-7}$$

同理，对于干扰信号 $J(t)$有

$$J(t)=\sum_{i=1}^{2TW}\alpha_i\sin c(2wt-i),\ 0<t<T \tag{8-8}$$

式中，$\alpha_i=J\left(\frac{i}{2w}\right)$。

令 $b_i=\frac{a_i}{\sqrt{WN_0}}$，在假设 H_0 下，检测统计量 V 可表示为

$$V=\sum_{i=1}^{2TW}b_i^2\chi_{2TW}^2 \tag{8-9}$$

令 $\beta_i=\frac{\alpha_i}{\sqrt{WN_0}}$，在假设 H_1 下，检测统计量 V 可表示为

$$V=\sum_{i=1}^{2TW}b_i^2+\beta_i^2\chi_{2TW}^2 \tag{8-10}$$

式中，$\lambda=\sum_{i=1}^{2TW}\beta_i^2\equiv\frac{2E_s}{N_0}$。

对于给定门限值 V'_T，虚警概率 P_f 为

$$P_f=P\{V>V'_T\mid H_0\}=P\{\chi_{2TW}^2(\lambda)>V'_T\} \tag{8-11}$$

同理，检测概率 P_d 为

$$P_d=P\{V>V'_T\mid H_1\}=P\{\chi_{2TW}^2(\lambda)>V'_T\} \tag{8-12}$$

根据前面几式可得，能量检测概率 P_d 的表达式为

$$P_d=Q_{TW}(\sqrt{\lambda},\sqrt{V'_T}) \tag{8-13}$$

式中，$Q_n(a,b)$ 是广义 Marcum-Q 函数。虚警概率 P_f 的表达式为

$$P_f=\frac{\Gamma\left(TW,\ \frac{V'_T}{2}\right)}{\Gamma(TW)} \tag{8-14}$$

式中，$\Gamma(a,b)$是完全 Γ 函数。当 $2TW\geqslant 250$ 时，可以用高斯分布对两种假设（H_0,H_1）下的检测统计量进行近似，并能得到较好的效果。在 H_0 的假设条件下，干扰的虚警概率为

$$P_f=\frac{1}{2}\text{erfc}\left[\frac{V'_T-2TW}{2\sqrt{2TW}}\right] \tag{8-15}$$

式中，

$$\text{erfc}(x)=\frac{2}{\sqrt{\pi}}\int_x^{\infty}e^{-x^2}dx \tag{8-16}$$

在 H_1 的假设条件下，干扰的检测概率为

$$P_d=\frac{1}{2}\text{erfc}\left[\frac{V'_T-2TW-\lambda}{2\sqrt{2(TW+\lambda)}}\right] \tag{8-17}$$

虚警概率是指信号不存在情况下误判信号存在的概率，虚警概率与噪声和门限取值有关，与信噪比的大小无关。不同的信道衰落下，虚警概率 P_f 相同。

当信号处于瑞利信道环境下，信噪比服从指数分布，表示为

$$f(\gamma)=\frac{1}{\bar{\gamma}}\exp\left(-\frac{\gamma}{\bar{\gamma}}\right),\ \gamma\geqslant 0 \tag{8-18}$$

式中，$\lambda=2\gamma$。把式（8-18）的概率分布代入式（8-12）中，计算得到在瑞利衰落信道下的平均检测概率 $\bar{P}_{\mathrm{dRay}}$ 为

$$\bar{P}_{\mathrm{dRay}}=\mathrm{e}^{-\frac{V'_{\mathrm{T}}}{2}}\sum_{n=0}^{TW-2}\frac{1}{n!}\left(\frac{V'_{\mathrm{T}}}{2}\right)^{n}+\left(\frac{1+\bar{\gamma}}{\gamma}\right)^{TW-1}\left[\mathrm{e}^{-\frac{V'_{\mathrm{T}}}{2(1+\bar{\gamma})}}-\mathrm{e}^{-\frac{V'_{\mathrm{T}}}{2}}\sum_{n=0}^{TW-2}\frac{1}{n!}\left(\frac{V'_{\mathrm{T}}\bar{\gamma}}{2(1+\bar{\gamma})}\right)\right] \tag{8-19}$$

当信号处于莱斯信道环境下，信噪比服从指数分布，表示为

$$f(\gamma)=\frac{K+1}{\bar{\gamma}}\exp\left(-K-\frac{(K+1)\gamma}{\bar{\gamma}}\right)I_0\left(2\sqrt{\frac{K(K+1)\gamma}{\bar{\gamma}}}\right),\ \gamma\geqslant 0 \tag{8-20}$$

式中，$\lambda=2\gamma$。把式（8-20）的概率分布代入（8-12）中，计算得到在莱斯衰落信道下 $TW=1$ 时的平均检测概率 $\bar{P}_{\mathrm{dRic}}$ 为

$$\bar{P}_{\mathrm{dRic}}=Q\left(\sqrt{\frac{2K\bar{\gamma}}{K+1+\bar{\gamma}}},\ \sqrt{\frac{V'_{\mathrm{T}}(K+1)}{K+1+\bar{\gamma}}}\right) \tag{8-21}$$

能量检测算法的优点是不需要干扰信号特征的先验信息，且可以通过长时间的积累达到较好的检测效果，要达到给定的检测概率，需要 $o\left(\frac{1}{\mathrm{SNR}}\right)$ 个采样点。

能量检测算法的缺点如下。

1）能量检测器性能的好坏直接受到设定的门限值影响，而且对外界未知的干扰和噪声非常敏感，即使可以自适应地设置检测门限，任何带内干扰都有可能造成结果的偏差。此外，对于频率选择性衰落信道，不同位置的干扰信号强度变化很大，此时如何设置检测门限值仍然是一个问题。

2）能量检测器并不能将信号与噪声、干扰等区分开来，很多用于消除干扰的自适应信号处理方法不能使用。

3）如果干扰信号是时变信号，能量检测器作用不大；对于宽带信号，当存在频率选择性衰落时就很可能检测不到干扰信号的存在。

8.2.2　干扰识别技术

干扰识别可视作模式识别的一种特殊形式，其流程一般包括三部分，分别是数据预处理、特征提取、分类判决。数据预处理的目的是增强原始数据的稳定性。在不同的条件下，采集到的数据如采样时间、信号功率等，往往差异很大，通常需要将多次采样的数据规范到同一个量纲下。此外，原始数据中总是包含一定的噪声，通过数据预处理对数据降噪，也是经常使用的方法。数据和特征决定算法的上限。虽然现在的一些流行算法如深度学习可以不需要人为进行特征提取，而是直接利用模型自动提取特征和最终的识别判决，但是由于单个样本的维度很高，需要极大的计算量，而且训练结果容易发生过拟合，即只是对当前数据有较好的适用性，对未知数据的预测能力弱，而且缺乏解释性。所以，为了更加快速有效地实现分类判决，需对数据做进一步变换处理，即对数据进行特征提取，使其在尽可能保留信号特性的同时，又能实现数据降维的目的，降低运算的复杂度。分类判决是

评估整个系统性能的最终体现。目前有多种流行、典型的算法模型，常用的有决策树、神经网络等。不同的学习器表现出的效果不同，其基本思想都是通过对已知样本的训练得到一个分类器，使该分类器有一定的泛化能力，应用在待识别信号上。

1. 数据预处理

在对接收信号进行特征提取前，需要先对数据进行预处理。将不同量纲和数量级的数据转化一致，能够提升分类算法的运行效率，改善分类器的识别性能。常见的数据预处理有数据归一化、中心化等。

(1) 归一化

功率的不同可能会影响信号分类性能，因此需要做功率归一化处理，固定功率后再改变每个样本的信噪比，这样可以得到更准确的结果。经过窗函数采样后的信号定义为 $x(n)$，对其功率进行归一化操作：

$$x(n)=\frac{x(n)}{\sqrt{\frac{1}{N}\sum_{n=1}^{N}|x(n)|^2}} \tag{8-22}$$

式中，N 为采样信号的采样点数。

均值归一化表现了数据相较数据中心的对比程度，表示为

$$x(n)=\frac{x(n)}{\frac{1}{N}\sum_{n=1}^{N}x(n)} \tag{8-23}$$

最大最小值归一化是将原始数据均变换到［0 1］的范围内，表示为

$$x(n)=\frac{x(n)-\min(x(n))}{\max(x(n))-\min(x(n))} \tag{8-24}$$

(2) 中心化

中心化的目的是通过线性变换，使数据整体变换为以零为均值中心的分布，此时数据的大小就表示该数据偏离中心的程度。中心化表示为

$$x(n)=x(n)-\frac{1}{N}\sum_{n=1}^{N}x(n) \tag{8-25}$$

2. 特征提取

干扰信号的特征提取是分类器能够正确识别干扰类型的前提。原始数据维度过高，有大量的冗余信息和噪声，如果不进行特征提取，不但增加计算难度，而且可能会产生负面效果。在传统通信系统中，对于目标信号的分析处理，主要通过从时域、频域和变换域综合提取信号的特征，干扰信号也是如此。

(1) 时域特征提取

时域波形包含着一个信号丰富的特征信息。对于不同的干扰信号，时域的起伏变化包含各自信号的特点，而且提取时域特征通常不需要经过复杂变换，简单且高效。

1) 时域矩偏度。表示信号幅度偏离中心的分布情况，是一个三阶的统计特征，通常用来表示信号在时域分布的不对称程度。当信号时域分布对称时，该特征值等于0；当信号分布为右侧长尾分布时，该特征值大于0；当信号分布为左侧长尾分布时，该特征值小于0。设接收到的信号为 $x(n)$，信号的时域包络为 $A(n)$，信号的幅度均值为 u_t，标准差为 σ_t，

则信号的时域矩偏度 T_3 定义为

$$T_3 = \frac{E[A(n) - u_t]^3}{\sigma_t^3} \tag{8-26}$$

2）时域矩峰度。表示信号时域分布的突出情况，是一个四阶的统计特征。时域矩峰度较大，说明信号分布中心呈尖峰状；时域矩峰度较小，说明信号分布中心较为平缓。

信号的时域矩峰度定义为

$$T_4 = \frac{E[A(n) - u_t]^4}{\sigma_t^4} \tag{8-27}$$

3）时域包络起伏度。反映时域包络的变化情况，定义为

$$T_R = \frac{\sigma_t^2}{u_t^2} \tag{8-28}$$

4）时域峰均比系数 T_{pm}。定义为

$$T_{pm} = \frac{A_{max}}{A_{mean}} \tag{8-29}$$

式中，A_{max}、A_{mean} 分别为时域信号包络 $A(n)$ 的最大值和平均值。

(2) 频域特征提取

信号在时域提取的特征，通常都是与信号幅度相关的一些信息，难以完全表现信号的特性。通过傅里叶变换，将信号从时域变换到频域，能直观地描述信号各个频率成分的分布情况，获得信号更丰富的信息。

1）频域矩偏度。类似于时域矩偏度，可以定义为

$$F_3 = \frac{E[X(k) - u_f]^3}{\sigma_f^3} \tag{8-30}$$

式中，$X(k)$ 表示信号的功率谱；u_f、σ_f 分别为 $X(k)$ 的幅度均值、标准差。频域矩偏度也是一个三阶统计量特征，它表现了信号频谱相对于中心分布的偏离程度。

2）零中心归一化功率谱最大值 γ_{max}。可以定义为

$$\gamma_{max} = \frac{\max|\mathrm{DFT}(x_{cn}(n))|^2}{N} \tag{8-31}$$

式中，$x_{cn}(n)$ 为信号中心归一化后的值。

3）频域起伏度。类似于时域包络起伏度，同样可以定义信号的频域起伏度。此处，定义特征参数的频域包络因子 F_R，表示为频域起伏度的倒数，即

$$F_R = \frac{u_f^2}{\sigma_f^2} \tag{8-32}$$

4）单频能量聚集度。可以定义为

$$C = \frac{\sum_{i=m-k}^{m+k} X^2(i)}{\sum_{i=1}^{N} X^2(i)} \tag{8-33}$$

式中，k 为一个很小的整数。

5）平均频谱平坦系数 F_c。可以定义为

$$F_c = \sqrt{\frac{1}{K}\sum_{i=0}^{K-1}[X_c(i) - \tilde{X}_c(i)]^2} \tag{8-34}$$

式中，$X_c(i)=X(i)-\frac{1}{2L+1}\sum_{k=-L}^{L}X(i+k)$；$\tilde{X}_c(i)$ 为 $X_c(i)$ 的统计平均；L 为平均滑动窗口宽度，取 $L=0.03K$；K 为信号傅里叶变换点数。

3. 分类判决

信号的特征提取可以看作对信号的一种降维变换。信号里的每一个元素可以看作信号的每一维特征，通过进行特征提取，将信号的本质特性用更少的维度描述出来，把对信号的分析研究从信号空间转移到特征参数空间，从而舍去一些无关或者冗余的信号信息，使得进行分类判决时，用更低的计算成本获得接近甚至更优的识别性能。

信号的分类判决可以看作将信号从特征参数空间映射到决策空间，需要设计合适的分类器和相应的识别准则。

（1）基于决策树的干扰识别

决策树又称为判决树，是一种传统的分类方法，其基本思想是任何分类问题都可以分解为多个二分类问题的叠加形式，是一个自上而下按照顺序执行判决的树形结构。树的根节点代表需要判决的样本集合，树的内部节点代表每一个特征属性，而最终的叶节点就是样本通过层层判决最后得到的分类结果。生成决策树的实质，就是生成每个特征属性的判决门限。通过不同信号间特征参数的取值分布设定判决门限，将每个通过的样本与该节点的判决门限进行比较，根据判决的结果，将样本划分到左节点或右节点中，直到样本被划分到最终的叶节点，即特定的分类结果，判决结束。

（2）基于 BP 神经网络的干扰识别

BP 神经网络是人工智能领域一个研究的热点，它能够挖掘输入样本之间内在的联系，通过并行分布处理自适应地根据环境的变化选取合适的门限，即每个节点对应的权重；有强大的学习和适应能力，在回归预测、样式识别等领域展现出巨大的优势。

本小节以一种最典型的三层网络结构即输入层、隐藏层、输出层，进行模型构建。其中，输入层每个神经元代表每一个特征参数。此处选择 T_3、T_4、T_R、T_{pm}、F_3、γ_{max}、F_R、C、F_c 共 9 个特征参数作为输入，神经网络结构如图 8-6 所示。

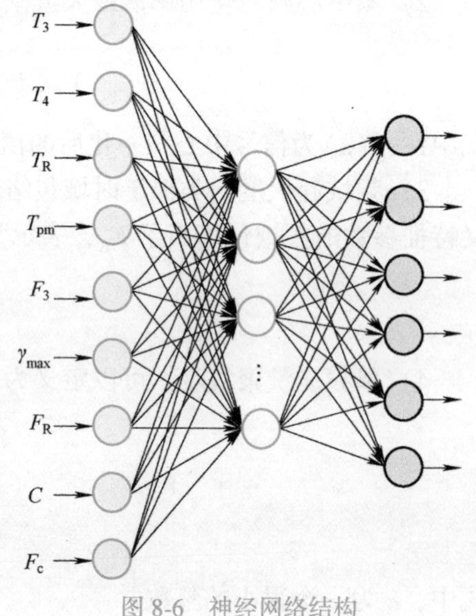

图 8-6　神经网络结构

如图 8-6 所示，对于每一个数据样本，其输入向量是一个 1×9 维的特征参数向量 $\boldsymbol{x}_i$，$\boldsymbol{x}_i$ 的每一列对应一种特征参数，即 $\boldsymbol{x}_i=[T_3^iT_4^iT_R^iT_{pm}^iF_3^i\gamma_{max}^iF_R^iC^iF_c^i]$。

对于每一个数据样本，其输出为一个类别，需要对标签进行 One-Hot 编码，使其转化为一个 K 维向量，K 为信号类型数目。于是，对于任意输入向量 $\boldsymbol{x}_i$，其输出值为 $\boldsymbol{y}_i=S^i=[i_1,i_2,\cdots,i_K]$，$\boldsymbol{y}_i$ 的每一列对应一种干扰样式。采用顺序编码的方式，若干

扰样式是总干扰样式里的第 k 种，则编码后输出向量 i_k 值为 1，其他位置为 0。

在训练完成后，当待识别信号的特征向量输入训练好的网络时，输出同样将是一个 K 维向量，其中每个元素的值表示该元素代表类型的概率，此时需要选取值最大的类型作为最终的判决结果。

8.2.3　干扰参数估计

当检测到系统存在干扰信号时，需要对干扰信号做进一步分析研究，获取更多信号的相关信息，为后续的干扰抑制、消除等工作提供依据。干扰信号的主要参数包括干扰频率、占用带宽等。本小节假设已经确定系统存在干扰，研究非空闲带下干扰信号的参数估计方法。

1. 功率谱预处理

目前关于信号参数估计的方法，主要都是基于频谱分析法。但是对于干扰信号，尤其是噪声调制干扰，信号的功率谱本身就有很多毛刺，起伏较大，导致估计精度大大降低。本小节首先以进一步平滑功率谱为目，绘出对功率谱的一些“降噪”处理方法，然后在此基础上再介绍干扰信号参数估计方法。

经验模态分解（Empirical Mode Decomposition，EMD）算法是一种自适应信号分析和处理的方法。该方法不需要提前对未知信号进行预处理，可以根据数据本身的特点，按照不同的时间尺度进行自适应分解，将信号分解为多个相互独立的成分，且无须提前设定基函数。理论上可以应用于任何类型的时间序列信号，尤其处理非平稳数据或非线性数据时有更好的适用性。

设 $x(t)$ 为任意时间序列，则 $x(t)$ 的希尔伯特（Hilbert）变换可以定义为

$$y(t) = x(t) * h(t) = x(t) * \frac{1}{\pi t} \tag{8-35}$$

$$x(t) = -\frac{1}{\pi t} * y(t) \tag{8-36}$$

利用 $x(t)$ 和 $y(t)$ 构建解析信号 $z(t)$，表示为

$$z(t) = x(t) + \mathrm{j}y(t) = a(t)\mathrm{e}^{\mathrm{j}\theta(t)} \tag{8-37}$$

式中，$a(t)$ 为复合信号的幅度，$\theta(t)$ 为复合信号的相位。

希尔伯特变换的瞬时频率是对 $\theta(t)$ 求导，表示为

$$f(t) = \frac{1}{2\pi}\frac{\mathrm{d}\theta(t)}{\mathrm{d}t} \tag{8-38}$$

瞬时频率是时间函数，是对局部时间特征的描述，且仅在信号局部关于零均值对称时才有意义。而实际中，大多信号及叠加信号都不是局部对称。

经验模态分解算法通过多次迭代，使用样条曲线及其中值，逐级分解出信号不同特征尺度下的波动情况，每次分解后信号时域幅值、密度均对半减小，最终分解为多个固有模态函数（IMF）与一个趋势分量之和的形式：

$$x(t) = \sum_{i=1}^{n-1} c_i(t) + r_n(t) \tag{8-39}$$

式中，$x(t)$ 为原始信号；$\sum_{i=1}^{n-1} c_i(t)$ 为 $n-1$ 个 IMF，代表原始信号在某个固定范围内的频率局

部特征信息；$r_n(t)$为趋势分量。

利用经验模态分解算法将原始信号分解为多个分量之后，引入 IMF 方差贡献率进行分量筛选重构，表达式为

$$C_i = \frac{\sigma^2_{\mathrm{IMF}(i)}}{\sum_{i=1}^{n} \sigma^2_{\mathrm{IMF}(i)}} \tag{8-40}$$

式中，C_i 为 IMF 分量的方差贡献率。

通过设定阈值

$$\lambda = \max(C_i) \tag{8-41}$$

筛选出 IMF 方差贡献率低于阈值的 IMF 分量，并将选择出的 IMF 分量叠加，得到新的功率谱。

2. 干扰信号中心频率估计

对于信号的中心频率，通常将功率谱峰值的位置作为中心频率的估计值。但是当信号为噪声干扰信号时，干扰信号的频谱本身起伏较大，难以准确找到功率谱峰值位置，而且考虑信号叠加干扰的形式，若干扰信号中心频率在信号的过渡带，则频谱的峰值位置并不一定就是干扰信号的中心频率。因此，直接通过找出峰值位置作为中心频率的估计是不适合的，同理，使用重心法对中心频率进行估计也不适用。为此，可基于功率谱的对称性，利用干扰信号功率谱的上升沿和下降沿较为平滑的特性，通过多次对称取点、计算对称中心位置的方法进行估计，该方法同样适合信号通带叠加干扰的情况。具体步骤如下。

1）首先得到信号 $x(n)$平滑后的功率谱 $X(k)$。

2）找到功率谱的最大值 $X(k)$，并由此下降 $a_i(i=1,2,\cdots,M)$的幅值，以此作为阈值 $X_{a_1},X_{a_2},\cdots,X_{a_M}$。

3）对于每一个阈值 $X_{a_i}(i\in[1,M])$，将功率谱谱线与 X_{a_i} 依次比较，找到大于谱线 X_{a_i} 的最小下标和最大下标，分别为

$$\begin{cases} r_{\mathrm{L}i} = \underset{k}{\operatorname{argmin}}(X(k) > X_{a_i}) \\ r_{\mathrm{H}i} = \underset{k}{\operatorname{argmax}}(X(k) > X_{a_i}) \end{cases} \tag{8-42}$$

4）中心频率估计值为

$$f_{\mathrm{j\_est}} = \frac{\sum_{i=1}^{M}(r_{\mathrm{L}i} + r_{\mathrm{H}i})}{2M} \times \frac{f_{\mathrm{s}}}{N} \tag{8-43}$$

式中，N 为 FFF 点数。

3. 干扰带宽估计

带宽是描述信号的重要参数，干扰带宽是指干扰信号占用的频带宽度，若干扰带宽大于信号带宽或观测带宽时，则称为宽带干扰，否则称为窄带干扰。宽带干扰与窄带干扰之间没有严格意义上的界限。这里主要针对传输信号上叠加窄带干扰的情况，实现对信号的3dB 带宽估计。具体步骤如下。

1）得到信号中心频率估计值$f_{\mathrm{j_est}}$，找到中心频率估计值$f_{\mathrm{j_est}}$ 对应的谱线幅值 X_{c}。

2）由于功率谱平滑操作可能会产生功率谱的失真，因此不能直接将$f_{\mathrm{j_est}}$ 对应的谱线幅值 X_{c} 作为干扰信号的谱峰，需要进行优化，即选取 X_{c} 的左右两边 i 个点之间的均值，为

$$X'_c = \frac{1}{2i}\sum_{k=c-i}^{c+i} X(k) \tag{8-44}$$

式中，i 是一个较小的值。

3）将 X_c 下降 3dB 作为 3dB 带宽的阈值 X_{3dB}。

4）功率谱谱线与 X_{3dB} 依次比较，找到大于 X_{3dB} 谱线的最小下标和最大下标，分别为

$$\begin{cases} r_L = \underset{k}{\mathrm{argmin}}[X(k) > X_{3dB}] \\ r_H = \underset{k}{\mathrm{argmax}}[X(k) > X_{3dB}] \end{cases} \tag{8-45}$$

5）干扰带宽估计值为

$$B_{j\_est} = (r_H - r_L) \times \frac{f_s}{N} \tag{8-46}$$

8.3　抗干扰波形重构技术

抗干扰波形重构技术利用波形基函数库生成匹配环境频谱、满足系统干扰容限和容量需求的抗干扰传输波形。可采用基于变换域的方式产生抗干扰传输波形，抗干扰传输波形一体化表征方法如图 8-7 所示。其基本思想是寻找合适的表示域，利用该域中的基函数，通过有限的描述参数，提供这些抗干扰通信波形的一体化描述，表征多种现有抗干扰波形。由于这样的表示框架是基于基函数的表示，可以通过重构生成新的波形，以匹配时变的无线通信环境和干扰模式。

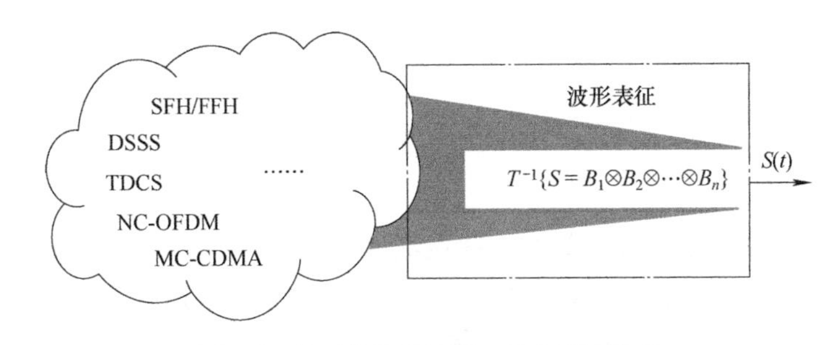

图 8-7　抗干扰传输波形一体化表征方法

SFH/FFH—慢速跳频/快速跳频　TDCS—变换域通信系统　NC-OFDM—非连续正交频分复用　MC-CDMA—多载波码分多址

一般地，设在指定的表示域，通信波形可以用描述为

$$S = B_1 \otimes B_2 \otimes \cdots \otimes B_n \tag{8-47}$$

式中，⊗是广义的运算符，可以是卷积、相乘、相加等，取决于表示域和基函数集 $\{B_n\}$。对于每个基函数 B_i，可以用一些特定参数描述为

$$B_i = f(d, c, w, o, a, u, \cdots) \tag{8-48}$$

这样，实际传输的任意波形可以通过参数集 $\{d, c, w, o, a, u, \cdots\}$ 统一描述。

1. 基于多平面分离的参数化波形重构

参数化波形设计将整个波形的设计转化为模块的调用和参数配置，容易实现资源精细

化使用。基于多平面分离的参数化波形重构，将参数控制、数据处理、硬件平台的一体化设计分离为参数控制面、数据处理面和资源映射面，各功能单元独立处理，实现多种波形的快速重构。

两种波形设计架构如图 8-8 所示。以设计两种异构波形为例，选取典型的信道编码、交织、调制和数字变频处理流程，常规的多波形设计架构在数据处理上各波形独立操作，即使波形结构相似，数据流处理时进行的也是单独的处理操作，当进行 FPGA/DSP/GPP（现场可编程门阵列/数字信号处理器/通用处理器）硬件综合时，波形与硬件进行波形级别的大颗粒度映射验证。

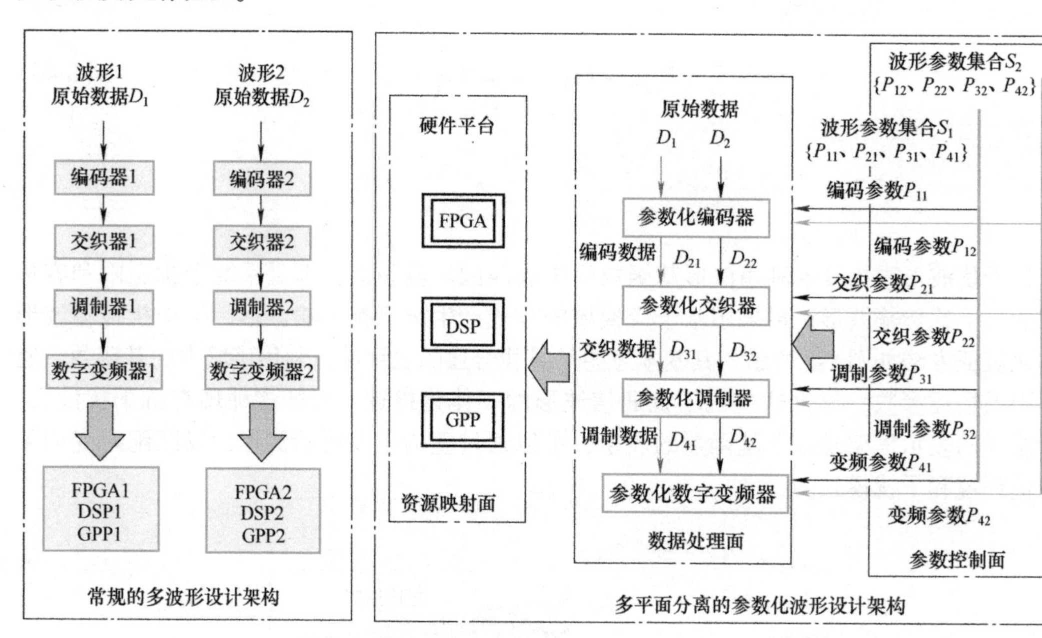

图 8-8 两种波形设计架构

多平面分离的参数化波形设计架构一般在约束条件 Con 下，以传输速率 R 为优化目标，优化设计调制指数 Q_m、编码因子 R_c 和扩频因子 G_p 的参数，表达式为

$$R = g_1(Q_m, R_c, G_p) \quad \text{s.t. Con} \tag{8-49}$$

在以上参数求解完成后，获得最佳的设计参数，将$\{Q_m, R_c, G_p\}$与数据处理面的模块相匹配，即可得到参数控制面的参数集合 S，约束条件 Con 不只是系统需求约束，也包含现有模块库的约束。参数控制面的重点是满足系统传输性能，不需要充分考虑通信平台实现的因素。

在数据处理面，首先将波形模块（如参数化编码器、参数化交织器、参数化调制器等）参数化，模块调用只需提供相应的参数和输入数据。模块设计只关注输入的数据和参数，不关注波形性能，在模块库搭建完成以后，设计工作主要是模块参数的设计。各波形制定参数集合 $S=\{P_1, P_2, P_3, \cdots\}$，集合 P_x 为具体模块的配置参数集合，每个模块输入数据 D_x 和参数 P_x。

当进行 FPGA/DSP/GPP 硬件综合时，在资源映射面，波形与硬件进行的是模块级别的小颗粒度映射验证，在操作上与整个波形的功能性能相独立。

多平面分离的参数化波形设计架构具有以下优点。

1）参数控制面、数据处理面和资源映射面三个操作平面独立运行，易于实现异构通信模块重用、硬件资源共享和波形自适应控制，各个操作平面的独立研发设计容易完成高效的工程实现。

2）模块的调用减少了波形相似结构的重复设计工作，由于硬件映射的验证以模块验证为主，大大减少了验证和调试的工作量，具有较好的可扩展性。

3）硬件资源的使用以波形模块级别的小颗粒度映射，提升了资源的使用效率，容易实现不同波形和芯片的资源共享。

以常用的通信波形为基础波形集合，可得到基础模块集合，包含数字计算、扩频编码、纠错编码等，每种模块包含了常用的多个实例，如信道编码包含了卷积码、RS 码（里德-所罗门码）、LDPC 码、Turbo 码等。表 8-1 拟定了抗干扰通信波形主要使用的模块，可作为参数化波形设计的模块库。

表 8-1　参数化波形设计的模块库

序　号	模　块	实　例
1	信息校验	CRC（循环冗余校验）
2	扩频编码	Walsh 码、PN 码（伪噪声码）、Gold 码
3	采样速率变换	分数/非分数、FIR（有限冲激响应）、CIC（积分梳状滤波器）、多项式
4	上下变换	带通变换
5	跟踪环	相位、时间、频率
6	信道编码	卷积码、RS 码、LDPC 码、Turbo 码
7	调制	QAM、OFDM、MSK（最小相位频移键控）、GMSK（高斯最小频移键控）、PSK
8	均衡器	NLSE（非线性薛定谔方程）、基于滤波［RLS（递归最小二乘法）、DFE/FFE（反馈均衡/前向均衡）］
9	数学计算	极性编码、统计、FFT
10	相关器	时/频域卷积
⋮	⋮	⋮

对于每个模块，首先设定实例类型属性，在类型属性的基础上，以实例的处理算法为核心，制定具体实例涉及的参数，参数的数量以满足可扩展性和可实现性为目标，以信道编码模块为例，相关参数设计见表 8-2。

表 8-2　信道编码模块的参数设计

模 块 名	实 例 类 型	控 制 参 数
信道编码	卷积码	L_c、P_g、P_f（约束长度、生成多项式、反馈多项式）
	RS 码	L_c、L_i（码字长度、信息长度）
	LDPC 码	M_p（奇偶校验矩阵）
	Turbo 码	L_c、P_g、P_f、T_i（约束长度、生成多项式、反馈多项式、交织表）
	⋮	⋮

表8-2列举了常用的信道编码及其传递的参数，在接收端，根据信道编码模块设计相应的解码模块，由于使用的通信波形类型有限，考虑到实现的具体情况，编码参数的值有一定的约束规范，而非任意取值。同时对于部分处理可实现灵活设计，如卷积编码中的交织单元，既可以调用参数化交织模块，也可以用枚举方式预先存储交织表。

2. 基于模块的参数化波形重构

在多平面分离的参数化波形设计架构的基础上，介绍模块化重构设计和模块化硬件平台映射方法。

基于模块的参数化波形重构如图8-9所示。参数化波形模块库支持扩展模块的添加，同时支持第三方对模块库的更新升级，模块库的可扩展性代表了多平面分离参数化波形重构架构的可扩展性。

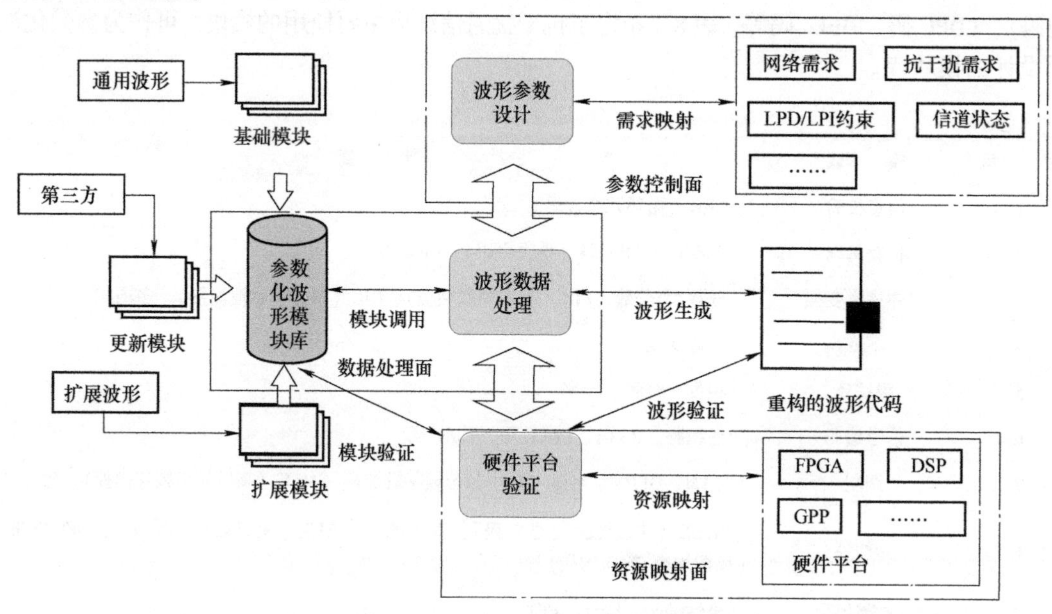

图8-9 基于模块的参数化波形重构

在参数控制面，通过网络需求、抗干扰需求、LPD/LPI（Low Probability of Detect /Low Probability of Intercept，低检测概率/低截获概率）约束和信道状态等波形需求制定对参数化模块的选择和配置，并完成理论仿真验证。

在数据处理面，以建立的参数化波形模块库为基础，根据参数控制面产生的参数调用波形模块并进行配置，最终生成重构的波形代码。

在资源映射面，数据链硬件平台以FPGA、DSP和GPP等处理资源和核心，在建立波形模块库时首先实现对各波形模块的性能验证，在进行波形重构时根据数据处理面产生的重构的波形代码，完成整个波形的功能和性能的验证。

三个平面在设计流程中的大部分操作独立执行，但是在实际运行中，每个平面之间需要进行反馈信息交互。例如，当资源映射面在波形验证不通过时，需要对数据处理面的波形代码编译进行修改；当实现的平台传输功能和性能不满足要求时，需要参数控制面对参数进行重新设计。并且在架构开发环境的建设过程中，平台处理能力、模块映射方式和参数配置集合三者之间相互制约，只有三个平面协同处理才能有效完成多波形高效快速重构。

8.4　快速适变的鲁棒传输技术

要保障在恶劣电磁干扰环境下抗干扰波形的可靠传输，则需要高效可靠的发射和接收处理技术，以适应频谱的动态变化，对付多种干扰。主要包括自适应编码调制技术、快速同步技术、快速信道估计技术、自适应多域干扰抑制技术、快速迭代抗干扰检测技术。即在收发双方动态重构抗干扰波形的基础上，接收端通过多域、多维的抗干扰联合处理，进一步保障信息的高效、可靠传输，以适应环境频谱的变化和重构波形的变化。这些技术都是传统接收处理技术的改进，在此不多做赘述。此外，在抗干扰波形参数重构基础上，还需将这些参数通过信令信道高可靠传输给通信方。

为了保证信令传输的可靠性，可采用具有抗干扰和抗截获性强的变换域通信系统（Transform Domain Communication System，TDCS）。TDCS 采用类似于噪声的基函数进行信息调制，调制信号隐蔽性好，可在极低信噪比条件下通信，且能有效抵抗多种形式的干扰，可靠性和安全性高。

图 8-10 所示为基于 OFDM 的 TDCS 收发结构。收发双方采用与干扰尽量正交的基函数，避免了干扰对系统性能的影响。这种 TDCS 基于成熟的 OFDM 方式，实现简单，由于采用恒包络的循环码移键控（CyClic Code Shift Keying，CCSK）调制，峰平比低，具有低截获性。

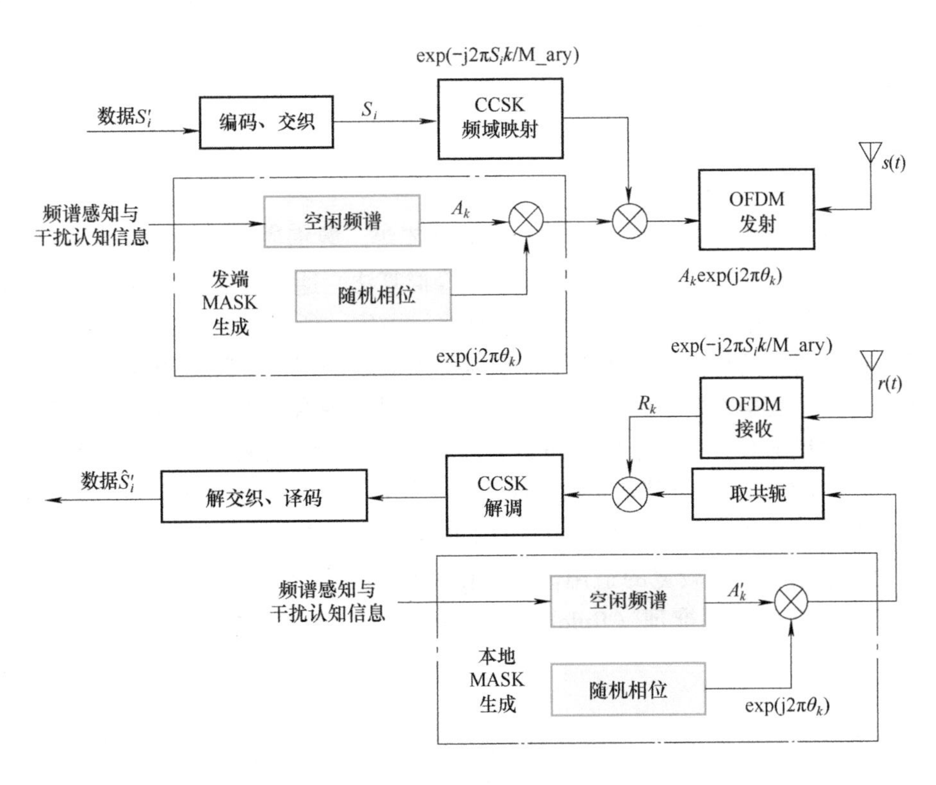

图 8-10　基于 OFDM 的 TDCS 收发结构

8.5 实时抗干扰通信智能决策技术

8.5.1 决策模型

实时抗干扰通信智能决策模块是智能抗干扰通信系统的核心，智能决策模块的输入、输出如图 8-11 所示。决策过程本质上是根据环境信息和信道质量，在一定的约束条件（如干扰容限、系统容量要求）下，依据决策准则（如最小化功率、最大化传输速率、最小化误码率，或组合目标），自适应地在一个巨大的解空间中寻找到目标函数（指定性能参数函数）的最优解组合策略的过程。

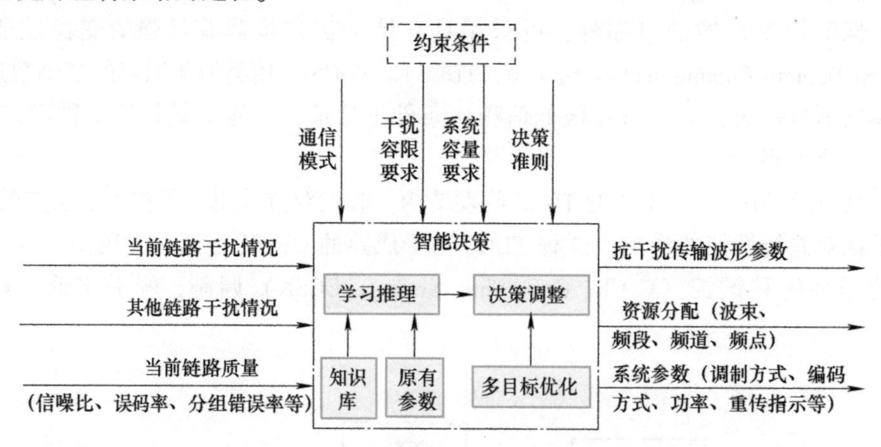

图 8-11 智能决策模块的输入、输出

1. 知识库

知识库包含数据库、案例库、标准库、策略库等。数据库中的数据是没有进行提炼、归纳的知识，其特点是数量巨大，例如在人工蜂群算法、遗传算法中，每个数据就是一条知识，数据库尽量完备才更有利于搜索到最优行动方案，所以一般数据库比较大。案例库由数据库可以用的、具有优异性能或符合性能要求的数据组成，其适用的范围变窄。若在当前业务要求下将数据库中的最优数据（或次优数据）提取出来，则可以组成标准库。当用于神经网络的训练时，该库中每一条数据都是或者接近“标准答案”，而且库中数据的“标准性”决定了使用神经网络决策机制时决策性能的好坏。然而，在不同业务要求下，要对数据进行不同预处理的选择，需要一定的工作量。策略库是对数据库进行深度归纳之后得到的规则或策略，具有较宽的适用范围，使用该类知识得到的决策方案是次优或可接受的。例如，在基于规则推理（Rule-Based Reasoning，RBR）中，每个 if-then 的规则就是一条信息。

2. 学习推理

当感知器接收到外部信息（如信道类型、信噪比、干扰类型、干扰参数、用户需求、性能）时，首先使用学习推理单元进行案例搜索，若知识库中存在与环境信息相同的案例，则可直接使用已有案例配置通信链路参数，保证决策结果正确性的同时，减小决策复杂度；

若不存在或者案例库过于庞大，则使用学习推理单元进行决策，得到决策结果后配置参数。得到性能反馈后，若反馈结果不符合性能要求，则使用决策调整单元进行重新决策，直到反馈符合性能要求。最后，将本次决策结果以案例的形式存入知识库，不断丰富知识库，不断提高系统的学习能力，达到在线学习的效果。

3. 决策调整

决策调整单元采用群体智能、智能优化算法。群体智能、智能优化算法可以根据优化目标提前训练好，提炼出所需知识，直接在需要决策的时候使用，大大缩减了决策时间，同时，智能优化算法能在知识库中没有该案例的情况下提供新的行动方案。

4. 多目标优化

智能参数决策引擎根据输入信息，基于多个目标完成系统的通信参数配置，因此其本质是一个动态的多目标优化问题（Multi-objective Optimization Problem，MOP），即寻求多个目标函数的联合优化。多目标优化的目的是寻找一组由决策变量构成的向量，这组决策变量能够满足约束条件，并使得目标函数组成的函数向量最优，这些目标函数往往是相互冲突的性能指标的数学描述。

多目标优化模型中包括 n 个决策变量、m 个目标函数和 k 个约束条件，目标函数和约束条件都是决策向量的函数，具体的函数表达式为

$$\min \boldsymbol{y}=\boldsymbol{F}(\boldsymbol{x})=[f_1(\boldsymbol{x}),f_2(\boldsymbol{x}),\cdots,f_m(\boldsymbol{x})],\ m\geqslant 2$$
$$\text{s.t. } \boldsymbol{e}(\boldsymbol{x})=[e_1(\boldsymbol{x}),e_2(\boldsymbol{x}),\cdots,e_k(\boldsymbol{x})]\leqslant 0,\ \boldsymbol{x}\in\Omega,\ \boldsymbol{y}\in\Lambda$$
$$\text{where}\quad \boldsymbol{x}=[x_1,x_2,\cdots,x_n],\ \boldsymbol{y}=[y_1,y_2,\cdots,y_m]$$

式中，$\boldsymbol{x}$ 为决策向量，$\boldsymbol{y}$ 为目标向量，Ω 为由决策向量 $\boldsymbol{x}$ 构成的决策空间，Λ 为由目标向量 $\boldsymbol{y}$ 构成的目标空间，$\boldsymbol{e}(\boldsymbol{x})$ 为约束条件，$f_i(\boldsymbol{x})$ 为第 i 个目标函数。虽然各个目标函数之间存在冲突，但可以通过对多个目标进行协调和折中处理获得最优的子目标结果。

智能参数决策引擎需要将待优化目标与信道检测的结果、可调参数关联，获取最佳的决策方案，通信系统中主要的目标函数和待优化的参数见表 8-3 和表 8-4。

表 8-3　系统中主要的目标函数

目标函数	含义
最小化误码率	改进传输质量，降低误码率
最大数据吞吐量	增加系统的信息传输量
最低功耗	减小系统所消耗的能量，即节能
最小无线电干扰	减小系统干扰
最大频谱使用率	增加频谱利用率

表 8-4　系统中待优化的参数

目标函数	含义
传输功率	未处理的传输功率
调制方式	调制方式的类型
调制进制数	调制方式的符号数
信道频率	传输信号的中心频率

（续）

目标函数	含　义
带宽	传输信号的带宽
帧大小	传输的帧大小
时分双工	传输时间的百分比
符号传输速率	每秒传送的符号数

8.5.2 学习推理和智能决策

1. 基于规则推理和基于案例推理

(1) 基于规则推理

规则是一种过程性知识，它将系统状态与行为进行关联，通常用来预测将要发生的一种事实或者描述如何解决一个问题。基于规则推理的决策系统模拟人类专家的决策过程，决策模块查询规则集中的规则，若当前系统状态满足某条规则的状态条件，则调用该规则做出相应的行为。该决策方法形式简单、易于理解，已广泛应用于知识丰富的领域。

决策知识存在着大量的因果关系，这些因果关系也是前提与结论的关系，因此可用产生式规则表示，决策规则的知识表示由规则前件（Precondition）和规则后件（Postcondition）两部分组成，可用如下二元组表示：

$$\text{DecisionRule} = < \text{Precondition}, \text{Postcondition} >$$

规则前件是决策规则的前提，描述的是决策的状态条件；规则后件是在前件成立的条件下所得到的结论，描述的是具体的行为，即决策规则描述的是在某一状态条件下基于规则推理的系统应该执行的行为。

规则前件描述的状态条件由一组状态要素组成，可以表示为 Precondition$<S,P>$，其中 S 是一个有限的状态要素集合，表示状态空间的所有可能取值，P 是状态要素的合式公式。例如，一个规则前件可以表示为

$$\text{Precondition} = < S,P >$$
$$S = < s_1,s_2,s_3,s_4 >$$
$$P = s_1 \wedge s_2 \wedge (s_3 \vee s_4)$$

规则后件描述的通常是具体的行为或行为序列，由一组行为要素组成，可以表示为 Postcondition $=<A,Q>$，其中 A 是一个有限的行为要素集合，Q 是行为要素的合式公式。例如，一个规则后件可以表示为

$$\text{Postcondition} = < A,Q >$$
$$A = < a_1,a_2,a_3,a_4 >$$
$$Q = a_1 \wedge a_2 \wedge (a_3 \vee a_4)$$

当决策规则的规则前件为真，即决策系统的当前状态与规则前件描述的状态条件相匹配时，决策系统应采取规则后件所描述的行为。

产生式系统的推理方式分为正向推理、反向推理和双向混合推理三种。

1）正向推理：从规则前件出发，搜索规则集求得规则后件。正向推理也可以称为数据驱动方式、前向推理或自底向上的方式，具体推理过程如下：

① 匹配当前系统状态与规则集中各规则的规则前件，得到匹配的规则集。

② 选择匹配规则集中的一条作为使用规则。

③ 执行使用规则的规则后件，观察系统状态，若不能满足决策要求，返回第②步，重复该过程直到系统满足决策要求。

正向推理主要考虑如何从案例库中选择匹配的案例，这对推理的速度有很大影响。正向推理的优点在于从系统当前状态信息展开搜索，匹配过程符合人类正向思维过程，易于理解。正向推理的主要缺点在于它有一种“盲目推理”的倾向，可能得出一些与决策目标无直接联系的事实，存在资源的浪费。

2）反向推理：从决策目标（作为假设）出发，反向使用规则寻找支持该假设的证据。反向推理也可以称为目标驱动方式、反向链推理或自顶而下的方式。若能找到所需的证据，则说明原假设成立。具体推理过程如下。

① 匹配决策目标与规则集中各规则的规则后件，得到匹配的规则集。

② 选择匹配规则集中的一条作为使用规则。

③ 将使用规则的规则前件作为子目标。重复该过程直至各子目标均为系统当前状态。

若决策目标已知，使用反向推理方式效率较高，因此反向推理广泛应用于决策过程中。

3）双向混合推理：同时从前向后和从后往前作双向推理，直至在某个中间点上两方面正好匹配。首先根据系统当前某几种决策目标反向匹配决策规则集，搜索适用的决策规则（即规则后件与决策目标相匹配的决策规则）；再由适用规则正向搜索规则集中的系统状态信息，判断当前系统状态是否与适用的规则前件所描述的状态相匹配，从而获得最终匹配的决策规则，生成决策结果。本方法适用于系统状态要素较多且大部分并不影响决策结果的推理系统。

产生式系统具有如下特点：

① 直观性。系统采用 if-then 的因果形式表示知识，易于理解，也方便推理。

② 模块化。系统的知识表示具有固定的格式，每条规则都由前件和后件组成，便于对其进行设计和修正。

③ 知识库与推理机可以分离。这种机制易于知识库的更新，可在不破坏系统的其他知识的前提下增加新的规则以适应新的情况；可以实现离线提取决策规则和在线做出推理决策，大大提高决策的时效性。

④ 可以解释系统的推理路径。不论采用何种推理方式，系统由初始前提到最终结论的整个推理路径都能被明确解释。

（2）基于案例推理

基于案例推理是一种模仿人类思路解决问题的方法，它用过去已解决问题的相关经验知识类比推理解决新问题。把基于规则推理转化为基于案例推理，可以弥补领域规则知识不全的缺陷。

基于案例推理是一种增量式学习方法，它将过去的经验以案例的形式存储，其集合称为案例库，当新的问题出现时，系统在案例库中检索与当前问题相似的案例，对其进行综合和修正以产生一个解决方案，问题解决后，将此新问题和它的解决方案组成一个新的案例加入到案例库中，这样逐渐增大案例库的覆盖范围。基于案例推理利用相似类比的方法解决问题，它的理论基础是相似问题有相似的解，通常认为，基于案例推理成立是基于以下两个假设：

1）相同或相似的问题会重复出现。

2）相同或相似的问题有相同或相似的解。

基于案例推理的兴起主要是基于规则推理存在以下问题：

1）若知识空间规模较大，挖掘基于规则推理算法复杂且耗时，这也是规则知识获取的瓶颈问题。

2）基于规则推理的系统一旦开发出来，不易于维护。

3）基于规则推理的系统求解问题时，若没有与求解问题匹配的推理规则，则系统无法工作。

这些问题都制约着基于规则推理的进一步发展，使其只能在极有限的专业领域中发挥作用。

基于案例推理克服了基于规则推理的众多缺点，主要表现在以下三个方面：

1）基于案例推理降低了获取知识的难度，不需要得出像规则那样抽象、概括性的知识，可以直接使用包含规则信息的样本。

2）基于案例推理的学习机制解决了知识增加时知识库的完整性问题，系统维护将变得十分简单。

3）基于案例推理的系统能以案例重用的方式实现自学习，随着案例库的更新，其覆盖范围逐渐扩大，使基于案例推理的系统逐步实用化。

可见，基于案例推理能克服产生式系统实现角度方面的不足。

基于案例推理的系统是一个 4R 的循环过程，4R 即案例检索（Retrieve）、案例重用（Reuse）、案例修改/调整（Revise）、案例学习（Retain）。首先将新问题表示为案例形式，计算案例库中各案例问题描述部分与新问题的相似度，检索到与新问题相似的案例；然后将相似案例的解决方案重用到新问题中，根据决策目标和约束条件，修正解决方案，使之适用于新问题，并作为最终解决方案输出；最后将新问题及其解决方案用案例形式表示，并保存到案例库中。基于案例推理的 4R 工作流程如图 8-12 所示。

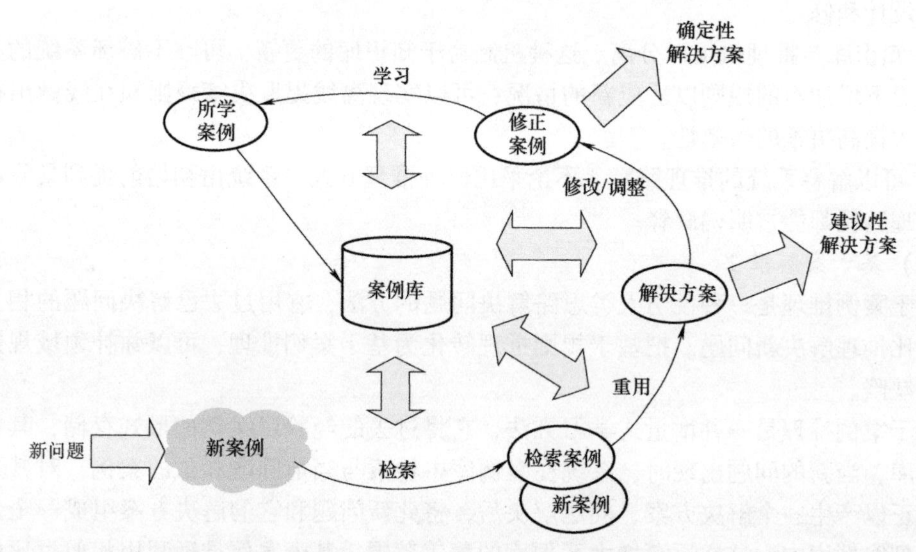

图 8-12 基于案例推理的 4R 工作流程

基于案例推理的系统知识存储在系统案例库中，通过结构化的案例集合表示，这些案例表达了在某些具体问题和情况下，为达到推理结果而从过去案例中获取的一些特定解决方案及方案应用后的效果。当系统遇到一个新问题时，新案例通过检索案例库中最相关的案例并以适应新问题的要求对其进行修正得到，且新问题及其解决方案会作为新案例保存到案例库中以完善案例库，使其覆盖更大的解决问题的空间，使得基于案例推理的推理模块有效执行。

1）案例表示。案例表示是基于案例推理的系统工作的基础，案例就是得到某种结果的一组特征与该结果的连接。案例的表示方法决定了实际问题及其相关知识转换为案例是否合理，它影响着基于案例推理的各个阶段，因此必须具有良好的组织结构。一个典型的案例由如下三个主要部分组成。

① 问题情景描述：案例发生时遭遇的具体问题和环境状态。

② 结果：最终的解决方案。

③ 效用：评估决策结果对用户要求和决策准则的满足程度，表征决策推理的性能和精度。

一个案例不一定全部包括这三个部分，但问题情景描述和结果是必不可少的，它们是案例表示的核心部分，基于案例推理的系统根据问题情景描述匹配案例，并需要对结果做出修正。

2）案例检索。案例检索就是从案例库中搜索与当前问题相似的案例，然后用相似案例中的解决方案指导解决当前问题，案例检索策略就是指采用何种方法检索案例库，常用的方法是最近相邻法、归纳法、知识引导法等。以最近相邻法为例，该方法首先计算目标案例与源案例之间各特征的相似度，再对其简单加权，最终得到两案例的综合相似度，以此作为衡量两案例相似性的依据，检索出相似案例，完成案例检索。假设案例库中的案例 X 有 m 个特征，表示为 $X=\{x_1,x_2,\cdots,x_m\}$，其中 $x_i(i=1,2,\cdots,m)$ 表示案例 X 的第 i 个特征的值。若给定一个目标案例 Y，则它的 m 个特征表示为 $Y=\{y_1,y_2,\cdots,y_m\}$，案例库中的案例 X 和目标案例 Y 的相似度通常定义为

$$\mathrm{sim}(X_i,Y_i)=\sum_{i=1}^{m}w_k S(x_i^k,y_i^k) \tag{8-50}$$

式中，w_k 为案例特征 $i(i=1,2,\cdots,m)$ 的权值，满足 $\sum\limits_{i=1}^{m}w_k=1$；$x_i^k$ 和 y_i^k 分别为案例 X_i 和 Y_i 的第 k 个特征的值；$S(x_i^k,y_i^k)$ 为案例 X_i 和 Y_i 的第 k 个特征的相似度，可按下式计算：

$$S(x_i^k,y_i^k)=1-\frac{|x_i^k-y_i^k|}{\max(x_i^k,y_i^k)} \tag{8-51}$$

用该方法遍历案例库中的所有案例，对相似度结果排序，将与目标案例相似度最高的案例的解决方法应用到目标案例中。

3）案例修改/调整。若检索出的案例的解决方法不能解决当前问题，系统可以从失败中总结经验，修改/调整解决方案以适用于当前问题，即案例修改/调整。很难确定一种具有普遍适用性的修改策略，一般来说，针对特定的应用领域有特定的修改策略。修改策略主要有诱导修改和结构修改，诱导修改就是重用以前案例结果的规则或公式，具体的做法有不修改、参数调整、重实例化、诱导重放和模型引导；结构修改就是直接应用规则或公

式修改所存储案例的结论，以适应新的问题。

4）案例学习。案例学习是一种增量式学习，但随着案例库规模的增大，案例的检索效率会降低，还可能出现冗余和矛盾，因此需要及时对案例库中的案例进行综合分析，删掉那些对推理作用小的案例，减少案例库的冗余，降低案例检索时的时间消耗。案例学习从如下两方面着手：

① 每次加入新的案例时，计算其与案例库中类似案例的相似度，若相似度很高，则认为此案例很常见，保留的价值不大，不存储该案例。

② 若新加入的案例中包含新的特征，而这些特征在案例库中没有出现过，则考虑首先存储案例的这些特征。

2. 基于人工蜂群算法的快速决策技术

常见的群体智能算法有遗传算法、粒子群优化算法、差分算法、人工蜂群算法，下面以人工蜂群算法为例，介绍群体智能算法在抗干扰决策中的应用。

(1) 基于人工蜂群算法的快速决策系统

基于人工蜂群算法的快速决策系统如图 8-13 所示。系统输入信道类型、业务类型对应的权重向量、干扰类型、干扰功率、噪声功率和算法参数，首先，初始化种群，在数据库的支撑下，雇佣蜂在种群邻域寻找更优个体，更新种群；其次，与雇佣蜂同等数量的跟随蜂根据当前种群中个体的优劣随机分配至各个体，在其邻域寻找更优个体；最后，每次派遣少量侦查蜂将局部最优个体淘汰，加入新个体，过程相当于种群的“变异”过程，增加种群多样性；如此循环进行快速寻优。

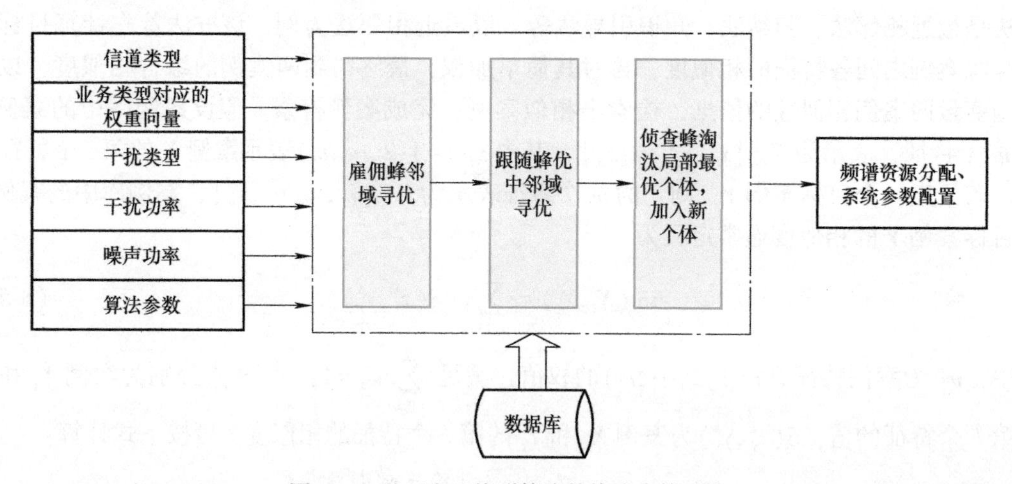

图 8-13 基于人工蜂群算法的快速决策系统

(2) 模型设计

1）输入、输出。系统的输出参数一般有 MCS（调制与编码策略）阶数、系统发射功率和最佳子带数，通过调节这三个参数改变系统性能。影响输出结果的参数有所在信道的类型、干扰类型、干扰功率、噪声功率，将这些参数作为系统的输入。MCS 阶数和最佳子带数都有确定范围；对于发射功率，由于噪声功率固定，可用信噪比表示发射功率大小。系统约束条件为误码率。

2）染色体设计。染色体设计如图 8-14 所示。当无干扰时，染色体由两部分组成，前一部分表示 MCS 阶数，后一部分表示发射功率。若 MCS 阶数有 M_1 种可能值，则前 $k_1=\lfloor \log_2 M_1 \rfloor$ 个基因位表示 MCS 阶数信息；根据发射功率分辨率及发射功率范围得出，发射功率有 M_2 种可能值，则后 $k_2=\lfloor \log_2 M_2 \rfloor$ 个基因位表示发射功率信息。当有干扰时，染色体由三部分组成，前两部分的设置与无干扰时相同，最后一部分表示子带选择。子带的基因位长度 k_3 可由子带的个数 M_3 表示为 $k_3=\lfloor \log_2 M_3 \rfloor$。染色体总长度为 $L=k_1+k_2+k_3$。

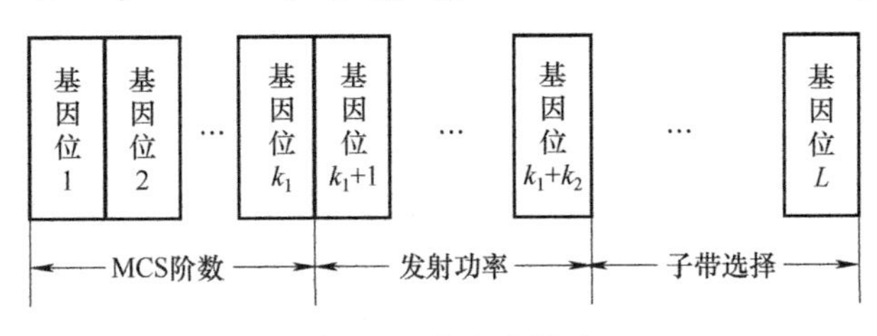

图 8-14　染色体设计

（3）目标函数设计

通信系统中主要的目标函数和待优化参数见表 8-3 和表 8-4。由于每个性能指标都和优化参数相关联，为了达到各指标的折中性能，需要对其进行归一化处理，具体过程如下：首先对误码率、发射功率和平均信息传输速率进行归一化处理；然后根据用户的需求选择加权系数，完成对目标函数的设计；最后通过目标函数将多目标问题转换为单目标问题，对系统的参数进行重新配置，实现当前环境下的最佳通信。式（8-52）~式（8-54）分别为误码率、发射功率、平均信息传输速率的归一化公式。

最小化误码率的归一化公式为

$$f_1=\frac{\lg P_{\mathrm{emax}}-\lg P_{\mathrm{e}}}{\lg P_{\mathrm{emax}}-\lg P_{\mathrm{emin}}} \tag{8-52}$$

式中，P_{e} 为误码率；P_{emax} 和 P_{emin} 分别为最大误码率和最小误码率。

最小化发射功率的归一化公式为

$$f_2=\frac{P_{\mathrm{xmax}}-P_{\mathrm{x}}}{P_{\mathrm{xmax}}-P_{\mathrm{xmin}}} \tag{8-53}$$

式中，P_{xmax} 为最大发射功率；P_{xmin} 为最小发射功率；P_{x} 为当前发射功率。

最大化平均信息传输速率的归一化公式为

$$f_3=\frac{\lg R_{\mathrm{m}}-\lg R_{\mathrm{min}}}{\lg R_{\mathrm{max}}-\lg R_{\mathrm{min}}} \tag{8-54}$$

式中，R_{m}、R_{min}、R_{max} 分别为当前、最小和最大平均信息传输速率。

由此目标函数可设为

$$f_{\mathrm{cost}}=\sum_{i=1}^{3} w_i f_i \tag{8-55}$$

式中，w_1、w_2、w_3 分别表示归一化误码率、归一化发射功率和归一化平均信息传输速率的加权系数，值越大说明该参数对于系统越重要，且满足 $\sum_{i=1}^{3} w_i=1$。

（4）参数设计

人工蜂群算法主要涉及的参数有初始种群大小、侦查蜂数量、蜜源淘汰门限。

人工蜂群算法中采用的种群初始化方式不同，得到的性能就不同。由于该算法的搜索方式是邻域搜索，可能出现初始种群比较集中而导致能搜索到的空间存在局限性，最终陷入局部最优的现象。种群初始化为随机均匀分布可以使各蜜源“邻域”集合的并集尽量覆盖全部搜索空间，邻域搜索更加全面，能够缓解陷入局部最优的问题。初始种群大小是人工蜂群算法中一个至关重要的参数，不同取值对性能的影响很大。当该值取得过大时，种群基数大，能找到最优解的概率大，虽然使得寻优速度提升很多，但是会导致计算量过大；当该值取得过小时，又会导致收敛速度过慢。所以，需要在计算量和收敛速度这二者中进行折中考虑，选择适合的初始种群大小。

人工蜂群算法的核心思想是邻域搜索，具体思路是：首先雇佣蜂对蜜源进行邻域搜索，若跟随蜂判决该蜜源可取，则再次对其进行邻域搜索，找更优蜜源（解）。邻域是指任意两个蜜源之间的距离表示，对应的邻域空间用染色体空间表示。不同的邻域搜索方式也会影响寻优过程的进展。

基础人工蜂群算法的邻域搜索方式如下：

$$x_{ij}^{\text{new}} = x_{ij}^{\text{old}} + \phi(x_{ij}^{\text{old}} - x_{kj}^{\text{old}}) \tag{8-56}$$

式中，$x=(x_1,x_2,\cdots,x_{N_e})$为一个雇佣蜂种群，$N_e$为种群数量，一个雇佣蜂唯一对应一个蜜源；$x_{ij}$为第$i$个蜜源的第$j$个基因位；$k\neq i,i,k\in\{1,2,\cdots,N_e\}$，$k$、$j$都是随机生成的；$\phi$为$[-1,1]$之间的随机数。值得注意的是，需要保证$x_{ij}^{\text{new}}$不能超过搜索空间的边界。

显而易见，以上邻域搜索方式适用于连续值问题，将其应用于组合问题中，邻域搜索方式可表示为

$$x_{ij}^{\text{new}} = x_{ij}^{\text{old}} \tag{8-57}$$

然而，以基因位为单位进行邻域搜索的搜索速度比较慢。这是因为一个基因位的修改并不能说明该基因组所代表参数的距离性，且贪心算法需要比较修改前与修改后染色体的适应度，保留较大者，而每次只修改一个基因位，很有可能永远无法得到最优解的染色体状态。例如，修改前染色体是000，最优解是111，而010、100、001的适应度却比000小，这就会出现永远无法接近最优解的情况。

考虑以基因组为单位进行邻域搜索，将式（8-56）修改为

$$sx_{im}^{\text{new}} = sx_{im}^{\text{old}} + \phi(sx_{im}^{\text{old}} - sx_{km}^{\text{old}}) \tag{8-58}$$

式中，sx_{ij}为第i个蜜源的第m个基因组所代表的十进制整数参数，$m\in[1,2,3]$。

进行多次邻域搜索后发现该蜜源周围没有更优质的蜜源了，就需要考虑如何增加种群的多样性，便于搜索过程跳出局部最优。人工蜂群算法通过侦查蜂进行“变异”过程，所以侦查蜂数量和蜜源淘汰门限的取值对最终性能具有不容忽视的影响。若侦查蜂数量过多、蜜源淘汰门限过低，则会出现还未对某一蜜源进行较全面的搜索就淘汰该蜜源的现象，降低了搜索效率；若侦查蜂数量过少、蜜源淘汰门限过高，则会导致种群缺少多样性，最终陷入局部最优。所以，需要进行仿真对比，寻找最佳取值。一般来说侦查蜂数量为种群大小的5%~10%。

（5）决策过程

人工蜂群算法的运算过程如下。

1）染色体编码，定义适应度函数、种群大小和侦查蜂使用参数。

2）随机生成N_e个初始化种群。

3）执行以下步骤，直到满足终止条件。

① 雇佣蜂对当前蜜源进行邻域搜索。

② 计算新蜜源与旧蜜源的适应度，进行贪婪选择：比较新旧蜜源的适应度，留下适应度高的，若取旧蜜源，则搜索次数加 1。

③ 根据雇佣蜂种群的适应度，各跟随蜂随机选择一个雇佣蜂进行邻域搜索。

④ 计算新蜜源与旧蜜源的适应度，进行贪婪选择，若取旧蜜源，则搜索次数加 1。

⑤ 若某蜜源周围的搜索次数超过门限，则使用侦查蜂随机初始化新蜜源。

4）将种群中的历史最佳个体作为最优解输出。

人工蜂群算法的流程图如图 8-15 所示。

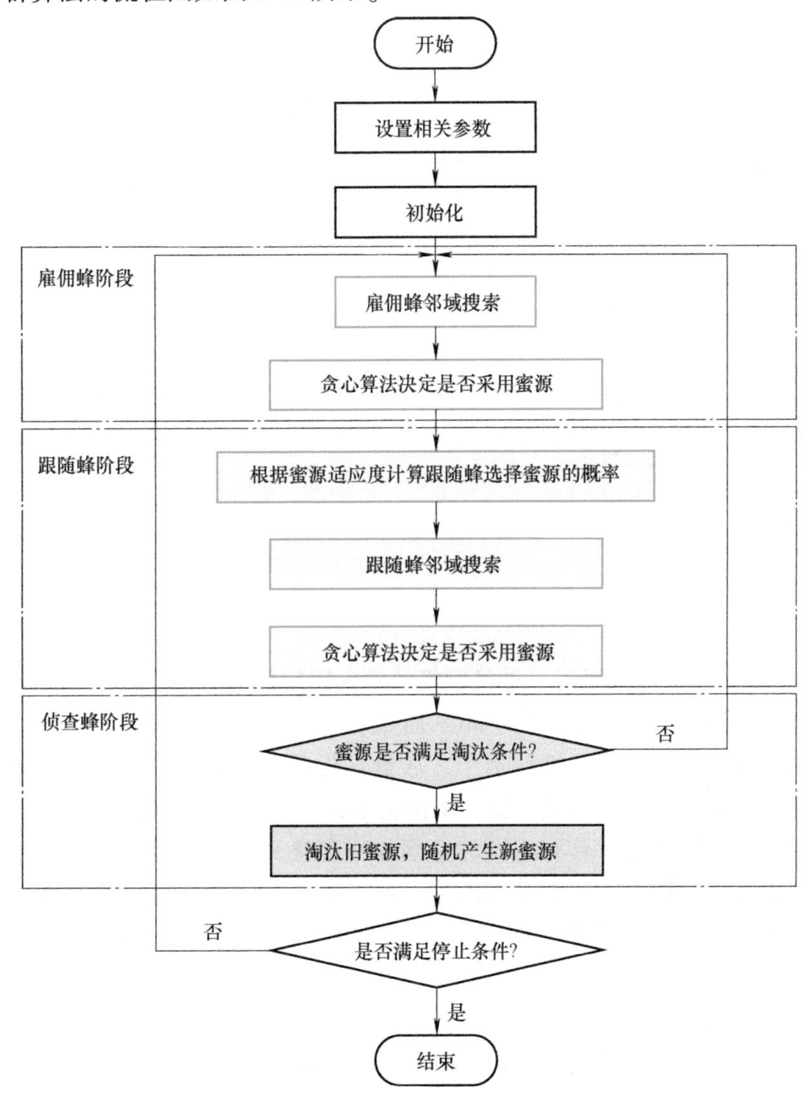

图 8-15　人工蜂群算法的流程图

3. 基于 BP 神经网络的智能决策技术

BP 神经网络的快速决策单元利用历史数据，通过线下学习训练好一个可用模型，使其能立刻、准确计算出所需结果。基于 BP 神经网络的快速决策单元不仅在速度上具有优势，同时，对于知识库中没有但符合历史数据趋势的数据，其能计算出符合要求的结果。

（1）基于 BP 神经网络的快速决策框架

基于 BP 神经网络的快速决策框架如图 8-16 所示，其步骤分为离线过程和在线过程。离线过程通过模型参数建立网络模型，依托标准库中的数据训练神经网络，直到网络训练达到标准；此时的神经网络可直接用于在线过程的实时决策，在线过程输入的参数包括信道类型、干扰类型、干扰功率、干扰参数和噪声功率，在输入到神经网络计算之前，需要数据预处理，使其能适用于抗干扰决策的神经网络模型，然后输入到神经网络，直接得到决策结果，配置系统参数。

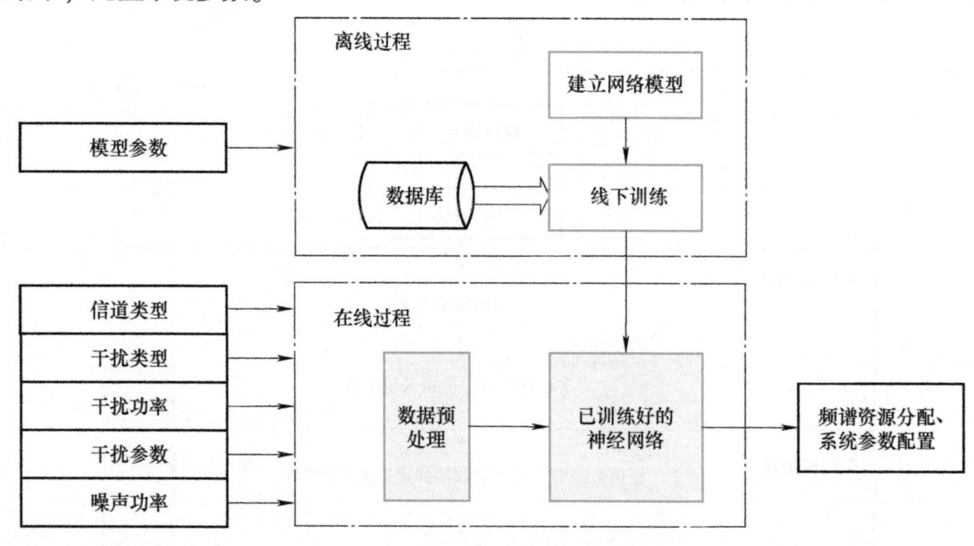

图 8-16　基于 BP 神经网络的快速决策框架

（2）模型设计

1）输入、输出。通常情况下，神经网络的输出比较好确定，为最终实现的目标（本模型的目标是抗干扰决策），输出参数为 MCS 阶数、发射功率、子带选择结果。对于输入参数，原则上希望各参数之间相干性尽量小、尽量互相独立，且其对输出的影响尽量大。此处选择的神经网络输入参数为信道类型、干扰类型、干扰参数、信噪比。

由于网络各输入数据通常具有不同的量纲和物理意义，所以需要进行尺度变换，使得所有分量都具有相同的影响力。若输入的绝对值过大，会使得神经元达到饱和，出现梯度爆炸现象，从而使学习极其缓慢。常用的激活函数有 S 函数、than 函数等，S 函数的输出值在［0,1］范围内，than 函数的输出值在［-1,1］范围内，所以需要对输入、输出参数进行统一的尺度变换处理。

若将输入、输出参数变换到［0,1］的区间，则公式为

$$\bar{x}_i = \frac{x_i - x_{\min}}{x_{\max} - x_{\min}} \tag{8-59}$$

若将输入、输出参数变换到［-1,1］的区间，则公式为

$$\bar{x}_i = \frac{2x_i}{x_{\max} - x_{\min}} - 1 \tag{8-60}$$

可根据不同的激活函数选择相应的尺度变换标准。

2）判别标准。一般使用代价函数作为训练过程的目标准则，代价函数越小，网络训练得越好。然而最终测试性能时，该标准无法直观地反映网络优劣，对于好网络的标准也没有给出明确的代价函数阈值。一般来说，训练数据和测试数据的理论输出值都已知，可将代价函数值与输出的准确率联合作为判别神经网络性能的标准。

（3）参数设计

神经网络的可调控参数很多，如输入、输出、网络大小、初始化方式、学习率、小批量数据量、神经元激活函数、代价函数等。神经元激活函数、初始化方式、小批量数据量、代价函数有常用选择，而其他参数都是根据具体解决问题的不同进行设置，所以需要在理论分析的基础上基于仿真结果进行选择。为了缓解神经网络学习速度慢的问题，可选择如下交叉熵代价函数：

$$C=-\frac{1}{n}[y\ln a+(1-y)\ln(1-a)] \tag{8-61}$$

1）网络大小。这里神经网络的输出参数为三个：MCS 阶数、发射功率、子带选择结果。一般情况下，使用三个神经元作为输出层即可，但仿真结果发现这种结构效果并不好。可采用全连接输出层结构，输出层使用 $M_1+M_2+M_3$ 个神经元，采用 n 中取 1 的方法表示，前 M_1 个神经元表示 MCS 阶数的输出结果，输出样本被判为哪一类，对应的输出分量取 1，其余取 0。例如，1000000 代表 MSC 阶数 = 1 的情况，0000001 代表 MSC 阶数 = 12 的情况。发射功率、子带选择结果的输出表示方式同理。

确定网络输入层和输出层后，接下来要面对的是隐藏层数和隐节点数的设计。隐节点是神经网络的主要计算单元，用于提取样本的内部特征，每一个隐节点都对应多个权重，而权重数量的增加可以增强网络复杂度，使其映射能力更强，能处理更加复杂的问题。若隐藏层和隐节点数量太少，则网络的映射能力差，难以体现样本内在规律的复杂度，出现欠拟合现象；若隐藏层和隐节点数量太多，则一方面会加大复杂度，增加训练时间，另一方面可能把样本中非规律性的内容如噪声等也记住，出现过拟合现象，反而降低了网络的泛化能力。所以，隐藏层数和隐节点数的取值对网络性能至关重要，需要综合考虑选择当前环境的最佳隐藏层数和隐节点数，选择该参数的一个常用的方法是试凑法，即先设置较少值，然后逐渐增加，确定最佳值。

2）初始化方式。网络初始化是对权重和偏置的初始化，它决定了网络的训练起点。若初始点靠近最优解处且该方向的收敛速度更快，则能很快完成网络的训练。因此，初始化方法对缩短网络的训练时间至关重要，选择更好的初始点可以从根本上加快收敛速度。神经网络常用激活函数的零点附近远离变换函数的饱和区，变化最敏感，学习速度更快。但是，若初始值太小，会导致隐藏层权重在训练初期的调整量变小。所以，需要在两者之间进行折中选择。常用的初始化方式有两种：一种是权重的初始化为标准正态随机数，偏置的初始化为标准正态随机数；另一种是权重的初始化为标准正态随机数与 $\sqrt{\frac{1}{n_{\text{in}}}}$ 的乘积，n_{in} 为输入数量，偏置的初始化为标准正态随机数。

3）小批量数据量。理论上要求小批量数据量足够大，能代表总体数据的性质，使得估计误差尽量小，但是小批量数据量太大又会导致计算量大，在加速学习过程上效果变得很微弱。所以，小批量数据量的选取应该进行折中考虑，选择估计误差小的最小数据量。

4）学习率。学习率是神经网络一个重要参数，对网络学习速度的快慢有至关重要的影响。若学习率设置过大，则会导致学习步进太大，代价函数曲线不平滑，出现振荡现象，使得后期学习速度过慢；若学习率设置太小，则会使得学习速度太慢，收敛代数增加。所以适当的学习率能使网络快速学习且准确决策。

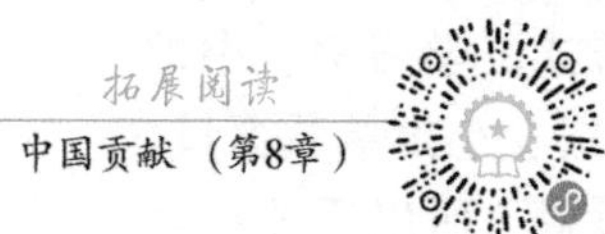

习 题

1. 简述干扰的原理。
2. 传统抗干扰方法有哪些？其基本原理是什么？有何优缺点？
3. 智能抗干扰通信环由哪几部分组成？其功能是什么？
4. 简述干扰认知技术的实现过程。
5. 简述干扰识别技术的实现流程。
6. 简述智能抗干扰方法与传统抗干扰方法的区别及各自优缺点。
7. 讨论智能抗干扰在实际应用中存在哪些限制条件，如何应对。

本章参考文献

[1] 李少谦，程郁凡，董彬虹，等．智能抗干扰通信技术研究［J］．无线通信技术，2012，38(1)：1-4.
[2] 邹武平．干扰检测与识别技术研究与实现［D］．成都：电子科技大学，2011.
[3] 吴承凯．干扰认知及认知自适应波束形成研究［D］．成都：电子科技大学，2021.
[4] 黄家邦．基于机器学习的通信抗干扰技术研究［D］．成都：电子科技大学，2020.
[5] 刘猛．基于深度学习的抗干扰决策技术研究［D］．北京：中国电子科技集团公司电子科学研究院，2019.
[6] 周新．基于智能决策的抗干扰通信系统设计［D］．南京：东南大学，2020.
[7] 薛蒙蒙．抗干扰通信中的认知引擎关键技术研究［D］．天津：天津大学，2015.
[8] 王小青．认知抗干扰通信系统的智能决策技术研究［D］．成都：电子科技大学，2018.
[9] 王世练．认知通信抗干扰［M］．北京：国防工业出版社，2023.
[10] 张邦宁，魏安全，郭道省，等．通信抗干扰技术［M］．北京：机械工业出版社，2006.